普通高等教育医学类系列教材

供临床、预防、基础、口腔、麻醉、影像、药学、检验、护理、法医等专业使用

有机化学

第3版

主　编　唐玉海　卫建琮
副主编　王丽娟　袁　丁　王建华
编　委（按姓氏笔画排序）
　　　　卫建琮　（山西医科大学）
　　　　王丽娟　（西安交通大学）
　　　　王建华　（内蒙古医科大学）
　　　　李　洋　（西安交通大学）
　　　　李　娇　（山西医科大学晋祠学院）
　　　　李银涛　（长治医学院）
　　　　张可青　（内蒙古医科大学）
　　　　袁　丁　（三峡大学）
　　　　贾　斌　（山西医科大学）
　　　　徐四龙　（西安交通大学）
　　　　唐玉海　（西安交通大学）
　　　　焦　姣　（西安交通大学）

科学出版社

北　京

内 容 简 介

本书根据我国现阶段医学各专业五年制本科生以及"5+3"一体化临床医学生教学基本要求编写,适合40~60学时医学类各专业使用。本书注重有机化学与医学的融合,具有鲜明的针对性。全书共14章,前11章系统地阐述有机化学的基础理论和方法、立体化学及与医学有密切关系的基本反应和反应机理,目的是使医学生学会运用有机化学原理和方法解决医学科学中的化学问题,后3章集中讲述生物体的物质基础,脂类、糖和蛋白质等。

本书既可作为高等院校医学类各专业本科生教材,也可供生物科学类各专业用作教材或者教学参考书。

图书在版编目(CIP)数据

有机化学 / 唐玉海,卫建琮主编. —3版. —北京:科学出版社,2023.1
普通高等教育医学类系列教材
ISBN 978-7-03-073411-2

Ⅰ.①有⋯ Ⅱ.①唐⋯ ②卫⋯ Ⅲ.①有机化学-高等学校-教材
Ⅳ.①O62

中国版本图书馆CIP数据核字(2022)第189510号

责任编辑:王锞韫 / 责任校对:宁辉彩
责任印制:吴兆东 / 封面设计:陈 敬

科学出版社 出版
北京东黄城根北街16号
邮政编码:100717
http://www.sciencep.com

北京华宇信诺印刷有限公司印刷
科学出版社发行 各地新华书店经销

*

2010年12月第 一 版 开本:787×1092 1/16
2023年 1 月第 三 版 印张:16 1/2
2026年 1 月第十二次印刷 字数:408 000
定价:66.00元
(如有印装质量问题,我社负责调换)

前　言

本书为普通高等教育医学类系列教材，是在《有机化学》（第 2 版）的基础上，根据教育部高等学校《普通高等学校本科专业类教学质量国家标准》和医学各专业目前教学现状编写而成的，教材内容突出基本理论、基础知识和基本技能。

有机化学课程是高等学校医学类各专业本科生必修的一门重要的自然科学类基础课。目的是为医学生后续课程的学习打好必要的有机化学基础，培养学生科学的思维方法。该课程所讲授的基本概念、基本理论和基本方法是医学生科学素养的重要组成部分，具有其他课程不能替代的重要作用，是合格医学科学工作者必备的知识。

有机化学教材应使学生对有机化学的基本知识、基本理论和基本方法有比较系统的认识和正确的理解，应注重学生分析问题、解决问题的能力以及探索精神和创新意识的培养，努力实现学生知识、能力、素质三位一体的协调发展。

本书在编写时着重突出以下几点：

（1）具有明确定位，适合医学各专业五年制本科生。

（2）注重有机化学和医学的良好融合，体现有机-生物理念。

（3）在保证有机化学基本知识链的基础上，对内容进行优化与调整，压缩部分与医学相关性较小的内容。

（4）参考大量国内外同类教材编写经验，吸收部分近年来教学与科研成果。

（5）编写方法上进行部分改进，各章都有内容提示、问题思考和习题练习，有利于启发学生对问题的思考和重点内容的掌握。

本书编写过程中注重我国目前医学五年制教育现状，教材具有鲜明的针对性。全书共 14 章，前 11 章系统地阐述有机化学的基础理论和方法，立体化学，以及与医学有密切关系的基本反应和反应机理，目的是使医学生学会运用有机化学原理和方法解决医学科学中的化学问题，后 3 章集中讲述生物体的物质基础，脂类、糖和蛋白质等。

本书由西安交通大学唐玉海编写第一、二、六章；西安交通大学李洋编写第三章；山西医科大学晋祠学院李娇编写第四章；西安交通大学王丽娟编写第五章；山西医科大学贾斌编写第七章；山西医科大学卫建琮编写第八章；三峡大学袁丁编写第九章；长治医学院李银涛编写第十章；内蒙古医科大学张可青编写第十一章；西安交通大学徐四龙编写第十二章；西安交通大学焦姣编写第十三章；内蒙古医科大学王建华编写第十四章。

本书在编写过程中得到了西安交通大学和各参编学校的大力支持，得到了科学出版社的帮助和指导，在此一并致谢。

虽然编者为本书的出版做了大量的工作，但由于水平有限，书中仍难免有疏漏和不妥之处，望同行和广大读者不吝指正。

编　者
2022 年 4 月于西安

目　　录

前言
第一章　绪论 1
第二章　链烃 11
　　第一节　链烃的结构 11
　　第二节　链烃的命名 18
　　第三节　链烃的物理性质 24
　　第四节　链烃的化学性质 28
第三章　环烃 46
　　第一节　脂环烃 46
　　第二节　芳香烃 50
第四章　对映异构 63
第五章　卤代烃 79
第六章　醇、酚、醚 96
　　第一节　醇 96
　　第二节　酚 104
　　第三节　醚和环氧化合物 109
第七章　醛、酮、醌 116
第八章　羧酸和羧酸衍生物 132
　　第一节　羧酸 132
　　第二节　羧酸衍生物 138
第九章　羟基酸和羰基酸 149
第十章　含氮、硫、磷有机化合物 160
　　第一节　胺 160
　　第二节　含硫有机化合物 170
　　第三节　含磷有机化合物 173
第十一章　杂环化合物 179
第十二章　油脂和类脂 196
　　第一节　油脂 196
　　第二节　类脂 201
第十三章　糖类 211
　　第一节　单糖 211
　　第二节　双糖 221
　　第三节　多糖 223
　　第四节　糖缀合物 227

第十四章	氨基酸、肽、蛋白质	231
第一节	氨基酸	231
第二节	肽	236
第三节	蛋白质	242

参考文献 ······ 257

第一章 绪 论

★★ 内容提示

本章重点介绍一些有机化学共性知识,主要包括有机化合物分子的共价键类型及其性质,共价键参数,键的断裂方式和反应类型,有机化学反应中的酸碱概念,有机化合物的分类,有机化合物的一般研究方法等。

本章是为给医学生学习有机化学奠定基础而设的,其中有些知识点在中学化学或者基础化学中已经涉及,故在此不从头讲起,仅作总结性介绍。特别需要指出的是,有些同学认为这一部分无关紧要,忽视对本章的学习,结果会造成学习环节上的缺憾;本章有部分内容只作概念性的介绍,在后续章节中将进一步深化和扩展。

一、有机化合物和有机化学

人类为了生存、繁衍与发展,总是要同自然界打交道,考古学证实人类历史发展经历过的地方都有天然产物伴随着人类活动。尽管人类与有机物打交道的历史可追溯到远古时代,但有机物概念的形成却并不遥远。

1806 年瑞典化学家 J. Berzelius 定义有机化合物(organic compound)为"生物体中的物质";把从地球上的矿物、空气和海洋中得到的物质定义为无机物(inorganic compound)。随着科学技术的发展,1828 年德国化学家 F. Wöhler 在实验室中用无机物 NH_4OCN 合成出有机物尿素(脲):

$$NH_4OCN \xrightarrow{\Delta} (NH_2)_2CO$$

这是一个具有划时代意义的发现,它为近代有机化合物概念的确立奠定了基础。可是按照 J. Berzelius 对有机化合物的定义,尿素是不可能在实验室中制备出来的,所以这个实验结果在当时并不被化学家认同。直到 1848 年 L. Gmelin 根据 F. Wöhler 的实验和越来越多的有机合成事实,确立了有机化合物的新概念,即有机化合物是含碳及其衍生物化合物。有机化学是研究含碳及其衍生物化合物的化学。

现代人对有机化学所下的定义是:"研究有机化合物的来源、制备、结构、性质、应用和功能以及有关理论与方法的科学"。而有机化合物(简称有机物)被定义为碳氢化合物及其衍生物。

二、医学生为什么要学习有机化学

有机化学最初的定义就是生物物质的化学,即以生物体中物质为研究对象。可见"有机"二字是同生命现象紧密相连而产生的,是历史的产物。可是近 200 年来,有机化学已经发展成一门庞大的学科,同其他科学技术一道为创造人类的美好生活,已经把世界装点得五彩缤纷,仅 2019 年一年化学家就创造了近 130 万种新化合物。现在,从结构复杂多样的生物大分子的合成到模拟生物过程模型的确立,标志着有机合成技术已经达到了相当高的境界。

有机化学理论上和实验上的成就,为现代生物学的诞生和发展打下了坚实的基础,是生命科学的重要支柱。DNA技术的发展、基因工程技术的广泛应用、新型冠状病毒的检测等一系列分析检测技术都与有机化学密切相关。生命科学也为有机化学的发展贡献了丰富的内容,生命科学问题永远赋予有机化学家启示。如果将诺贝尔(Nobel)奖获得者的研究成果作为当今科学研究发展水平的标志的话,从20世纪后半期诺贝尔奖的授予对象也反映了学科之间交叉和融合的力量。J. Watson 和 F. Crick 的 DNA 双螺旋结构模型的提出,是生物学发展史上划时代的发现。这一发现是基于对 DNA 分子内各种化学键的本质,特别是对氢键配对的充分了解的结果。T. Cech 和 S. Altman 对核酶的发现,改变了酶就是蛋白质的传统观念。美国医学家、诺贝尔奖获得者 A. Kornberg 认为:"人类的形态和行为诸多方面都是由一系列各负其责的化学反应来决定的反应过程""生命的许多方面都可用化学语言来表达,这是真正的世界语",人们可以"把生命现象理解成化学"。实践表明,几乎所有生命科学中的问题都必将接受化学的挑战。21世纪的化学生物学是一门用化学理论、研究方法和手段在分子水平上探索生命科学问题的学科,这是化学自觉进入生命科学领域的标志。

有机化学与生命科学广泛地相互渗透,相互融合,两者的学科界线越来越模糊,人们饶有兴趣地看到,有机化学在研究生物体本义上的回归。从这个意义上说,"有机"二字必将还其生机,"误解"必将成为历史。当然医学的任务就是预防和治疗疾病,预防疾病的药物绝大多数是有机化合物。另外,研究药物与受体之间的关系需要立体化学知识,再如像牛海绵状脑病(疯牛病)、阿尔茨海默病都是蛋白质构象出现问题而导致的构象病。综上所述,有机化学是医学生至关重要的一门课。

三、有机化合物化学键特点

化学键(chemical bond)是指组成分子的原子结合在一起的力。有机化学的发展,揭示了有机化合物分子中原子键合的本质主要是共价键(covalent bond)。共价键概念是由 G. N. Lewis 于1916年首先提出来的,第一次指出原子间共用电子满足"八隅体"(即原子外层满足8电子结构,氢原子外层满足2电子结构)即生成共价键。通常在两原子间连一短线代表共价键共用的一对电子。1926年量子力学理论的出现,才使共价键的本质得以阐明。量子力学理论认为,共价键的成键轨道的电子云在两核之间较密,即电子云密集分布在原子核间,同时受两个核吸引比分别在两个原子中单独受一个核吸引时平均位能要低,故体系能量降低而成键。密集于两原子核间的电子云的作用,可以看作是同时吸引两个核,把两个核联系在一起成化学键。

在基础化学课中,我们已经知道,根据原子轨道最大重叠原理,成键时轨道之间可有两种不同的重叠方式:轨道沿着键轴方向以"头碰头"方式进行重叠形成的共价键称为σ键;两个互相平行的轨道以"肩并肩"方式进行重叠形成的共价键称为π键,表1-1列出σ键和π键主要的特点。

表 1-1　σ键和π键主要的特点

	σ键	π键
存在	可以单独存在	不能单独存在,只与σ键同时存在
生成	成键轨道沿键轴方向重叠,重叠程度较大	成键p轨道平行重叠,重叠程度较小
性质	(1) 键能较大,较稳定 (2) 电子云受核约束大,不易极化 (3) 成键的两个原子可沿键轴自由旋转	(1) 键能小,不稳定 (2) 电子云受核约束小,易被极化 (3) 成键的两个原子不能沿键轴自由旋转

组成有机物分子的原子主要是碳、氢、氧、氮、磷、硫及卤素原子,它们的电负性相差很小,相互间结合力的本质只能是共价键。碳原子在形成共价键时,有 3 种杂化轨道(hybrid orbit),即 sp^3、sp^2 和 sp 杂化轨道。除了碳原子外,氧原子、氮原子、磷原子和硫原子的轨道杂化也是常见的,生命科学的发展不断显示出含这些杂原子的有机物在生物学中的地位备受关注。中心原子的不同杂化状态提供了分子不同的空间形象,这是分子之所以能形成不同结构的最基本要素,它既影响分子的局部,也影响分子的整体。

(1) sp^3 杂化轨道:碳原子在基态时的电子构型为 $1s^2 2s^2 2p_x^1 2p_y^1 2p_z^0$,按理只有 $2p_x$ 和 $2p_y$ 可以形成共价键,键角 90°。但实际在甲烷分子中,是四个完全等同的键,键角均为 109°28′。这是因为在成键过程中,碳的 2s 轨道有一个电子激发到 $2p_z$ 轨道,成为 $1s^2 2s^1 2p_x^1 2p_y^1 2p_z^1$。然后 3 个 p 轨道与一个 s 轨道重新组合即杂化,形成 4 个完全相同的 sp^3 杂化轨道。

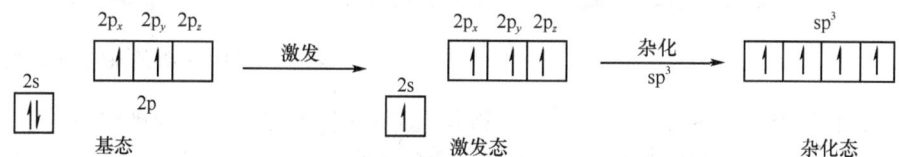

其形状一头大一头小。每个轨道是由 (1/4)s 与 (3/4)p 轨道杂化组成。这四个 sp^3 轨道的方向分别指向正四面体的四个顶点,因此 sp^3 轨道间的夹角都是 109°28′,见图 1-1。

甲烷分子中碳原子以 sp^3 杂化轨道和四个氢原子的 1s 轨道分别成键,形成四面体结构的 CH_4。

(2) sp^2 杂化轨道:碳原子在成键过程中,首先是碳的基态 2s 轨道中的一个电子激发到 $2p_z$ 空轨道,然后碳的激发态中一个 2s 轨道和两个 2p 轨道重新组合杂化,形成三个相同的 sp^2 杂化轨道,还剩余一个 p 轨道未参与杂化。

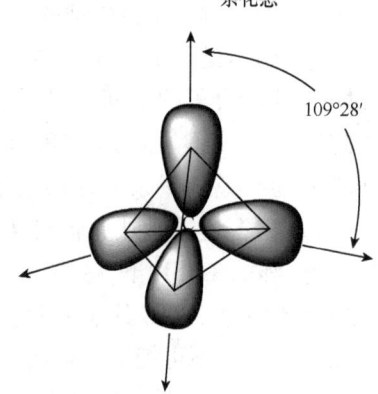

图 1-1　碳的 sp^3 杂化轨道

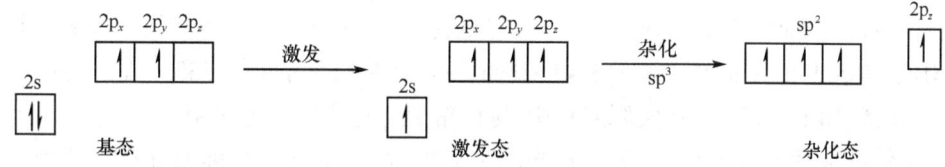

每一个 sp^2 杂化轨道均由 (1/3)s 与 (2/3)p 轨道杂化组成,这三个 sp^2 杂化轨道在同一平面,夹角为 120°。余下一个 $2p_z$ 轨道,垂直于三个 sp^2 轨道所处的平面,见图 1-2。

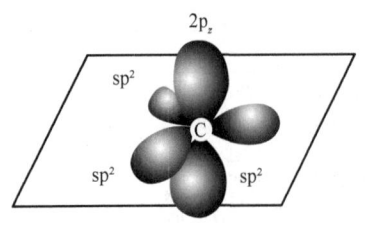

图1-2 碳的 sp² 杂化轨道

乙烯分子中的两个碳原子和其他烯烃分子中构成双键的碳原子均为 sp² 杂化。

（3）sp 杂化轨道：sp 杂化轨道是碳原子在成键过程中，碳的激发态的一个 2s 轨道与一个 2p 轨道重新组合杂化形成两个相同的 sp 杂化轨道，还剩余两个 p 轨道未参与杂化。

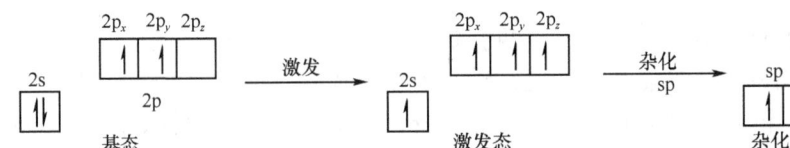

sp 杂化轨道之间的夹角为 180°，呈直线形。余下两个互相垂直的 p 轨道又都与此直线垂直，见图 1-3。

乙炔分子中的碳原子和其他炔烃分子中构成碳碳三键的碳原子均为 sp 杂化。

思考题 1-1 标出 $H_2C=CH-CH_2-C\equiv CH$ 分子中各碳原子的杂化状态。

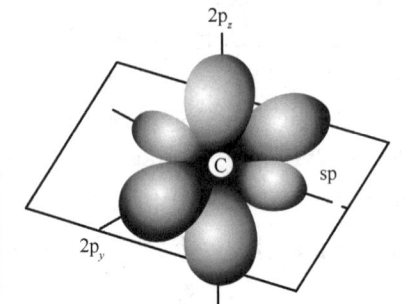

图1-3 碳的 sp 杂化轨道

表征共价键基本性质的几个物理量是键长、键角、键能、键的极性和极化性等。

（1）键长：键长是指成键的两原子核中心之间的平均距离，其单位常用 nm 或 pm。

（2）键角：键角是指分子中同一原子形成的两个化学键之间的夹角。键角所给的信息对讨论有机物分子的空间构型具有十分重要的意义。例如，甲烷分子中的碳原子是经过 sp³ 杂化，∠HCH 键角为 109°28′，是正四面体构型；当知道甲醇的 ∠COH 键角为 108°9′ 时，即可判断醇羟基的氧原子为 sp³ 杂化。

（3）键能：键能是从共价键生成或断裂的能量因素来衡量共价键强度的物理量。在 101.3kPa 和 298.15K 下，将 1mol 理想气体分子 A—B 解离为理想气态的 A 原子和 B 原子所需的能量称为 A—B 的解离能(dissociation energy)，用 $D(A-B)$ 表示，单位为 $kJ \cdot mol^{-1}$。

请注意！决不可把键的解离能(D)同另一个衡量键强度的物理量键能(E)相混淆。只有双原子分子 D 就是它的 E，如 H_2 分子，$D(H-H)=E(H-H)=463 kJ \cdot mol^{-1}$。而在多原子分子中，键能是同类键解离能的平均值，如甲烷(CH_4)分子，若依次断裂其 4 个 C—H 键，所需键离解能是不同的，其数值分别为 $435.1 kJ \cdot mol^{-1}$、$443.5 kJ \cdot mol^{-1}$、$443.5 kJ \cdot mol^{-1}$ 和 $338.9 kJ \cdot mol^{-1}$。通常说甲烷分子中 C—H 键的键能 E 为 $415.3 kJ \cdot mol^{-1}$，是指键的解离能的平均值 $(435.1 kJ \cdot mol^{-1} + 443.5 kJ \cdot mol^{-1} + 443.5 kJ \cdot mol^{-1} + 338.9 kJ \cdot mol^{-1})/4 = 1661/4 = 415.3 kJ \cdot mol^{-1}$。在实际工作中，键的解离能对我们更为有用。

（4）键的极性和极化性：当两个相同原子成键时，其电子云对称地分布于两个原子核周围，这种键是无极性的。如乙烷分子中 C—C 键，氢分子中 H—H 键。当两个不同原子成键时，由于两种元素的电负性不同，电子云分布不对称而靠近其中电负性较强的原子，使它带有部分负电荷,用符号 δ^- 表示,另一原子带有部分正电荷,用符号 δ^+ 表示。

键的极性 键的极性大小用偶极矩(μ)表示,它的值等于正电荷和负电荷中心的距离 d(单位为 m)与电荷 q(单位为 C)的乘积,$\mu = q \cdot d$。偶极矩(dipole moment)单位为 C·m。偶极矩是一个向量,具有方向性,通常用 ⟶ 表示其方向,箭头由正电荷中心指向负电荷中心。偶极矩值越大,键的极性越强。有机化合物中一些常见的共价键的偶极矩在 $(1.334 \sim 1.167) \times 10^{-30}$ C·m 范围。对于双原子分子来说,键的偶极矩就是分子的偶极矩。对多原子分子来说,分子的偶极矩则是各键的偶极矩的向量和,也就是说多原子分子的极性不只取决于键的极性,也取决于各键在空间分布的方向,即取决于分子的形状。例如,CCl_4 分子中 C—Cl 键是极性键,偶极矩为 4.868×10^{-30} C·m,但分子呈正四面体型,为对称分子,四个氯原子对称地分布于碳的周围,各键的极性相互抵消,所以 CCl_4 分子没有极性($\mu = 0$)。CH_3Cl 的分子不对称,C—Cl 键的极性没有被抵消,分子的偶极矩为 6.201×10^{-30} C·m,为极性分子。

键的极性和键的物理、化学性质密切相关,对熔点、沸点和溶解度有较大影响,键的极性也能决定发生在这个键上的反应类型,甚至还能影响邻近一些键的反应活性。

键的极化性 共价键处于外电场中(如在极性试剂、极性溶剂等作用下)时,受外电场影响,而引起键内电子云密度的重新分布,键的极性发生改变,这种现象称为键的极化(polarization)。由于各种键受外电场的影响不同,而导致键的极化程度难易不同,这种键的极化难易程度称为键的极化度(polarizability)。键的极化度主要取决于相连两原子的价电子活动性的大小。例如,C—X 键的极化顺序是 C—I>C—Br>C—Cl>C—F。这是因为氟的原子半径小而电负性大,对价电子约束力也较大,在外电场的影响下,成键电子的转移就比较小。一般来说,在同族元素(如卤素)中,原子序数越大,在价电子层的能级就越高,原子核对这些价电子的吸引力就越小,它们所形成的键就容易极化。因此 C—X 键极化度按 C—F、C—Cl、C—Br、C—I 的次序递增。在碳碳共价键中,π 键比 σ 键容易极化。

键的极化是在外电场的影响下产生的,是一种暂时现象,当除去外界电场时,就恢复到原来的状态。共价键的极性和极化性,是有机化合物具有各种性质的内在因素。有机化学反应的实质,就是在一定条件下,由于共价键电子云的移动而发生的旧键的断裂和新键的形成。

四、有机化合物的分类方法

迄今已发现的约几千万种化合物中,绝大多数是有机化合物。为了有效地学习和研究它们,必须对众多有机化合物进行科学的分类,分类方法依据有机物分子的结构。

目前,国内外有机化学家对有机物的分类,主要采用两种方法:其一是基于有机物分子结构的基本骨架特征;其二是以有机物分子结构中的官能团(functional group)或特征化学键为分类依据。

1. 按基本骨架特征分类

(1) 链状化合物:这类化合物的结构特征是碳原子与碳原子,或碳原子与其他原子相连成链,如正己烷 $CH_3(CH_2)_4CH_3$、乙醚 $CH_3CH_2OCH_2CH_3$、尿素 H_2NCONH_2、乙酸 CH_3COOH 等。

(2) 碳环化合物:这类化合物的结构特征是在分子结构中,一定有由碳原子相互连接成的环状结构部分。例如：

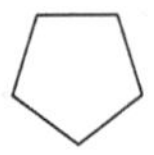

环戊烷 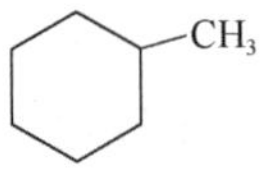　　　甲基环己烷 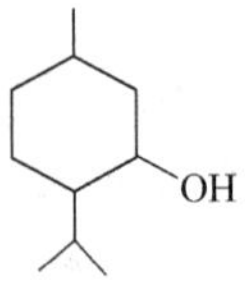　　　薄荷醇

从这些例子可以看出，无论分子结构中是否有其他链状结构部分，由碳原子与碳原子互相连接组成的碳环总是存在的。

（3）杂环化合物（heterocyclic compound）：这类化合物的结构特征是在分子结构中，一定有杂环结构部分存在。杂环是指由碳原子和杂原子（如 N、O、S 等）所组成的环。此类化合物称为杂环化合物，例如：

呋喃 　　　噻吩 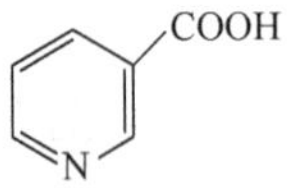　　　烟酸

2. 按官能团不同分类 官能团（也称功能基）是指有机物分子结构中最能代表该类化合物主要性质的原子或基团，主要化学反应的发生也与其有关。例如，乙醇（酒精）CH_3CH_2OH 和丙三醇（甘油）$CH_2(OH)CH(OH)CH_2OH$ 的官能团为羟基（—OH）；羧酸类化合物的官能团是羧基（—COOH），如苯甲酸、烟酸等。一些主要的官能团如表 1-2 所示。

表 1-2　一些主要的官能团

化合物类别	官能团（或特征结构）	官能团名称	化合物举例（结构式）	化合物名称
烯烃	C=C	碳碳双键	$H_2C=CH_2$	乙烯
炔烃	—C≡C—	碳碳三键	$HC≡CH$	乙炔
卤代烃	—X(F、Cl、Br、I)	卤原子	CH_3CH_2Cl	氯乙烷
醇	—OH	醇羟基	C_2H_5OH	乙醇
酚	—OH	酚羟基	C_6H_5OH	苯酚
醚	—C—O—C—	醚基（键）	$C_2H_5OC_2H_5$	乙醚
醛	—C(=O)H	醛基	CH_3CHO	乙醛
酮	C=O	羰基	CH_3COCH_3	丙酮
羧酸	—COOH	羧基	CH_3COOH	乙酸
酯	—C(=O)—O—	酯基（键）	$H_3C-C(=O)-O-C_2H_5$	乙酸乙酯
酐	—C(=O)—O—C(=O)—	酸酐基（键）	$H_3C-C(=O)-O-C(=O)-CH_3$	乙酸酐
酰胺	—C(=O)—N(H)—	酰胺基（键）	$H_3C-C(=O)-NH_2$	乙酰胺

化合物类别	官能团(或特征结构)	官能团名称	化合物举例(结构式)	化合物名称
酰卤	—C—X ‖ O	酰卤基	H₃C—C—Cl ‖ O	乙酰氯
硝基化合物	—NO$_2$	硝基	C$_6$H$_5$NO$_2$	硝基苯
氨基化合物	—NH$_2$	氨基	C$_6$H$_5$NH$_2$	苯胺
硫醇	—SH	巯基	C$_2$H$_5$SH	乙硫醇
硫酚	—SH	巯基	C$_6$H$_5$SH	苯硫酚
磺酸	—SO$_3$H	磺酸基	C$_6$H$_5$SO$_3$H	苯磺酸

思考题 1-2 指出化合物中的官能团和特征结构。

$$NH_2-CH_2-\underset{O}{\overset{\|}{C}}-N\overset{H}{-}\underset{CH_2SH}{CH}-\underset{O}{\overset{\|}{C}}-N\overset{H}{-}\underset{CH_2OH}{CH}-COOH$$

五、有机化学反应

1. 有机化学反应类型 物质的化学变化就是一种原子间的重新组合和排列生成新分子的过程。有机反应千差万别,但都需经历旧的共价键的断裂和新的化学键的生成。讨论有机化学反应机理(reaction mechanism),不外乎是看旧的共价键是怎样断裂的,新的共价键是怎样生成的。因此,共价键的断裂是研究有机化学反应最基本的知识。共价键在一定条件下,可有两种断裂方式——均裂和异裂。

(1) 均裂:共价键断裂后,两个原子共用的一对电子由两个原子各保留一个,这种键的断裂方式称为均裂(homolysis)。均裂往往借助于较高的温度或光的照射。

$$R-\underset{H}{\overset{H}{C}}:A \xrightarrow[\text{或}\Delta]{h\nu} R-\underset{H}{\overset{H}{C}}\cdot + \cdot A$$

由均裂产生的带有未成对电子的原子或基团称为自由基或游离基(free radical)。有自由基参与的反应称为自由基反应。自由基反应又可分为自由基取代反应和自由基加成反应。自由基反应是高分子有机化学中的一类重要反应,它也参与许多生理或病理过程。

(2) 异裂:共价键断裂后,共用电子对只归属于原来生成共价键的两个原子中的一个,这种键的断裂方式称为异裂(heterolysis)。它往往被酸、碱或极性试剂所催化,一般都在极性溶剂中进行。碳与其他原子间的σ键异裂时,可得到碳正离子(carbocation)或碳负离子(carbanion)。

$$R-\underset{H}{\overset{H}{C}}:A \xrightarrow{\text{能量}} R-\underset{H}{\overset{H}{C^+}} + :A^-$$

碳正离子

$$R-\underset{H}{\overset{H}{C}}:A \xrightarrow{\text{能量}} R-\underset{H}{\overset{H}{C^-}}: + :A^+$$

碳负离子

通过共价键的异裂而进行的反应称为离子型反应,它有别于无机化合物瞬间完成的离子反应。它通常发生于极性分子之间,通过共价键的异裂形成一个离子型的中间体来完成。

2. 有机化学反应中的酸碱概念 在述及化学性质时,对有机物的酸性和碱性的认识是理解有机化学的基础。

Lewis 定义酸是能获得一对电子以形成共价键的物质,即酸是电子对的受体,常称其为 Lewis 酸;碱是电子对的给体,常称其为 Lewis 碱。Lewis 酸(如 H^+、Cl^+、Br^+、NO_2^+、BF_3、$AlCl_3$ 等)都是寻求一对电子的酸性试剂,称其为亲电试剂(electrophilic reagent)。由亲电试剂进攻引起的反应,称为亲电反应(electrophilic reaction),根据反应事实可能是亲电取代或亲电加成。Lewis 碱(如 H_2O、ROH、NH_3、RNH_2、OH^-、CN^- 等)都是有进攻碳核倾向的、富有电子的碱性试剂,称其为亲核试剂(nucleophilic reagent)。由亲核试剂进攻引起的反应,称为亲核反应(nucleophilic reaction),根据反应事实可能是亲核取代或亲核加成。Lewis 的酸碱概念在有机化学反应中的重要性,在今后各章的学习中将不断有所体现,那时将更加深刻地理解它的真实意义。Lewis 酸碱电子理论所定义的酸碱物质范围相当广泛,可用于许多有机反应。

思考题 1-3 $CH_2=CH_2$ 与 Br^+ 在一定条件下发生反应时,Br^+ 是什么试剂?

思考题 1-4 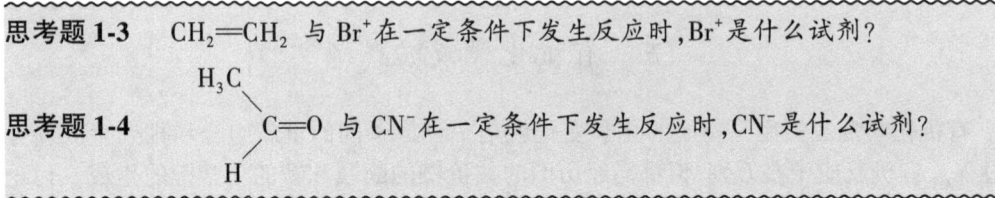 与 CN^- 在一定条件下发生反应时,CN^- 是什么试剂?

3. 有机化学反应的条件 虽然化学热力学可以判断化学反应进行的方向以及进行的限度,但是如果没有适宜的条件,反应也是很难自发进行的。这些条件在实验室中主要是指浓度、温度、压力、催化剂等。催化作用是现代化学工业的核心。

在生物体内的条件主要是水(water)、细胞(cell)和酶(enzyme)。生命的基本特征是新陈代谢(metabolism)。细胞是生物体最基本的生命单位,除病毒外,生物体的一切生命活动都是在细胞内或在细胞参与下完成的,酶的催化作用是生物化学的核心。

任何一个有机化学反应都是在一定条件下进行的,体外是这样,体内也不例外。在本课程学习中,有机合成内容不会涉及很多,但是在未来的有关生命科学课程中,会遇到大量的生物合成问题,那时你会看到,对生命过程深刻理解的基础是对有机化学的理解。

六、研究有机化合物的一般方法

有机化合物的来源主要有两个途径:一是从天然的动植物机体中获取;二是化学合成。无论是从哪个途径得到的物质,最初都是含有多种杂质的混合物。要想得到自己想要的化合物,首先要做分离纯化工作。

(1)分离纯化:有机化合物的分离纯化方法通常有蒸馏、重结晶和升华以及色谱法等。这些基本方法将在实验课中做一些基本训练。化合物经分离纯化之后,还需检查其纯度,通常通过测定化合物的物理常数,如测熔点、测沸点及色谱分析等验证。

色谱技术,包括薄层色谱、纸色谱、柱色谱、气相色谱和高效液相色谱,在化合物的分离、纯化和纯度鉴定等方面的应用越来越多,也越来越广泛。尤其是高效液相色谱(HPLC),它是以高科技为依托发展起来的一种新技术。它的特点是分离效率高;分离速度快,比经典的柱色谱要快数百倍;分析样品纯度所需样品量可少到 1mg 以内。HPLC 在有机化学、药物化学、生物化学和医学领域已广泛使用。

（2）元素分析：通过分离提纯得到纯化合物之后，须进一步知道这种化合物是由哪几种元素组成的，各元素的含量又是多少。只有确定了分子的元素组成及其含量才能进一步确定未知化合物的实验式和分子式。这就是元素定性和定量分析。

（3）确定分子式：实验式是最简单的化学式，表示组成化合物分子的元素种类和各元素间原子的最小个数比。例如，实验式 CH_3，就是指某化合物分子是由 C 和 H 两种元素组成，C 和 H 原子最小个数比为 1∶3。实验式的计算方法是将各元素的质量分数除以相应元素的相对原子质量，求出该化合物中各元素间原子的最小个数比例。即可得出该化合物的实验式。例如，一化合物从元素分析得知含有 C、H、O 三种元素，各元素的质量分数分别为碳 40.00%，氧 53.34%，氢 6.66%，则该化合物的实验式为 CH_2O。

实验式仅表示分子中各元素间原子个数比例，一般并不代表分子中真正所含的原子数目。因此实验式不能代表化合物的分子式。只有在测定相对分子质量之后，方能确定化合物的分子式。分子式与实验式是倍数关系。有时实验式就是分子式。例如，实验式为 CH_2O 的化合物，若测得的相对分子质量为 30，则它的分子式也是 CH_2O；若测得的相对分子质量为 60，则它的分子式为 $C_2H_4O_2$；如果测得的相对分子质量为 90，则它的分子式为 $C_3H_6O_3$。

过去测定化合物的相对分子质量通常采用沸点升高法和冰点降低法等经典的物理化学方法，现在通常用质谱法。

（4）结构式的确定：分子式相同，结构式截然不同，这种现象在有机化合物中屡见不鲜。因此，确定了化合物的分子式之后，还必须确定其结构。过去，通常是用经典的化学方法确定化合物结构式：首先用有机化学反应证实化合物分子中存在的官能团；然后在实验室用降解反应初步确定化合物的结构；最后用有机合成方法在实验室合成该化合物，以此确证化合物的结构。这种方法准确率低且费时，有时甚至要耗费几年、几十年时间才能确定一个较复杂化合物的结构。近二三十年，随着科学技术的发展，化合物结构测定方法也发生了质的变化。目前，主要是用红外光谱（infrared spectroscopy，IR）、紫外光谱（ultraviolet spectroscopy，UV）、核磁共振波谱（nuclear magnetic resonance spectroscopy，NMR）等技术测定有机化合物的结构。其特点是样品用量少、快捷和准确率高。红外光谱可以确定化合物分子中存在哪些官能团；紫外光谱可揭示化合物中有无共轭体系存在；核磁共振波谱可以提供分子中氢原子与碳原子及其他原子的结合方式，它是测定有机化合物结构最主要的方法。

习　题

1. 什么是有机化学？什么是有机化合物？
2. 有机化合物主要有哪几种分类方法？
3. 共价键有几种断裂方式？分别说明其特点。
4. 什么是 Lewis 酸和 Lewis 碱？其特点是什么？
5. 核酸分子中的常见碱基有：腺嘌呤（A）、鸟嘌呤（G）、胸腺嘧啶（T）、胞嘧啶（C）和尿嘧啶（U），试指出下列碱基对（A 与 T，G 与 C，A 与 U）间能形成几条氢键。

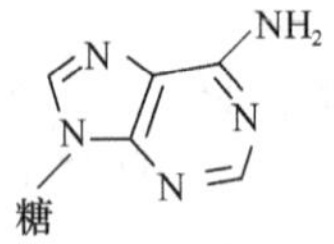

(A) 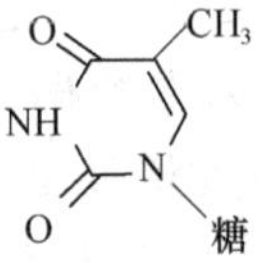   (T)

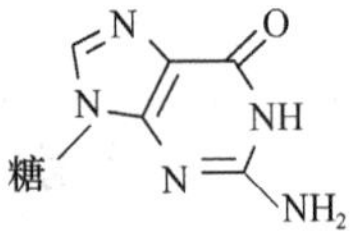

(G) 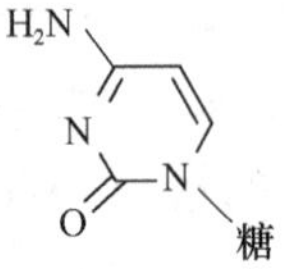   (C) 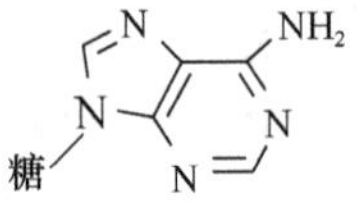   (A) 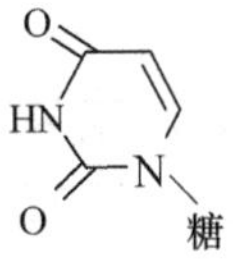   (U)

6. 已知氨分子中∠HNH=107°,试指出氮原子的杂化状态。

7. 甲醛(HCHO)分子中∠HCO=121.7°,∠HCH=116.5°,回答下列问题:

(1)指出碳原子和氧原子的杂化状态。

(2)指出羰基的碳氧双键的共价键类型。

8. 分别写出与分子式 C_2H_6O 和 C_2H_7N 相适应的所有结构式,并分别指出这些结构式代表的物质都是属于哪一类有机化合物?

9. 吗啡烷生物碱的结构式为

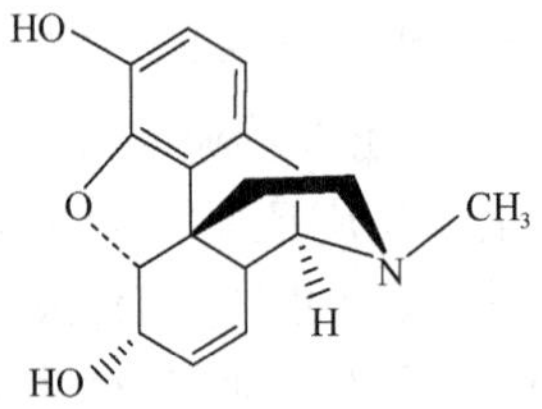

(1)指出所含官能团的名称。

(2)指出结构中环状结构部分在分类上的不同。

(西安交通大学　唐玉海)

第二章 链 烃

★★ 内容提示

本章重点介绍烷烃的构象异构、烯烃的顺反异构,链烃的普通命名法和 IUPAC 法;烷烃的自由基取代反应及其机制,烯、炔、共轭二烯烃的亲电加成反应及其机制;烯、炔烃的过氧化物效应;烯、炔烃的氧化还原反应;电子效应理论等。

烃(hydrocarbon)是指分子中仅含有碳和氢两种元素的有机化合物。其他各类有机化合物可视为烃的衍生物(derivative),如乙醇 C_2H_5OH 可认为是羟基(—OH)取代 C_2H_6 分子中的一个氢原子后的产物。烃的种类很多,根据烃分子中碳骨架不同,可将烃分为两大类:链烃(chain hydrocarbon)和环烃(cyclic hydrocarbon)。

链烃分子中,根据碳原子之间化学键的不同,又可分为饱和烃(saturated hydrocarbon)和不饱和烃(unsaturated hydrocarbon);饱和烃称为烷烃(alkane),不饱和烃包括烯烃(alkene)和炔烃(alkyne)。

环烃根据结构可分为脂环烃(alicyclic hydrocarbon)和芳香烃(aromatic hydrocarbon)。芳香烃又可分为苯型芳香烃(benzenoid aromatic hydrocarbon)和非苯型芳香烃(nonbenzenoid aromatic hydrocarbon)。

链烃主要来源于石油和天然气,是重要的能源,也是现代化学工业、医药工业的重要原材料。链烃可以用于合成高分子材料;医药中常用高级烷烃的混合物作为药物的基质材料,如液状石蜡、固体石蜡及凡士林等。随着生物技术的发展,链烃还可以作为某些微生物的食物,通过生物转化生产出许多更有价值的有机化合物。

第一节 链烃的结构

一、烷烃的结构与构象异构

烷烃的 C 原子都是 sp^3 杂化,各原子之间都以 σ 键相连,键角接近 109.5°,C—C 键的键长约为 154pm,C—H 键键长约为 109pm,由于 σ 键电子云沿键轴近似于圆柱形对称分布,所以,两个成键原子可绕键轴"自由"旋转。

1. 烷烃的构造异构 甲烷是烷烃中最简单的分子,分子中的 C 原子以 4 个 sp^3 杂化轨道分别与 4 个 H 原子的 s 轨道重叠,形成 4 个 C—H σ 键,在空间呈正四面体排布,在空间 H 原子之间的距离最远,排斥力最小,能量最低,体系最稳定,如图 2-1 所示。

乙烷分子中两个 C 原子各以 sp^3 杂化轨道重叠形成 C—C σ 键,余下的杂化轨道分别和 6 个 H 原子的 1s 轨道重叠形成 C—H σ 键,如图 2-2 所示。

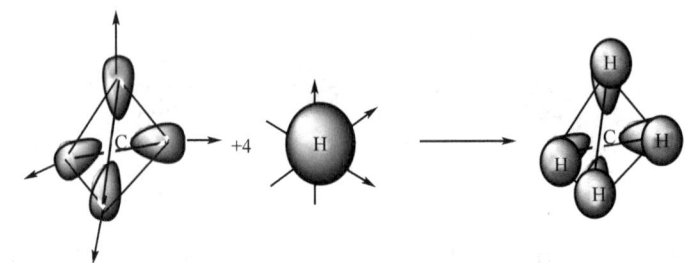

图 2-1　甲烷分子形成示意图

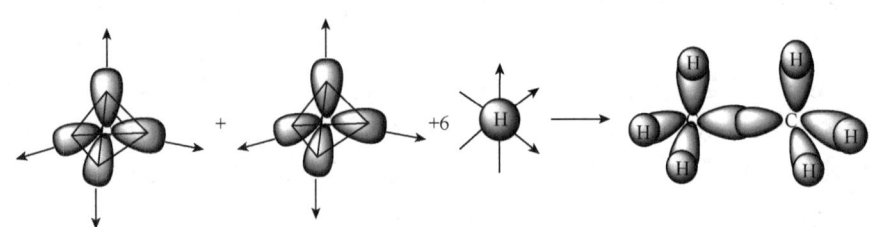

图 2-2　乙烷分子的形成示意图

从 CH_4、C_2H_6 及 C_3H_8 等烷烃的分子式来看，烷烃中每增加一个碳原子,同时增加两个氢原子,不难推出烷烃分子可用通式 C_nH_{2n+2} 表示,其中 n 为碳原子的个数。这样不同碳原子数的烷烃就形成了链状烷烃的同系列(homologous series);同系列中的各化合物互称为同系物(homolog);相邻两个同系物在组成上的不变差数 CH_2 称为同系差(homologous difference)。同系列是有机化合物中普遍存在的现象,同系物结构相似,化学性质相近,化学反应速率往往有较大的差异,物理性质随碳原子数增加而呈现规律性变化。

CH_4、C_2H_6 及 C_3H_8 都只有一种结构,从 C_4H_{10} 起,C 原子之间不仅可以连接成直链,也可以有碳链的分支。这种由于碳骨架不同而产生的异构体称碳链异构体(carbon chain isomer)。例如,丁烷的分子式为 C_4H_{10},符合此分子式的结构有两种(正丁烷和异丁烷),C_5H_{12} 则有 3 种碳链异构体,C_6H_{14} 有 5 种异构体,$C_{10}H_{22}$ 有 75 种异构体,异构体数目的增加远比碳原子数目增加得快。

C_4H_{10}：　　$CH_3CH_2CH_2CH_3$　　　　$CH_3-CH-CH_3$
　　　　　　　　　　　　　　　　　　　　　　　｜
　　　　　　　　　　　　　　　　　　　　　　　CH_3
　　　　　　　　正丁烷　　　　　　　　异丁烷
　　　　　　　（沸点-0.5℃）　　　　（沸点-10.2℃）

C_5H_{12}：　　$CH_3CH_2CH_2CH_2CH_3$　　$CH_3CHCH_2CH_3$　　$CH_3-\underset{\underset{CH_3}{|}}{\overset{\overset{CH_3}{|}}{C}}-CH_3$
　　　　　　　　　　　　　　　　　　　　　｜
　　　　　　　　　　　　　　　　　　　　　CH_3
　　　　　　正戊烷(沸点36℃)　　　异戊烷(沸点28℃)　　　新戊烷(沸点9.5℃)

在大多数烷烃分子中,碳原子所处的化学环境是不同的。按照与其直接相连的碳原子数目的不同,碳原子可分为伯、仲、叔、季碳。伯碳原子(primary carbon)是只与一个碳原子相连的碳,称为一级碳原子,用 1°表示;仲碳原子(secondary carbon)是与两个碳原子相连的碳,称为二级碳原子,用 2°表示;叔碳原子(tertiary carbon)是与三个碳原子相连的碳,称为三级碳原子,用 3°表示;季碳原子(guaternary carbon)是与四个碳原子相连的碳,称为四级碳

原子,用4°表示。例如:

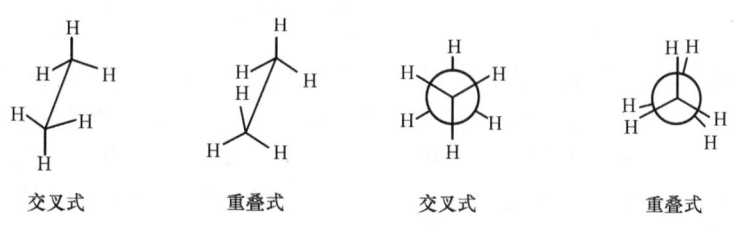

连接在伯、仲、叔碳原子上的氢分别称为伯(1°)、仲(2°)、叔(3°)氢原子。不同类型氢原子相对的反应活性具有一定差异。

2. 烷烃的构象异构 烷烃中碳原子间以 C—C σ键相连接。由于σ键可以自由旋转,这样,碳原子上连接的原子或基团在空间就会有不同的位置关系。这种具有一定构型的分子,由于围绕σ键旋转,使分子中原子在空间有不同的排布,称为构象(conformation),因σ键旋转产生的异构体称为构象异构体(conformer)。构象异构体的分子构造相同,但其空间排布不同,因此,构象异构体属于立体异构范畴。

(1) 乙烷的构象:在 C_2H_6 分子中,以 C—C σ键为轴进行旋转,使碳原子上的氢原子在空间的相对位置随之发生变化,可产生无数的构象异构体。为方便说明,选择两种典型情况来研究:一种是内能较高的重叠式(eclipsed form),另一种是内能较低的交叉式(staggered form)。构象常用两种方法表示,即锯木架形投影式(sawhorse projection)和 Newman 投影式(Newman projection),如图 2-3 所示。

图 2-3 乙烷分子构象

锯木架形投影式是从分子的侧面观察分子,能直接反映 C 原子和 H 原子在空间的排列情况。Newman 投影式是沿着 C—C 键观察分子,从圆圈中心伸出的三条线,表示离观察者近的碳原子上的键,而从圆周向外伸出的三条线,表示离观察者远的碳原子上的键。

在 C_2H_6 的重叠式构象中,前后两个 C 原子上的 H 原子相距最近,相互间的排斥力最大,分子的内能最高,所以是最不稳定的构象。在交叉式构象中,碳原子上的氢原子相距最远,相互间斥力最小,分子的内能最低。从 C_2H_6 分子构象的能量曲线图(图 2-4)可以看出交叉式构象的内能比重叠式构象低 $12.6 kJ \cdot mol^{-1}$,所以交叉式是 C_2H_6 的稳定构象,称为"优势构象"。室温下,由于分子间的相互碰撞可产生 $83.8 kJ \cdot mol^{-1}$ 的能量,这一能量足以使

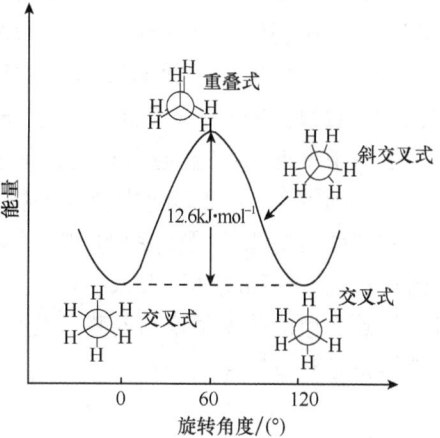

图 2-4 C_2H_6 分子构象的能量曲线

C—C σ 键"自由"旋转,各构象不断变化,形成无数个构象异构体的动态平衡混合体。由于交叉式构象的内能最低,所以在乙烷中,大多数分子以交叉式构象存在。内能介于交叉式和重叠式之间的构象有无数种,如斜交叉式就是其中的一种。各种构象之间可以迅速互变,所以,目前的技术无法分离出其中某一构象异构体。

(2) 正丁烷的构象:正丁烷 C_4H_{10} 分子在围绕 C_2—C_3 键旋转时,有 4 种典型的构象异构体,即对位交叉式、邻位交叉式、部分重叠式和全重叠式,如图 2-5 所示。

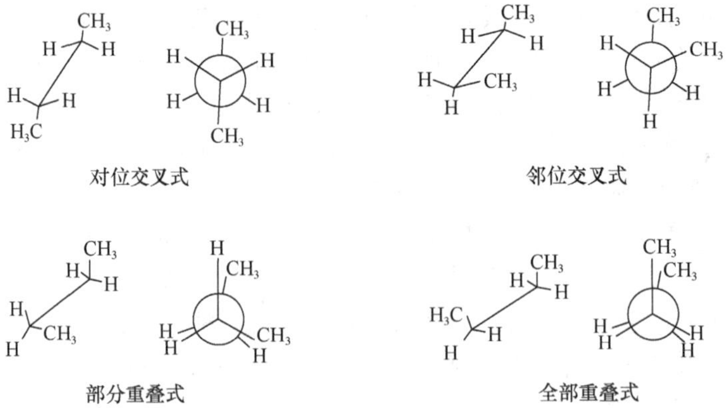

对位交叉式　　　　　　　　　　　邻位交叉式

部分重叠式　　　　　　　　　　　全部重叠式

图 2-5　正丁烷分子构象

对位交叉式中,两个体积较大的—CH_3 处于对位,相距最远,分子的内能最低,所以在动态平衡混合体中,大多数正丁烷分子以其优势构象——对位交叉式存在。邻位交叉式中的两个甲基处于邻位,比在对位交叉式中靠得近,两个—CH_3 之间的空间斥力使这种构象的内能较对位交叉式的高,故而较不稳定。全重叠式中的两个—CH_3 及 H 原子都处于重叠位置,相互间作用力最大,分子内能最高,是最不稳定的构象。部分重叠式中,—CH_3 和 H 原子的重叠使其能量较高,但比全重叠式的能量低。因此 4 种构象的稳定性次序是:对位交叉式>邻位交叉式>部分重叠式>全重叠式。

从正丁烷 C_2—C_3 键旋转时的能量曲线图(图 2-6)可见,正丁烷各种构象之间的内能差别不太大。在室温下分子碰撞的能量足可引起各构象间的迅速转化,因此正丁烷实际上是各种构象异构体的混合体,但以对位交叉式和邻位交叉式为主要存在形式,前者约占 63%,后者约占 37%,其他构象所占的比例很小。

随着正烷烃碳原子数的增加,它们的构象也随之而复杂,但其优势构象都类似于正丁烷,是内能最低的对位交叉式。因此,直链烷烃的碳链在空间的排列,绝大多数是锯齿形,而不是一条真正的直链,通常只是为了书写方便,才将结构式写成直链的形式。

分子的构象,不仅影响化合物的物理和化学性质,而且涉及蛋白质、酶、核酸等生物大分子的结构与功能,以及药物的构效关系。许多药物分子的构象异构与药物生物活性的发挥密切相关。药物受体一般只与药物多种构象中的一种结合,这种构象称为药效构象。不具有药效构象的药物很难与药物的受体结合。例如,抗震颤麻痹药物多巴胺作用于受体的药效构象是对位交叉式。

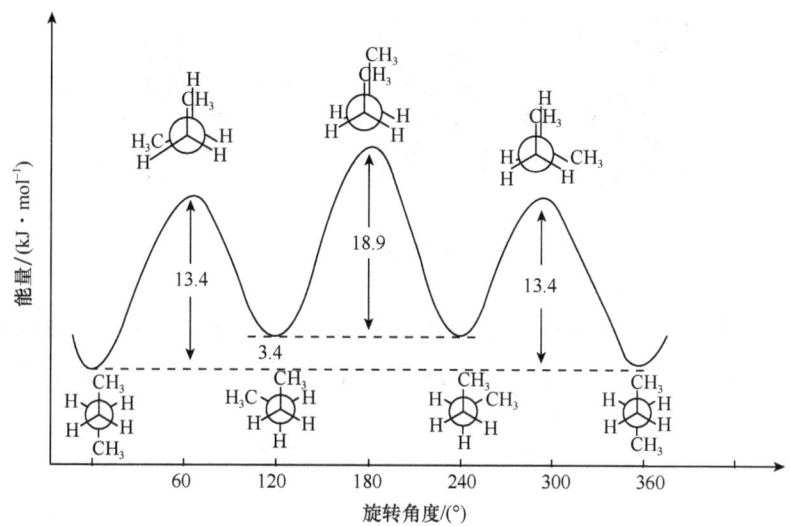

图 2-6　正丁烷 C_2—C_3 旋转时各种构象的能量曲线

思考题 2-1　画出 1,2-二氯乙烷优势构象的 Newman 投影式。

二、烯烃的结构与构型异构

烯烃是不饱和烃,其结构特征是分子中含有 C═C 双键,单烯烃通式为 C_nH_{2n}。C═C 的两个 C 原子均为 sp^2 杂化,它由一个σ键和一个π键组合而成。经测定,C═C 的键能为 611kJ·mol^{-1},与 C—C 的键能(347kJ·mol^{-1})比较,C═C 较 C—C 的键能大,但又小于 C—C 键能的 2 倍。由此推断,π键的键能小于σ键的键能。π键不如σ键牢固,比较容易断裂,易发生化学反应,从而表现出π键比σ键活泼,烯烃比烷烃易发生加成反应。

乙烯 C_2H_4 是最简单的烯烃,现以 C_2H_4 为例介绍烯烃的结构。近代物理学方法已证明,C_2H_4 是一个平面结构,分子中所有的 C 原子和 H 原子都在一个平面内,C═C 键长约为 134pm,比 C—C 键(154pm)短,C—H 键长为 110pm,如图 2-7 所示。

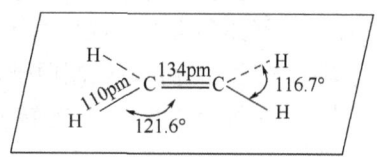

图 2-7　乙烯分子示意图

在 C_2H_4 分子中,两个 C 原子各以一个 sp^2 杂化轨道重叠,形成一个 C—C σ键,又分别各以两个 sp^2 杂化轨道与两个 H 原子的 1s 轨道形成 C—H σ键。这五个σ键都处于同一平面上。另外,每个 C 原子的一个垂直于平面的 p 轨道,彼此平行地侧面重叠,形成 C—C 间的另一个键,即π键,如图 2-8 所示。

π键是由 p 轨道"肩并肩"形式重叠形成的,因此π键不能像σ键那样可以自由旋转,因为旋转的结果会使两个 p 轨道的平行关系破坏,以至于不能重叠。

π键的电子云呈块状垂直并对称地分布在分子平面的上、下两方,离成键的原子核较远,π电子受原子核的束缚力较小,因此π电子有较大的流动性,容易受外界影响而发生变形,极化度比σ键大,容易发生反应。π键与σ键的主要特点,见表 1-1。

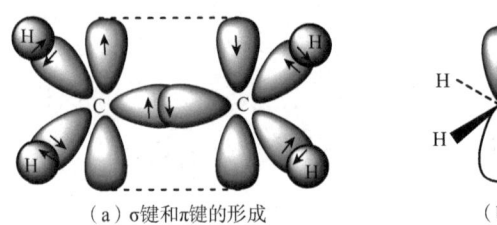

(a) σ键和π键的形成　　　　(b) π键的形成

图 2-8　乙烯分子形成示意图

含有 4 个 C 原子以上的烯烃,除存在碳骨架异构外,还存在 C=C 位置异构。另外,由于π键不能自由旋转,当 C=C 中 C 上分别连有两个不同取代基时,烯烃出现顺反异构,如:

顺丁-2-烯　　　　反丁-2-烯

两种丁-2-烯虽然分子中原子的结合顺序相同,但空间排列方式却不同,两个甲基(或两个氢原子)在双键同一侧的称为顺式(*cis*)构型,在异侧为反式(*trans*)构型,这种由于双键上所连接的原子或基团的排列不同而形成的同分异构体称为顺反异构体(*cis-trans* isomer)。顺反异构现象是立体异构现象。顺反异构体的分子式相同,但由于结构不同,两者的物理常数也不相同,如表 2-1。

表 2-1　顺、反丁-2-烯的物理常数

化合物	沸点/℃	熔点/℃	密度/(g·cm^{-3})	偶极矩/(C·m)
顺丁-2-烯	3.5	-139.3	0.6213	$1.10×10^{-30}$
反丁-2-烯	0.9	-105.5	0.6042	0

顺反异构现象在烯烃中普遍存在,但并非所有具有 C=C 的化合物都存在顺反异构体,如丁-1-烯就不存在顺反异构体,产生顺反异构现象必须满足两个条件:

其一,分子中存在着限制原子自由旋转的因素,如双键、脂环等结构。

其二,在每个不能自由旋转的两端原子上,必须各自连接着两个不同的原子或基团。即

$$\begin{matrix} A \\ B \end{matrix} C=C \begin{matrix} E \\ D \end{matrix} \quad \begin{matrix} A≠B \\ D≠E \end{matrix}$$

顺反异构现象不仅存在于含有 $\diagup C=C \diagdown$ 的烯烃中,也存在于其他含双键的化合物中。

例如:含有 $\diagup C=N-$ 键及 $-N=N-$ 键的化合物也存在顺反异构体。

顺(苯甲肟)　　　　反(苯甲肟)

顺(偶氮苯)　　　　　反(偶氮苯)

三、二烯烃与炔烃的结构

1. 二烯烃结构　分子中具有两个或更多双键的烯烃称为多烯烃,只含有两个双键的烯烃称为二烯烃。

二烯烃分子中的两个 C=C 双键的相对位置和它们的性质有密切关系。根据 C=C 双键的相对位置,把二烯烃分为三类:累积二烯烃(cumulated diene)、共轭二烯烃(conjugated diene)和隔离二烯烃(isolated diene)。

累积二烯烃,两个双键共用一个碳原子,即含有" $\diagup$C=C=C$\diagdown$ "结构的二烯烃。其中心 C 原子呈 sp 杂化,两个π键呈相互垂直的方向,两端碳上的四个取代基处于相互垂直的两个平面上。例如:丁-1,2-二烯的结构(图 2-9)。

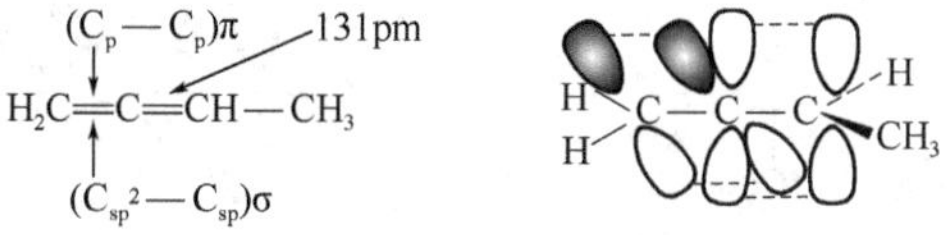

图 2-9　丁-1,2-二烯的结构

在累积二烯烃中, C=C 键长(131pm)比单烯烃中 C=C 键长(134pm)要短。这是因为中心碳 sp 杂化, C_{sp}—C_{sp^2} 的键长短于 C_{sp^2}—C_{sp^2} 的键长。这类化合物不够稳定,自然界存在不多。

共轭二烯烃,两个 C=C 双键中间隔一个单键,即单、双键交替排列的二烯烃。例如,丁-1,3-二烯。其分子中四个 C—C σ键和六个 C—H σ键在一个平面上。四个 C 原子均为 sp^2 杂化,各有一个 p 轨道垂直于σ键所在平面,通过侧面"肩并肩"重叠分别在 C_1 和 C_2 及 C_3 和 C_4 之间形成π键(图 2-10)。

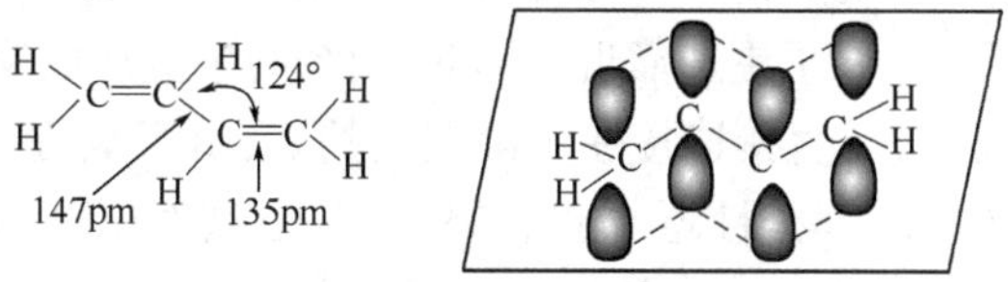

图 2-10　丁-1,3-二烯的结构

在 CH_2=CH—CH=CH_2 中,两个 C=C 双键的键长为 135pm,比一般烯烃分子中的 C=C 双键的键长要长;而 C_{sp^2}—C_{sp^2} 单键的键长为 147pm,又比一般烷烃 C_{sp^3}—C_{sp^3} 单键的键长短;出现了键长平均的现象。共轭二烯烃中的两个双键存在着相互影响,导致某些独特的性质及反应,是最重要的二烯烃。

隔离二烯烃,也称孤立二烯烃,两个双键被两个或两个以上的单键隔开,是含有 " $\diagup$C=C$\diagdown$—(CH_2)$_n$—$\diagup$C=C$\diagdown$ " ($n \geq 1$)结构的二烯烃。例如,CH_2=CH—CH_2—CH=CH_2 和 CH_2=CH—(CH_2)$_2$—CH=CH_2 都是隔离二烯烃。这类二烯烃中两个双键彼此相隔较

远,相互间基本上没有影响,各自表现烯烃的通性。

2. 炔烃的结构 含有 C≡C 键的烃称为炔烃(alkyne),单炔烃的通式为 C_nH_{2n-2},单炔烃与链状二烯烃为同分异构体,C≡C 是炔烃的官能团,与 C═C 一样,是一个具有很高反应活性的官能团,许多能与烯烃发生反应的试剂,也能与炔烃发生反应。此外,炔烃还有其独特的反应。

炔烃的结构特征是 C≡C 中的 C 原子均为 sp 杂化,以最简单的炔烃——乙炔为例,电子衍射和光谱实验数据已证实乙炔分子具有线型结构,即四个原子排列在一条直线上。

在乙炔分子中,两个碳原子 sp 杂化轨道沿轴向互相重叠,形成一个 C—C σ键,又各用一个 sp 杂化轨道分别与两个氢原子的 1s 轨道重叠,形成两个 C—H σ键。未参与杂化的 p 轨道,两两平行侧面重叠,形成两个相互垂直的π键,如图 2-11、图 2-12 所示。

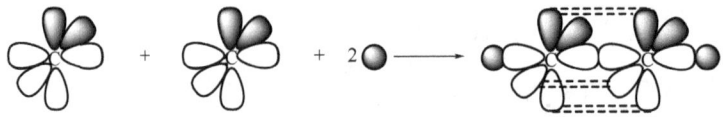

图 2-11 乙炔分子形成示意图

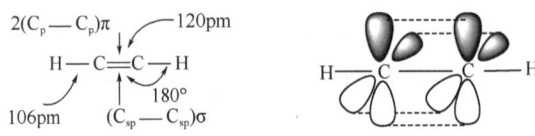

图 2-12 乙炔的结构

这两个π键的电子云呈圆筒形对称地分布在σ键的周围,如图 2-13 所示。

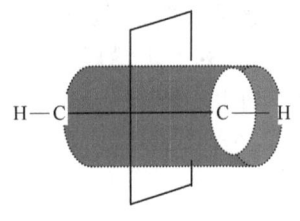

图 2-13 乙炔分子的π电子云

乙炔 C≡C 键长为 120pm,是最短的碳碳键;C—H 键长为 106pm,比乙烯和乙烷中的 C—H 键长(108pm 和 110pm)都短。C≡C 的键能为 835kJ·mol^{-1},比 C═C、C—C 的键能要大。这说明乙炔分子中两个碳原子的 p 轨道重叠程度大。同时,在乙炔分子中由于 C≡C 的两个碳原子 sp 杂化,与烯烃和烷烃比较,s 成分多,从而增加了对双方原子核的吸引力,使两个原子更加靠近。因此,炔烃的亲电加成反应活性不如烯烃。

炔烃结构的另一个特征,是直接连接在炔键碳上的氢,由于炔键碳 sp 杂化,使 C_{sp}—H 键电子更靠近碳原子。使 C—H 键极性增加,当遇到某些强碱性试剂时,直接连在炔键碳上的氢,能表现一定酸性,这一特征在烷烃和烯烃中不明显。

思考题 2-2 标出化合物 C≡C—CH═C═CH 各碳原子的杂化状态。

第二节 链烃的命名

有机化合物常根据其来源、用途或结构特征,采用"俗名",如酒精、枸橼酸、血红素、胆固醇和吗啡等。但有机化合物的结构复杂、数目庞大、种类繁多,为了便于交流,避免误解,准确地反映出化合物的结构和名称的一致性,就必须有完善的命名法(nomenclature)。链烃的命名方法较多,常用的有普通命名法(common nomenclature)和系统命名法(systematic nomenclature)。

一、普通命名法

直链烷烃按碳原子数称"正某烷"。十个以下碳原子的烷烃,其碳原子数用天干字(甲、乙、丙、丁、戊、己、庚、辛、壬、癸)表示。十个以上碳原子的烷烃用汉语数字命名。烷烃的英文名称,"正"字由英文"$n\text{-}$"(normal 的第一个字母,n 后面有一短横线)表示,烷烃是由表示碳原子数的词头加上"-ane"词尾组成。例如:

CH_4　　　C_2H_6　　　C_3H_8
甲烷　　　乙烷　　　丙烷
methane　　ethane　　propane

C_4H_{10}　　　$C_{11}H_{26}$
丁烷　　　十一烷
n-butane　　n-undecane

若在链的一端含有 $CH_3CH\underset{CH_3}{|}\text{—}$ 基团且无其他侧链的烷烃,则按碳原子总数称为"异某烷"(英文 iso-)。在链的一端含有 $H_3C\text{—}\underset{CH_3}{\overset{CH_3}{|}}C\text{—}$ 且无其他侧链的称为"新某烷"(英文 neo-)。例如:

$H_3C\text{—}CH\text{—}CH_2CH_3$　　　$H_3C\text{—}C(CH_3)_2\text{—}CH_3$　　　$H_3C\text{—}C(CH_3)_2\text{—}CH_2CH_3$
　　　|
　　CH_3

异戊烷　　　　　新戊烷　　　　　新己烷
isopentane　　neopentane　　neohexane

烯烃、炔烃的普通命名法类似于烷烃,烯烃的英文命名是将烷烃词尾"-ane"改成"-ene",而炔烃则将词尾改成"-yne"。例如:

$CH_3CH_2CH\!=\!CH_2$　　　$CH_3\underset{CH_3}{\overset{|}{C}}\!=\!CH_2$
正丁烯　　　　异丁烯
n-butene　　　isobutene

用普通命名法命名化合物时,也可以将烯烃、炔烃分别看作乙烯或乙炔为母体的衍生物。例如:

$CH_3CH_2CH\!=\!CH_2$　　$CH_3\underset{CH_3}{\overset{|}{C}}\!=\!CH_2$　　$CH_3\underset{CH_3}{\overset{|}{C}}\!=\!CHCH_3$
乙基乙烯　　　二甲基乙烯　　　三甲基乙烯

$CH_3CH_2\text{—}C\!\equiv\!CH$　　　　$CH_3C\!\equiv\!CCH_3$
乙基乙炔　　　　　二甲基乙炔
ethylacetylene　　dimethylacetylene

普通命名法只适用于简单的化合物,对于结构较复杂的烃,则有一定的局限性。例如,用正、异、新可以区别烷烃中具有五个碳原子以下的同分异构体,而六个碳原子链状烷烃有五个同分异构体,除用正、异、新表示其中三个化合物以外,尚有两个无法加以区别。所以,对于结构复杂的烃,必须采用系统命名法。

二、系统命名法

系统命名法是 1892 年日内瓦国际化学会议上首次拟定的,称为日内瓦命名法。后经 IUPAC(International Union of Pure and Applied Chemistry,国际纯粹与应用化学联合会)多次修订。我国根据 IUPAC 法的命名原则,结合我国文字的特点而制定,本书以我国 2017 年推荐的《有机化合物命名原则》为主要依据。由于历史过渡因素,有些教材和参考书中尚有其他的命名方法在使用。

1. 烷烃的命名 烷烃系统命名法的要点主要有以下几点。

(1) 选主链:选择含有取代基最多的、连续的最长碳链为主链,以此作为"母体烷烃",并按主链所含碳原子数命名为某烷。例如:

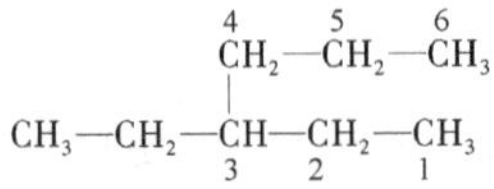

母体是己烷,不是戊烷 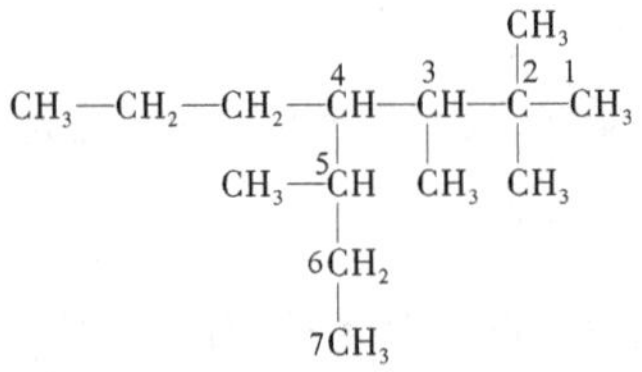　　　　母体是庚烷,有五个取代基

(2) 编号:从靠近取代基的一端开始,给主链上的碳原子依次用 1、2、3、4、5…标出位次。两个不同的取代基位于相同位次时,各支链取代基名称在 IUPAC 英文命名中英文字母顺序在前缀中依次排列。当两个相同取代基可取相同位次时,应使第三个取代基的位次最小,以此类推。例如:

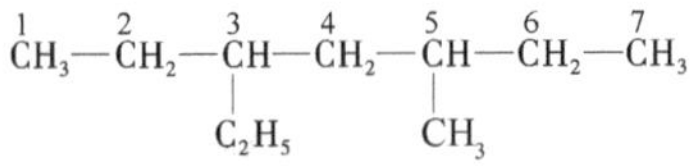

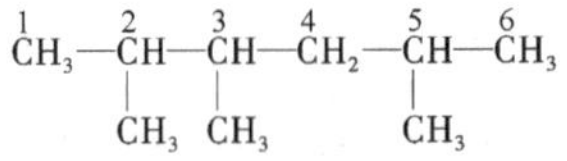

(3) 命名:主链为母体化合物,若连有相同的取代基时,则合并取代基,并在取代基名称前,用二、三、四……数字表明取代基的个数。各取代基的位次都应标出,表示各位次的数字间用","隔开。取代基的位次与名称之间用半字线连接起来,写在母体化合物名称的前面。例如:

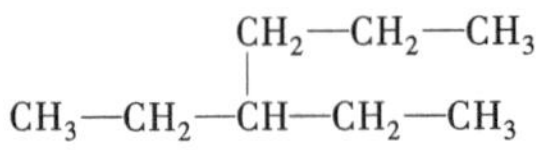

3-乙基己烷　　　　2,3,3,5-四甲基己烷
3-ethylhexane　　　　2,3,3,5-tetramethylhexane

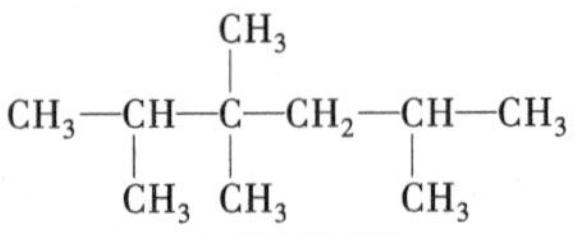

主链上若连有不同的取代基,按英文字母顺序将取代基先后列出。

在英文命名中,取代基是按首字母排列顺序先后列出。*iso-* 与 *neo-* 按字首的字母排列顺序,而 n-,sec-,tert- 不参与字首的字母排列顺序,例如:

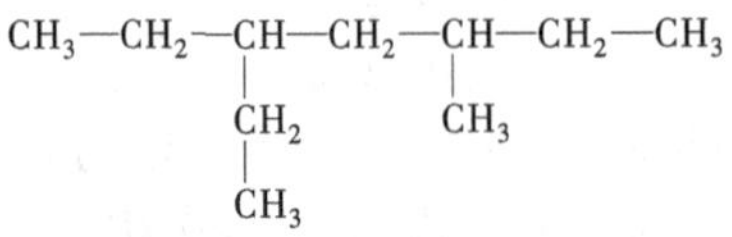

3-乙基-5-甲基庚烷　　　　3-乙基-3-甲基己烷
3-ethyl-5-methylheptane　　　　3-ethyl-3-methylhexane

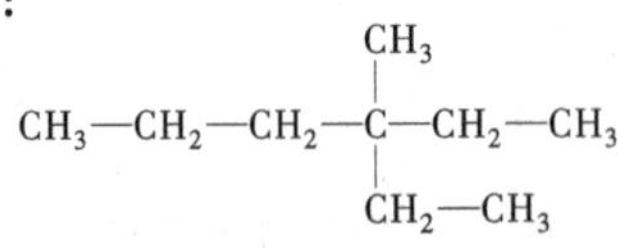

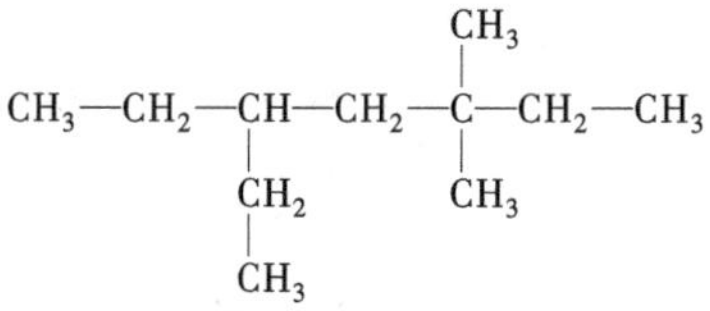

$$CH_3-CH_2-CH-CH_2-\underset{\underset{CH_3}{\overset{CH_3}{|}}}{\overset{CH_3}{\underset{|}{C}}}-CH_2-CH_3$$
$$\underset{\underset{CH_3}{|}}{\overset{|}{CH_2}}$$

5-乙基-3,3-二甲基庚烷
5-ethyl-3,3-dimethylheptane

2. 烯烃的命名 烯烃系统命名法的基本原则如下：

(1) 选择主链,确定母体：选择最长碳链作主链,依主碳链所含碳原子数命名为某烯,十个碳原子以上的烯烃用小写中文数字,加"碳烯"命名。英文名称以"-ene"作词尾。

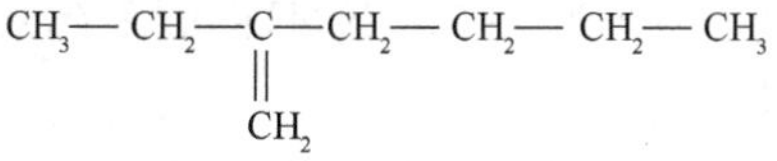

$$CH_3-CH_2-\underset{\underset{CH_2}{\|}}{C}-CH_2-CH_2-CH_2-CH_3$$

3-甲亚基庚烷
3-methylideneheptane

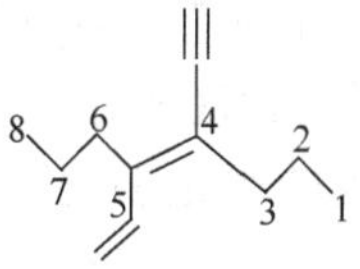

4-乙炔基-5-乙烯基辛-4-烯
4-ethynyl-5-vinyloct-4-ene

(2) 主碳链编号,确定双键和取代基的位置：从靠近双键的一端开始,若双键居于主碳链中央,则从靠近取代基的一端开始。双键的位次以两个双键碳原子中编号较小的表示。

(3) 双键的位次写在"烯"前,用半字线"-"隔开,再将取代基的位次、数目及名称写在双键位次之前,取代基排列按照其英文名称的首字母顺序排列。例如：

$CH_3CH_2CH=CHCH_2CH_2CH_3$ $CH_3CH=CH(CH_2)_{14}CH_3$

庚-3-烯   十八碳-2-烯
hept-3-ene   octadec-2-ene

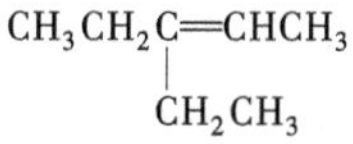

$CH_3CH_2\underset{\underset{CH_2CH_3}{|}}{C}=CHCH_3$ $CH_3\underset{\underset{CH_3}{|}}{CH}CH=C\underset{\underset{CH_3}{|}}{C}CH_2CH_3$ $CH_3CH_2\underset{\underset{CH_2CH_3}{|}}{C}=CCH_2\underset{\underset{CH_3}{|}}{CH}CH_3$

3-乙基戊-2-烯   2,4-二甲基己-3-烯   4-乙基-3,6-二甲基庚-3-烯
3-ethylpent-2-ene   2,4-dimethylhex-3-ene   4-ethyl-3,6-dimethylhept-3-ene

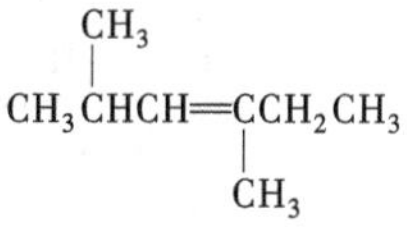

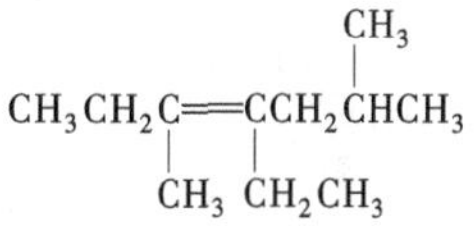

(4) 取代环烯的编号将双键碳原子编号为 1 和 2,并使取代基具有尽可能小的位次。例如：

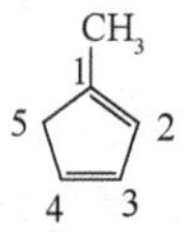

1-甲基环戊-1-烯
1-methylcyclopent-1-ene

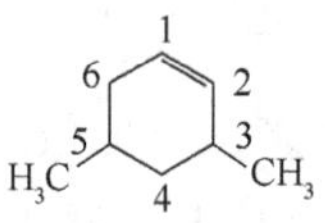

3,5-二甲基环己-1-烯
3,5-dimethylcyclohex-1-ene

烯烃分子中去掉一个氢原子后所剩余的部分称烯基。命名烯基时,编号从游离价所在的碳原子开始。常见的烯基如下所示：

$CH_2=CH-$ $CH_2=CHCH_2-$ $CH_3-CH=CH-$
乙烯基   烯丙基(2-丙烯基)   1-丙烯基
vinyl(ethenyl)   allyl(2-propenyl)   1-propenyl

(5) 双键构型的标记：烯烃双键的标记有两种方法。

1) 顺反标记法：相同原子或基团在双键同侧的异构体在其名称前加上"顺"字,相同原子或基团在双键两侧的异构体,在其名称前加上"反"字。英文名称则用词头"*cis-*"和"*trans-*"表示顺和反。例如：

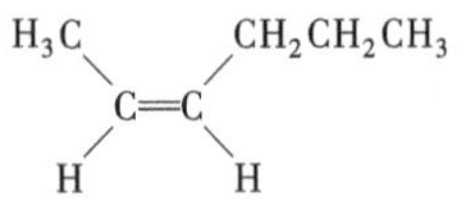

顺己-2-烯

cis-hex-2-ene

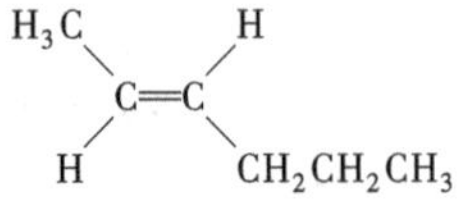

反己-2-烯

trans-hex-2-ene

2) *Z/E* 标记法：如两个双键碳原子上连接的四个原子或基团都不相同，则无法用顺反来标记构型，而是采用 *Z/E* 法来标记构型。

Z/E 法是按照基团顺序规则来标记的：

顺序规则最主要的原则是比较原子序数，首先是比较与主链直接相连的原子的原子序数，原子序数大的原子优先于原子序数小的原子。具体比较方法如下：

a. 与主链碳直接相连的原子不同时，原子序数由大到小的排列顺序，即为其先后顺序。对同位素，质量较重的优先于较轻的。例如：

$$—I > —Br > —Cl > —SH > —OH > —NH > —CH_3 > —D > —H$$

b. 若几个取代基中与主链相连的原子相同时，则需比较与该原子相连的后面的原子，直到比较出大小为止。例如，$—CH_3$ 和$—CH_2CH_3$，第一个原子都是碳，需比较后面的原子，在$—CH_3$ 中是 H、H、H，而在$—CH_2—CH_3$ 中是 C、H、H，所以$—CH_2CH_3$ 优先于$—CH_3$。

c. 若取代基中的原子以双键或三键与其他原子相连时，则把它看作与两个或三个其他原子以单键相连。例如：

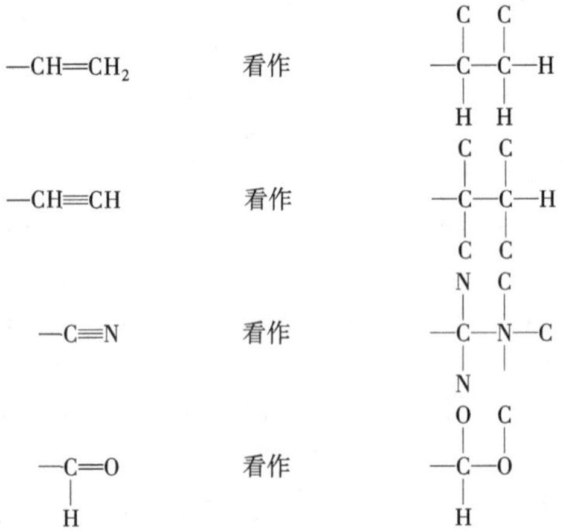

若遇到苯基，用 Kekulé 式来进行比较。

根据顺序规则：叔丁基>异丙基>异丁基>丁基>丙基>乙基>甲基。

造成顺反异构体性质差异的原因，是两者相应的基团在分子内空间距离不同，这种不同使顺反异构体分子中原子或基团之间的相互作用力不一样。就化学稳定性而言，一般是反式异构体较顺式异构体稳定，比如顺式油酸很容易转变为反式油酸，同样道理，顺反异构由于相应基团间距离不同，也造成药物与受体表面作用的强弱不同，使药效不同。大多数具有顺反异构体的药物，在生物体内的作用强度通常是有差别的，因此，从分子水平研究药物的作用时，考虑药物分子的构型至关重要。

3. 炔烃的命名 炔烃的命名法和烯烃相似，选择主链时要选择包含三键在内的最长的连续碳链作为主链。命名只需将“烯”改为“炔”，英文命名是将烷烃词尾“-ane”改成“-yne”，例如：

$$\text{CH}_3\text{CH}_2\text{C}\!\equiv\!\text{CH} \qquad \text{CH}_3\text{C}\!\equiv\!\text{CCH}_3 \qquad \text{CH}_3\text{CHC}\!\equiv\!\text{CCH}_3$$
$$\qquad\qquad\qquad\qquad\qquad\qquad\qquad\qquad\qquad\qquad\;\;|$$
$$\qquad\qquad\qquad\qquad\qquad\qquad\qquad\qquad\qquad\qquad\text{CH}_3$$

丁-1-炔 　　　　　　丁-2-炔 　　　　　　4-甲基戊-2-炔

1-butyne 　　　　　　2-butyne 　　　　　　4-methyl-2-pentyne

$$\text{CH}_3\!-\!\text{C}\!\equiv\!\text{C}\!-\!\text{C}\!\equiv\!\text{C}\!-\!\text{C}\!\equiv\!\text{C}\!-\!\text{CH}_3$$

辛-2,4,6-三炔

2,4,6-octtriyne

当分子中同时存在双键和三键时,则首先选出既含有双键也含有三键的最长碳链作为主链,称为"烯炔"。碳链编号应从最先遇到 C=C 或 C≡C 的一端开始,若在主链两端等距离处遇到 C=C 和 C≡C 时,编号要从靠近 C=C 的一端开始。命名时遵循"烯"在前"炔"在后的原则,烯炔的英文名称用 enyne 表示。例如:

$$\text{CH}_3\text{CH}\!=\!\text{CHC}\!\equiv\!\text{CH} \qquad\qquad \text{HC}\!\equiv\!\text{CCH}_2\text{CH}\!=\!\text{CH}_2$$

戊-3-烯-1-炔 　　　　　　　　　戊-1-烯-4-炔

3-penten-1-yne 　　　　　　　　1-penten-4-yne

$$\qquad\qquad\qquad\qquad\qquad\text{CH}_3$$
$$\qquad\qquad\qquad\qquad\qquad\;|$$
$$\text{CH}_3\!-\!\text{C}\!\equiv\!\text{C}\!-\!\text{CH}_2\!-\!\text{CH}\!-\!\text{CH}\!=\!\text{CH}_2$$

3-甲基庚-1-烯-5-炔

3-methyl-1-hepten-5-yne

$$\qquad\qquad\qquad\qquad\quad\text{CH}_3$$
$$\qquad\qquad\qquad\qquad\quad\;|$$
$$\text{CH}_3\!-\!\text{C}\!\equiv\!\text{C}\!-\!\text{CH}\!-\!\text{CH}_2\!-\!\text{CH}\!=\!\text{CH}\!-\!\text{CH}_3$$

5-甲基辛-2-烯-6-炔

5-methyl-2-octen-6-yne

三、烃基的命名

烃分子中去掉一个氢原子,所剩下的基团称烃基。脂肪烃去掉一个氢原子后所剩下的基团,称脂肪烃基,用—R 表示。芳香烃去掉一个氢原子后所剩下的基团称芳香烃基,用—Ar表示。表 2-2 列出一些常见的烷基的名称。

表 2-2　一些常见烷基的名称

烷基	普通命名法			系统命名法		
	中文名	英文名	简写	中文名	英文名	简写
CH$_3$—	甲基	methyl	Me	甲基	methyl	Me
CH$_3$CH$_2$—	乙基	ethyl	Et	乙基	ethyl	Et
CH$_3$CH$_2$CH$_2$—	丙基	*n*-propyl	*n*-Pr	丙基	propyl	Pr
CH$_3$CH— | CH$_3$	异丙基	isopropyl	*i*-Pr	1-甲(基)乙基	1-methylethyl	
CH$_3$(CH$_2$)$_2$CH$_2$—	丁基	*n*-butyl	*n*-Bu	丁基	butyl	Bu
CH$_3$CH$_2$CH— | CH$_3$	仲丁基	*sec*-butyl	*sec*-Bu	1-甲(基)丙基	1-methylpropyl	

烷基	普通命名法			系统命名法		
	中文名	英文名	简写	中文名	英文名	简写
CH₃CHCH₂— 　| 　CH₃	异丁基	isobutyl	*i*-Bu	2-甲(基)丙基	2-methylpropyl	
(CH₃)₃C—	叔丁基	*tert*-butyl	*tert*-Bu	1,1-二甲(基)乙基	1,1-dimethylethyl	
CH₃(CH₂)₃CH₂—	正戊基	*n*-pentyl (*n*-amyl)		戊基	pentyl	
CH₃CHCH₂CH₂— 　| 　CH₃	异戊基	isopentyl		3-甲(基)丁基	3-methylbutyl	
(CH₃)₃CCH₂—	新戊基	neopentyl		2,2-二甲(基)乙基	2,2-dimethylpropyl	

此外,两价的烷基称为亚基和叉基,三价的烷基称为爪基和次基,例如:

H₂C＝　　　H₃C—CH＝　　　＞CH₂　　　＞CHCH₃　　　≡CH
甲亚基　　　乙叉基　　　　　甲叉基　　　乙-1,1-叉基　　甲爪基
methylidene　ethylidene　　　methylidene　(ethylidene-1,1-diy)　methanethyl

≡C—CH₃　　　(CH₃)₂C＜
乙-1,1,1-爪基　　丙-2,2-叉基
ethane-1,1,1-triyl　propane-2,2-diyl

烯烃分子中去掉一个氢原子后余下的基团称为烯基,烯基的命名编号是以有游离价键的碳为1位,例如:

CH₂＝CH—　　CH₂＝CHCH₂—　　CH₃—CH＝CH—　　CH₂＝C—
　　　　　　　　　　　　　　　　　　　　　　　　　　　　　\|
　　　　　　　　　　　　　　　　　　　　　　　　　　　　　CH₃
乙烯基　　　　烯丙基(2-丙烯基)　　丙烯基(1-丙烯基)　　异丙烯基
vinyl　　　　　allyl　　　　　　　propenyl　　　　　　isopropenyl
ethenyl　　　　2-propenyl　　　　1-propenyl　　　　　1-methyl-ethenyl

对于某些复杂的炔烃,有时也将分子中炔键结构部分作为取代基来命名,常见的炔基有:

HC≡C—　　　CH₃—C≡C—　　　HC≡C—CH₂—
乙炔基　　　丙-1-炔基　　　　丙-2-炔基
ethynyl　　　1-propynyl　　　2-propynyl

思考题2-3 命名下列化合物:

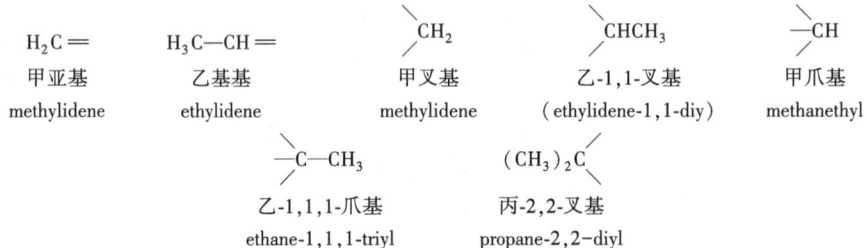

第三节　链烃的物理性质

有机化合物的物理性质,一般是指物态、沸点、熔点、密度、溶解度、折射率、旋光度和光谱性质等;烷、烯、炔烃一些物理常数见表2-3、表2-4及表2-5。

1. 烷烃的物理性质　烷烃同系物的物理性质常随碳原子数的增加而呈现规律性的变化。在室温和常压下，$C_1 \sim C_4$ 的正烷烃是气体，$C_5 \sim C_{17}$ 的正烷烃是液体，C_{18} 和更高级的正烷烃是固体。

正烷烃的沸点随着碳原子的增多而呈现出有规律的升高。除了很小的烷烃外，链上每增加1个碳原子，沸点升高 20~30℃。在碳原子数相同的烷烃异构体中，取代基越多，沸点越低。这是由于液体的沸点高低主要取决于分子间引力的大小。烷烃的碳原子数越多，分子间作用力越大，使之沸腾就必须提供更多的能量，所以沸点就越高。但在含取代基的烷烃分子中，随着取代基的增加，分子的形状趋于球形，减少了分子间有效接触的程度，使分子间的作用力变弱而沸点降低。例如，在3种戊烷异构体中，正戊烷的沸点是36.1℃；而有1个取代基的异戊烷是28℃；有2个取代基的新戊烷则是9.5℃。

正烷烃的熔点随着碳原子数的增多而升高，但其变化并不像沸点那样有规律。在具有相同碳原子数的烷烃异构体中，取代基对称性较好的烷烃比直链烷烃的熔点高，这是由于对称性较好的烷烃分子，晶格排列较紧密，使链间的作用力增大而熔点升高。例如，3种戊烷异构体中，正戊烷的熔点是-129.7℃；对称性最差的异戊烷，熔点最低，为-160℃；而分子对称性最好的新戊烷，则熔点最高，为-17℃。

随着碳原子数的增多，含偶数碳原子的正烷烃比含奇数碳原子的正烷烃的熔点升高幅度大，并形成一条锯齿形的熔点曲线。将含偶数和奇数碳原子的烷烃分别画出熔点曲线，则可得偶数烷烃在上、奇数烷烃在下的两条近似平行的曲线(图2-14)。通过 X 射线衍射研究证明：含偶数碳原子的烷烃分子具有较好的对称性，导致其熔点高于相邻的两个含奇数碳原子烷烃的熔点。

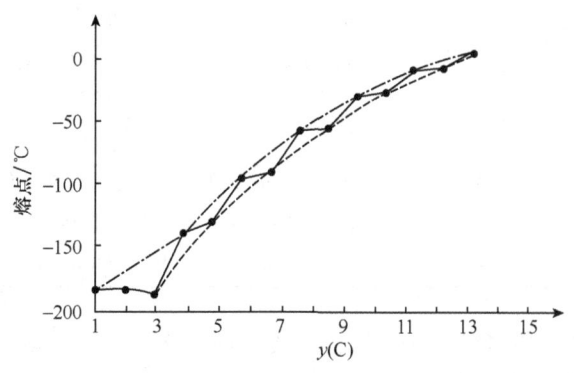

图 2-14　正烷烃的熔点曲线

正烷烃的密度随着碳原子数的增多而增大，但在 $0.8\text{g}\cdot\text{cm}^{-3}$ 左右时趋于稳定。所有烷烃的密度都小于 $1\text{g}\cdot\text{cm}^{-3}$，烷烃是所有有机化合物中密度最小的一类化合物(表2-3)。

表 2-3　一些烷烃的物理常数

烷烃		结构式	熔点/℃	沸点/℃	密度/(g·cm⁻³)
甲烷	methane	CH_4	-182.6	-161.6	0.424(-160℃)
乙烷	ethane	CH_3CH_3	-183	-88.5	0.546(-88℃)
丙烷	propane	$CH_3CH_2CH_3$	-187.1	-42.1	0.582(-42℃)
丁烷	butane	$CH_3(CH_2)_2CH_3$	-138	-0.5	0.597(0℃)
戊烷	pentane	$CH_3(CH_2)_3CH_3$	-129.7	36.1	0.626(20℃)
己烷	hexane	$CH_3(CH_2)_4CH_3$	-95	68.8	0.659(20℃)
庚烷	heptane	$CH_3(CH_2)_5CH_3$	-90.5	98.4	0.684(20℃)
辛烷	octane	$CH_3(CH_2)_6CH_3$	-56.8	125.7	0.703(20℃)
壬烷	nonane	$CH_3(CH_2)_7CH_3$	-53.7	150.7	0.718(20℃)

续表

烷烃		结构式	熔点/℃	沸点/℃	密度/(g·cm^{-3})
癸烷	decane	$CH_3(CH_2)_8CH_3$	-29.7	174.1	0.730(20℃)
十一烷	undecane	$CH_3(CH_2)_9CH_3$	-25.6	195.9	0.740(20℃)
十二烷	dodecane	$CH_3(CH_2)_{10}CH_3$	-9.7	216.3	0.749(20℃)
十三烷	tridecane	$CH_3(CH_2)_{11}CH_3$	-5.5	235.4	0.756(20℃)
十四烷	tetradecane	$CH_3(CH_2)_{12}CH_3$	6	253.5	0.763(20℃)
十五烷	pentadecane	$CH_3(CH_2)_{13}CH_3$	10	270.5	0.769(20℃)
十六烷	hexadecane	$CH_3(CH_2)_{14}CH_3$	18	287	0.773(20℃)
十七烷	heptadecane	$CH_3(CH_2)_{15}CH_3$	22	303	0.778(20℃)
十八烷	octadecane	$CH_3(CH_2)_{16}CH_3$	28	316.7	0.777(20℃)
十九烷	nonadecane	$CH_3(CH_2)_{17}CH_3$	32	330	0.777(20℃)
二十烷	eicosane	$CH_3(CH_2)_{18}CH_3$	36.4	343	0.789(20℃)
异丁烷	isobutane	$(CH_3)_2CHCH_3$	-159	-12	0.603(0℃)
异戊烷	isopentane	$(CH_3)_2CHCH_2CH_3$	-160	28	0.620(20℃)
新戊烷	neopentane	$(CH_3)_4C$	-17	9.5	0.614(20℃)
异己烷	isohexane	$(CH_3)_2CH(CH_2)_2CH_3$	-154	60.3	0.654(20℃)
环己烷	cyclohexane	⬡	6.5	80.7	0.773(20℃)
3-甲基戊烷	3-methylpentane	$CH_3CH_2CH(CH_3)CH_2CH_3$	-118	63.3	0.676(20℃)
2,2-二甲基丁烷	2,2-dimethylbutane	$(CH_3)_3CCH_2CH_3$	-98	50	0.649(20℃)
2,3-二甲基丁烷	2,3-dimethylbutane	$(CH_3)_2CHCH(CH_3)_2$	-129	58	0.662(20℃)

烷烃分子是非极性或弱极性的化合物。根据"极性相似者相溶"的规律,烷烃易溶于非极性或极性较小的苯、氯仿、四氯化碳、乙醚等有机溶剂,而难溶于水和其他强极性溶剂。液态烷烃作为溶剂时,可溶解弱极性化合物,但不溶解强极性化合物。

2. 烯烃的物理性质 在常温常压下,2～4个碳原子的烯烃是气体,5～18个碳原子的烯烃是液体,19个碳原子以上的烯烃是固体。烯烃的物理性质与相应烷烃很相似,其沸点、溶解度、密度、熔点随着碳原子数递增而有规律性地变化(表2-4)。烯烃的密度均小于 $1g·cm^{-3}$,比相应烷烃略大,烯烃中由于π键的存在,极化性比烷烃强,所以分子间范德华引力比相应的烷烃稍强,故熔点比烷烃略高,折射率也略高,烯烃也不溶于水,而溶于非极性有机溶剂(如苯、乙醚、氯仿、四氯化碳等)。值得注意的是,与烷烃不同,烯烃能溶于浓硫酸中。

表2-4 一些烯烃的物理常数

烯烃		结构式	熔点/℃	沸点/℃	密度/(g·cm^{-3})
乙烯	ethene	$CH_2\!=\!CH_2$	-169.4	-103.9	0.5790
丙烯	propene	$CH_3CH\!=\!CH_2$	-185.3	-47.4	0.5193
丁-1-烯	1-butene	$CH_3CH_2CH\!=\!CH_2$	-185.4	-6.3	0.5951
异丁烯	isobutene	$(CH_3)_2C\!=\!CH_2$	-140.4	-6.9	0.5902

续表

烯烃		结构式	熔点/℃	沸点/℃	密度/(g·cm^{-3})
(Z)-丁-2-烯	(Z)-2-butene	$\begin{matrix} CH_3 \quad CH_3 \\ C=C \\ H \quad\quad H \end{matrix}$	-138.9	3.7	0.6213
(E)-丁-2-烯	(E)-2-butene	$\begin{matrix} CH_3 \quad H \\ C=C \\ H \quad\quad CH_3 \end{matrix}$	-105.6	0.88	0.6042
戊-1-烯	1-pentene	$CH_3(CH_2)_2CH=CH_2$	-165.2	30.0	0.6405
己-1-烯	1-hexene	$CH_3(CH_2)_3CH=CH_2$	-139.8	63.4	0.6731
庚-1-烯	1-heptene	$CH_3(CH_2)_4CH=CH_2$	-119	93.6	0.6970
辛-1-烯	1-octene	$CH_3(CH_2)_5CH=CH_2$	-101.7	121.3	0.7149
壬-1-烯	1-nonene	$CH_3(CH_2)_6CH=CH_2$		146	0.7300
癸-1-烯	1-decene	$CH_3(CH_2)_7CH=CH_2$	-66.3	172.6	0.7408
十四碳烯	1-tetradecene	$CH_3(CH_2)_{11}CH=CH_2$	-12	246	0.1852
二十碳烯	1-eicosene	$CH_3(CH_2)_{17}CH=CH_2$	28	341	0.7882

与烷烃另一不同之处是,烯烃能形成顺反异构体,在顺反异构体中,由于顺式异构体极性较大,通常比反式的沸点高;反式异构体比顺式异构体有较好的对称性,分子能较规则地排入晶体结构中,分子间作用力较大,所以反式异构体通常有较高的熔点和较小的溶解度。例如:顺-丁烯二酸的熔点为130℃,溶解度为77.8g;反-丁烯二酸的熔点为300℃,溶解度为0.7g。

3. 炔烃的物理性质 炔烃的物理性质与烯烃和烷烃相似,它们仍是以非极性或极性极小的碳碳键和碳氢共价键所组成的非极性分子。分子之间的主要作用力是较弱的范德瓦耳斯力。与烯烃、烷烃比较,炔键中由于π电子增多,同时炔键呈直线型结构,分子间较易靠近,分子间作用力略增大,沸点、熔点、密度均略高。在室温下,乙炔、丙炔和1-丁炔为气体。炔烃的 C≡C 在碳链中间的比 C≡C 在末端的沸点和熔点都高(表 2-5)。炔烃在水中的溶解度较小,易溶于石油醚、四氯化碳、苯等有机溶剂。

表 2-5 一些炔烃的物理性质

炔烃		结构式	熔点/℃	沸点/℃	密度/(g·cm^{-3})
乙炔	ethyne	HC≡CH	-81.8	-75	0.6179
丙炔	propyne	HC≡CCH$_3$	-101.5	-23.3	0.6714
丁-1-炔	1-butyne	HC≡CCH$_2$CH$_3$	-122.5	8.6	0.6682
丁-2-炔	2-butyne	CH$_3$C≡CCH$_3$	-24	27	0.6937
戊-1-炔	1-pentyne	HC≡C(CH$_2$)$_2$CH$_3$	-98	39.7	0.6950
戊-2-炔	2-pentyne	CH$_3$C≡CCH$_2$CH$_3$	-101	55.5	0.7127
3-甲基丁-1-炔	3-methyl-1-butyne	HC≡CCH(CH$_3$)$_2$	-89.7	28	0.6650
己-1-炔	1-hexyne	HC≡C(CH$_2$)$_3$CH$_3$	-124	71	0.7195
己-2-炔	2-hexyne	CH$_3$C≡C(CH$_2$)$_2$CH$_3$	-92	84	0.7305
己-3-炔	3-hexyne	CH$_3$CH$_2$C≡CCH$_2$CH$_3$	-51	82	0.7255

续表

炔烃		结构式	熔点/℃	沸点/℃	密度/(g·cm^{-3})
3,3-二甲基丁-1-炔	3,3-dimethyl-1-butyne	HC≡C(CH$_3$)$_3$	-81	38	0.6686
庚-1-炔	1-heptyne	HC≡C(CH$_2$)$_4$CH$_3$	-80	100	0.7330
辛-1-炔	1-octyne	HC≡C(CH$_2$)$_5$CH$_3$	-70	126	0.7470
壬-1-炔	1-nonyne	HC≡C(CH$_2$)$_6$CH$_3$	-65	151	0.7630
癸-1-炔	1-decyne	HC≡C(CH$_2$)$_7$CH$_3$	-36	182	0.7700

纯净的乙炔是无色无臭的气体。常用的乙炔有难闻的鱼腥味,是因为它含有磷化氢、硫化氢等杂质。乙炔是工业上最重要的炔烃,自然界中没有乙炔存在。乙炔的工业来源主要是水解电石(碳化钙);在常压下、15℃时,1体积丙酮可溶25体积的乙炔。乙炔在压力下很容易发生爆炸。所以储存乙炔的钢瓶中常填以丙酮饱和的多孔物质,这样在较小的压力下就能溶解大量的乙炔。乙炔在氧气中燃烧的火焰温度高达3500℃,可用于金属焊接。

思考题 2-4 比较丁烷、丁-1-烯、丁-1-炔和丁-1,3-二烯的熔点和沸点。

第四节 链烃的化学性质

链烃的种类不同,分子结构不同,导致了链烃具有不同的化学性质,饱和链烃主要发生取代反应,不饱和链烃主要发生加成和氧化反应。

一、烷烃的化学反应

烷烃是饱和烃,分子中只存在牢固的 C—C σ键和 C—H σ键,所以烷烃具有高度的化学稳定性。在室温下,烷烃与强酸(如 H_2SO_4、HCl)、强碱(如 NaOH)、强氧化剂(如 $K_2Cr_2O_7$、$KMnO_4$)、强还原剂(如 Zn+HCl、Na+EtOH)一般情况下都不发生反应。但在适宜的反应条件下,如光照、高温或在催化剂的作用下,烷烃也能发生共价键均裂的自由基反应,如卤代、硝化、氧化和裂解等。

1. 卤代反应 在紫外光照射或温度为 250~400℃的条件下,甲烷和氯气混合物可发生氯代反应,得到氯化氢和一氯甲烷、二氯甲烷、三氯甲烷(氯仿)及四氯甲烷(四氯化碳)的混合物。

$$CH_4 \xrightarrow[\text{光}]{Cl_2} CH_3Cl \xrightarrow[\text{光}]{Cl_2} CH_2Cl_2 \xrightarrow[\text{光}]{Cl_2} CHCl_3 \xrightarrow[\text{光}]{Cl_2} CCl_4$$

甲烷　　　一氯甲烷　　　二氯甲烷　　　三氯甲烷　　　四氯化碳

沸点:-161.5℃　　-24.2℃　　　40℃　　　　61.7℃　　　　76.5℃

在反应开始时,甲烷与氯气作用,产生一氯甲烷。随着反应的进行,甲烷的比例逐渐减少,而一氯甲烷逐渐增多。当一氯甲烷的浓度超过甲烷的浓度时,它就更容易与氯气作用,生成二氯甲烷。大量二氯甲烷生成后,同样会进一步与氯气作用,生成三氯甲烷和四氯化碳,所以反应的产物是 4 种氯代甲烷的混合物。如果用过量的甲烷与氯气反应,反应产物以一氯甲烷为主。由于甲烷的沸点比一氯甲烷低得多,所以很容易将两者分离。

有机化合物分子中的氢原子(或其他原子)或基团被另一原子或基团取代的化学反应

称为取代反应(substitution reaction)。烷烃分子中的氢原子被卤素原子取代的反应称为卤代反应(halogenation reaction)。

卤素与甲烷的反应活性顺序为:$F_2>Cl_2>Br_2>I_2$。

甲烷的氟代反应十分剧烈,难以控制,强烈的放热反应所产生的热量可破坏大多数的化学键,以致发生爆炸。碘最不活泼,碘代反应难以进行。因此,卤代反应一般是指氯代反应和溴代反应,溴代反应比氯代反应进行得稍慢一些,也需在紫外光照射或高温下进行。此反应活性顺序适用于卤素对其他烷烃的反应,也适用于卤素对大多数其他有机化合物的反应。

2. 卤代反应的机理　化学反应式一般只表示反应物和产物之间的关系,并不说明反应物是怎样变成产物的。在化学转变过程中要经过哪些中间步骤?每步有哪些键断裂,哪些键形成?反应条件又起什么作用?这些问题正是反应机理(reaction mechanism)所要说明的。简而言之,反应机理就是对某个化学反应逐步变化过程的详细描述。反应机理又称反应历程。

烷烃卤代反应是自由基链反应(free radical chain reaction)。在高温或紫外光的作用下,氯分子发生均裂生成氯自由基,由于自由基外层没有满足八电子稳定构型,形成活泼中间体,可以引发一系列反应,称为链反应或连锁反应,主要分为链引发(chain initiation)、链增长(chain propagation)和链终止(chain termination)三个阶段。

(1) 链引发

$$Cl:Cl \xrightarrow{热或光} Cl\cdot + Cl\cdot \quad \Delta_r H_m^\ominus = +243 kJ\cdot mol^{-1} \quad ①$$

氯分子从光或热中获得能量,使 Cl—Cl 键均裂,生成高能量的氯原子 Cl·,即氯自由基。自由基的反应活性很强,一旦形成就有获取一个电子的倾向,以形成稳定的八隅体结构。

(2) 链增长:形成的氯自由基使甲烷分子中的 C—H 键均裂,并与氢原子生成氯化氢分子和甲基自由基·CH_3。

$$CH_3-H+Cl\cdot \longrightarrow \cdot CH_3 + HCl \quad \Delta_r H_m^\ominus = +4 kJ\cdot mol^{-1} \quad ②$$

活泼的甲基自由基也有通过形成新键达到八隅体结构的倾向,它使氯分子的 Cl—Cl 键均裂,并与生成的氯原子形成一氯甲烷和新的氯自由基 Cl·。

$$\cdot CH_3 + Cl_2 \longrightarrow Cl\cdot + CH_3Cl \quad \Delta_r H_m^\ominus = -108 kJ\cdot mol^{-1} \quad ③$$

反应③是放热反应,所放出的能量足以补偿反应②所需吸收的能量,因而可以不断地进行反应,将甲烷转变为一氯甲烷。

当一氯甲烷达到一定浓度时,氯原子除了与甲烷作用外,也可与一氯甲烷作用生成·CH_2Cl 自由基,它再与氯分子作用生成二氯甲烷 CH_2Cl_2 和新的 Cl·。反应就这样继续下去,直至生成三氯甲烷和四氯化碳。

$$CH_3Cl + Cl\cdot \longrightarrow \cdot CH_2Cl + HCl$$
$$\cdot CH_2Cl + Cl_2 \longrightarrow CH_2Cl_2 + Cl\cdot$$
$$CH_2Cl_2 + Cl\cdot \longrightarrow \cdot CHCl_2 + HCl$$
$$\cdot CHCl_2 + Cl_2 \longrightarrow CHCl_3 + Cl\cdot$$
$$CHCl_3 + Cl\cdot \longrightarrow \cdot CCl_3 + HCl$$
$$\cdot CCl_3 + Cl_2 \longrightarrow CCl_4 + Cl\cdot$$

甲烷的氯代反应,每一步都消耗一个活泼的自由基,同时又为下一步反应产生另一个活泼的自由基,所以这是自由基的链反应。

(3) 链终止:两个活泼的自由基相互结合,生成稳定的分子,而使链反应终止。

$$Cl\cdot + Cl\cdot \longrightarrow Cl_2$$

$$·CH_3 + ·CH_3 \longrightarrow CH_3CH_3$$
$$·CH_3 + ·Cl \longrightarrow CH_3Cl$$

在自由基的链反应中,加入少量能抑制自由基生成或降低自由基活性的抑制剂,可使反应速率减慢或终止反应。例如,在上述反应中,少量氧与甲基自由基可生成较不活泼的过氧自由基 $CH_3—O—O·$ 而降低反应速率,只有当所有的氧分子与甲基自由基结合后,反应才能以正常速率进行。

3. 烷烃卤代反应的活性　碳链较长的烷烃卤代时,可生成各种异构体的混合物。例如:

$$CH_3CH_2CH_3 + Cl_2 \xrightarrow[25℃]{光照} CH_3CH_2CH_2Cl + CH_3—\underset{Cl}{CH}—CH_3$$

1-氯丙烷(43%)　　2-氯丙烷(57%)

丙烷分子中有 6 个 1°氢原子和 2 个 2°氢原子,两种氯被卤素原子取代的概率之比应为 3∶1,但在室温条件下这两种产物得率之比为 43∶57,说明 2°氢原子比 1°氢原子的反应活性大。2°氢原子与 1°氢原子的相对反应活性为

$$\frac{57/2}{43/6} = \frac{4}{1}$$

许多氯代反应的实验结果表明:室温下 3°、2°、1°氢原子的相对活性之比为 5∶4∶1,并与烷烃的结构基本无关。根据各级氢的相对反应活性,可预测烷烃各种氯代产物异构体的得率。例如:

$$CH_3CH_2CH_2CH_3 + Cl_2 \xrightarrow[25℃]{光照} CH_3CH_2CH_2CH_2Cl + CH_3\underset{Cl}{CH}CH_2CH_3$$

1-氯丁烷　　2-氯丁烷

$$\frac{1\text{-氯丁烷}}{2\text{-氯丁烷}} = \frac{1°\text{氢的总数}}{2°\text{氢的总数}} \times \frac{1°\text{氢相对反应活性}}{2°\text{氢相对反应活性}} = \frac{6}{4} \times \frac{1}{4} = \frac{3}{8}$$

1-氯丁烷的得率为: $\frac{3}{3+8} \times 100\% = 27\%$

2-氯丁烷的得率为: $\frac{8}{3+8} \times 100\% = 73\%$

4. 烷烃的自动氧化　在生活中经常遇到这样的现象,人老了皮肤有皱纹,橡胶制品用久了变硬变黏,塑料制品用久了变硬易裂,食用油放久了变质,这些现象称为老化。老化过程很缓慢,老化的原因首先是空气中的氧进入具有活泼氢的各种分子而发生自动氧化反应,继而再发生其他反应。烷烃的叔氢(除此以外,醛基中的氢、醚 α-位的氢、烯丙位的氢)可与氧发生自由基反应。

$$R_3CH· + O_2 \longrightarrow R_3C· + ·OOH$$
$$R_3C· + O_2 \longrightarrow R_3COO·$$
$$R_3COO· + R_3CH \longrightarrow R_3COOH + R_3C·$$

烃基过氧化氢(R_3COOH)或其他过氧化物具有—O—O—键,这是一个弱键,在适当的温度下很容易分解,产生自由基,自由基引发链反应,产生大量自由基,促使反应很快进行,并放出大量的热,这是过氧化物产生爆炸的原因。过氧乙酸是一种很好的消毒剂,能杀死很多细菌和病毒。在 2014 年冬季"H1N1 流感"和 2019 年"新型冠状病毒"流行时,曾采用过氧乙酸消毒。因为过氧化物易爆,所以在运输和使用中一定要注意安全,严防发生意外事故。

生物体内的许多化学反应都与氧有关。氧的一些代谢产物及含氧的衍生物具有较氧活泼的性质,故称为活性氧。活性氧一般是指超氧阴离子自由基($\cdot O_2^-$)、羟自由基($\cdot OH$)、单线态氧($^1O_2$)和过氧化氢(H_2O_2)。由它们可衍生含氧有机自由基($RO\cdot$)、有机过氧化物自由基($ROO\cdot$)等。

生物自由基的来源有外源性和内源性两种。外源性自由基是由物理或化学等因素产生;内源性自由基是由体内的酶促反应和非酶促反应产生。

在生理条件下,机体一方面不断产生自由基,另一方面又不断清除自由基。处于产生与清除平衡状态的生物自由基,不仅不会损伤机体,还参与机体的生理代谢,也参与前列腺素和ATP等生物活性物质的合成。当吞噬细胞在对外源性病原微生物进行吞噬时,就生成大量活性氧以杀灭。自由基的产生和清除一旦失去平衡,过多的自由基就会对机体造成损害,可使蛋白质变性、酶失活、细胞及组织损伤,从而引起多种疾病,并可诱发癌症和导致衰老。

思考题 2-5 写出 $CH_3CH(CH_3)CH_3$ 与 Br_2 在光照作用下生成的主产物。

二、烯烃的化学性质

碳碳双键是烯烃的官能团,由一个σ键和一个π键所组成,是烯烃分子中较容易发生反应的活泼位置,所以烯烃的化学性质主要是碳碳双键的性质。

碳碳双键中的π键比σ键弱得多,容易发生断裂,然后双键两端的碳原子分别与其他试剂结合,形成产物,这种反应称为加成反应。根据反应条件和作用试剂的不同,π键可以均裂而发生自由基加成反应,也可以异裂而发生离子型的加成反应。由于π键的电子云不是集中在两个碳原子之间,而是分布在分子平面的上下两方,所以在异裂的加成反应中,总是容易受带正电的试剂(亲电试剂)进攻。加之因为π键的极化性强,当亲电试剂接近π键时,容易使π键中的电子云加剧极化,发生异裂。这种由亲电试剂进攻而发生的加成反应称为亲电加成反应。它是烯烃的典型反应之一。

自由基加成反应:

$$\underset{\text{烯烃}}{-C=C-} + \underset{\text{自由基}}{R\cdot} \longrightarrow \underset{\text{自由基中间体}}{\left[-\overset{R}{\underset{\cdot}{C}}-\overset{}{C}-\right]} \xrightarrow{R\cdot} \underset{\text{产物}}{-\overset{R}{\underset{}{C}}-\overset{R}{\underset{}{C}}-}$$

亲电加成反应:

$$\underset{\text{烯烃}}{-C=C-} + \underset{\text{亲电试剂}}{\overset{\delta+}{E}-\overset{\delta-}{Nu}} \longrightarrow \underset{\text{正碳离子中间体}}{\left[-\overset{E}{\underset{+}{C}}-C-\right]} \xrightarrow{Nu^-} \underset{}{-\overset{Nu}{\underset{}{C}}-\overset{E}{\underset{}{C}}-}$$

这种加成反应,断裂了一个较弱的π键,形成了两个较强的σ键,所以往往是热力学上的放热反应。

在考虑有机化合物的性质时,不仅应该考虑官能团本身的性质,还应该考虑分子其他部分的结构对这个官能团的影响,以及这个官能团对分子其他部分结构性质的影响。烯烃分子其他部分的结构与烷烃相似,表现烷烃的性质。由于双键的存在,使直接与双键碳相连的碳原子(常称为 α 碳)上的氢,变得更为活泼,α 碳上氢原子的解离能降低,更容易发生选择性的卤代反应。

综上所述,烯烃的主要性质概括如下:

$$\underset{\text{取代反应}}{\longrightarrow}\overset{H}{\underset{\alpha}{-C}}-\overset{|}{C}=\overset{|}{C}-\underset{\text{加成反应}}{\longleftarrow}$$

1. 催化加氢反应　烯烃与氢气在金属 Pt、Pd、Ni 等催化剂存在下能发生加成反应:

$$R-CH=CH-R' + H_2 \xrightarrow{Pt} RCH_2CH_2R'$$

烯烃的加氢反应在热力学上是一个放热反应,每个 C=C 氢化放出的热量约为 126kJ·mol^{-1}(称为氢化热),但是由于反应具有很高的活化能,如果没有催化剂存在,反应很难发生。使用高度分散的铂、钯、镍等金属作催化剂,可降低反应的活化能,使反应顺利发生。反应是在金属表面进行的,由于高度分散的金属粉末有极高的表面活性,能与吸附在金属表面的烯烃分子和氢分子作用,削弱碳碳π键和 H—H σ键,促使它们容易发生均裂,而相互反应形成产物。

值得注意的是,铂、钯、镍等金属催化剂均不溶于有机溶剂,称为异相催化。近年来又发展了一些可溶于有机溶剂的均相催化剂,如氯化铑与三苯基膦的配合物。国内外学者在 21 世纪又通过改进溶剂实现均相催化,如使用"离子液"等方法。

异相催化加氢是在金属表面上进行的,在立体化学上倾向于顺式加成,两个氢原子从双键平面的同一侧加成到两个碳原子上去。

$$\underset{R_2}{\overset{R_1}{>}}C=C\underset{R_4}{\overset{R_3}{<}} + H_2 \xrightarrow{Pt} \underset{R_2}{\overset{R_1}{\cdots}}C-C\overset{R_3}{\underset{R_4}{\cdots}}$$
$$ H\ H$$

烯键的催化加氢在有机合成和油脂工业中常被采用;此外,金属催化加氢反应是一个定量反应,可通过测定反应中所消耗氢气的体积,算出化合物中所含的双键数,由此推测出未知物的结构。

2. 烯烃的亲电加成反应

(1) 诱导效应:烯烃的化学反应及表现出的性质,主要与 C=C 碳原子之间的电子云密度有关,电子云的分布不但取决于成键原子的性质,而且受到相邻相连的原子间的相互影响,这种影响称为电子效应(electronic effect)。电子效应又可分为诱导效应(inductive effect)和共轭效应(conjugative effect)。电子效应说明分子中电子云密度的分布对分子性质产生的影响,诱导效应和共轭效应在推测化合物性质和分析化合物结构等方面起着重要作用。

在多原子分子中由于成键原子或基团之间电负性不同,不仅使成键原子间电子云密度呈不对称分布,键上产生极性,而且会引起分子中其他原子之间的电子云沿着碳链向电负性大的原子一方偏移,往往使共价键的极性也发生变化,把这种不直接相连原子之间的相互影响称为诱导效应,用符号 I 表示。例如,1-氟丙烷分子的诱导效应:

$$H-\overset{H}{\underset{H}{C}}\overset{\delta\delta\delta^+}{\longrightarrow}\overset{H}{\underset{H}{C}}\overset{\delta\delta^+}{\longrightarrow}\overset{H}{\underset{H}{C}}\overset{\delta^+}{\longrightarrow}\overset{\delta^-}{F}$$

在氟丙烷分子中直箭头所指方向是σ电子云偏移方向,是由电负性小的原子指向电负性大的原子。电子靠近电负性较大的氟原子,使其带部分负电荷,用"δ$^-$"表示;与此相反,电负性较小的碳原子则带部分正电荷,用"δ^+"表示。诱导效应以静电诱导的形式沿着碳链朝向一个方向由近及远依次传递,并随传递距离的增加,其效应迅速降低,δ^+、$\delta\delta^+$、$\delta\delta\delta^+$分别表示在碳链中连续碳原子C_1、C_2、C_3上所引起的部分正电荷的量依次降低。一般经过3个碳原子以后,诱导效应的影响已属极微,可以忽略不计,可见诱导效应是短程的。

诱导效应的方向是,以C—H键中的H作为比较标准,如果某原子或基团(X)的电负性大于H,当氢被取代后,则C—X键间电子云偏向X,与H相比,X具有吸电性,X称为吸电子基团,由它引起的诱导效应称为吸电子诱导效应,用符号"-I"表示,如果以电负性小于H的原子或基团(Y)取代氢原子后,则C—Y键间电子云偏向碳原子,与H相比,Y具有斥电子性,Y称为斥电子基团,由它引起的诱导效应称为斥电子诱导效应,用符号+I 表示:

$$
\begin{array}{ccc}
-\overset{|}{\underset{|}{C}}\rightarrow X & -\overset{|}{\underset{|}{C}}-H & -\overset{|}{\underset{|}{C}}\leftarrow Y \\
-I & & +I
\end{array}
$$

一个原子或基团是吸电子基还是斥电子基,可通过实验测定,根据实验结果,一些取代基的电负性大小如下:

—F>—Cl>—Br>—I>—OCH_3>—$NHCOCH_3$>—C_6H_5>—$CH=CH_2$>—H>—CH_3>—C_2H_5>—$CH(CH_3)_2$>—$C(CH_3)_3$

位于H前面的是吸电子基团,位于H后面的是斥电子基团。

(2) 与卤化氢的加成:双键平面的两侧是π电子云密度高的区域,易与带正电荷的亲电试剂反应,烯烃与卤化氢的加成分两步进行,第一步是H^+用它的空轨道与烯烃的π轨道相互作用,形成碳正离子中间体。这一步反应速率慢,是决定整个反应速率的一步。第二步是碳正离子中间体很快与负离子结合形成加成产物。

$$HX \rightleftharpoons X^- + H^+$$

第一步:$CH_3 \overset{\delta^+}{\longrightarrow} \overset{\delta^-}{CH=CH_2} + H^+ \xrightarrow{慢} [CH_3\overset{+}{C}HCH_3]$

第二步:$[CH_3\overset{+}{C}HCH_3] + X^- \xrightarrow{快} CH_3\overset{\overset{|}{X}}{C}HCH_3$

丙烯中的"→"表示σ电子云的偏移,弯箭头"⌒"表示π电子云的转移。

在此反应中,卤化氢的反应活性与它们的酸性顺序一致:HI>HBr>HCl。烯烃的反应活性,取决于它的结构,双键碳原子上有斥电子基团时,可使π电子云密度提高而有利于反应;当有吸电子基团时,π电子云密度降低,反应活性降低。对于较复杂的烯烃,可以分析过渡状态的稳定性,以判断它们的反应活性。

不对称烯烃与卤化氢(HX)加成时,质子加到双键两端哪一个碳上,取决于所产生碳正离子的稳定性。烷基碳正离子为sp^2杂化,其结构与烷基自由基结构类似,所不同的是烷基碳正离子p轨道上没有电子,是一个空轨道,如图2-15所示。

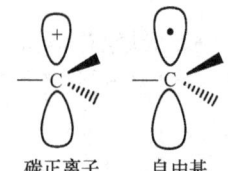

图 2-15 碳正离子和自由基p轨道示意图

带正电荷的碳原子具有吸电子能力,而甲基是斥电子基团,中心碳原子上连接的甲基越多,中心碳原子的正电荷就越低。换句话说,也就是中心碳原子正电荷的分散程度越高。根据物理学原理,一个体系的电荷越分散,这个体系就越稳定。各种烷基碳正离子的稳定性顺序为：叔碳正离子＞仲碳正离子＞伯碳正离子＞甲基碳正离子。

当丙烯与HX发生加成反应时，可能形成两种碳正离子

$$CH_3CH=CH_2 + H^+ \longrightarrow \begin{array}{c} CH_3\overset{+}{C}HCH_3 \\ CH_3CH_2\overset{+}{C}H_2 \end{array}$$

因为 $CH_3\overset{+}{C}HCH_3$（仲碳正离子）比 $CH_3CH_2\overset{+}{C}H_2$（伯碳正离子）稳定，所以整个反应的主要产物是 $CH_3\underset{\underset{X}{|}}{C}HCH_3$。

从以上不对称试剂（HX）与不对称烯烃加成的产物可以看出："当烯烃与酸性试剂发生加成反应时，酸分子中的质子主要加到双键两端含氢较多的碳原子上，其余部分则加到另一个碳原子上"。这个规律是1866年由著名的俄国化学家马尔科夫尼科夫（V. V. Markovnikov）总结出来的，故称为马尔科夫尼科夫规则。

马尔科夫尼科夫规则是总结不带官能团的烯烃加成反应时的经验规律，如果应用到带有官能团的烯烃的衍生物，需要从原理上进行具体分析，例如：

$$F_3C-CH=CH_2 + HCl \longrightarrow \begin{array}{c} \overset{+}{C}H_2CH_2CF_3 \longrightarrow CH_2ClCH_2CF_3 \\ \overset{\times}{C}H_3\overset{+}{C}HCF_3 \longrightarrow CH_3CHClCF_3 \end{array}$$

因为氟原子有很高的电负性，使 CF_3 成为极强的吸电子基团，因而第一步生成的碳正离子中间体只能是 $\overset{+}{C}H_2CH_2CF_3$，而不是 $CH_3\overset{+}{C}HCF_3$。

所以马尔科夫尼科夫规则应正确地理解为："当不对称烯烃与不对称试剂发生离子型加成反应时，不对称试剂的带正电荷部分总是加成到烯烃带部分负电荷的碳原子上，形成较稳定的碳正离子。"

其他无机酸（如硫酸、硝酸、磷酸、次卤酸）及有机弱酸（如乙酸）在酸作催化剂作用下都可与烯烃进行亲电加成，其反应规律及产物与HX加成时相似。例如：

$$CH_2=CH_2 + H_2SO_4 \longrightarrow CH_3CH_2OSO_3H \xrightarrow[90℃]{H_2O} CH_3CH_2OH + H_2SO_4$$
硫酸氢乙酯　　　　　乙醇

$$CH_2=CH_2 + \overset{\delta^-}{H}\overset{\delta^+}{OCl} \longrightarrow \underset{\underset{Cl}{|}}{C}H_2-\underset{\underset{OH}{|}}{C}H_2$$
2-氯乙醇

$$CH_2=CH_2 + CH_3\overset{O}{\overset{\|}{C}}-OH \xrightarrow{H^+} CH_3CH_2O\overset{O}{\overset{\|}{C}}-CH_3$$
乙酸乙酯

（3）烯烃与卤素的亲电加成反应：烯烃容易与氯或溴发生加成反应，生成邻二卤代烷。例如，在室温下，将乙烯通入溴的四氯化碳溶液中，溴的红棕色立即褪去，生成无色的1,2-二溴乙烷。

$$CH_2=CH_2 + Br_2(CCl_4) \longrightarrow \underset{\underset{Br}{|}}{C}H_2-\underset{\underset{Br}{|}}{C}H_2$$

碘不活泼，难以发生加成反应；氟太活泼，与烯烃反应太剧烈，难以控制，产物复杂。实验室中常用溴的四氯化碳溶液区别烷烃和烯烃。

烯烃与卤素的亲电加成反应也是分步进行的离子型反应。例如，乙烯与溴加成时，第

一步是溴分子受π电子云的影响而被极化成一端带部分正电荷、一端带部分负电荷的极性分子。

溴分子中带部分正电荷的一端与乙烯 C=C 的π电子相互作用形成不稳定的π配合物，受到π电子的极化，使 Br—Br 键发生异裂而形成溴鎓离子（bromonium ion），如图 2-16 所示。

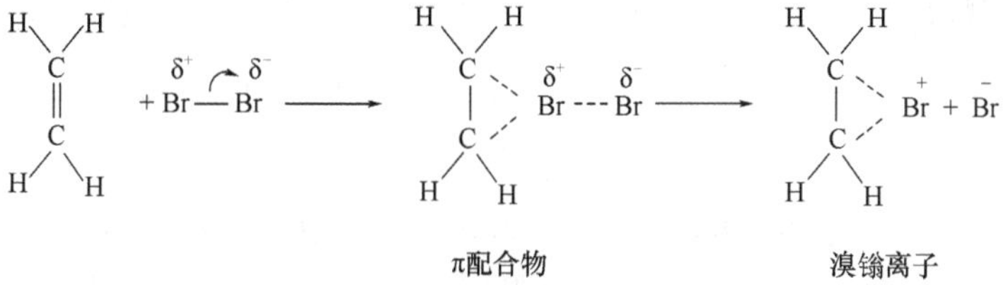

π配合物　　　　溴鎓离子

溴鎓离子是带正电荷的环状中间体，它是由于溴与碳成键后仍留有未成键的 p 电子对，可与缺电子的碳原子的空 p 轨道从侧面重叠而成。由于这两个 p 轨道不是沿键轴方向重叠，故不稳定。

图 2-16　环状溴鎓离子的形成

第二步反应是溴负离子从带有正电荷溴的相反一侧进攻溴鎓离子的一个碳原子，将环打开生成邻二溴乙烷。从加成产物来看，溴是从双键两侧分别加在烯烃双键碳原子上。

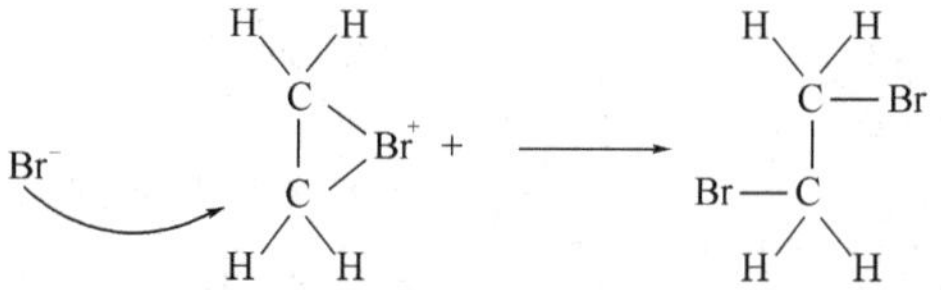

卤素虽然都有未共用电子对，但它们的原子半径和电负性各异，与烯烃加成时，形成环状正离子的难易程度不同。一般认为，烯烃与碘和溴加成时，首先形成环状鎓离子中间体，而与氯加成时，有时形成环状氯鎓离子中间体，有时则形成链状碳正离子中间体。

总之，烯烃的亲电加成反应是分步进行的离子型反应，有正离子中间体形成，存在链状和环状正离子两种形式：

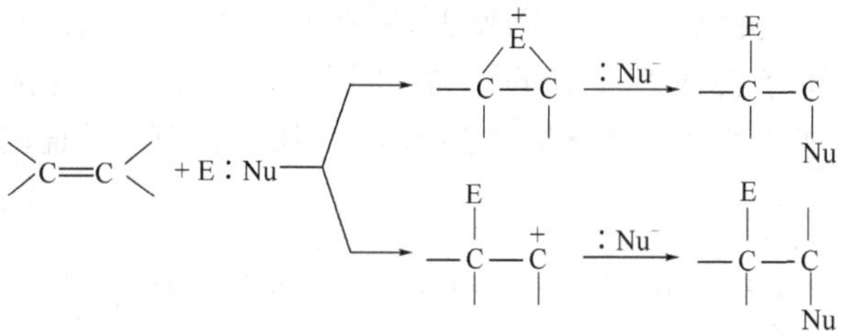

E^+ 和 $:Nu^-$ 分别表示加成试剂 E:Nu 中亲电和亲核部分。

3. 烯烃自由基加成反应　　不对称烯烃与不对称试剂的亲电加成遵循马尔科夫尼科夫规则，但人们在实验中发现，烯烃与卤化氢加成时，若有过氧化物存在，得到的产物是与马尔科夫尼科夫产物相反，称为反马尔科夫尼科夫加成。例如，丙烯与溴化氢加成时，若有过氧化物（ROOR′）存在，产物是 1-溴丙烷而不是 2-溴丙烷。

$$CH_3CH=CH_2 + HBr \longrightarrow CH_3CHCH_3$$
$$\qquad\qquad\qquad\qquad\qquad\qquad\;|$$
$$\qquad\qquad\qquad\qquad\qquad\quad Br$$

$$CH_3—CH=CH_2 + HBr \xrightarrow{ROOR'} CH_3CH_2CH_2Br$$

这种由过氧化物而引起溴化氢加成反应按反马尔科夫尼科夫规则进行称为过氧化物效应（peroxide effect）。这种反应不是离子型亲电加成反应，而是有过氧化物参与的自由基

加成反应,其反应机理类似于烷烃的自由基取代反应,反应分三步进行:

第一步,链引发:

$$R-O-O-R \longrightarrow 2RO\cdot$$

$$RO\cdot + HBr \longrightarrow ROH + Br\cdot \quad \Delta_r H_m^\ominus = -96 \text{kJ}\cdot\text{mol}^{-1}$$

第二步,链增长:

$$RCH=CH_2 + Br\cdot \longrightarrow R\overset{\cdot}{C}HCH_2Br \quad \Delta_r H_m^\ominus = -38 \text{kJ}\cdot\text{mol}^{-1}$$

(中间体)

$$R\overset{\cdot}{C}HCH_2Br + HBr \longrightarrow RCH_2CH_2Br + Br\cdot \quad \Delta_r H_m^\ominus = -29 \text{kJ}\cdot\text{mol}^{-1}$$

(加成产物)

第三步,链终止:

$$2Br\cdot \longrightarrow Br_2$$

$$Br\cdot + R\overset{\cdot}{C}HCH_2Br \longrightarrow RCHBrCH_2Br$$

$$2R\overset{\cdot}{C}HCH_2Br \longrightarrow \begin{matrix} RCHCH_2Br \\ | \\ RCHCH_2Br \end{matrix}$$

在上述链增长的一步中,自由基进攻双键时,有两种取向产生两种中间体的可能性:

$$Br\cdot + RCH=CH_2 \begin{matrix} \nearrow R\overset{\cdot}{C}HCH_2Br \\ \searrow RCHBr\overset{\cdot}{C}H_2 \end{matrix} \longrightarrow \begin{matrix} R\overset{\cdot}{C}HCH_2Br \ (2°自由基) \\ RCHBr\overset{\cdot}{C}H_2 \ (1°自由基) \end{matrix}$$

其产物取决于中间体自由基的稳定性,由于自由基的相对稳定性是:
$CH_2=CH-CH_2\cdot > 3° > 2° > 1° > \cdot CH_3 > CH=CH\cdot$,因此中间体相对稳定的自由基应为 $R\overset{\cdot}{C}HCH_2Br$。反应得到反马尔科夫尼科夫规则的产物 RCH_2CH_2Br。

在卤化氢中,只有 HBr 有过氧化物效应,而 HF、HCl 和 HI 都没有此效应。这是因为 H—F 键很牢固,在一般条件下不能使其均裂而发生自由基反应;H—Cl 键较牢固,其中 H 不能被自由基夺去而产生氯自由基,因此也不能发生自由基加成反应。H—I 键虽然较弱,容易生成自由基,但所形成的碘自由基活性低,很难与双键发生自由基加成反应。

$$RCH=CH_2 + Cl\cdot \longrightarrow R\overset{\cdot}{C}HCH_2Cl \quad \Delta_r H_m^\ominus = -92 \text{kJ}\cdot\text{mol}^{-1}$$

$$R\overset{\cdot}{C}HCH_2Cl + HCl \longrightarrow RCH_2CH_2Cl + Cl\cdot \quad \Delta_r H_m^\ominus = +33 \text{kJ}\cdot\text{mol}^{-1}$$

$$RCH=CH_2 + I\cdot \longrightarrow R\overset{\cdot}{C}HCH_2I \quad \Delta_r H_m^\ominus = +21 \text{kJ}\cdot\text{mol}^{-1}$$

$$R\overset{\cdot}{C}HCH_2I + HI \longrightarrow RCH_2CH_2I + I\cdot \quad \Delta_r H_m^\ominus = -100 \text{kJ}\cdot\text{mol}^{-1}$$

4. 氧化反应 烯烃与某些氧化剂作用可使烯烃 C=C 中的π键断裂,如果反应条件剧烈一些除了使π键断裂外,也能使σ键断裂。例如,烯烃在冷的碱性高锰酸钾水溶液或过氧酸中反应,能生成邻二醇,此反应又称为羟基化反应。

烯烃与稀冷高锰酸钾反应可用下列式子表示:

$$CH_2=CH_2 + (冷稀)KMnO_4 \longrightarrow \underset{\underset{OH}{|}}{CH_2}-\underset{\underset{OH}{|}}{CH_2}$$

$$\overset{}{\underset{}{>}}C=C\overset{}{\underset{}{<}} + (冷稀)KMnO_4 \xrightarrow{OH^-} \left[\begin{array}{c} \\ C-C \\ | \ \ | \\ O \ \ O \\ \diagdown Mn \diagup \\ O^- \ \ O^- \end{array} \right] \xrightarrow{H_2O} \underset{\underset{HO}{|}}{>}C-C\underset{\underset{OH}{|}}{<}$$

反应通过顺式加成方式进行，首先形成一个环状的高锰酸酯，然后迅速水解得到邻二醇。

烯烃与过氧酸反应，首先得到氧化三元环状化合物，三元环氧化合物有较大张力，因此在酸性条件下很容易发生酸性水解开环，生成邻二醇。

$$>C=C< + RC\overset{O}{\underset{}{\|}}OOH \longrightarrow >\underset{\underset{O}{\diagdown \diagup}}{C-C}< + RCOOH$$

$$\underset{\underset{O}{\diagdown \diagup}}{>C-C<} + H^+ \rightleftharpoons \underset{\underset{\overset{+}{O}}{\diagdown \diagup}}{\overset{H}{>C-C<}} \xrightarrow[-H^+]{H_2O} \underset{\underset{OH}{|}}{>}\overset{HO}{\underset{|}{C}}-C<$$

因为水解开环时，水分子从与氧环相反的一面进攻，结果使烯烃发生了反式二羟化。

当用热而浓的高锰酸钾溶液或酸性高锰酸钾溶液氧化烯烃时，反应并不停留在邻二醇阶段，而是继续氧化，使 C=C 断裂。氧化产物随烯烃结构不同而得到不同的氧化产物。

$$RCH=CH_2 + KMnO_4 \xrightarrow{H^+} RCOOH + CO_2 + H_2O$$

$$RCH=CHR' + KMnO_4 \xrightarrow{H^+} RCOOH + R'COOH$$

$$R-\underset{\underset{R'}{|}}{C}=CH_2 + KMnO_4 \xrightarrow{H^+} R-\overset{O}{\underset{}{\|}}{C}-R' + CO_2 + H_2O$$

反应中，$\diagdown C=C \diagup$ 氧化为 $\diagdown C=O$，双键碳上的氢被氧化为—OH，通过对反应最终产物的分析，可以确定原来烯烃的结构。

重铬酸钾也是一种强氧化剂，当它与烯烃作用时，与酸性高锰酸钾一样，在 C=C 处发生氧化断裂，生成羧酸和酮。

$$R\underset{\underset{R'}{|}}{C}=CHR + K_2Cr_2O_7 \xrightarrow{H^+} RCOOH + R\overset{O}{\underset{}{\|}}{C}-R'$$

烯烃与臭氧也能发生氧化反应，反应通常是将烯烃溶于惰性溶剂，然后在低温（-80℃）条件下通入含有臭氧的空气，迅速地生成臭氧化物。

$$\underset{R}{\overset{R}{>}}C=\underset{R''}{\overset{H}{<}} + O_3 \longrightarrow \underset{R}{\overset{R}{>}}C\underset{O-O}{\overset{O}{\diagup \diagdown}}C\underset{R''}{\overset{H}{<}} \xrightarrow[(Zn+H^+)]{H_2O}$$
臭氧化物

$$\underset{R}{\overset{R}{>}}C=O + O=C\underset{R''}{\overset{H}{<}} + H_2O_2$$

臭氧化物易爆炸，一般不把它分离出来而直接加水水解，产物为醛或酮。为避免产物中的醛被 H_2O_2 氧化，通常加入锌粉等还原性物质。

$$CH_3CH=CH_2 + O_3 \longrightarrow CH_3\underset{O-O}{\overset{O}{\underset{|}{CH}-\underset{|}{CH_2}}} \begin{array}{l} \xrightarrow{H_2O} CH_3COOH + HCOOH \\ \xrightarrow{Zn/H_2O} CH_3CHO + HCHO \end{array}$$

不同结构的烯烃通过臭氧化、还原水解,所得产物也不同,有如下一般规律:

$$\underset{H}{\overset{H}{\underset{|}{=C}}} \longrightarrow \underset{H}{\overset{H}{\underset{|}{O=C}}}$$

$$\underset{H}{\overset{R}{\underset{|}{=C}}} \longrightarrow \underset{H}{\overset{R}{\underset{|}{O=C}}}$$

$$\underset{R''}{\overset{R'}{\underset{|}{=C}}} \longrightarrow \underset{R''}{\overset{R'}{\underset{|}{O=C}}}$$

5. α-氢的卤代反应 烯烃分子中除了 C=C 外,同时还存在饱和的 sp^3 碳原子构成的烷烃骨架,那些远离双键的烷烃骨架结构,基本上表现出烷烃自身的性质,但与双键碳直接连接的碳(称为烯丙位或α-位)上的氢原子,受到双键的影响而变得比较活泼。例如,在室温下丙烯与氯气发生双键上的亲电加成反应,在高温下则发生α-H 的取代反应。

$$CH_3CH=CH_2 + Cl_2 \begin{array}{l} \xrightarrow{室温} CH_3\underset{Cl}{\underset{|}{CH}}\underset{Cl}{\underset{|}{CH_2}} \\ \xrightarrow{高温} CH_2ClCH=CH_2 \end{array}$$

烯烃的 α-H 卤代反应与烷烃卤代反应相似,是自由基取代反应:

$$Cl_2 \xrightarrow{高温} 2Cl \cdot$$

$$Cl \cdot + CH_3CH=CH_2 \xrightarrow{取代} \cdot CH_2-CH=CH_2 + HCl$$

$$\cdot CH_2-CH=CH_2 + Cl_2 \longrightarrow ClCH_2CH=CH_2 + Cl \cdot$$

思考题 2-6 写出丙烯通入溴的氯化钠水溶液后可能生成的产物。

三、炔烃的化学性质

炔烃分子中含有 C≡C,其中含有两个π键,因此和烯烃类似,也可以发生加成、氧化等反应。不同的是,炔烃分子 C≡C 的碳原子是 sp 杂化,使得"C≡C—H"上的 C—H 键的极性增大。C≡C—H 的氢具有微弱酸性,可以与金属作用生成金属炔化物。金属炔化物与卤代烃作用可进行烷基化反应。

1. 炔烃的亲电加成反应 炔烃与烯烃相似,能与 X_2、HX 等亲电试剂发生反应,但炔烃对亲电试剂的反应活性比烯烃低,若分子中同时存在 C=C 和 C≡C 时,则加成反应首先在 C=C 上进行。炔烃与亲电试剂发生亲电加成反应遵守马尔科夫尼科夫加成规则。

$$RC\equiv CH + X_2 \longrightarrow R\underset{X}{\overset{X}{\underset{|}{C}}}=\underset{}{\overset{}{\underset{|}{CH}}} \xrightarrow{X_2} R\underset{X}{\overset{X}{\underset{|}{C}}}-\underset{X}{\overset{X}{\underset{|}{CH}}}$$

$$RC\equiv CH + HX \longrightarrow RC=CH_2 \xrightarrow{HX} R\underset{X}{\overset{X}{\underset{|}{C}}}-CH_3$$
$$\underset{X}{|}$$

炔烃与溴加成,也能使溴水的颜色褪去,利用此方法可以鉴定不饱和键的存在。

碘与炔烃加成较难,如碘与乙炔加成,通常只加一分子碘而得到 1,2-二碘乙烯。炔烃与 HX 反应是分两步进行的,例如:

$$CH_3C{\equiv}CH + HBr \longrightarrow CH_3-\underset{Br}{\overset{Br}{\underset{|}{C}}}-CH_3$$

第一步:$CH_3-C{\equiv}CH + HBr \longrightarrow CH_3-\overset{+}{C}=CH_2 \xrightarrow{Br^-} CH_3-\underset{}{\overset{Br}{\underset{|}{C}}}=CH_2$

第二步:$CH_3-\overset{Br}{\underset{|}{C}}=CH_2 + HBr \longrightarrow CH_3-\overset{Br}{\underset{|}{\overset{+}{C}}}-CH_3 \xrightarrow{Br^-} CH_3-\underset{Br}{\overset{Br}{\underset{|}{C}}}-CH_3$

炔烃与第一分子 HX 加成后,电负性较强的卤素直接连接在双键上,有可能降低双键亲电加成反应活性。所以只要适当控制反应条件,可使反应停留在卤代烯烃阶段。

2. 炔烃的氧化反应 炔烃与烯烃相似,能发生氧化反应,在适当条件下,用 $KMnO_4$ 氧化炔烃(末端炔烃除外),可以得到二酮。

$$CH_3CH_2C{\equiv}CCH_3 + KMnO_4 \xrightarrow[0\,℃,pH=7.5]{H_2O} CH_3CH_2\underset{O}{\overset{}{C}}-\underset{O}{\overset{}{C}}CH_3$$

在较高温度或酸性条件下,$KMnO_4$ 将使炔键全部断裂,得到羧酸或二氧化碳。

$$CH_3CH_2C{\equiv}CH + KMnO_4 \xrightarrow[25\,℃]{H^+} CH_3CH_2COOH + CO_2$$

$$CH_3CH_2C{\equiv}CCH_3 + KMnO_4 \xrightarrow[100\,℃]{H_2O} CH_3CH_2COOK + CH_3COOK$$

炔烃被 $KMnO_4$ 溶液氧化,同时 $KMnO_4$ 溶液紫色褪去,这一反应可作为 $C{\equiv}C$ 定性试验。臭氧也能氧化炔烃,氧化产物水解后得到相应的羧酸。

$$CH_3CH_2C{\equiv}CH \xrightarrow[②H_2O]{①O_3} CH_3CH_2COOH + HCOOH$$

通常炔烃氧化成羧酸的反应用于确定炔烃中 $C{\equiv}C$ 的位置。

3. 末端炔烃的酸性 与末端炔键碳直接相连的氢原子,表现出一定的弱酸性。乙炔(pK_a 约为 25)酸性比水(pK_a 为 15.7)和醇(pK_a 为 16~18)弱得多,但比氨(pK_a 约为 35)要强。

末端炔烃的氢原子也能被一些重金属离子取代,生成不溶性的盐,又称为炔淦。此反应较灵敏,现象明显,可用作末端炔烃的鉴别反应。例如,将乙炔通入银氨溶液或氯化亚铜的氨溶液中,则分别生成白色的乙炔银和砖红色的乙炔亚铜沉淀。

$$CH{\equiv}CH + 2[Ag(NH_3)_2]NO_3 \longrightarrow AgC{\equiv}CAg\downarrow + NH_3 + 2NH_4NO_3$$
乙炔银(白色)

$$CH{\equiv}CH + 2[Cu(NH_3)_2]Cl \longrightarrow CuC{\equiv}CCu\downarrow + 2NH_3 + 2NH_4Cl$$
乙炔亚铜(砖红色)

重金属炔化物在湿润时比较稳定,在干燥状态下易爆炸,不宜保存,所以在实验完毕后,应及时用盐酸或硝酸等将其分解掉。

思考题 2-7 $CH{\equiv}C-CH_2-CH{=}CH_2 + 1mol\ HBr \longrightarrow ?$

四、共轭二烯烃的化学性质

1. 共轭体系和共轭效应 像丁-1,3-二烯这样的共轭体系(conjugated system)是由两个 π 键组成的。由于共轭 π 键的形成,π 电子能围绕更多的原子核运动,电荷分散,体系的能量

降低,共轭体系比相应的非共轭体系更稳定。共轭体系有以下几种类型:

(1) π-π共轭体系:在有机分子中,凡双键、单键交替排列的结构都属此类。丁-1,3-二烯是最典型的例子,下列例子中虚线框内部分即为分子的π-π共轭体系。

CH₃—[CH=CH—CH=CH]—CH₃   CH₃—[CH=CH—C=O]
                                              |
                                              H

己-2,4-二烯   丁-2-烯醛

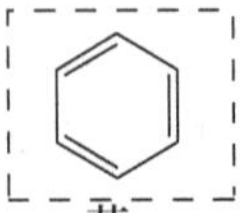

苯 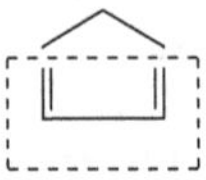   环戊二烯

(2) p-π共轭体系:与双键碳原子相连的原子,由于共平面,其p轨道与双键的π轨道平行并发生侧面重叠,形成共轭。下列三个例子代表不同类型的p-π共轭体系。

B̈r—CH=ĊH₂
溴乙烯

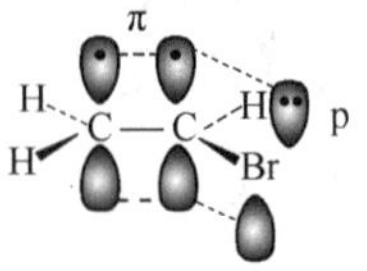

(三个原子核吸引四个π电子,是多电子共轭体系)

CH₂=CH—C̈H₂⁺
烯丙基碳正离子

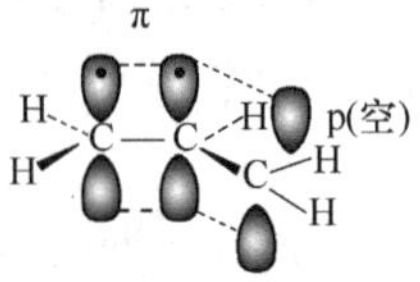

(三个原子核吸引两个π电子,是缺电子共轭体系)

CH₂=CH—ĊH₂
烯丙基自由基

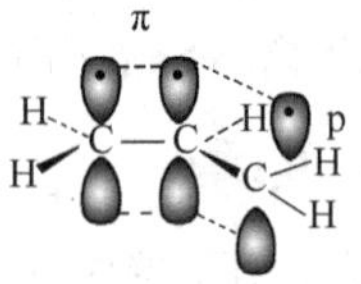

(三个原子核吸引三个π电子,是等电子共轭体系)

(3) 超共轭体系:超共轭是C—H σ键参与的共轭,由于氢原子的体积很小,像是嵌在C—H σ电子云中,因此,C—H σ键似未共用电子对。C—H的σ轨道与毗邻的π键或p轨道虽不平行,但仍可以发生一定程度的侧面重叠,形成σ-π或σ-p超共轭。例如,丙烯或乙基碳正离子中都存在超共轭。

CH₃—CH=CH₂

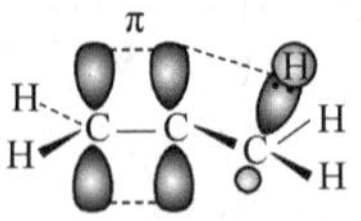

σ-π超共轭

CH₃—ĊH₂⁺

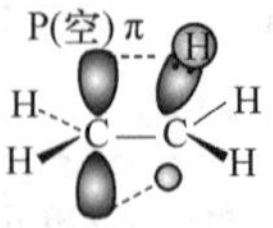

σ-p超共轭

这种体系之所以称为超共轭(hyperconjugation),是因为σ轨道与π键或p轨道并不平行,轨道之间重叠程度较小,不同于π-π和p-π的共轭效应。由于C—C单键可以自由旋转,甲基上三个C—H σ键在分子结构中处于等同的地位,每个C—H键均有可能在其最佳位置上形

成完全相同的超共轭。

通过以上例子不难看出,共轭体系有以下特点:
(1) 形成共轭体系的原子都在同一个平面上。
(2) 必须有可以实现平行重叠的 p 轨道,还要有一定数量的供成键用的 p 电子。
(3) 键长平均化。

共轭效应是一类重要的电子效应,它和诱导效应在产生原因和作用方式上是不同的。诱导效应建立在定域键基础上,所以是短程作用,不出现交替极化现象;共轭效应则建立在离域的基础上,所以是远程作用。一个分子可同时存在这两种电子效应。

2. 共轭二烯烃的加成反应 共轭二烯烃的化学性质和烯烃相似,可以发生加成、氧化等反应,但由于两个双键共轭的影响,又显示出一些特殊的性质。例如,丁-1,3-二烯的加成反应,当丁-1,3-二烯与等物质的量的 Br_2 加成时,可发生 1,2-加成和 1,4-加成两种反应,两种加成产物的比例取决于反应温度,低温下主要发生 1,2-加成,升高温度则有利于 1,4-加成。

$$CH_2=CH-CH=CH_2 + Br_2 \begin{cases} \xrightarrow{-80℃} & BrCH_2-CH-CH-CH_2Br \quad 20\% \\ & BrCH_2-CHBr-CH=CH_2 \quad 80\% \\ \xrightarrow{40℃} & BrCH_2-CH-CH-CH_2Br \quad 80\% \\ & BrCH_2-CHBr-CH=CH_2 \quad 20\% \end{cases}$$

该反应是溴分子受二烯烃π电子云的作用而极化,极化了的溴分子与二烯烃的π键形成π配合物。接着π配合物异裂为碳正离子,而不是形成环状溴鎓离子,这是因为生成的烯丙基型碳正离子比溴鎓离子更为稳定。

$$\overset{\delta^-}{CH_2}=\overset{}{CH}-\overset{\delta^+}{CH}=\overset{\delta^+}{CH_2}+\overset{\delta^+}{Br}-\overset{\delta^-}{Br} \longrightarrow \underset{\underset{Br}{|}}{CH_2-CH-CH=CH_2} \longrightarrow \underset{\underset{Br}{|}}{CH-\overset{+}{CH}-CH=CH_2} + \overset{-}{Br}$$

π配合物

生成的烯丙基型碳正离子是个 p-π 共轭体系,由于π电子的离域,使正电荷分散,结果使 C_2 和 C_4 上均带有微量正电荷,于是 Br^- 可以进攻 C_2 或 C_4 两个位置,完成 1,2-加成或 1,4-加成。

$$BrCH_2-\overset{+}{CH}-CH=CH_2 \longrightarrow BrCH_2\overset{\delta^+}{CH}=\!=\!=\overset{\delta^+}{CH}-CH_2 \xrightarrow{Br^-} \begin{cases} BrCH_2\overset{|}{CHC}=CH_2 & 1,2\text{-加成} \\ BrCH_2CH=CHCH_2Br & 1,4\text{-加成} \end{cases}$$

当共轭二烯分子不对称时,加成反应的第一步是生成更为稳定的碳正离子中间体。例如,2-甲基丁-1,3-二烯在 60℃ 与 HBr 的 1,4-加成反应,亲电试剂 H^+ 在进攻 C_1 和 C_4 两种可能的取向中优先进攻 C_1,所以反应的主产物是 1-溴-3-甲基-2-丁烯。

$$\underset{\underset{CH_3}{|}}{CH_2=C-CH=CH_2} + H^+ \longrightarrow \underset{\underset{CH_3}{|}}{CH_3-\overset{+}{C}-CH=CH_2} \longrightarrow \underset{\underset{CH_3}{|}}{CH_3-C=CH-CH_2} \longrightarrow \underset{\underset{CH_3}{|}}{CH_3-\overset{\delta^+}{C}=CH-\overset{\delta^+}{CH_2}} \xrightarrow{Br^-} \underset{\underset{CH_3}{|}}{CH_3-C=CH-CH_2Br}$$

在室温条件下 1,4-加成反应是共轭二烯烃的特征加成反应。

五、富勒烯简介

有机化学作为"碳的化学"发展至今,不仅有机合成工业给人们带来了巨大的财富,而且有机化学中的理论问题(电子理论和立体化学等)研究得也越来越深入。但同时人们却忽略了对碳元素本身的认识。长期以来,人们坚信碳只有两种同素异形体,即坚硬无比的金刚石和质地柔软的石墨。1985 年英国天体物理学家克罗托(H. Kroto)与英国化学家斯莫利(R. E. Smalley)打破了这一传统的观念,宣告以 C_{60} 为代表的全碳分子家族脱颖而出,并以其独特的结构和神奇的性质正式宣告碳家族中第三种同素异形体的诞生。图 2-17 是 C_{60} 和 C_{70} 的结构示意图。

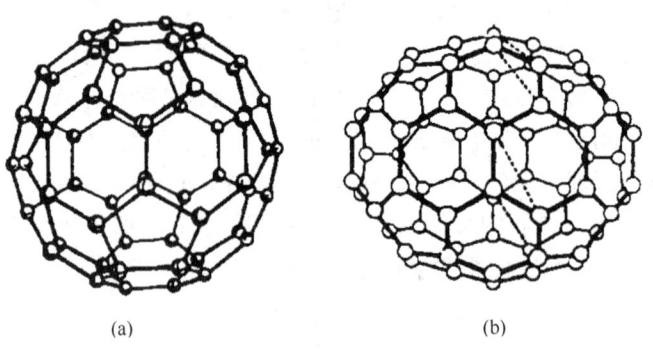

图 2-17 富勒烯结构示意图
(a) C_{60} 分子结构示意图;(b) C_{70} 分子结构示意图

C_{60} 和 C_{70} 是富勒烯系列中含量最高、稳定性最好的两个。C_{60} 是由 12 个五边形环与 20 个六边形环所构成的中空 32 面体。酷似足球的拼皮花纹,故称足球烯(footballene),俗称巴基球(bucky-ball),又因其稳定性可用美国著名的建筑设计师 R. B. Fuller 发明的短程线圆顶结构加以解释,故命名为富勒烯 Fullerene 或 Buckminsterfullerene。由于球面弯曲效应和五元环的存在,引起碳原子轨道的杂化方式改变,C_{60} 分子中的杂化轨道介于石墨的 sp^2 和金刚石的 sp^3 杂化之间,σ键沿球面方向,而π电子则垂直分布在球的内外表面,形成了三维球状芳香分子。五边形环为单键,两个六边形环的共用边则为双键。单键长 146pm,称为长键;双键长 139pm,称为短键。C_{70} 是由 70 个碳原子所构成的橄榄球状封闭的多面体,分子内含 12 个五边形环和 25 个六边形环。

C_{60} 和 C_{70} 的结构具有中空的碳笼,可在笼中形成内包物,又可在笼表面形成衍生物。另一方面,分子中的单双键形成了封闭的近似球状的大共轭体系,具有三维芳香性特征。它的双键又使它们具有一些特殊的物理与化学性质。20 世纪 90 年代以来,富勒烯家族已经成为物理学家、化学家、材料学家甚至生物医学家竞相追逐的明星。克罗托、斯莫利和罗伯特(F. C. Robert)三位科学家因他们对碳原子族的开创性研究而荣获 1996 年诺贝尔化学奖。

C_{60} 在室温下为紫红色固态分子晶体,有微弱荧光;密度为 $1.68\text{g} \cdot \text{cm}^{-3}$;不溶于水等强极性溶剂,在正己烷、苯、二硫化碳、四氯化碳等非极性溶剂中有一定的溶解性;常态下不导电。当其他原子放进 C_{60} 内部后,因影响了它的物理性质,故可导电。

C_{60} 不仅可以应用于工业,在生物学及医学上也有广阔的应用前景。例如,C_{60} 的衍生物在可见光照射下具有抑制毒性细胞生长和使 DNA 开裂的性能,对癌细胞具有很强的杀伤效果,因此 C_{60} 可用于制造生物活性材料。另外,富勒烯还具有记忆性,可以用作记忆材料。

C_{60} 富勒烯是一种很强的抗氧化物质,其抗氧化能力是维生素 C 的 125 倍。除了抗氧化外,C_{60} 富勒烯还具有清除自由基、活化皮肤细胞(预防衰亡)等作用。经过多年的研究,人们已经开发出含有 C_{60} 富勒烯的化妆品,这类化妆品有美白、抗皱、瘦身的效果。

相信随着人们对富勒烯的深入研究,在不久的将来,我们的生活中会出现越来越多的富勒烯产品。

习　　题

1. 用 IUPAC 法命名下列化合物或取代基。

(1) $(CH_3CH_2)_4C$

(2) $CH_3CH_2CH_2CHCH_2CH_3$
　　　　　　　　　$|$
　　　　　　　CH_3 $CHCH_3$
　　　　　　　　　　　$|$
　　　　　　　　　　CH_2CH_3

(3) $(CH_3)_3CC\!=\!CCH_2CH_3$
　　　　　　　　$|\ \ |$
　　　　　　　$H\ \ H$

(4) $(CH_3CH_2)_2C\!=\!CCH_3$
　　　　　　　　　　　$|$
　　　　　　　　　　CH_3

(5) $CH_3CH_2CH_2\!-\!\underset{\underset{CH_2CH_3}{|}}{\overset{\overset{CH=CH_2}{|}}{C}}\!-\!CHCH_3$

(6) $CH_3CH\!=\!CH\!-$

(7) $CH_2CH\!=\!CH_2$
　　　$|$

(8) $H_3C\!-\!\underset{\underset{CH_3}{|}}{\overset{\overset{CH_3}{|}}{C}}\!-\!CH_2\!-\!\underset{\underset{CH_2CH_3}{|}}{\overset{\overset{CH_3}{|}}{CH}}\!-\!CH_2CH_2CH_2CH_3$

(9) $(CH_3)_2CHC\!\equiv\!CH$

(10) $CH_2\!=\!CH\!-\!\underset{\underset{CH_3}{|}}{C}\!=\!\underset{\underset{CH_3}{|}}{C}\!-\!CH_2$

(11) $\underset{H_3C}{\overset{H}{\underset{|}{C}}}\!=\!\underset{\underset{H}{|}}{\overset{\overset{H}{|}}{C}}\!\cdot\!\overset{H}{\underset{|}{C}}\!\cdot\!CH_2CH_3$

(12) $CH_3CH\!=\!CHCH C\!\equiv\!CH$
　　　　　　　　　　　$|$
　　　　　　　　　CH_2CH_3

2. 写出下列化合物的结构式

(1) 3-乙基-2,5-二甲基庚烷　　(2) 异丙基碳正离子　　(3) (Z)-3,4-二甲基己-2-烯

(4) 3-甲基环己-1,3-二烯　　　(5) 烯丙基　　　　　　(6) 溴鎓离子

(7) 环丙基乙炔　　　　　　　(8) 3,3-二甲基己-1-炔　(9) 3-乙基戊-1-烯-4-炔

3. 化合物 2,2,4-三甲基己烷分子中的碳原子,各属于哪一类型(伯、仲、叔、季)碳原子?

4. 将下列两组化合物分别按沸点降低的顺序排列:

(1) a. 丁烷　　　　　　　　b. 2-甲基丁烷　　　　c. 3-甲基戊烷

(2) a. 己烷　　　　　　　　b. 环己烷　　　　　　c. 2,3-二甲基丁烷

5. 写出四碳烷烃一溴取代产物的可能结构式。

6. 画出 2,3-二氯丁烷以 C_2—C_3 键为轴旋转,所产生的最稳定构象的 Newman 投影式。

7. 写出己-2,4-二烯的三种立体异构体,它们有无不同的构象式?

8. 按稳定性增加的顺序排列下列物质。

(1) a. $CH_3\overset{\cdot}{C}HCH_2CH_3$　　　　b. $CH_3\overset{\cdot}{C}HCH_3$　　　　c. $CH_3\overset{\cdot}{C}H_2CH_3$　　　　d. $\overset{\cdot}{C}H_3$
　　　　　$|$
　　　　CH_3

(2) a. $CH_2\!=\!C\!=\!CHCH_2CH_3$　　　　　　　b. $CH_2\!=\!CH\!-\!CHCH_3$
　　c. $CH_2\!=\!CHCH_2CH\!=\!CHCH_3$　　　　　d. $CH_3CH\!=\!CH\!-\!CHCH_3$

(3) a. $CH_2\!=\!CHCH_2CH_2CH_3$　　　　　　　b. $CH_3CH\!=\!CHCH_2CH_3$
　　c. $CH_2\!=\!\underset{\underset{CH_3}{|}}{C}\!-\!CH_2CH_3$　　　　　　　　d. $CH_3\!-\!\underset{\underset{CH_3}{|}}{\overset{\overset{CH_3}{|}}{C}}\!=\!C\!-\!CH_3$

(4) a. $\overset{+}{C}H_2CH_2CH_2CH=CH_2$　　　　b. $CH_3\overset{+}{C}HCH_2CH=CH_2$

c. $CH_3CH_2\overset{+}{C}HCH=CH_2$　　　　　d. $CH_3\underset{\underset{CH_3}{|}}{\overset{+}{C}}-CH=CH_2$

9. $CH_3CH_3 + Cl_2 \xrightarrow{\text{光或热}} CH_3CH_2Cl + HCl$ 的反应机理与甲烷氯代相似。
(1) 写出链引发、链增长、链终止的各步反应式，并计算链增长反应的反应热。
(2) 试说明该反应不太可能按 $CH_3CH_3 + Cl_2 \longrightarrow 2CH_3Cl$ 方式进行的原因。

10. 下列化合物有无顺反异构现象？若有，写出它们的顺反异构体。
(1) 2-甲基己-2-烯　　　　　　(2) 戊-2-烯
(3) 1-氯-1-溴己烯　　　　　　(4) 1-溴-2-氯丙烯
(5) $CH_3CH=NOH$　　　　　(6) 3,5-二甲基-4-乙基-3-烯

11. 经高锰酸钾氧化后得到下列产物，试写出原烯烃的结构式。
(1) CO_2 和 $HOOC-COOH$　　　　(2) CO_2 和 $CH_3\underset{\underset{O}{\|}}{C}CH_3$

(3) $CH_3\underset{\underset{O}{\|}}{C}CH_2CH_3$ 和 CH_3CH_2COOH　　　(4) 只有 CH_3CH_2COOH

(5) 只有 $HOOCCH_2CH_2CH_2COOH$

12. 完成下列反应式
(1) $\underset{\underset{CH_3}{|}}{CH_3CH_2}C=CH_2 \begin{cases} \xrightarrow{HCl} \\ \xrightarrow{HOBr} \\ \xrightarrow[OH^-]{\text{冷稀}KMnO_4} \\ \xrightarrow[\text{②}Zn+H_2O]{\text{①}O_3} \\ \xrightarrow[ROOR']{HBr} \\ \xrightarrow[\text{②}H_2O]{\text{①}H_2SO_4} \end{cases}$　　(2) $CH_3CH_2\underset{\underset{CH_3}{|}}{CH}C\equiv CH + H_2O \xrightarrow[\text{稀}H_2SO_4]{HgSO_4}$

(3) $CH_3CH_2C\equiv CH + HBr \xrightarrow{ROOR'}$　　(4) $CH_3CH_2C\equiv CH + Br_2/CCl_4 \longrightarrow$

(5) ⬠ $+HBr \longrightarrow$　　(6) ⬠ $+O_3 \xrightarrow{Zn,H_2O}$

(7) $HC\equiv CH + 2NaNH_2 \longrightarrow \xrightarrow{2CH_3CH_3Br}$　　(8) $CH_2=\underset{\underset{CH_3}{|}}{C}-CH=CH_2 + HCl \longrightarrow$

(9) ⬡ $+KMnO_4 \xrightarrow{H^+}$

13. 试给出经臭氧氧化，还原水解后生成下列产物的烯烃的结构式。
(1) $CH_3CH_2CH_2CHO$ 和 $HCHO$　　(2) $CH_3CH_2\underset{\underset{O}{\|}}{C}CH_3$ 和 CH_3CHO

(3) 只有 $CH_3\underset{\underset{O}{\|}}{C}CH_3$　　(4) $O=\underset{\underset{CH_3}{|}}{C}CH_2CH_2CH_2\underset{\underset{CH_3}{|}}{C}=O$

14. 乙炔中的氢很容易被 Ag^+、Cu^+、Na^+ 等金属离子所取代,而乙烯和乙烷就没有这种性质,试说明原因。

15. 用化学方法鉴别下列各组化合物。

(1) 庚-1-炔、己-1,3-二烯、庚烷;

(2) 丁-1-炔、丁-2-炔、丁-1,3-二烯;

(3) 丙烷、丙炔、丙烯;

(4) 2-甲基丁烷、2-甲基丁烯、2-甲基丁-2-烯。

16. 某化合物 A(C_7H_{14}),能使 Br_2/CCl_4 褪色,A 与冷的 $KMnO_4$ 稀溶液作用生成 B($C_7H_{16}O_2$)。在 500℃时,A 与氯气作用只生成 C($C_7H_{13}Cl$),试推断 A 的可能结构式,并写出有关反应。

17. 具有相同分子式的两种化合物,分子式为 C_5H_8,经氢化后都可以生成 2-甲基丁烷。它们可以与两分子溴加成,但其中一种可使银氨溶液产生白色沉淀,另一种则不能。试推测这两个异构体的结构式,并写出各步反应式。

18. 化合物 A(C_6H_{12})与 Br_2/CCl_4 作用生成 B($C_6H_{12}Br_2$),B 与 KOH 的醇溶液作用得到两个异构体 C 和 D(C_6H_{10}),用酸性 $KMnO_4$ 氧化 A 和 C 得到同一种酸 E($C_3H_6O_3$),用酸性 $KMnO_4$ 氧化 D 得两分子的 CH_3COOH 和一分子 HOOC—COOH,试写出 A~E 的结构式。

(西安交通大学 唐玉海)

第三章 环 烃

★★ 内容提示

本章重点介绍脂环烃的命名,环己烷的构象及脂环烃的化学性质;芳香烃的命名,苯的亲电取代反应及其反应机理,取代基的定位效应;休克尔规则和稠环芳香烃。

环烃(cyclic hydrocarbon)是指碳原子相互连接成环状结构的烃。环烃及其衍生物广泛存在于自然界。通常根据是否含有芳香环将环烃分为脂环烃(alicyclic hydrocarbon)和芳香烃(aromatic hydrocarbon)两类。

第一节 脂 环 烃

一、脂环烃的分类和命名

根据分子中所含环的数目,脂环烃可分为单环、双环和多环脂环烃。根据环中是否含有不饱和键,脂环烃可分为环烷烃、环烯烃和环炔烃。单环环烷烃的分子通式为 C_nH_{2n}。

这里主要介绍单环环烷烃的命名。单环环烷烃的命名与烷烃相似,只是在同数碳原子的链状烷烃的名称前加"环"字。英文命名则加词头 cyclo-。环碳原子的编号,应使环上取代基的位次最小。例如:

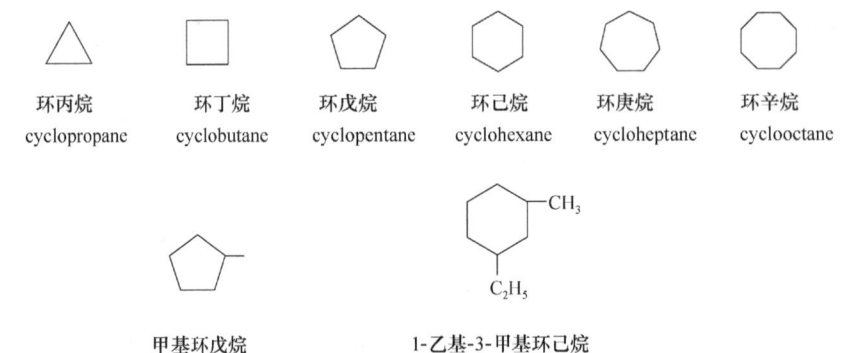

| 环丙烷 | 环丁烷 | 环戊烷 | 环己烷 | 环庚烷 | 环辛烷 |
| cyclopropane | cyclobutane | cyclopentane | cyclohexane | cycloheptane | cyclooctane |

甲基环戊烷 1-乙基-3-甲基环己烷
methylcyclopentane 1-ethyl-3-methylcyclohexane

当环上有复杂取代基时,可将环作为取代基,链作为母体来命名。例如:

3-环丁基-2-甲基戊烷
3-cyclobutyl-2-methylpentane

环烷烃与烯烃类似,存在顺反异构,这是因为环烷烃碳环的 C—C 单键受环的限制不能自由旋转而造成的。当成环的两个碳原子连有的两个取代基位于环平面同侧时产生的异构体称为顺式异构体(*cis*-isomer);位于环平面异侧的,则称为反式异构体(*trans*-isomer)。

例如,1,3-二甲基环戊烷,具有顺式和反式两种异构体。环烯烃的命名与链状烯烃相似,应使环上双键的位次最小。例如:

顺-1,3-二甲基环戊烷
cis-1,3-dimethylcyclopentane

反-1,3-二甲基环戊烷
trans-1,3-dimethylcyclopentane

3-甲基环戊烯
3-methylcyclopentene

二、脂环烃的结构及构象的稳定性

1. 脂环烃的结构　历史上关于脂环烃的结构有多种学说和理论,现以环丙烷为例,略作说明。张力学说认为链状烷烃的稳定在于其键角接近 109.5°,而环丙烷的三个碳原子在同一平面呈正三角形,键角为 60°,应很不稳定。不稳定是由形成环丙烷时每个键向内偏转造成的。键的偏转使分子内部产生了张力,这种由于键角的偏转而产生的张力,称为角张力。环丙烷有解除张力、生成较稳定的开链化合物的倾向,因此很容易发生开环反应。现代价键理论认为当键角为 109.5°时,碳原子的 sp^3 杂化轨道达到最大重叠,而环丙烷的 C—C—C 用于成键的杂化轨道之间的夹角约为 105.5°,成键时杂化轨道没有按照"头碰头"方式,而是倾斜着重叠,所形成的这种"弯曲键"比正常形成的σ键弱,并产生很大的张力,导致分子不稳定而开环(图 3-1)。

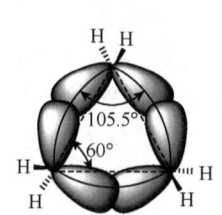
环丙烷分子的"弯曲键"

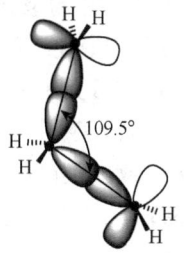
正常的σ键

图 3-1　环丙烷分子的"弯曲键"与正常的σ键

环丁烷与环丙烷类似,只是环内键角比环丙烷略大一些,因此也容易发生开环反应。可见,环内键角越小,成键电子云重叠程度越小,角张力就越大。由此不难得出结论:三元环最容易发生开环反应,其次是四元环。

实际上除环丙烷的三个碳原子共平面外,其他环烷烃分子中构成环的碳原子都不在同一平面内,其自动扭曲而成的形状都使键角尽量接近 109.5°,从而减少了角张力,增大了稳定性。其中最稳定的是环己烷,其次是环戊烷,即最难发生开环反应是环己烷和环戊烷。

2. 环己烷的构象　环烷烃通过碳碳键的扭曲而形成的各种几何形状称为构象。在自然界中六元环状化合物大量存在,因此下面将主要讨论环己烷的构象。

环己烷分子自动扭曲成无数个非平面的构象,在一系列构象的动态平衡中,椅型构象(chair conformation)和船型构象(boat conformation)是两种典型的构象,它们环内的 C—C—C 键角均接近 109.5°。在船型构象中,C_2 与 C_3、C_5 与 C_6 两对碳原子的键都处于重叠式;C_1 与 C_4 键上的氢原子相距很近,斥力较大。而椅型构象中相邻碳原子的键都处于交叉式;碳原子上的氢原子相距较远,不产生斥力,所以椅型构象比船型构象的能量低,是最稳定的优势构象。在室温下,99.9%的环己烷分子是以椅型构象存在的。两种典型构象见图3-2。

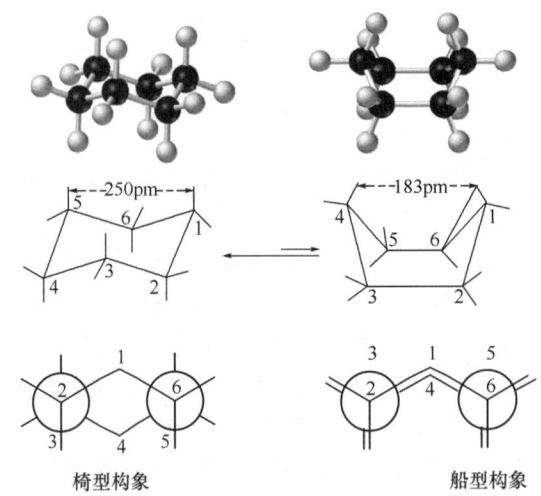

图3-2 环己烷的椅型构象和船型构象

在常温下,由于分子的热运动可使船型和椅型两种构象互相转变,因此不能拆分环己烷的船型或椅型中的某一种构象异构体。

在椅型环己烷分子中有12条C—H键,它们可分为两组:垂直于C_1、C_3、C_5(或C_2、C_4、C_6)碳原子所组成平面的6条C—H键,称为直立键或竖键[又称a键(axial bond)]。相间分布于环平面上下,其余6条C—H键与垂直于环平面的对称轴成109.5°的夹角,大致与环平面平行,称为平伏键或横键[又称e键(equatorial bond)]。环上的每个碳原子都有1条a键和1条e键(图3-3)。

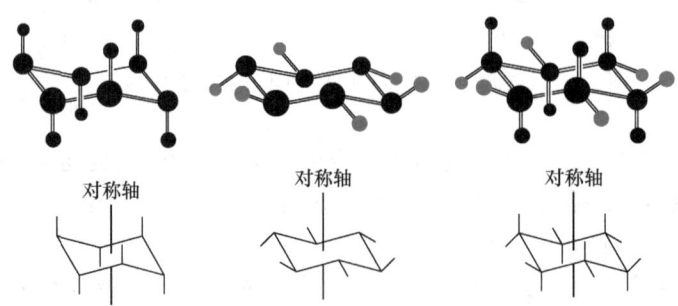

图3-3 环己烷椅型构象中的a键(竖键)、e键(横键),以及a键和e键均绘出的情形

环己烷分子中的氢原子被其他原子或基团取代时,取代基可处于横键或竖键,其中横键取代的构象能量较低,是较稳定的优势构象。

三、环烷烃的性质

1. 环烷烃的物理性质　环烷烃的物理性质与烷烃相似。在常温下,小环环烷烃是气体,常见环环烷烃是液体,大环环烷烃呈固态。环烷烃和烷烃都不溶于水,而溶于苯、四氯化碳、氯仿等低极性的有机溶剂。由于环烷烃分子中单键旋转受到一定的限制,分子运动幅度较小,并具有一定的对称性和刚性。因此,环烷烃的沸点、熔点和密度都比同碳原子数的烷烃高。

2. 环烷烃的化学性质 环烷烃的化学性质与链状烷烃相似,能发生自由基取代反应;不与强酸(如硫酸)、强碱(如氢氧化钠)、强氧化剂(如高锰酸钾)等试剂反应。由于环烷烃具有环状结构,所以还具有与链状烷烃不同的特殊化学性质,如五元环、六元环及大环烷烃较稳定。小环烷烃,如环丙烷和环丁烷不稳定,易开环发生加成反应而破坏环系,生成开链产物。

(1) 自由基取代反应:五、六元环及大环环烷烃与烷烃相似,在光照或高温下,可发生自由基取代反应。例如:

$$\text{环戊烷} + Br_2 \xrightarrow{h\nu} \text{溴代环戊烷} + HBr$$

(2) 加成反应:三、四元环与烯烃相似可发生加成反应,加成时开环并与氢、卤素或卤化氢反应生成链状产物。环丙烷比环丁烷易发生加成反应。

例如:环丙烷在 80℃ 时即可催化加氢生成丙烷;环丁烷则要在 120℃ 才发生反应。

$$\triangle + H_2 \xrightarrow[80℃]{Ni} CH_3-CH_2-CH_3 \quad \text{丙烷}$$

$$\square + H_2 \xrightarrow[120℃]{Ni} CH_3-CH_2-CH_2-CH_3 \quad \text{丁烷}$$

环丙烷在常温下,即能与卤素或卤化氢发生加成反应。例如:

$$\triangle + Br_2 \xrightarrow{CCl_4} \underset{\underset{Br}{|}}{CH_2}-CH_2-\underset{\underset{Br}{|}}{CH_2}$$
1,3-二溴丙烷

$$\triangle + HBr \longrightarrow \underset{\underset{H}{|}}{CH_2}-CH_2-\underset{\underset{Br}{|}}{CH_2}$$
1-溴丙烷

在这些加成反应中,环丙烷的一条 C—C σ 键断裂,试剂的两个原子分别与碳链两端的两个碳原子结合生成链状化合物。

当环丙烷的烷基衍生物与卤化氢作用时,碳环开环多发生在连接氢原子最多和连接氢原子最少的两个碳原子之间。卤化氢中的氢原子加在连接氢原子较多的碳原子上,而卤原子则加在连接氢原子较少的碳原子上,加成遵循马尔科夫尼科夫规则。例如:

$$\triangle + HBr \longrightarrow CH_3\underset{\underset{Br}{|}}{CH}\underset{\underset{H}{|}}{CH_2}$$
2-溴丁烷

环丁烷的反应活性比环丙烷略低,常温下环丁烷与卤素或卤化氢不发生加成反应,加热到一定温度才能发生反应。

环戊烷、环己烷及高级环烷烃则与开链烷烃相似,难以发生开环加成反应。

思考题 3-1 试用简单的化学方法鉴别丙烷、丙烯和环丙烷。

第二节 芳 香 烃

芳香烃一般指分子中含有苯环结构的碳氢化合物。"芳香"二字已失去原来形容气味的含义,芳香烃只用于指结构和性质与脂肪烃明显不同的芳香族化合物。此外,有一些分子不含苯环但也具有苯的特性的烃称为非苯型芳香烃。

一、芳香烃的分类和命名

1. 芳香烃的分类 可通过下图对芳香烃的分类作大概的了解。

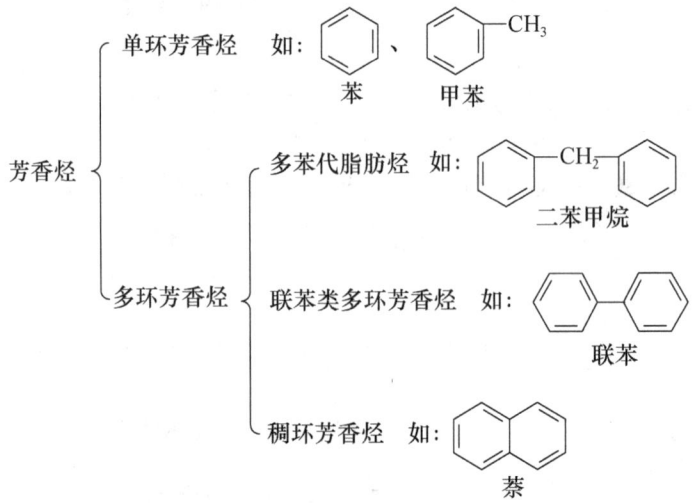

本章主要讨论单环芳香烃的结构和性质,对稠环芳香烃等只作简要介绍。

2. 苯的同系物的命名 苯的同系物指苯分子中的氢原子被烃基取代的衍生物。常见的有一烃基苯、二烃基苯和三烃基苯等。

一烃基苯的命名多以苯作母体,烃基作取代基,称为"某苯"。例如:

二烃基苯有三种异构体,常用邻(o-)、间(m-)、对(p-)或"1,2-"、"1,3-"、"1,4-"表示取代基在苯环上的位置。例如:

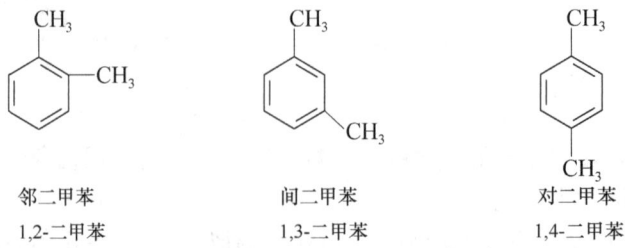

三个烃基相同的烷基苯分别用连、偏、均表示三种位置异构体,例如:

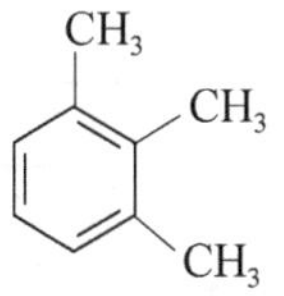

连三甲苯　　　　　偏三甲苯　　　　　均三甲苯
1,2,3-三甲苯　　　1,2,4-三甲苯　　　1,3,5-三甲苯

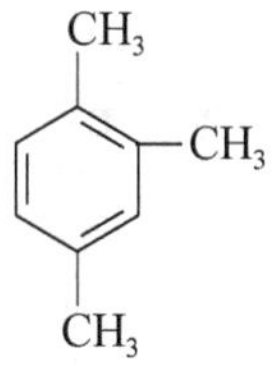

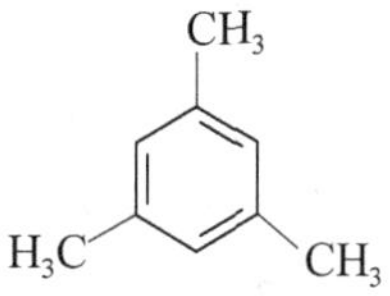

若苯环上连有不同的烃基时,烃基名称的排列顺序按优先基团后列出书写,编号选定某个烷基所连的碳原子为 1 位,使其他位次都尽可能低为原则来命名。例如:

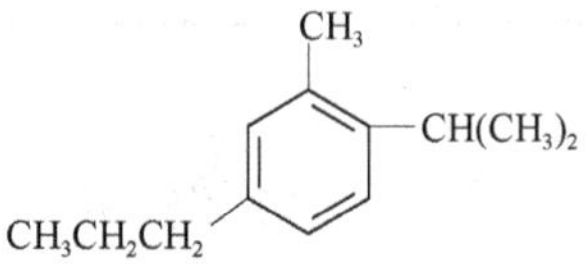

1-异丙基-2-甲基-4-丙基苯

芳香烃分子中去掉 1 个氢原子后剩下的原子团称为芳基(aryl group),常用"Ar"来表示。常见的芳基有:

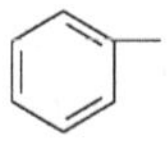

苯基(phenyl group),简写为Ph-　　　　苄基(benzyl group)或苯甲基
或 C_6H_5-　　　　　　　　　　或 $C_6H_5CH_2-$

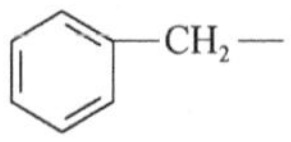

当苯环上连有不饱和烃基时,常以不饱和烃作为母体、苯基作为取代基来命名。例如:

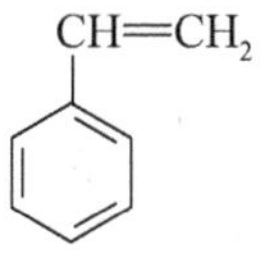

苯乙烯 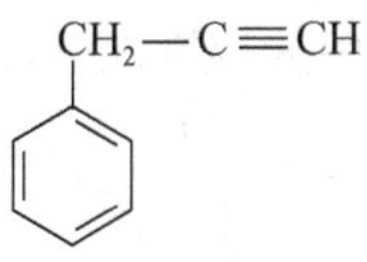　　　　　　　3-苯基-1-丙炔

二、苯及其同系物的物理性质

苯及其同系物都不溶于水,而溶于乙醚、四氯化碳等有机溶剂;它们比水轻;结构对称的异构体有较高的熔点;沸点随着相对分子质量的增加而升高。苯及其同系物一般为液体,具有特殊的气味,它们的蒸气有毒。吸入苯蒸气或皮肤接触苯而引起的中毒有急性、慢性之分。急性苯中毒主要对中枢神经系统产生麻醉作用,出现昏迷和肌肉抽搐;高浓度的苯对皮肤有刺激作用。长期接触低浓度的苯可引起慢性苯中毒,出现造血障碍。苯及其同系物的部分物理常数列于表 3-1。

表 3-1　苯及其同系物的物理常数

中文名称	英文名称	熔点/℃	沸点/℃	密度/(g·cm^{-3})
苯	benzene	5.5	80	0.879
甲苯	toluene	-95	111	0.866
邻二甲苯	o-xylene	-25	144	0.881
间二甲苯	m-xylene	-48	139	0.864

续表

中文名称	英文名称	熔点/℃	沸点/℃	密度/(g·cm⁻³)
对二甲苯	p-xylene	13	138	0.861
1,2,3-三甲苯	1,2,3-trimethylbenzene	−25	176	0.894
1,2,4-三甲苯	1,2,4-trimethylbenzene	−44	169	0.889
1,3,5-三甲苯	1,3,5-trimethylbenzene	−45	165	0.864
乙苯	ethyl benzene	−95	136	0.867
正丙苯	n-propyl benzene	−99	159	0.862
异丙苯	isopropyl benzene	−96	152	0.864

三、苯的结构

1865年德国化学家凯库勒(A. Kekulé)首先提出了苯的环状结构,认为6个碳原子组成闭合的六元环,每一个碳原子上都连接一个氢原子,碳原子间以单双键交替相连,苯的这种结构式称为Kekulé式:

Kekulé还假定苯分子中的双键在不停地来回移动。

近代物理方法证明,苯分子6个碳原子和6个氢原子都在同一平面上,6个碳原子组成一个正六边形,所以键角都是120°,各C-C键键长均为139pm,如图3-4(a)所示。

杂化轨道理论认为,6个碳原子都是sp²杂化的,每个碳原子以sp²杂化轨道互相重叠形成C-C σ键,又各自以sp²杂化轨道与氢原子的1s轨道相重叠形成6个C—H σ键,由于碳原子的三个sp²杂化轨道处在同一平面内,夹角为120°,所以6个碳原子正好形成一个正六边形,所有的碳原子和氢原子都在同一平面上,如图3-4(a)所示。

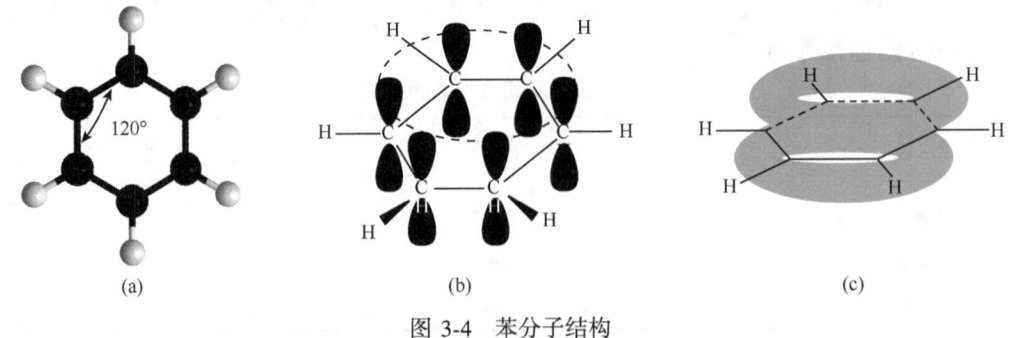

图3-4 苯分子结构

碳原子除了以sp²杂化轨道形成两个C-C σ键和一个C—H键外,每个碳原子还有一个

p 轨道,均垂直于苯环平面而相互平行,见图 3-4(b)。每个 p 轨道都可以与 2 个相邻碳原子的 p 轨道侧面重叠,形成一个包含 6 个碳原子的闭合的 π-π 共轭体系,π 电子离域,电子云密度完全平均化,环上没有单键和双键的区别,键长均为 139pm,如图 3-4(c)所示。

关于苯结构的书写方法,除仍沿用 Kekulé 式外,近年来还采用正六边形中加一个圆圈表示,圆圈代表苯分子中的大 π 键。

四、苯的亲电取代反应及其反应机制

苯环是一个非常稳定的体系,所以苯与烯烃性质有显著区别,具有特殊的"芳香性",主要表现为易发生取代反应,不易发生加成反应和氧化反应。

苯最重要的反应是亲电取代反应(electrophilic substitution reaction)。在反应中苯环上的氢原子被—X、—NO_2、—SO_3H、—R 等原子或原子团所取代。

1. 卤代反应 在卤化铁或铁粉等催化剂存在下,苯与氯或溴作用,生成氯苯或溴苯,并放出氯化氢或溴化氢。

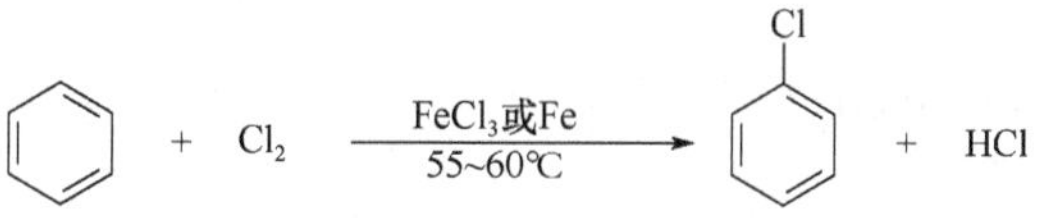

$$\text{C}_6\text{H}_6 + \text{Cl}_2 \xrightarrow[55\sim60℃]{\text{FeCl}_3\text{或Fe}} \text{C}_6\text{H}_5\text{Cl} \ (90\%) + \text{HCl}$$

$$\text{C}_6\text{H}_6 + \text{Br}_2 \xrightarrow[\triangle]{\text{FeBr}_3\text{或Fe}} \text{C}_6\text{H}_5\text{Br} + \text{HBr}$$

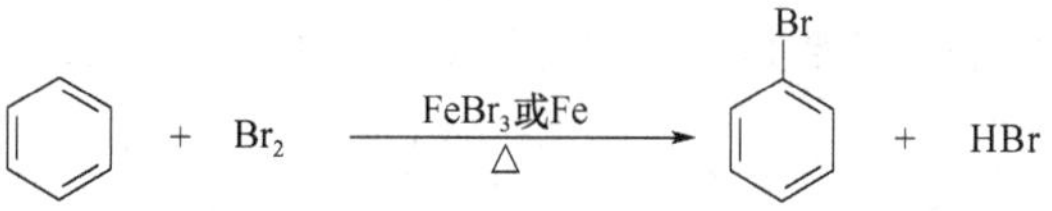

现以苯的氯代反应为例说明其反应机制:

(1) 产生亲电试剂 Cl^+:

$$\text{Cl}_2 + \text{FeCl}_3 \rightleftharpoons \text{Cl}^+ + \text{FeCl}_4^-$$

(2) 亲电试剂 Cl^+ 进攻苯环,形成非芳香碳正离子中间体。这是决定反应速率的一步:

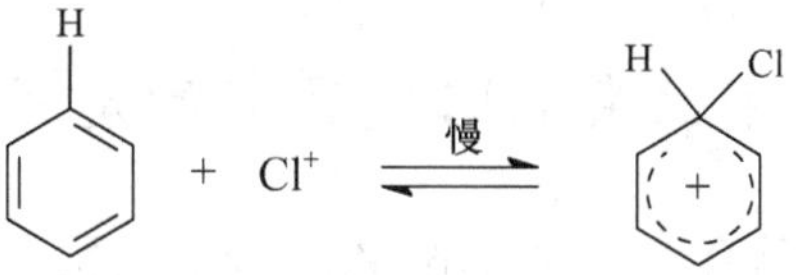

$$\text{C}_6\text{H}_6 + \text{Cl}^+ \xrightleftharpoons{\text{慢}} \text{碳正离子中间体}$$

(3) 脱去质子生成氯苯:

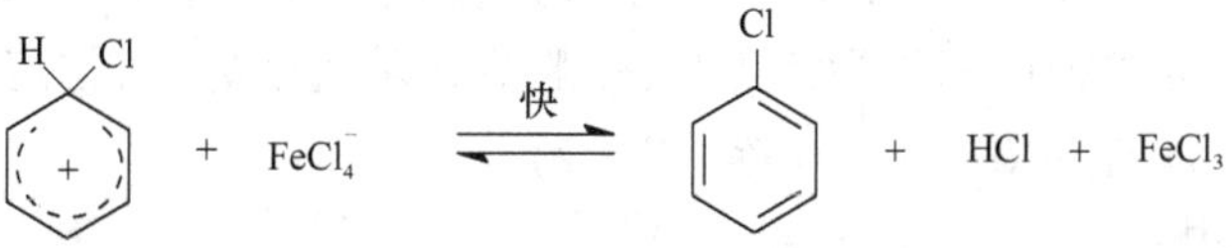

$$\text{[中间体]} + \text{FeCl}_4^- \xrightleftharpoons{\text{快}} \text{C}_6\text{H}_5\text{Cl} + \text{HCl} + \text{FeCl}_3$$

2. 硝化反应 苯与浓硝酸和浓硫酸的混合物(混酸)作用,生成硝基苯:

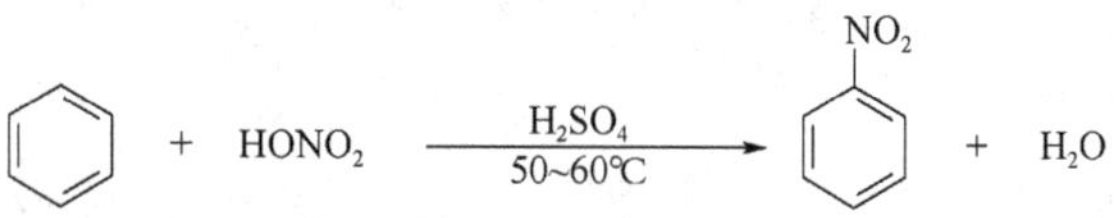

$$\text{C}_6\text{H}_6 + \text{HONO}_2 \xrightarrow[50\sim60℃]{\text{H}_2\text{SO}_4} \text{C}_6\text{H}_5\text{NO}_2 + \text{H}_2\text{O}$$

3. 磺化反应 苯和浓硫酸在常温下难进行反应,若加热或与发烟硫酸作用时,苯环上氢原子被磺酸基(—SO₃H)取代,生成苯磺酸。苯磺酸与过热水蒸气作用时,可以发生水解反应,脱去磺酸基又生成苯。磺化反应是一个可逆反应:

$$\text{C}_6\text{H}_6 + \text{H}_2\text{SO}_4(浓) \underset{110℃}{\rightleftharpoons} \text{C}_6\text{H}_5\text{SO}_3\text{H} + \text{H}_2\text{O}$$

$$\text{C}_6\text{H}_6 + \text{H}_2\text{SO}_4(浓) \xrightleftharpoons[40℃]{SO_3} \text{C}_6\text{H}_5\text{SO}_3\text{H} + \text{H}_2\text{O}$$

苯磺酸易溶于水。有些芳香族类药物难溶于水,可通过磺化使其增加水溶性。

4. 烷基化反应 苯在无水三氯化铝等催化剂作用下与卤代烷反应,生成烷基苯并放出卤化氢:

$$\text{C}_6\text{H}_6 + \text{CH}_3\text{CH}_2\text{Cl} \xrightarrow[25℃]{无水AlCl_3} \text{C}_6\text{H}_5\text{CH}_2\text{CH}_3 + \text{HCl}$$

此反应又称 Friedel-Crafts 烷基化反应,简称傅-克反应。该反应可在苯环上引入烷基。当烷基中的碳原子多于 2 个时会发生碳链异构化(碳正离子重排)。例如:

$$\text{C}_6\text{H}_6 + \text{CH}_3\text{CH}_2\text{CH}_2\text{Cl} \xrightarrow[\triangle]{无水AlCl_3} \text{C}_6\text{H}_5\text{CH}_2\text{CH}_2\text{CH}_3 + \text{C}_6\text{H}_5\text{CH}(\text{CH}_3)_2$$

丙苯(30%)   异丙苯(70%)

当苯环上已连有硝基、磺酸基等吸电子基时,则不发生傅-克烷基化反应。

苯的卤代、硝化、磺化和烷基化反应均为亲电取代反应,其反应机制可用通式表示如下:

$$\text{C}_6\text{H}_6 + \text{E}^+ \xrightleftharpoons[]{慢} [\text{C}_6\text{H}_6\text{E}]^+ \xrightleftharpoons[快]{-\text{H}^+} \text{C}_6\text{H}_5\text{E}$$

碳正离子中间体　　取代产物

E^+ 代表亲电试剂(electrophilic reagent)。

五、苯环上亲电取代反应的定位规律

1. 定位效应 当苯环上已有一个取代基,再进行取代反应时,第二个取代基进入苯环的位置及反应的活性受到第一个取代基的制约,这种制约作用称为定位效应。苯环上原有的第一个取代基称为定位基。例如甲苯硝化,反应温度只需控制在 30℃,且主要得到邻位和对位取代产物,因此常把甲基称为活化基,一般活化基属于邻、对位定位基。类似甲基这样的邻、对位定位基还有—NH₂、—OH 等(表 3-2)。

$$\text{C}_6\text{H}_5\text{CH}_3 + \text{HONO}_2 \xrightarrow[30℃]{\text{H}_2\text{SO}_4} \text{邻-硝基甲苯} + \text{对-硝基甲苯} + \text{间-硝基甲苯}$$

58%　　　38%　　　4%

又如硝基苯硝化时需提高温度,并增加硝酸的浓度,主产物是间位产物,因此常把硝基称为钝化基,钝化基属于间位定位基(卤素除外)。类似硝基这样的间位定位基还有 —SO_3H、—CHO 等(表 3-2)。

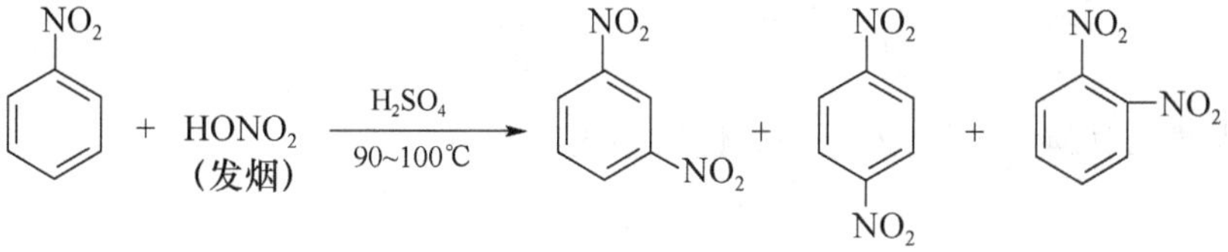

$$\text{C}_6\text{H}_5\text{NO}_2 + \text{HONO}_2 \text{(发烟)} \xrightarrow[90\sim100℃]{\text{H}_2\text{SO}_4} \text{间-二硝基苯} + \text{对-二硝基苯} + \text{邻-二硝基苯}$$

93%　　　　1%　　　　6%

表 3-2　苯环亲电取代反应的定位基

邻、对位定位基	定位效应	间位定位基	定位效应
—NH_2,—NHR,—NR_2,—OH	强致活	—N^+R_3,—NO_2	强致钝
—OR,—NHCOR	中等致活	—CN,—SO_3H	中等致钝
—CH_3,—C_2H_5,—R,—C_6H_5	弱致活	—$COCH_3$,—COOH,—CHO	弱致钝
—X(Cl,Br,I)	钝化		

邻、对位定位基的结构特征是与苯环直接相连的原子不含重键,多数含有未共用电子对。而间位定位基的结构特征是与苯环直接相连的原子一般含有重键或带有正电荷。可用诱导效应和共轭效应等电子效应解释取代基的定位效应。

苯环是一个电子云分布均匀的闭合体系,当苯环上有一个取代基时,取代基就能使苯环的电子云分布发生改变。邻、对定位基(除卤素外)一般都是供电子基团,能使苯环电子云密度增高,尤其是定位基的邻位和对位电子云密度增加更为显著,所以这一取代基有利于苯环的亲电取代反应,对苯环有致活作用,亲电试剂易进攻邻、对位碳原子。间位定位基则对苯环起吸电子作用,使苯环电子云密度降低,特别是邻位和对位降低得更显著,而间位的电子云密度降低得少些,使间位电子云密度相对地高一些,因此,进行亲电取代反应比苯困难,亲电试剂易进攻间位碳原子,即取代基对苯环起钝化作用,不利于苯环的亲电取代反应。

当苯环上有两个取代基(又称二元取代苯)并再进行亲电取代时,其定位效应有以下规律:

(1) 当两个取代基的定位效应一致时,第三个取代基进入的位置由原取代基共同决定。例如,新导入的基团主要进入箭头所指的位置上:

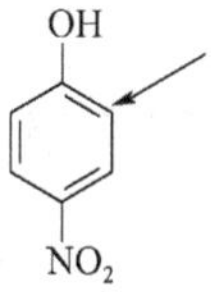

(2) 当两个取代基的定位效应不一致时,活化基团的作用超过钝化基团;强活化基团的影响比弱活化基团的影响大。同时还要注意大基团的空间效应等因素。例如:

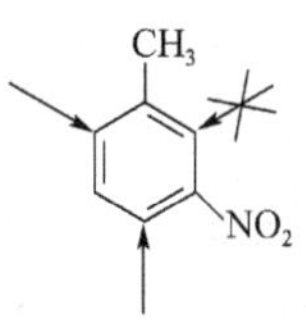

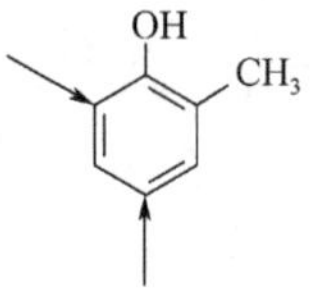

2. 定位效应的应用　应用定位效应,可以预测亲电取代反应的主要产物及选择适当的

合成路线等。例如,从苯合成间硝基氯苯,应先硝化后氯代:

$$\text{C}_6\text{H}_6 \xrightarrow[\text{H}_2\text{SO}_4]{\text{HONO}_2} \text{C}_6\text{H}_5\text{NO}_2 \xrightarrow[\text{Fe}]{\text{Cl}_2} \text{间-O}_2\text{N-C}_6\text{H}_4\text{-Cl}$$

而合成邻或对硝基氯苯,则应先氯代后硝化:

$$\text{C}_6\text{H}_6 \xrightarrow[\text{Fe}]{\text{Cl}_2} \text{C}_6\text{H}_5\text{Cl} \xrightarrow[\text{H}_2\text{SO}_4]{\text{HONO}_2} \text{对-O}_2\text{N-C}_6\text{H}_4\text{-Cl} \text{ 或 } \text{邻-O}_2\text{N-C}_6\text{H}_4\text{-Cl}$$

六、苯及其同系物的氧化反应

苯环相当稳定,高锰酸钾、重铬酸钾、硫酸和稀硝酸等氧化剂都不能使苯氧化。而烷基苯在这些氧化剂的作用下,则发生侧链氧化。侧链不论多长,最后都被氧化成一个与苯环直接相连的羧基,若与苯环直接相连的 α-碳上没有氢,则一般不发生侧链氧化反应。例如:

$$\text{C}_6\text{H}_5\text{CH}_3 \xrightarrow[\triangle]{\text{KMnO}_4} \text{C}_6\text{H}_5\text{COOH}$$

$$\text{C}_6\text{H}_5\text{CH}_2\text{CH}_2\text{CH}_3 \xrightarrow[\triangle]{\text{KMnO}_4} \text{C}_6\text{H}_5\text{COOH}$$

$$p\text{-(CH}_3)_3\text{C-C}_6\text{H}_4\text{-CH}_2\text{CH}_3 \xrightarrow[\triangle]{\text{KMnO}_4} p\text{-(CH}_3)_3\text{C-C}_6\text{H}_4\text{-COOH}$$

七、稠环芳香烃

稠环芳香烃是由两个或两个以上苯环共用两个邻位碳原子稠合而成的多环芳香烃。例如萘、蒽、菲等。

萘 (naphthalene)　　蒽 (anthracene)　　菲 (phenanthrene)

萘分子式为 $C_{10}H_8$,是煤焦油的一个主要成分,含量可达 5% 左右。萘的结构式和萘分子中碳原子的编号如下:

$$\begin{array}{c}
(\alpha)\ (\alpha) \\
8\quad 1 \\
(\beta)72(\beta) \\
(\beta)63(\beta) \\
5\quad 4 \\
(\alpha)\ (\alpha)
\end{array}$$

其中 C_1、C_4、C_5 和 C_8 的位置等同,称为 α-位,C_2、C_3、C_6 和 C_7 的位置等同,称为 β-位。

萘的一元取代物有两种异构体,分别用前缀 1-和 2-,或 α-和 β-加以区别;多元取代物则取代基位置用阿拉伯数字标明,例如:

1-萘酚
(α-萘酚)

2-萘酚
(β-萘酚)

1,5-二硝基萘

6-硝基-2-萘磺酸

萘是一平面型分子,具有与苯相似的性质。在萘分子中,每个碳原子除以 sp^2 杂化轨道形成碳-碳σ键外,各碳原子还以 p 轨道进行侧面的互相重叠,形成共轭体系,但是该共轭体系和苯的共轭体系并不完全一样。苯分子中各碳原子的 p 轨道相重叠都是均等的,而在萘分子中,9 和 10 位两个碳原子的 p 轨道除了互相重叠外,还分别与 1、8 及 4、5 碳原子的 p 轨道相重叠,所以萘分子中的π电子云在 10 个碳原子上不是均匀分布的,萘的芳香大π键如图 3-5 所示。

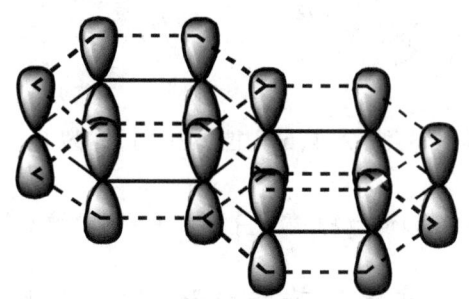

图 3-5 萘的芳香大π键

萘分子电子云分布不均匀,使萘环上不同位置的碳原子具有不同的反应活性,α-位比 β-位碳原子一般易发生反应。萘为白色晶体,熔点 80.5℃,沸点 218℃,易升华,不溶于水,能溶于乙醇、乙醚和苯等有机溶剂。

1. 萘的卤代、硝化和磺化等取代反应 萘的苯溶液在 $FeCl_3$ 的催化下通入氯气,主要生成 α-氯萘:

$$\text{萘} + Cl_2 \xrightarrow[\Delta]{FeCl_3} \text{α-氯萘}(70\%) + HCl$$

萘与混酸(H_2SO_4,HNO_3)反应,主要产物为 α-硝基萘:

$$\text{萘} + HNO_3 \xrightarrow[25\sim50℃]{H_2SO_4} \text{α-硝基萘}(70\%)$$

萘与浓硫酸反应,是一个可逆反应。低温时,主要生成 α-萘磺酸;高温时,则主要生成 β-萘磺酸:

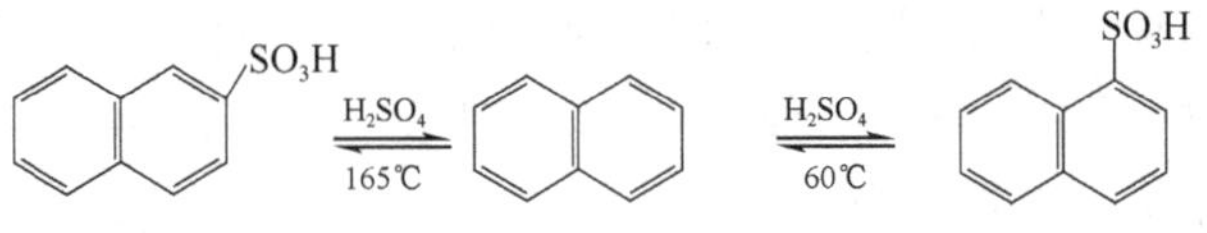

β-萘磺酸 ⇌(H₂SO₄/165℃) 萘 ⇌(H₂SO₄/60℃) α-萘磺酸

2. 萘的加成反应 萘比苯易发生加成反应,在不同条件下,生成不同的加成产物。例如:

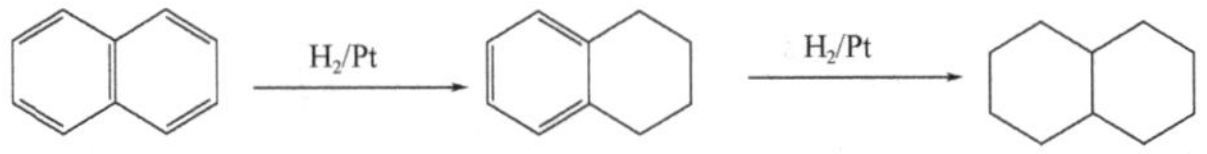

萘 →(H₂/Pt) 四氢化萘 →(H₂/Pt) 十氢化萘

蒽和菲都存在于煤焦油中,蒽为无色片状晶体,熔点 216℃,沸点 240℃;菲为具有光泽的无色晶体,熔点 101℃,沸点 340℃。蒽和菲的分子式皆为 $C_{14}H_{10}$,两者互为同分异构体。在结构上都形成了闭合的共轭体系,但是各碳原子上的电子云密度是不均匀的,因此各碳原子的反应能力也随之有所不同,其中 9、10 位碳原子特别活泼,它们的结构式及碳原子位次的编号如下:

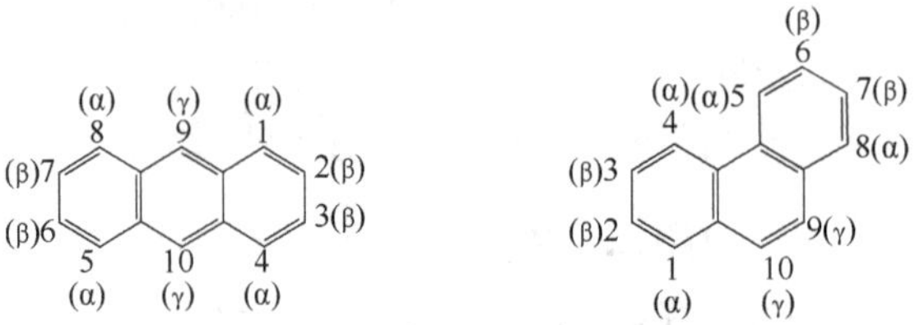

蒽　　菲

1、4、5、8 位置相同,称为 α-位;2、3、6、7 位置相同,称为 β-位;9 和 10 位置相同,称为 γ-位。

甾族化合物分子中都含有环戊烷并氢化菲的结构母体(详见第 12 章)。

八、非苯型芳香烃和 Hückel 规则

苯、萘、蒽和菲等都是由苯环组成的,在结构上形成了环状的闭合共轭体系。它们都具有芳香烃的特性,即芳香性(aromaticity),表现为环稳定,不易开环,易发生取代反应,难发生加成反应等。有些不具有苯环结构的环烯烃类化合物,也具有一定的芳香性,这类化合物称为非苯型芳香烃。例如,环丙烯正离子、环戊二烯负离子等。

环丙烯正离子　　环戊二烯负离子

1930 年德国化学家 Hückel 用简化的分子轨道法(HMO 法),计算了许多单环多烯的 π 电子能级,提出了判断芳香性的规则:在一单环多烯化合物中,具有共平面的离域体系,其 π 电子数等于 $4n+2$($n=0,1,2,3\cdots$)的化合物都具有芳香性。此规则称为 Hückel 规则,又称为 $4n+2$ 规则。

苯是一个平面型分子,有 6 个 π 电子,满足 $4n+2$ 规则($n=1$),因此苯具有芳香性。同理,萘、蒽、菲等也满足 Hückel 规则,都具有芳香性。

下列化合物中,只有环戊二烯负离子、环庚三烯正离子和环辛四烯二负离子满足 Hückel 规则,具有芳香性,其他不具芳香性。

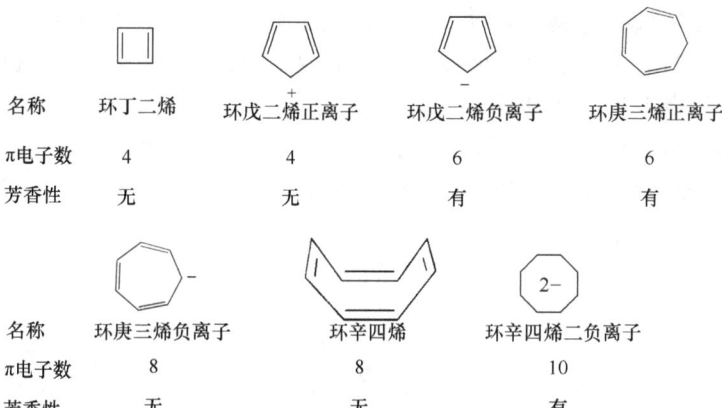

䓬(azulene)又称蓝烃,是一个天蓝色的稳定化合物,为蓝色固体,熔点99℃,能进行硝化反应,是挥发油的成分,具有抗菌和镇痛等作用。

䓬具有平面结构,π电子数为10,符合$4n+2(n=2)$规则,它是一个非苯型芳香烃典型例子。其容易发生亲电取代反应(3位),几乎不发生加成反应,9、10键长接近单键长度。所以䓬具有芳香性。

总之,判断一个化合物是否具有芳香性,首先要确定是否为一个平面型的闭合共轭体系;其次必须具有满足Hückel规则的π电子数。

九、致癌稠环芳烃

致癌稠环芳烃是化学致癌物(chemical carcinogen)家族成员之一,为数较少的化合物进入体内不必经过代谢就有致癌作用,这类化合物称为直接致癌物。大部分化学致癌物本身不具有致癌活性,必须在体内经过代谢活化后才能起诱发作用,这类化合物被称为间接致癌物,如稠环芳烃类等。间接致癌物在代谢活化前称为前致癌物,经过多步酶活化后得到一个较稳定的代谢产物称为近致癌物。近致癌物中有部分再经过代谢活化生成一种可与细胞关键部位直接作用,并促使细胞发生癌变的物质称为终致癌物。

化学致癌物的致癌机理是在生物体内经过各种化学反应,最终变成亲电性物质,如C^+亲电剂、N^+亲电剂、O^+亲电剂和金属亲电剂等终致癌物。

致癌芳香烃主要是稠环芳香烃及其衍生物。3个苯环的稠环烃(蒽、菲)本身均不致癌,但在分子中某些碳上连有甲基时就有致癌性。4环或5环的稠环芳烃及它们的部分甲基衍生物有致癌性;6环的稠环芳烃部分能致癌。下面列举几种重要的致癌稠环芳烃,其中以苯并芘(benzopyrene)的致癌作用最强。

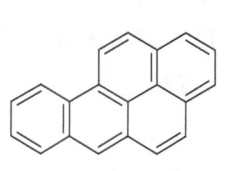
苯并[b]芘

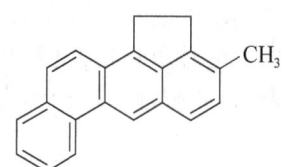
1,2,5,6-二苯并蒽   3-甲基胆蒽

苯并芘为特强致癌物,是煤焦油的主要致癌成分。糖类、脂肪、蛋白质等加热"燃烧"时,均会产生此致癌物质。在食物烟熏过程中也能受到此致癌物的污染,在 1kg 烟熏羊肉中,苯并芘含量相当于 250 支卷烟。

芘的编号规定从分子右上角第一个环最右方的一个自由角开始,按顺时针方向进行。两个苯环稠合边公用的碳原子的编号,是以紧接前面一个非稠合碳原子的位号,并在它后面加上正体的字母 a、b、c 等来表示。例如:

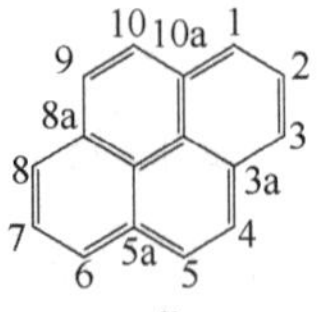

$$\text{芘}$$

母体与附加组分稠合的位置,可以用母体各边编号后进行标明,母体的 1、2 边,2、3 边以斜写字母 *a*、*b*、*c* 等来表示。

按系统命名法,苯并芘应为苯并[2,3-b]芘。

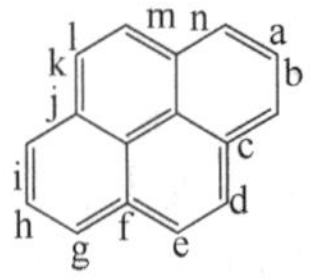

芘 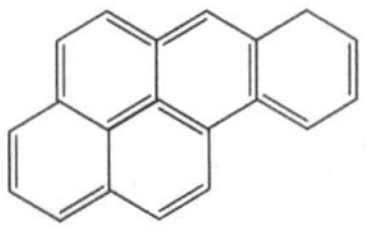　　　苯并[2,3-b]芘

苯并[2,3-b]芘在体内的代谢如下:

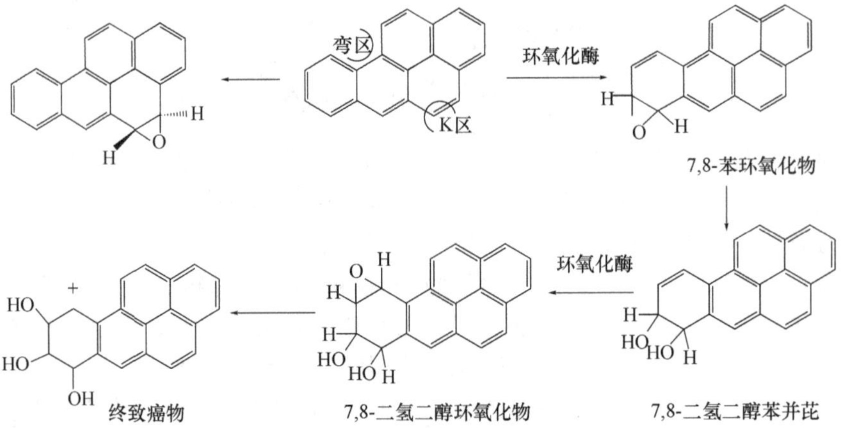

7,8-苯环氧化物

7,8-二氢二醇环氧化物　　7,8-二氢二醇苯并芘

终致癌物

所产生的终致癌物属于 C^+ 亲电剂,是较强的致癌物。

目前有关这类化合物的研究不断深入,对其致癌机制有两种观点:其一为 K 区理论,如早期法国的科学家 Pullman 曾提出了 K 区理论,即苯并[2,3-b]芘的 9、10 位的双键是高电子云密度区域,能直接与生物大分子反应,该类化合物本身就是终致癌物。其二为弯区理论,科学家 Bairod 通过试验明确提出经过微粒体酶系活化后的苯并[2,3-b]芘的代谢产物二醇化物的致癌活性比苯并[2,3-b]芘本身高出 10 倍以上,在环氧化酶作用下生成的二醇环氧化物,是苯并[2,3-b]芘的终致癌物。由于环氧化部分靠近苯并[2,3-b]芘的弯区,故把这一理论称为弯区理论。近年来发现凡具有弯区结构的多环芳烃或多或少有致癌活性。

习　题

1. 命名下列化合物

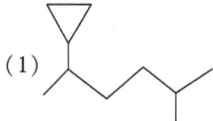

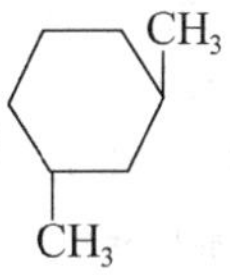

2. 写出下列化合物的优势构象

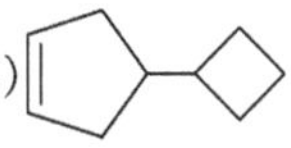

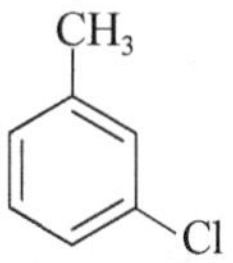

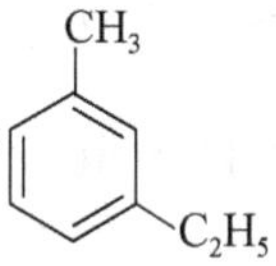

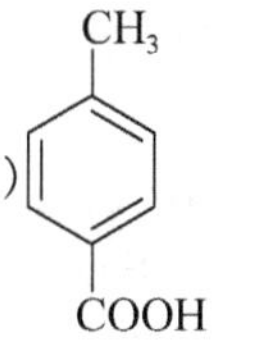

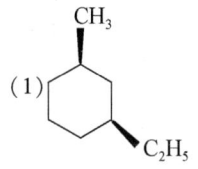

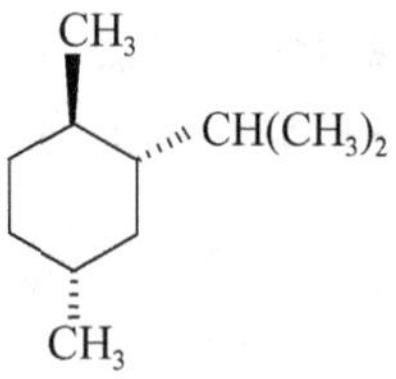

3. 用简单的化学反应区别下列化合物
（1）环己烷、1-甲基环戊烯、1,1-二甲基环丙烷
（2）苯、甲苯、环戊二烯

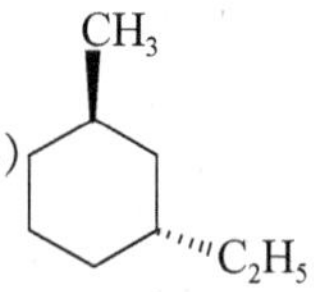

4. 指出下列化合物硝化时导入硝基的位置

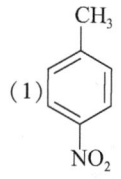

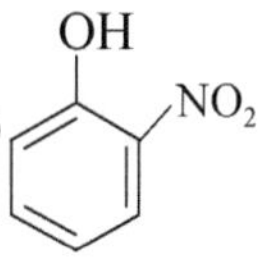

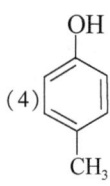

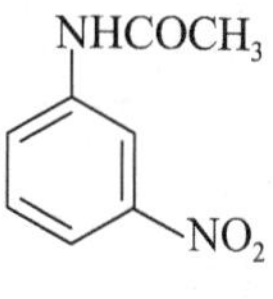

5. 以苯和氯甲烷为原料合成下列化合物
（1）苯甲酸　　　　（2）间硝基苯甲酸　　　　（3）邻硝基苯甲酸

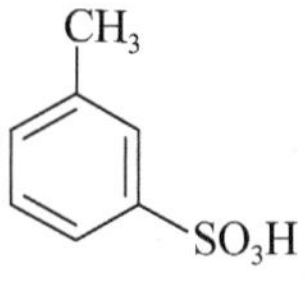

6. 根据 Hückel 规则判断下列化合物是否具有芳香性

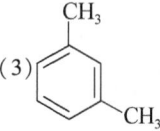

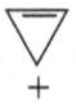

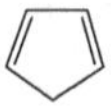

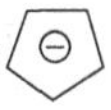

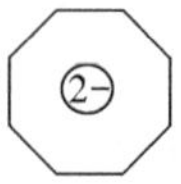

7. 写出下列反应的主产物

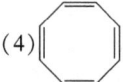

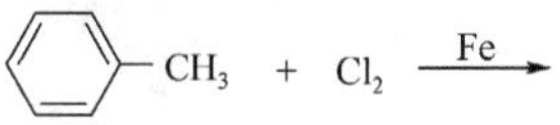

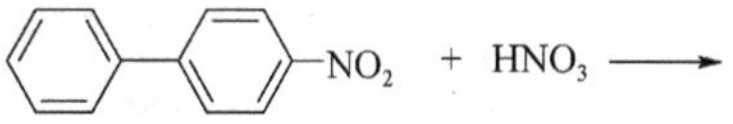

(3) 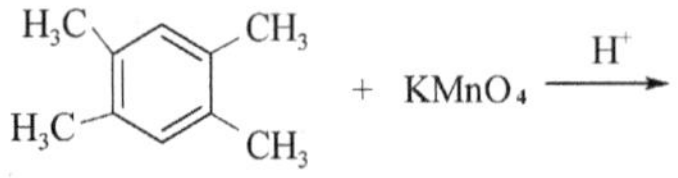 1,2,4,5-四甲苯 + KMnO₄ $\xrightarrow{H^+}$

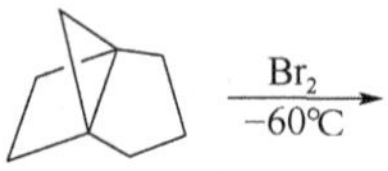

(4) 降冰片烷 $\xrightarrow[-60℃]{Br_2}$

(5) 异丁烷(环丙烷衍生物) H₂C—HC—CH₃ 带CH₂环 + HCl ⟶

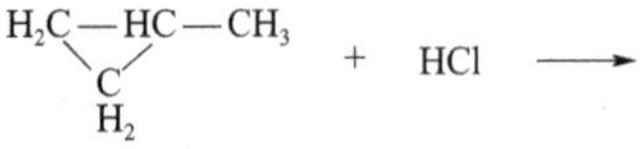

8. 有三种化合物 A、B、C 分子式相同,均为 C_9H_{12},当以 $KMnO_4$ 的酸性溶液氧化后,A 变为一元羧酸,B 变为二元羧酸,C 变为三元羧酸。但经浓硝酸和浓硫酸硝化时,B 可生成两种一硝基化合物,而 C 只生成一种一硝基化合物。试写出 A、B、C 的结构和名称。

9. 某一化合物 A($C_{10}H_{14}$) 有 5 种可能的一溴衍生物($C_{10}H_{13}Br$)。A 经 $KMnO_4$ 酸性溶液氧化生成化合物 B($C_8H_6O_4$),B 硝化只生成一种一硝基取代产物,试写出 A、B 的结构式。

10. 写出下列化合物发生亲电取代反应的活性顺序
(1) 苯,甲苯,间二甲苯,对二甲苯。
(2) 苯,溴苯,硝基苯,甲苯。

11. 在下列化合物中,哪一个环易发生硝化反应?

(1) 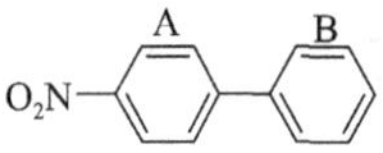 O_2N—[A]—[B]

(2) 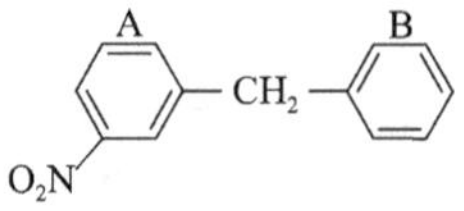 O_2N—[A]—CH_2—[B]

(西安交通大学 李 洋)

第四章　对映异构

★★ 内容提示

本章重点介绍旋光性和手性的概念，对映异构体的表示方法、对映异构体构型 D/L 标记法和 R/S 标记法，含有一个及多个手性碳原子化合物的对映异构，环状化合物的对映异构问题以及外消旋体的拆分等立体异构知识和对映异构体的生物活性。

同分异构现象(isomerism)在有机化合物中的是相当普遍的，包括构造异构现象(constitutional isomerism)和立体异构现象(stereoisomerism)两种异构。构造异构是指分子中原子间的连接顺序或方式不同产生的异构现象；而立体异构是指构造一定的情况下，分子中的原子在空间的排列位置不同而产生的异构现象。第二章中介绍的顺反异构和构象异构都属于立体异构。各种异构归纳起来关系如下：

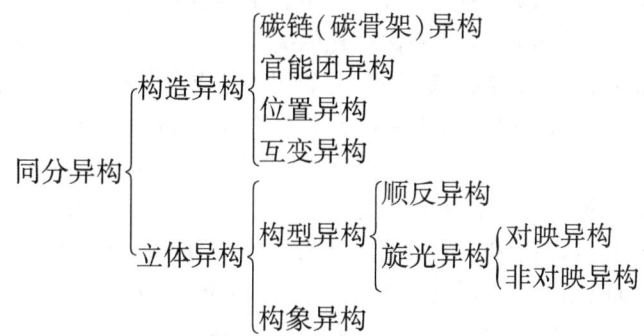

前面介绍了两种类型的立体异构——构象异构和顺反异构，本章介绍第三种立体异构——旋光异构中的对映异构(enantiomerism)。

一、物质的旋光性

1. 平面偏振光　日常生活中我们最熟悉的光就是太阳光。光是一种电磁波，光波振动的方向与其传播方向相互垂直。而且，一束普通光可以在与其传播方向相垂直的平面的任何方向上振动。如果让一束普通光通过 Nicol(尼科耳)棱镜(用冰晶石或称方解石制成的棱镜)，尼科耳棱镜的作用是只让与棱镜晶轴平行的振动光线通过，故透过棱镜的光则只在一个方向上振动。我们把这种只在同一平面上振动的光称为平面偏振光(plane-polarized light)，简称偏振光。偏振光的振动方向和传播方向所构成的平面称为偏振面，见图 4-1。

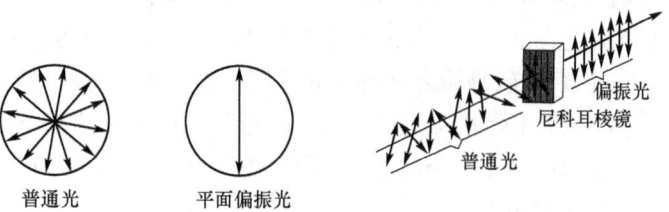

图 4-1　普通光和平面偏振光产生示意图

当平面偏振光通过一些物质,如水、乙醇、丙酮等,它们对偏振光的偏振面没有任何影响。而有些物质,如乳酸、葡萄糖、果糖却能使通过平面偏振光的偏振面发生旋转。像这种能使平面偏振光振动平面发生旋转的性质称为旋光性(optical activity)或光学活性,具有旋光性的物质称旋光性物质(optically active substance)或光学活性物质。图 4-2 是关于旋光性和非旋光性物质对偏振光的作用情况。

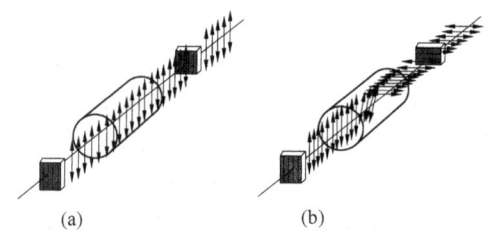

图 4-2 旋光性和非旋光性物质对偏振光的作用
(a) 非旋光性物质;(b) 旋光性物质

2. 比旋光度 旋光性物质使平面偏振光的振动平面发生旋转的角度称为旋光度(optical rotation)或旋光角,通常用 α 表示。不同的旋光性物质可使偏振面旋转的大小和方向不同。面对偏振光的传播方向看,使偏振光的振动平面向右旋转,即顺时针方向旋转的,称为右旋异构体(dextroisomer)或右旋物质,用符号"+"或"d"表示;使偏振光的振动平面向左旋转,即逆时针方向旋转的,称为左旋异构体(levoisomer)或左旋物质,用符号"-"或"l"表示。

测定物质有没有旋光性以及旋光度大小,可以使用旋光仪(polarimeter)。旋光仪主要由一个光源、两个尼科耳棱镜和一个盛测试液的样品管组成。光源发出的光经过第一个棱镜(起偏镜)变成平面偏振光,然后通过盛有旋光性物质溶液的样品管,平面偏振光的振动方向发生旋转,最后通过第二个棱镜(检偏镜)检测偏振光偏振面旋转的角度大小与方向,并由连在检偏镜上的刻度盘读出。旋光仪的工作原理见图 4-3。

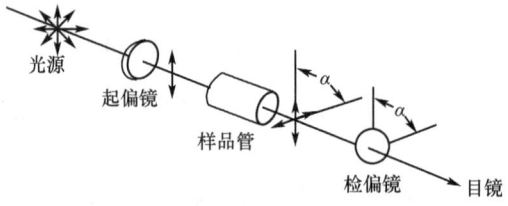

图 4-3 旋光仪工作原理示意图

由旋光仪测定的旋光度的大小与方向不仅与分子本身的结构有关,还与所测物质的浓度、样品管的长度、温度、使用光的波长、溶剂的性质等因素有关。如果我们把除了分子结构以外的因素都加以固定,此时测定的旋光度就如同一种物质的密度、熔点和沸点一样,是物质的特征常数,可以用来比较物质之间的旋光性能。为此提出比旋光度(specific rotation)这一物理量,用 $[\alpha]_\lambda^t$ 表示。比旋光度的定义是:在一定温度、一定波长下(常用钠光灯 D 线波长 589nm),被测物质浓度为 $1g \cdot cm^{-3}$,样品管长度为 1dm 时测得的旋光度。所以通常测定的旋光度与比旋光度的关系为

$$[\alpha]^t_\lambda = \frac{\alpha}{\rho \cdot l} \quad (\text{或}\ [\alpha]^t_D = \frac{\alpha}{\rho \cdot l})$$

式中，$[\alpha]^t_\lambda$（或 $[\alpha]^t_D$）为比旋光度；α 为旋光性物质的旋光角；ρ 为旋光性物质的质量浓度，单位 $g \cdot cm^{-3}$，如果样品为一纯液体，则以其密度来代替，单位 $g \cdot cm^{-3}$；l 为盛液管长度，单位 dm；λ 为所用光源的波长（D 表示使用钠光源，波长为 589nm）；t 为测定时的温度，通常情况为室温 20℃ 或 25℃，可写成 $[\alpha]^{20}_D$ 或 $[\alpha]^{25}_D$。例如，采用钠光源的旋光仪，在 20℃ 测定 D-葡萄糖水溶液的比旋光度是右旋 52.5°，则表示为 $[\alpha]^{20}_D = +52.5°$（水）。

思考题 4-1 在制糖工业上常用测定旋光度的方法来控制糖液的浓度，用旋光仪测得的葡萄糖溶液的旋光度为 +3.4°，已知葡萄糖的比旋光度为 +52.5°，样品管长度为 2dm，此葡萄糖溶液的浓度是多少？

丁-2-烯与 HCl 的加成反应，从产物中可分离得到两种 2-氯丁烷，两者的物理性质基本上相同，只是在对偏振光的作用方面有差异，一种使偏振光的振动平面向右旋转，另一种使偏振光的振动平面向左旋转，旋转的角度相同。

$$H_3C-C=C-CH_3 + H-Cl \xrightarrow{H^+} H_3C-CH_2-\overset{Cl}{\underset{H}{C}}-CH_3 + CH_3CH_2-\overset{H}{\underset{Cl}{C}}-CH_3$$

左旋体 　　　　　右旋体
$[\alpha]^{25}_D = -10.93°$ 　 $[\alpha]^{25}_D = +10.93°$

两种产物从平面结构上很难看出有什么不同，都是 $CH_3CH_2CHClCH_3$，可是在空间排列上是不同的（图 4-4），尽管两者的形状很相像，但无论怎样摆放都不能完全重合，所以它们是两种不同的分子，代表着两种不同的化合物。两者的构造相同，不同的是分子中的原子和基团在空间的排列形式，这是另一种类型的立体异构。

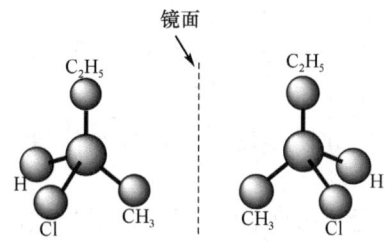

图 4-4　2-氯丁烷的对映异构体

由于这两个分子在空间的排列形象是互为实物和镜像的对映关系，因此，人们把这种异构称为对映异构（enantiomerism），又因为它们的旋光性不同，所以也把这种异构称为旋光异构或光学异构。

二、手性与手性分子

1. 手性　人的手有什么样的特征呢？初看，人的左手和右手一模一样，但要想把两者叠合在一起，无论怎样摆放，它们都不会完全重合在一起（图 4-5）。

所以，同一个人的两只手的形状是不一样的。两者之间是什么样的关系呢？如果把右手放在一面镜子前，镜子里所成的像就是左手的形状，如果把左手放在一面镜子前，镜子里所成的像就是右手的形状,左手和右手的关系是互为实物与镜像的关系(图 4-6)。也就是说,人的手都有这样一种特征:与其自身的镜像不能重合。因此,我们就把物体与其镜像不能重合的特性称为手性(chirality)。

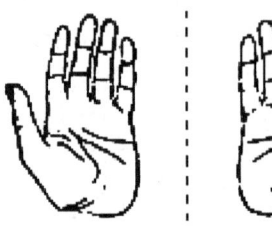

图 4-5　左、右手不能重合　　　　图 4-6　左、右手互为镜像关系

2. 手性分子　许多有机化合物分子与其镜像不能重合,即具有手性,人们把这类与其镜像不能重合的分子称为手性分子。例如,乳酸(2-羟基丙酸,$CH_3CHOHCOOH$)有两种,一种是肌肉运动产生的,使平面偏振光振动平面发生右旋(用"+"或"d"表示),称为右旋体;一种是糖发酵产生的,使平面偏振光振动平面发生左旋(用"-"或"l"表示),称为左旋体,它们的空间结构如图 4-7 所示。

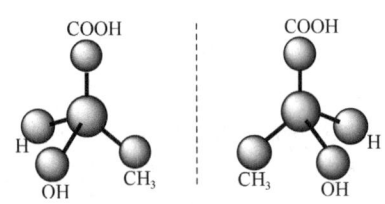

图 4-7　乳酸的对映异构体

两种乳酸分子的形状极其相像,但不论如何摆放,两者都不能完全重合到一起,如果在两个分子模型之间放一面镜子,两者之间互为实物和镜像关系。这种关系和人的左、右手之间的关系一样,相像而不能重合。左旋乳酸和右旋乳酸都具有手性,都是手性分子。实验证实,凡是手性分子都具有旋光性。

3. 分子的手性与对称性　判断哪些分子有手性似乎是很复杂的问题。按照前面提到的方法,要判断一个分子是否有手性,要先做出这种分子及其镜像的模型,根据两者能否重合,判断分子是否有手性。如此操作是很麻烦的,尤其是对于结构复杂的分子操作起来更是困难。

人们经过长期的观察和研究发现,分子是否有手性与分子的对称性有关,也就是与分子内存在的对称因素有关。

(1) 对称面:如果有一个通过分子的平面把分子分成两部分,而且两部分是互为镜像,则这个平面称为分子的对称面(plane of symmetry),用σ表示。

例如,丙酸和 1-氯丙烯分子内都存在一个对称面。

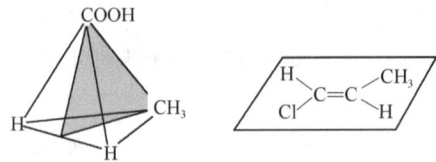

分子内存在对称面的分子能与其镜像重合,不是手性分子,无旋光性。

(2) 对称中心:若分子中有一点 P,从分子中的任一原子或基团出发经点 P 作直线,该线的延长线上距点 P 等距离处能遇到相同的原子或基团,则点 P 称为分子的对称中心。例如,下列分子都存在对称中心:

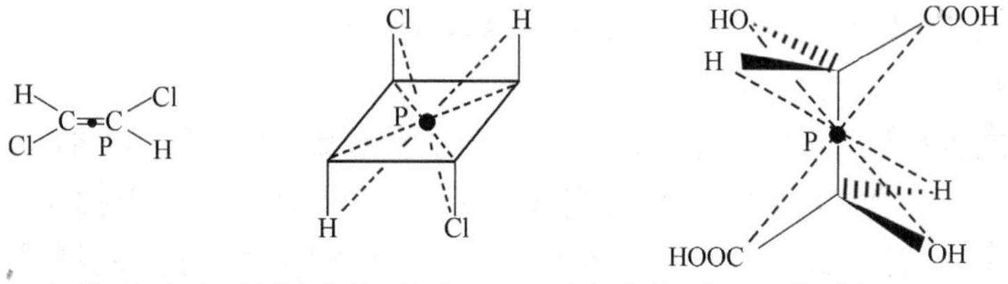

具有对称中心的分子与其镜像能重合,不是手性分子,无旋光性。

应该指出,许多分子有对称轴,但对称轴不能作为判断分子是否有手性的判据。如反-1,2-二甲基环丙烷分子,虽有对称轴,但却是手性分子,有旋光性。

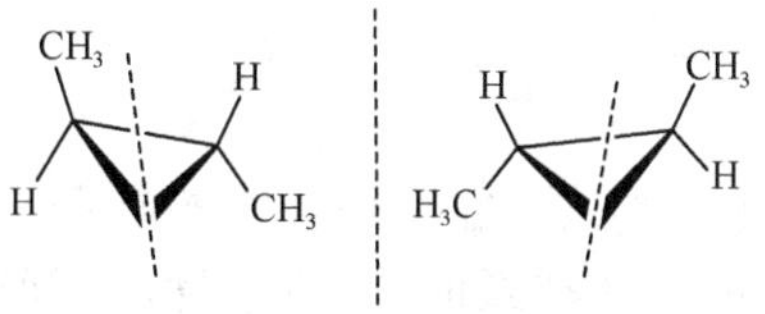

一般情况下,只要一个分子既无对称面又无对称中心,基本上可以判定为手性分子(例外情况极少),有旋光性;如果一个分子有对称面或对称中心,可以判定该分子不是手性分子,没有旋光性。

三、含一个手性碳原子化合物的对映异构

1. 对映体 在乳酸分子($CH_3CHOHCOOH$)中,2号碳原子连有一个羟基、一个羧基、一个甲基和一个氢原子,这种连有四个不同原子或基团的原子称为手性原子(也称为不对称原子,在分子式中可在其右上角加"*"来标示),最常见的手性原子是手性碳原子。含一个手性碳原子的分子是手性分子,存在互为实物和镜像关系的两个异构体,如乳酸。这种互为实物和镜像关系的异构体称为对映体(enantiomer)。

对映体的旋光能力相等,旋光方向相反,其他的物理性质以及在非手性条件下的化学性质几乎完全相同。从分子水平上讲,生物体内多是手性环境,所以,一对对映体的两种分子的生物学性质往往有较大的差异。

例如,(+)-乳酸:熔点为53℃,$pK_a = 3.87$,$[\alpha] = +3.8°$;(−)-乳酸:熔点为53℃,$pK_a = 3.87$,$[\alpha] = -3.8°$。而两种乳酸的生物学性质有很大的不同:人体内只能代谢(+)-乳酸,而不能代谢(−)-乳酸,因为人体内只有代谢(+)-乳酸的酶(L-乳酸脱氢酶),过量摄入(−)-乳酸就会引起代谢紊乱,造成酸中毒等不良反应,危害人体健康,且影响人体对钙的吸收。

2. 外消旋体 如果在同一溶液中将一对对映体的两种分子等量混合,两者的旋光能力正好互相抵消,我们就把这种混合物称为外消旋体(racemate 或 racemic mixture)。用"±"或"dl"来表示,外消旋体不是纯净物,而是一对对映体的两种分子的等量混合物。乳酸外消旋体的熔点为18℃。比(+)-乳酸和(−)-乳酸的熔点(53℃)低。

3. 旋光异构体的平面表示方法 为了把手性分子的空间结构方便地表示在平面上,人们采用了多种方法,常用平面表示方法有模型图式、透视式、费歇尔(Fischer)投影式,分别介绍如下:

（1）模型图式：模型图式相当于分子球棒模型的照片，见图4-4。特点是比较形象直观，但书写麻烦。

（2）透视式：透视式是想象透视一个分子时所看到的分子立体形象的简化了的平面表示方法。透视式中手性原子及用实线表示的两个价键写在纸面上，虚楔形线表示指向纸面后的键，楔形线表示由纸面前指向手性原子的键，用元素符号表示原子和基团。透视式的优点是比较直观，书写也比模型图式简便，例如两种不同的乳酸分子可以表示如下：

（3）费歇尔投影式：费歇尔投影式是将立体模型投影到平面上而得到的平面图像。投影方法是：把手性分子的球棒模型放在纸面前，将手性原子所连的两个价键竖立并指向后方，另外两个价键就会在水平方向并指向前方，用垂直于纸面的光线照射，得到的影子即为费歇尔投影式。图4-8为乳酸分子的费歇尔投影方法，右侧的（Ⅱ）为另一乳酸分子的费歇尔投影式。

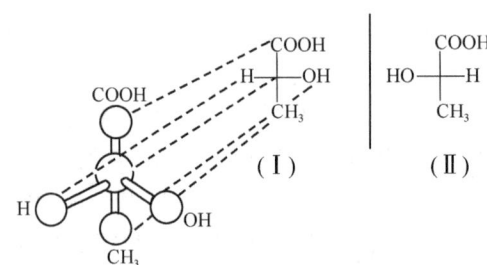

图4-8　乳酸分子的费歇尔投影方法

费歇尔投影式是在平面上表示分子的三维立体结构。投影式的含义是：十字线交点代表的手性原子在纸面上，两竖键是从手性原子分别指向纸平面的上、下后方，两横键是从手性原子分别指向纸平面的左、右前方。可以简单地总结为："十字线交点代表手性碳，竖键向后，横键向前"，即"横前竖后"。只要按照这一原则投影，得到的投影式都是正确的。

投影时一般是将主链竖直，编号小的碳原子放在上端，这样一个手性分子投出来的投影式就只有一种了，避免了投影时由于手性分子摆放方式不同而产生多个投影式带来的麻烦。

四、对映异构体构型标记法

对映异构体的差别就在于其构型不同，对它们进行命名时，不同构型的异构体应该加以标记，标记的方法有两种：D、L构型（相对构型）标记法和R、S构型（绝对构型）标记法。

1. D/L 标记法　在1951年以前，人们不知道手性分子的真实构型。比如，甘油醛有左旋体和右旋体两种构型的异构体，人们不知道左旋甘油醛的构型是下列两个费歇尔投影式中的哪一个。当然，其他的手性分子的构型也是不知道的。无奈，费歇尔假定右旋甘油醛的投影式为下式中的Ⅰ，即—OH位于手性碳原子的右边，其构型用D表示；左旋甘油醛的投影式为Ⅱ，其构型用L表示。

$$\begin{array}{ccc} \text{CHO} & & \text{CHO} \\ \text{H}\!\!-\!\!\!\!\!-\!\!\text{OH} & & \text{HO}\!\!-\!\!\!\!\!-\!\!\text{H} \\ \text{CH}_2\text{OH} & & \text{CH}_2\text{OH} \\ (\text{I}) & & (\text{II}) \\ D\text{-}(+)\text{-甘油醛} & & L\text{-}(-)\text{-甘油醛} \end{array}$$

右旋甘油醛和左旋甘油醛的构型被假定为 D 型和 L 型以后，其他能与 D-甘油醛发生"关联"的手性分子都是 D 型的；能与 L-甘油醛发生"关联"的手性分子都是 L 型的。所谓"关联"是指经过不涉及甘油醛手性碳原子上化学键断裂的化学反应。例如，把 $D\text{-}(+)$-甘油醛通过化学反应转化为乳酸：

$$\begin{array}{ccccc} \text{CHO} & & \text{COOH} & & \text{COOH} \\ \text{H}\!\!-\!\!\!\!\!-\!\!\text{OH} & \xrightarrow{[O]} & \text{H}\!\!-\!\!\!\!\!-\!\!\text{OH} & \xrightarrow{[H]} & \text{H}\!\!-\!\!\!\!\!-\!\!\text{OH} \\ \text{CH}_2\text{OH} & & \text{CH}_2\text{OH} & & \text{CH}_3 \\ D\text{-}(+)\text{-甘油醛} & & D\text{-}(-)\text{-甘油酸} & & D\text{-}(-)\text{-乳酸} \end{array}$$

由于转化过程中没有发生甘油醛手性碳原子四个价键的断裂，该手性碳原子的构型保持不变，所以，生成的甘油酸和乳酸仍然是 D 型的。不过，应该注意的是，尽管在"关联"的过程中，一系列手性分子产物的构型保持不变，旋光性还是有变化的，因为旋光性取决于整个分子的所有原子和基团对偏振光作用的总的结果。如上式中的右旋甘油醛变成了左旋乳酸。所以说，手性分子的旋光性（左旋、右旋）与构型（D 型、L 型）没有固定的对应关系。

1951 年，拜捷沃特（J. M. Bijvoet）用一种特殊的 X 射线衍射法成功测定了 $(+)$-酒石酸钠铷的真实构型，随后通过与 $(+)$-酒石酸的"关联"，确定了 $(+)$-甘油醛的真实构型。有意思的是，当初费歇尔的假定是正确的。从此，人们在很长一段时间内多用这种方法标记手性分子的构型。

在使用过程中人们发现 D/L 构型标记法存在一些缺点和不足，一是许多手性分子无法准确无误地与甘油醛相"关联"，如 CHFClBr。再就是含有多个手性原子的化合物的构型不易标记。因此，目前只有糖类和氨基酸等天然产物还沿用 D/L 构型标记法，如 $D\text{-}(+)$-葡萄糖、L-半胱氨酸等。其他情况下多采用适用性更广的 R/S 构型标记方法。

2. R/S 标记法　鉴于 D/L 标记法存在一些缺点，1970 年国际上根据 IUPAC 的建议采用了 R/S 构型标记方法标记手性分子的构型，这种方法是根据手性分子的真实构型来标记的，无需与其他化合物比较和关联。其方法如下：

(1) 把手性碳原子 C^* 上所连的四个原子或基团按"次序规则"排序；a>b>c>d。

(2) 把次序排在最后的原子或基团 d 放在观察者视线的远端，观察者沿着 C^*→d 键的方向观察其余三个原子或基团 a→b→c 的顺序，如果是顺时针排列，该手性碳原子为 R 构型；如果为逆时针排列，则为 S 构型（图 4-9）。

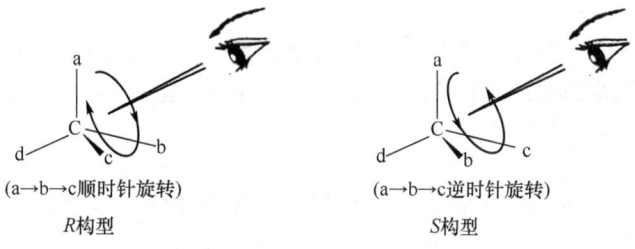

图 4-9　R/S 标记法示意图

例如,两种甘油醛分子的构型确定:甘油醛中 C* 所连的四个原子或基团的优先次序为:—OH＞—CHO＞—CH₂OH＞—H。把 H 放在视线的远端,观察—OH→CHO→CH₂OH 顺序,顺时针旋转的为 R-甘油醛,逆时针旋转的为 S-甘油醛(图 4-10)。

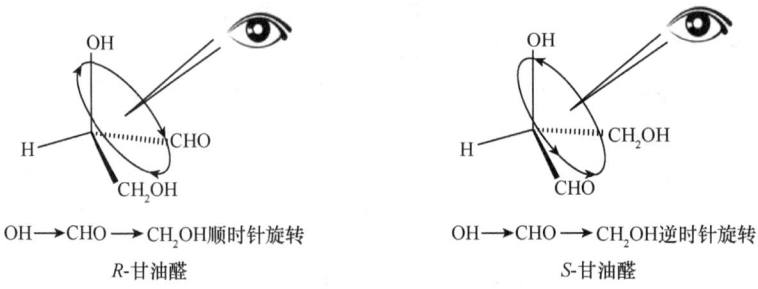

OH→CHO→CH₂OH 顺时针旋转　　　　OH→CHO→CH₂OH 逆时针旋转
　　R-甘油醛　　　　　　　　　　　　　　S-甘油醛

图 4-10　乳酸的 R/S 标记法示意图

以上是分子模型和透视式所代表的手性原子的 R、S 构型的确定,然而,更多情况下是用费歇尔投影式在平面上表示手性分子,因此要掌握好费歇尔投影式中手性原子构型的判断。判断费歇尔投影式中手性原子的构型的关键是找好观察者的位置。如果次序排在最后的原子或基团连在 C* 的下方(实际上该原子或基团是位于纸平面的后下方),观察者的位置在投影式的前上方,如果次序排在最后的原子或基团连在 C* 的左侧(实际上该原子或基团是位于纸平面的左前方),观察者的位置应在投影式的右后方,然后再想象各基团的空间位置,进而确定手性原子的构型。如此做来不是太简单方便。人们在使用费歇尔投影式的过程中,创造了多种简便、直接地确认费歇尔投影式中手性原子构型的方法。现介绍一种如下:

(1) 当次序排在最后的原子或基团 d 处于竖键上时,其余三个原子或基团在平面内 a→b→c 的顺序如果是顺时针旋转,该手性原子为 R 构型;如果是逆时针旋转,该手性原子为 S 构型。如下式:

$$
\begin{array}{cc}
\text{a} & \text{d} \\
\text{c}—\text{b} & \text{c}—\text{b} \\
\text{d} & \text{a} \\
R & S
\end{array}
$$

(2) 当次序排在最后的原子或基团 d 处于横键上时,其余三个原子或基团在平面内 a→b→c 的顺序如果是顺时针旋转,该手性原子为 S 构型;如果是逆时针旋转,该手性原子为 R 构型。如下式:

$$
\begin{array}{ccc}
\text{CHO} & \text{COOH} & \text{CHO} \\
\text{HO}—\text{H} & \text{H}—\text{OH} & \text{H}—\text{OH} \\
\text{CH}_2\text{OH} & \text{CH}_2\text{Cl} & \text{CH}_2\text{OH} \\
S & S & R
\end{array}
$$

应该指出,D/L、R/S 构型与手性分子的旋光方向(+)/(−)之间没有必然联系。

在利用"次序规则"确定原子或基团的顺序时,若两基团只是构型不同,则顺式比反式优先,R 型比 S 型优先。

五、含两个和两个以上手性碳原子化合物的对映异构

1. 含两个不相同手性碳原子化合物的对映异构　在 2-氯-3-羟基丁二酸分子中含有两

个不同的手性碳原子,存在下列 4 个立体异构体:

$$
\begin{array}{cccc}
\text{COOH} & \text{COOH} & \text{COOH} & \text{COOH} \\
\text{H}\!-\!\!-\!\text{Cl} & \text{Cl}\!-\!\!-\!\text{H} & \text{H}\!-\!\!-\!\text{Cl} & \text{Cl}\!-\!\!-\!\text{H} \\
\text{HO}\!-\!\!-\!\text{H} & \text{H}\!-\!\!-\!\text{OH} & \text{H}\!-\!\!-\!\text{OH} & \text{HO}\!-\!\!-\!\text{H} \\
\text{COOH} & \text{COOH} & \text{COOH} & \text{COOH} \\
\text{I} & \text{II} & \text{III} & \text{IV} \\
(2R,3R) & (2S,3R) & (2R,3R) & (2S,3S)
\end{array}
$$

上面 I 和 II、III 和 IV 互为实物和镜像关系,不能重合,分别是对映体关系。I 和 III 或 IV、II 和 III 或 IV 之间不是实物和镜像关系,称为非对映体(diastereomer)。

因此,构型异构体可以分为两类:对映体和非对映体。对映体和非对映体的构造相同,构型不同:对映体的各对应的手性原子构型都相反,非对映体的各对应手性原子的构型不是都相反。非对映体不但旋光能力不同,其他物理性质也有差异。构型异构体由于含有相同的官能团,属于同一类化合物,因而化学性质相似。不过,在手性环境下会表现出不同的性质,如生物学性质。

含有 1 个手性原子的化合物,存在 2 个立体异构体(1 对对映体),含有 2 个不同手性原子的化合物,存在 4 个立体异构体(2 对对映体),含有 3 个不同手性原子的化合物,存在 8 个立体异构体(4 对对映体)。所以,含有 n 个不同手性原子的化合物(如果分子中不存在对称因素)存在 2^n 个立体异构体(2^{n-1} 对对映体)。

2. 含两个相同手性碳原子化合物的对映异构　2,3-二羟基丁二酸(酒石酸)分子中含有两个相同的手性碳原子 C_2 和 C_3,似乎应该含有 4 个旋光异构体:

$$
\begin{array}{cccc}
\text{COOH} & \text{COOH} & \text{COOH} & \text{COOH} \\
\text{H}\!-\!\!-\!\text{OH} & \text{HO}\!-\!\!-\!\text{H} & \text{H}\!-\!\!-\!\text{OH} & \text{HO}\!-\!\!-\!\text{H} \\
\text{HO}\!-\!\!-\!\text{H} & \text{H}\!-\!\!-\!\text{OH} & \text{H}\!-\!\!-\!\text{OH} & \text{HO}\!-\!\!-\!\text{H} \\
\text{COOH} & \text{COOH} & \text{COOH} & \text{COOH} \\
\text{I} & \text{II} & \text{III} & \text{IV} \\
(2R,3R) & (2S,3S) & (2R,3S) & (2S,3R)
\end{array}
$$

其中 I 和 II 互为实物和镜像关系,不能重合,是对映体关系,III 和 IV 看似对映体关系,但把 IV 在纸面内旋转 180° 可与 III 重合,所以,它们不是对映体关系,而是同一种分子的不同的费歇尔投影式。即 III 和 IV 代表同一种分子。I 和 III、II 和 III 为非对映体。

实际上,在 III 和 IV 中都存在一个对称面,把分子分成上下对称的两部分,由于上下两个手性碳原子的构型相反,如果一个使平面偏振光左旋的话,另一个就使平面偏振光右旋,它们的旋光能力相等,所以旋光性相互抵消,整个分子没有旋光性。这种立体异构体称为内消旋体,以 *meso* 表示。内消旋体与外消旋体不同,尽管内消旋体没有旋光性,但仍是一种构型的旋光异构体,为纯净物。

从平面上看,I 和 II 有对称中心存在,但实际上没有,因为费歇尔投影式的竖键是指向纸面后,横键是指向纸面前的。

酒石酸只有 3 个旋光异构体,因此,含有相同手性原子的化合物的立体异构体的数目少于 2^n 个。

六、环状化合物的对映异构

环状化合物分为脂环化合物和芳环化合物两类。芳环化合物中芳环上的碳原子采取 sp^2 杂化,都不是手性碳原子,都在同一平面上,不会导致对映异构现象的产生。而脂环化合物的环上有手性碳原子时,有可能产生对映异构现象。下面讨论三至六元环化合物的二取代物的对映异构问题。

首先讨论 1,2-二甲基环丙烷,顺-1,2-二甲基环丙烷有对称面存在,不是手性分子(实为内消旋体),无旋光性,无对映体;反-1,2-二甲基环丙烷没有对称面,也没有对称中心存在,是手性分子,有对映体存在。现已经把这一对对映体拆分开了。

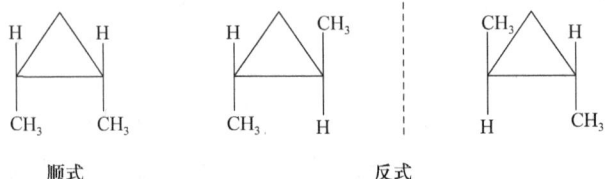

1,2-二甲基环丁烷、1,2-二甲基环戊烷以及 1,3-二甲基环戊烷的对映异构的情况和 1,2-二甲基环丙烷的情况类似。

1,3-二甲基环丁烷不管顺式还是反式的异构体都存在对称面,分子中也没有手性碳原子存在,都不是手性分子。

二取代环己烷的对映异构比较复杂一些,因为环己烷多以较为稳定的椅型构象存在,有 1,1 位、1,2 位、1,3 位和 1,4 位 4 种位置异构,其中 1,1-二取代环己烷和 1,4-二取代环己烷(有顺反两种异构体)分子中没有手性碳原子(有对称面),不是手性分子,无对映异构现象。见下式:

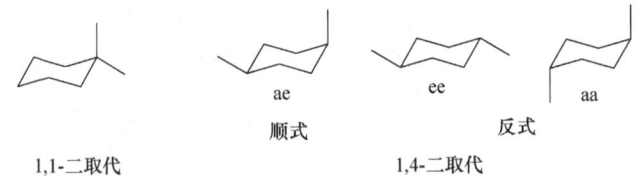

1,2 和 1,3-二取代环己烷不仅有顺反异构,也有对映异构。

我们以 1,2-二甲基环己烷为例进行分析:顺-1,2-二甲基环己烷的 C_1 和 C_2 上的两个甲基,只能一个连在 a 键上,一个连在 e 键上,所以顺-1,2-二甲基环己烷的椅型构象中只有一种典型椅型构象(Ⅰ),下式中的Ⅰ式和Ⅱ式是一对对映体,但两者可以通过翻环作用和旋转互相转变,是构象异构体,而且能量相同,在平衡体系中的数量相等,不能分离,故无旋光性。

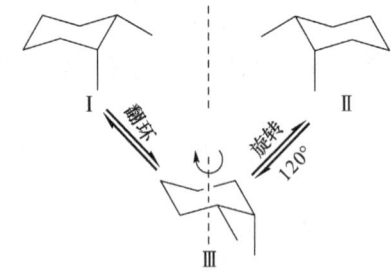

反-1,2-二甲基环己烷有 aa 型和 ee 型两种取代情况,有如下两种极限构象。反-1,2-二甲基环己烷分子内无对称面或对称中心,故有手性,显然后者稳定,在各构象动态平衡混合物中占绝大多数。

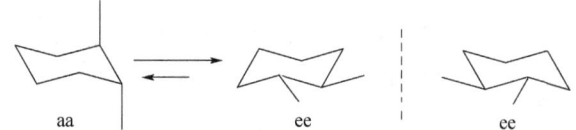

顺-1,2-二甲基环己烷和反-1,2-二甲基环己烷是构型异构体,不能通过翻环作用相互转化。

1,3-二取代环己烷的立体异构也有类似的情况。下式中的 Ⅰ 和 Ⅱ 是顺式构型,两者为构象异构关系,可以通过翻环作用相互转化,两式中存在对称面,故无手性;反-1,3-二取代环己烷分子内无对称面或对称中心,为手性分子,如 Ⅲ 和 Ⅳ,两者为对映体关系。

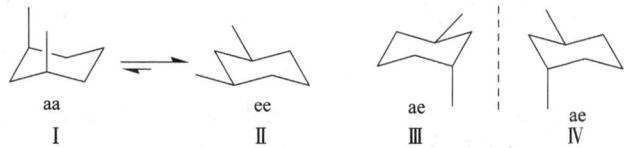

其实,判断取代环烷烃的手性问题,一般不用进行构象分析,用平面结构式分析就能得出正确的结论。如下式中左侧的两分子有对称面,它们不是手性分子,而右侧的两分子既无对称面也无对称中心,故它们是手性分子。这与构象分析的结论是一致的。

有对称面   **无对称面或对称中心**

对映异构和构象异构都是指分子中的原子或基团在空间不同的排列形象,它们的最大区别是产生原因不同。对映异构产生的原因是分子中存在的手性中心(最常见的是手性碳原子)使分子中的原子或基团在空间产生不同的排列方式,这种异构属于构型异构;而构象异构是由于分子中的单键绕键轴旋转产生的。另外,构型的转变伴有化学键的断裂和形成,因此,构型变化属于化学变化;而构象的变化不伴有化学键的断裂,不属于化学变化。

七、无手性碳原子化合物的对映异构

在有机化合物中,有旋光性的物质大部分都含有一个或多个手性碳,但分子中是否存在手性碳不能决定其有手性或无手性。判断一个分子是否具有手性的方法应该是看实物与其镜像是否重合,或者看分子本身是否存在对称面和对称中心。下面所介绍的是分子结构中虽不含有手性碳原子,它们却是具有旋光性的手性分子。

1. 丙二烯型分子 丙二烯型分子中的 3 个碳原子是由两个双键相连,C_1 和 C_3 是 sp^2 杂化,C_2 是 sp 杂化,两个 π 键所在的平面相互垂直,见图 4-11。当 C_1 和 C_3 各自所连的两个原子和基团不同时(即 $a \neq b, d \neq e$ 时),分子内就没有对称面和对称中心,所以是手性分子。例如,戊-2,3-二烯分子无手性碳,但是是手性分子。

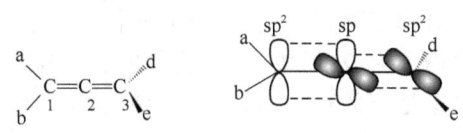

图 4-11 丙二烯型分子的结构

戊-2,3-二烯的一对对映体

螺环化合物也可以看作丙二烯型分子。例如,2,6-二乙基螺[3.3]庚烷,两个环平面相互垂直,当两个环上各有带不同取代基的碳原子时,分子中也没有对称面和对称中心,是手性分子。

2,6-二乙基螺[3.3]庚烷的一对对映体

2. 联苯型分子 在联苯型分子中,两个苯环是通过一个单键相连。如果在苯环邻位上,即在 2,2′和 6,6′位置上连有较大体积的取代基时,两个苯环间单键的自由旋转受到阻碍,两个苯环不能共平面,它们必须扭成一定角度而存在,见图 4-12 表示的联苯型分子的空间位阻情况。

Ⅰ 两个苯环不能共平面　　Ⅱ 两个苯环成一定角度

图 4-12　联苯型分子的空间位阻

当苯环上的邻位取代基不同时,此时分子中无对称面和对称中心,实物与镜像不能重合,成为手性分子而具有旋光性。例如,6,6′-二硝基联苯-2,2′-二甲酸为手性分子。

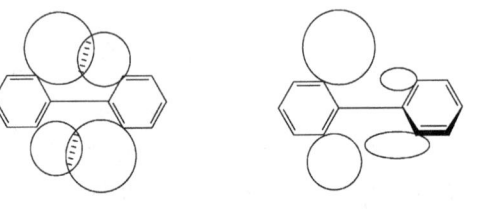

6,6′-二硝基联苯-2,2′-二甲酸的一对对映体

八、对映异构体与生物活性

自然界中有很多有机分子是手性分子,手性分子的对映体之间物理性质和化学性质相同,只在对平面偏振光的旋转方向上不同。而在一些天然产物、生物体中的分子不但是手性的,而且往往都是以一种对映体存在。例如,组成我们人体蛋白质的氨基酸除甘氨酸外都是 *L*-构型,天然存在的单糖多为 *D*-构型。在生物体内能够高效地催化物质转化并完成新陈代谢的酶也是手性的,也正是酶的这种手性特性,使得酶能够识别一对对映体。对于具有生物活性药物的对映体,只有能够与酶分子的手性部位相匹配,才能发挥作用。因此,一对对映体就可能因为结合部位的差异,导致作用方式不同,在人体内产生的作用结果也不同。当外消旋药物的一对对映体在体内以不同的方式被吸收、活化、降解时,可能一种对映

体具有较强的活性,而另一种对映体活性很低,或者没有活性,或者还有毒性。例如,布洛芬(ibuprofen)是一种化学合成药,有解热、镇痛和抗炎作用,临床上主要用于治疗风湿及类风湿性关节炎。在它的结构中含有一个手性碳,研究发现只有 S 型结构才具有抗炎止痛功效,而 R 型结构就没有这种作用。

(R)-布洛芬　　　　　　　　　(S)-布洛芬

在药物发展的历史上,在以消旋体形式上市的药品中,产生的最大影响是 1960 年左右发生的"反应停事件"。反应停又称沙利度胺(thalidomide),分子结构中含有一个手性碳原子,可以有两种旋光异构体,可是当时是以外消旋体的形式上市。由于沙利度胺有镇静、止吐作用,可用于治疗妇女的妊娠呕吐反应,20 世纪 60 年代,在欧洲、亚洲(以日本为主)、北美洲、南美洲等地区被广泛使用。此后在上述地区发现许多新生儿的上肢、下肢特别短小,手脚直接连在身体上,形状酷似"海豹"。大量的流行病学调查和动物试验证明,这种"海豹肢畸形"是由患儿的母亲在妊娠期间服用沙利度胺所引起的。(R)-沙利度胺无胎毒作用,也不会致畸,而(S)-沙利度胺则有很强的致畸作用。

(R)-沙利度胺　　　　　　　　　(S)-沙利度胺

一对对映体在生理活性和药理作用上产生如此大的差别的原因是什么呢? 其实,一种化学物质一般是通过作用于细胞上的特定部位,才引起细胞的变化或改变。我们把细胞上的这种特定接受部位称为受体靶位。因为生物体内分子之间相互作用是发生在一个手性环境,不同的受体靶位具有不同的立体构型和构象。一个特异性手性分子的立体结构只有与特定受体靶位的活性部位相互匹配,才可以很好地进入其中,并产生相应的生理效应。而能够适合进入这个特定的受体靶位的分子,只是这一对对映体的其中之一。图 4-13 显示了一对对映体与手性受体之间的相互作用,其中一个对映体的空间排列方式因与受体靶位互相吻合而能够匹配,因此能很好地结合而发挥出相应的生理效应;而另一个则不能与受体靶位合适地结合,也就没有了生理效应。

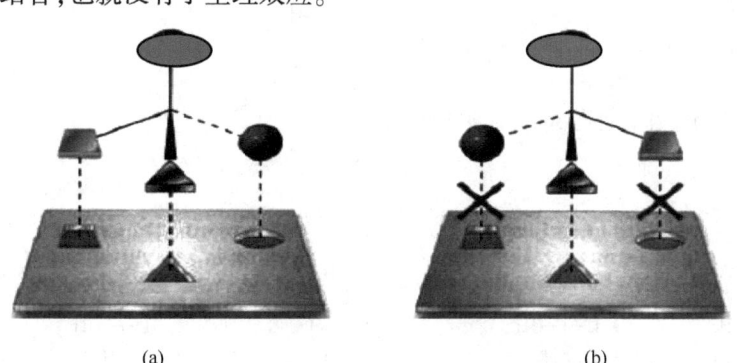

(a)　　　　　　　　　　　(b)

图 4-13　手性分子与手性受体之间的相互作用

(a)对映体与受体靶位相匹配　(b)对映体与受体靶位不匹配

由于手性药物(chiral drug)中不同的异构体具有不同生理和药理作用,所以这对药物的开发、生产和使用都提出了严格的要求。1992年美国食品药品监督管理局(Food and Drug Administration,FDA)对手性药物发布了指导原则,要求消旋体类的新药均要有对药物中各自的对映体进行药理、毒性试验以及其临床效果的研究报告。因此,这也促使药物研究工作者朝着对单一对映体手性药物的研究和开发方向进行努力。而如何提高旋光异构体的产率、提高对映体的纯度、增强药物的生物活性是科技工作者当前所面临的问题。可喜的是,目前在不对称合成方面已取得了很大的进展,如人们已经能够利用不对称催化、生物酶、微生物以及各种现代化分离和鉴定手段获得单一旋光性的异构体。所以寻找新的、更加经济合理的、有价值的制备方法,将是今后手性药物研究的主要发展方向。

习　题

1. 下列化合物中,哪些是手性分子?哪些有旋光性?写出手性分子可能的立体异构体的费歇尔投影式。

(1) CH_3CH_2COOH　(2) $CH_3CHClCOOH$　(3) 3-溴-2-氯戊烷　(4) 2,3-二溴丁二酸

2. 解释下列名词

(1) 手性　(2) 对映体　(3) 非对映体　(4) 内消旋体　(5) 外消旋体　(6) 费歇尔投影式

3. 选择题

(1) 有关对映异构现象,叙述正确的是( )

A. 含有手性原子的分子必定具有手性。

B. 不具有对称面的分子必定是手性分子。

C. 只有对称面而没有对称中心的分子一定是手性分子。

D. 具有手性的分子必定有旋光性,一定有对映体存在。

(2) 下列化合物为 R 构型的是( )

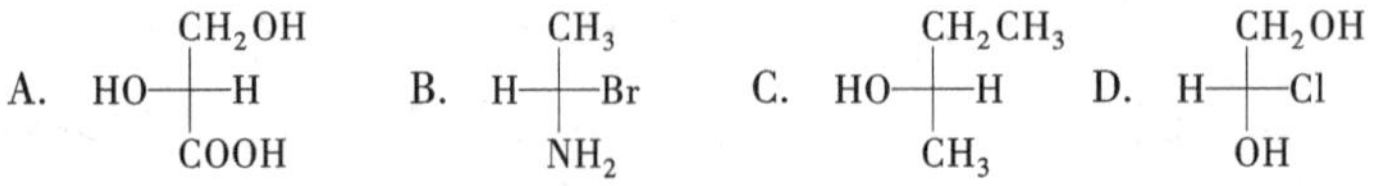

(3) 下列各对结构式中,构型相同的是( )

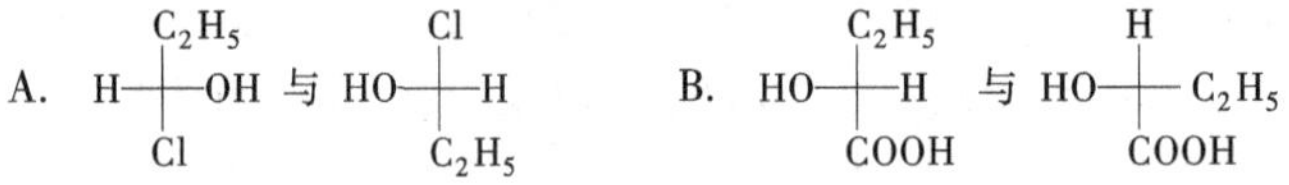

(4) 下列化合物的 Newman 式对应的费歇尔投影式为( )

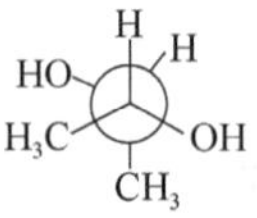

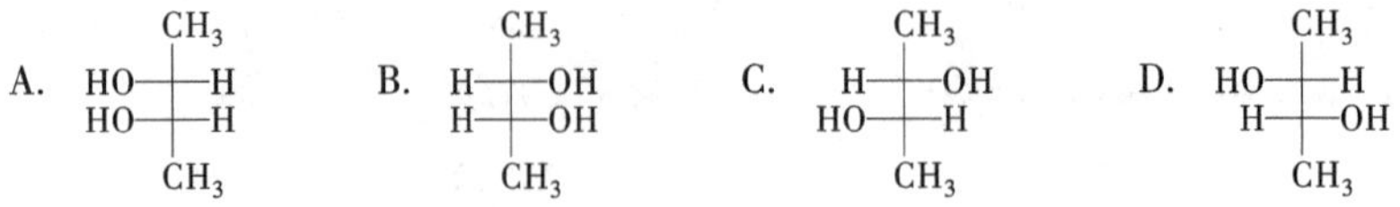

(5) 下列哪一对是对映体关系(　　)

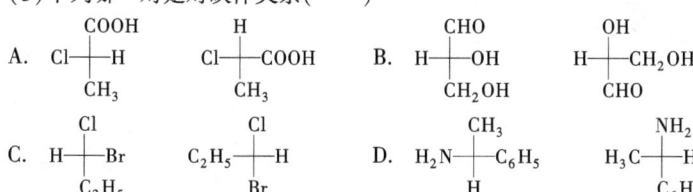

4. 下列化合物中哪个有对映异构现象？如有手性碳原子,用星号标出。指出可能有的旋光异构体的数目。

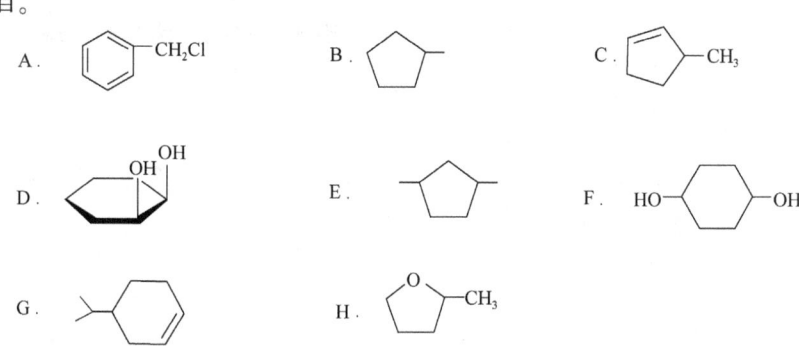

5. 下列化合物中,哪个有对映异构现象？标出手性碳原子,写出它们的费歇尔投影式,用 R/S 标记法命名,并注明内消旋体。

A. 3-氯丁酸　　B. 2,4-二溴戊二酸　　C. 2-氯丁烷　　D. 3-羟基-2-甲基丁酸

E. 3-甲基丁-2-烯酸

6. 分子式是 $C_5H_{10}O_2$ 的酸,有旋光性,写出它的一对对映体的投影式,并用 R/S 标记法命名。

7. 下式为(+)-麻黄碱的透视式,它可以用下列哪个费歇尔投影式表示？

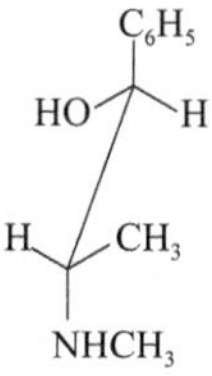

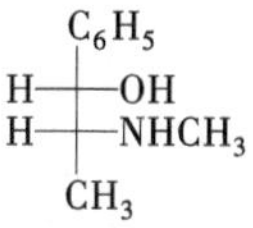

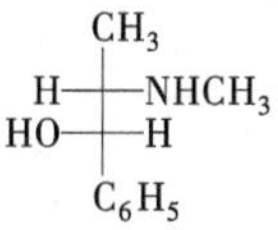

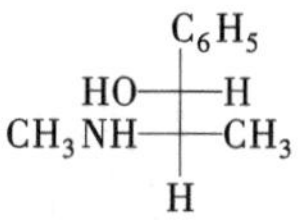

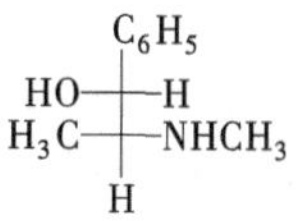

8. 指出下列各对化合物间的相互关系(属于哪种异构体,或是相同分子)

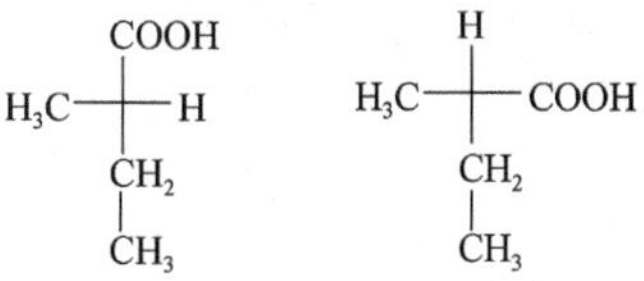

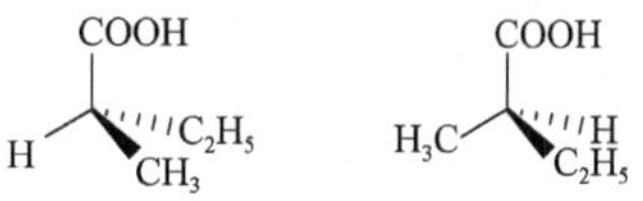

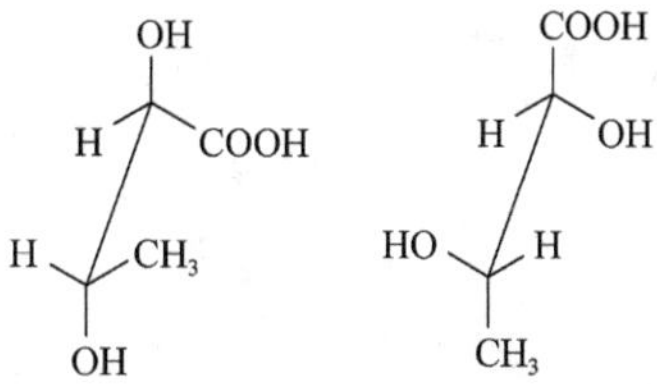

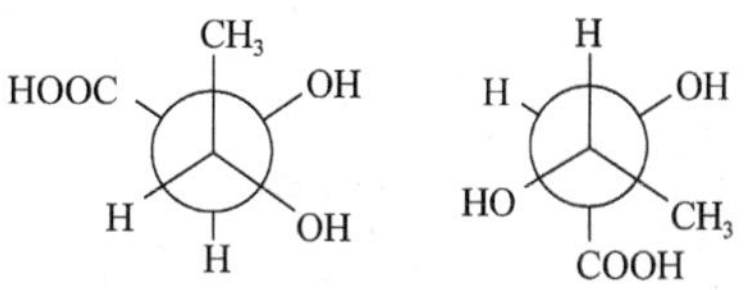

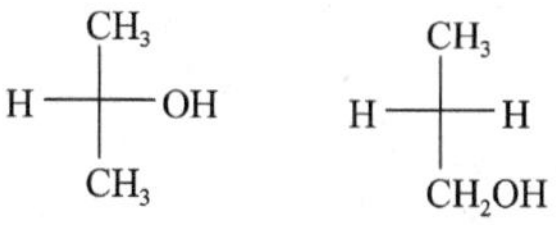

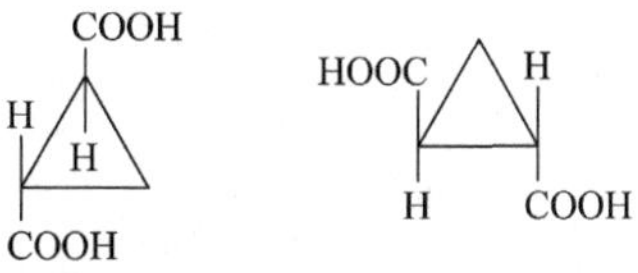

9. 如果将 L-乳酸的投影式离开纸面翻转过来或在纸面上旋转 90° 得到的式子看成费歇尔投影式，它们代表的分子是什么构型？与下式是什么关系？

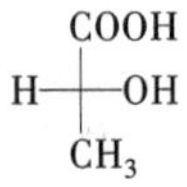

$$\begin{array}{c} \text{COOH} \\ \text{H} \!-\!\!\!\!\!-\!\!\!\!\!\!|\!\!\!\!\!-\!\!\!\!\!-\! \text{OH} \\ \text{CH}_3 \end{array}$$

10. 将 S-2-氯丙醛的 Cl 位置固定，另外三个原子或基团可以依次换位，其构型有无变化？若将分子中同一个手性碳原子上任意两个基团的位置互换奇数次，其构型有无变化？

（山西医科大学晋祠学院　李　娇）

第五章 卤代烃

> **内容提示**
>
> 本章主要介绍卤代烃的分类、命名、物理性质及其化学性质。重要知识点包括：①卤代烃的亲核取代反应（a. 双分子亲核取代反应和单分子亲核取代反应机理；b. 反应的立体化学；c. 影响亲核取代反应的因素）；②卤代烃的消除反应及其机理（a. 札依采夫规则；b. 消除反应机理）；③亲核取代反应与消除反应的竞争；④卤代烯烃与卤代芳烃的亲核取代反应；⑤格氏试剂制备。

卤代烃(halohydrocarbon)是烃分子中的氢原子被卤素原子取代后的化合物，其中卤原子包括氟、氯、溴和碘，卤原子数量可为一个或多个。其中，一元卤代烃的结构通常用 R—X（X=F, Cl, Br, I）表示。

卤代烃在自然界中很少存在，主要是由人工合成所得。卤代烃应用较广，通常可用作溶剂、杀虫剂及麻醉剂等。例如，氯仿(chloroform)和异氟醚(isoflurane)可作为吸入性麻醉药。

氯仿因毒性较大，已被临床淘汰，而且已被环境保护组织列为可致癌物质，所以使用时需谨慎。

一、卤代烃的分类和命名

1. 卤代烃的分类 卤代烃的分类通常有以下三种方法：

（1）按分子中所含卤原子的种类，卤代烃分为：氟代烃、氯代烃、溴代烃和碘代烃。

（2）按分子中所含卤原子的数目，卤代烃分为：一元卤代烃、二元卤代烃和多元卤代烃，如一氯甲烷(CH_3Cl)、二氯甲烷(CH_2Cl_2)、三氯甲烷($CHCl_3$)、四氯化碳(CCl_4)。

（3）按分子中卤原子所连接的烃基结构，卤代烃分为：饱和卤代烃、不饱和卤代烃和芳香卤代烃。

对于饱和卤代烃，又可根据卤素所连碳原子类型的不同，分为：伯卤代烃（一级卤代烃）、仲卤代烃（二级卤代烃）和叔卤代烃（三级卤代烃）。

$$R{-}CH_2{-}X \qquad R_2CH{-}X \qquad R_3C{-}X$$
$$\text{伯卤代烃} \qquad \text{仲卤代烃} \qquad \text{叔卤代烃}$$
$$\text{一级卤代烃} \qquad \text{二级卤代烃} \qquad \text{三级卤代烃}$$

对于不饱和卤代烃和芳香卤代烃，可根据卤原子与π键的相对位置，分为：乙烯型和卤代苯型卤代烃、烯丙型和苄基型卤代烃、孤立型卤代烯烃和卤代芳烃。

乙烯型和卤代苯型卤代烃：卤原子直接与双键或苯环碳原子相连。其通式分别为：

$$RCH{=}CHX, \text{ 如 } CH_2{=}CHCl; \quad \underset{}{\bigcirc}{-}X, \text{ 如 } \underset{}{\bigcirc}{-}Cl$$

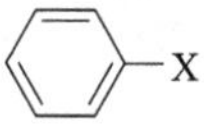

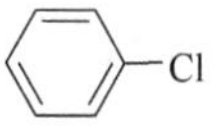

烯丙型和苄基型卤代烃:卤原子与双键或苯环相隔一个饱和碳原子的卤代烃。其通式分别为:

$RCH=CHCH_2X$,如 $CH_2=CHCH_2Cl$; [C₆H₅]—CH₂X,如 [C₆H₅]—CH₂Cl

孤立型卤代烯烃和卤代芳烃:卤原子与双键或苯环相隔两个或多个饱和碳原子的卤代烯烃和卤代芳烃。其通式分别为:

$RCH=CH(CH_2)_nX$,其中$n≥2$,如 $CH_2=CHCH_2CH_2Cl$;

[C₆H₅]—$(CH_2)_nX$,其中$n≥2$,如 [C₆H₅]—CH_2CH_2Cl

2. 卤代烃的命名

(1)普通命名法:该方法适用于结构较简单的卤代烃,通常称之为卤代某烃或某基卤。即:在相应烃的名称前面加上卤素名称或在相应烃基的名称后面加上卤素名称,通常可将"代"字省略。例如:

CH_3Cl CH_3CH_2Br CHI_3
氯甲烷   溴乙烷   三碘甲烷(俗名:碘仿)

[C₆H₅]—CH_2Cl Br—[C₆H₄]—CH_3 [C₆H₁₁]—Cl
苄基氯(氯化苄)   4-溴甲苯(对溴甲苯)   环己基氯(氯代环己烷)

(2)系统命名法:对于结构较复杂的卤代烃命名,通常采用系统命名法。以烃为母体,卤素作为取代基,仍沿用烃类化合物的命名方法进行命名,命名格式为:取代基的位置+取代基的名称+母体名称。母体应选最长碳链为主链,若有等长链时,应选择取代基最多的碳链,编号应遵循"最低位次组"原则,尽可能使得取代基位次较小;取代基排列次序按照其相应英文名称首字母顺序排列。若化合物分子有构型异构时,一般需将构型标出。例如:

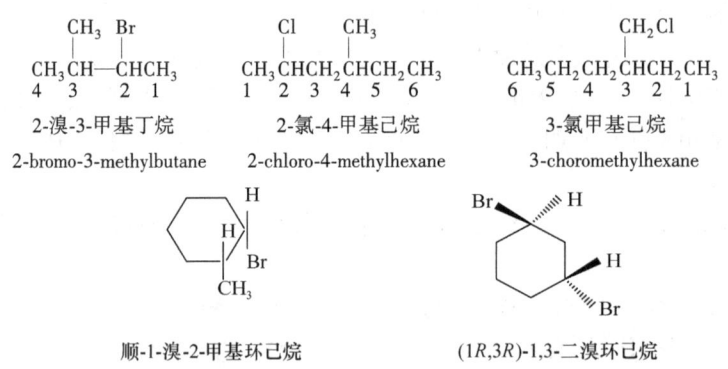

2-溴-3-甲基丁烷　　2-氯-4-甲基己烷　　3-氯甲基己烷
2-bromo-3-methylbutane　2-chloro-4-methylhexane　3-choromethylhexane

顺-1-溴-2-甲基环己烷　　　　(1R,3R)-1,3-二溴环己烷
cis-1-bromo-2-methylcyclohexane　(1R,3R)-1,3-dibromocyclohexane

英文命名中,卤原子用 fluoro-(氟)、chloro-(氯)、bromo-(溴)、iodo-(碘)表示,并且其位置也是按照英文字母的顺序进行排列。

当卤代烃分子中含两个或两个以上官能团时,应首先确定主官能团。常见官能团优先递降次序如下:—COOH,—SO₃H,—COOR,—COCl,—CONH₂,—CN,—CHO,—CO—,—OH,—SH,—NH₂,—C=C—,—C≡C—,—OR,(—X,—R),—NO₂,—NO。

$$\underset{\substack{7654321\\ C_2H_5}}{CH_3CH_2CH_2\overset{\overset{Cl}{|}}{\underset{\underset{C_2H_5}{|}}{C}}\overset{\overset{Br}{|}}{\underset{}{CH}}\overset{\overset{F}{|}}{\underset{}{CH}}CH_3} \qquad \underset{123}{CH_2\!=\!CHCH_2Br} \qquad \underset{\substack{4321\\ Cl}}{CH_2\!=\!CHCH_2\overset{}{\underset{\underset{Cl}{|}}{CH}}OH}$$

3-溴-4-氯-4-乙基-2-氟庚烷   3-溴丙烯(烯丙基溴)   2-氯丁-3-烯-1-醇

3-bromo-4-chloro-4-ethyl-2-fluoroheptane   3-bromopropene   2-chlorobut-3-en-ol

                (allyl bromide)

思考题 5-1 试写出分子式为 $C_5H_{11}Cl$ 的同分异构体,并用系统命名法对各个异构体命名,标出与氯相连的碳原子类型(用 1°、2° 或 3° 表示)。

思考题 5-2 用系统命名法命名下面两个化合物。

(1) $CH_3CH_2CH_2CH_2\overset{Cl}{\underset{}{C}}\overset{H}{\underset{}{C}}\overset{CH_3}{\underset{}{C}}HCH_3$ (2) $CH_3CH_2\overset{CH_3}{\underset{}{C}}H\text{---}\overset{H}{\underset{\underset{C_2H_5}{|}}{C}}\text{---}CH_2CH_2CH_2Br$

二、卤代烃的物理性质

  低级卤代烃一般为气体或液体。在常温下,四个碳以下的一氟代烷、两个碳以下的一氯代烷以及一溴甲烷等均为气体。当卤代烃的碳原子数大于 15 时为固体。

  尽管大多数卤代烃分子具有极性,但它们都不溶于水,而易溶于苯、醚等有机溶剂。卤代烃水溶性差的主要原因是其与水分子之间不能形成氢键,卤代烃在有机合成与分离提取中,常用作溶剂,如二氯甲烷或氯仿。

  卤代烃的沸点比相应烷烃的沸点高,且其沸点按氟、氯、溴、碘的顺序依次增大。

  卤代烃的密度一般较高,且随卤原子数目的增多而增大。除一氟代烷和一氯代烷以外,其他卤代烃的密度都比水大,具体数值见表 5-1。

表 5-1 卤代烃的某些物理常数

卤代烃	Cl		Br		I	
	沸点/℃	相对密度/d_4^{20}	沸点/℃	相对密度/d_4^{20}	沸点/℃	相对密度/d_4^{20}
CH_3X	−24	0.9159	4	1.6755	42	2.2790
CH_3CH_2X	12	0.8978	38	1.4604	72	1.9358
$CH_3CH_2CH_2X$	47	0.8909	71	1.3537	103	1.7489
CH_2X_2	40	1.3266	97	2.4970	182	3.3254
CHX_3	62	1.4832	150	2.8899	218	4.0080
CX_4	77	1.5940	189	3.2730	升华	4.2302
XCH_2CH_2X	84	1.2351	131	2.1792	200	3.3250
$CH_2\!=\!CHX$	−13	0.9106	16	1.4933	56	2.0373
$CH_2\!=\!CHCH_3$	45	0.9376	70	1.3980	102	1.8994

  在卤代烃中,随卤原子数目增多,化合物的可燃性降低,如四氯化碳不易燃烧,可作为灭火剂。

  许多卤代烃都有特殊的气味,且有毒。使用时,应注意防护。

思考题 5-3 氯仿常用作萃取剂，可从水溶液中萃取有机物，试问萃取时，有机物一般是在分液漏斗中的上层还是下层？为什么？

三、卤代烃的化学性质

卤代烃的化学反应是由 C—X 键的异裂引起的。除 C—F 键以外，其他 C—X 键的键能都比 C—H 键的键能小，易断裂。C—X 键的具体参数值见表 5-2。

表 5-2　C—X 键的键长和键能

参数	甲烷/卤代甲烷				
	CH_4	CH_3F	CH_3Cl	CH_3Br	CH_3I
化学键	C—H	C—F	C—Cl	C—Br	C—I
键能/($kJ \cdot mol^{-1}$)	414	460	356	293	238
键长/Å	0.8909	1.385	1.784	1.929	2.139

由于卤原子的电负性比碳原子的电负性大，所以，C—X 键中碳原子一端带部分正电荷 δ^+，卤原子一端带部分负电荷 δ^-。带部分正电荷的碳原子成为缺电子中心，易受带负电荷或孤对电子的试剂（亲核试剂）进攻而发生相应的化学反应。

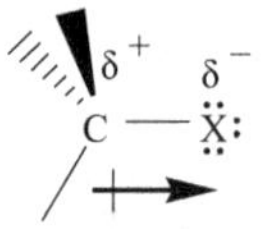

C—X 键的极性

具有相同烷基结构的卤代烃，碳卤键的极性强弱由不同卤素的电负性大小所决定。卤素电负性大小顺序为：Cl(3.2)＞Br(3.0)＞I(2.7)，所以，碳卤键的极性由强到弱为：C—Cl＞C—Br＞C—I。该顺序与实验获得的卤代烃偶极矩值的大小顺序一致。

卤代烃：	CH_3CH_2—Cl	CH_3CH_2—Br	CH_3CH_2—I	CH_3CH_3
偶极矩 μ/D：	2.05	2.03	1.91	0

一个化学键的极性越强，其应该越易断裂。但卤代烃在化学反应中，碳卤键断裂的难易程度却与其极性大小顺序相反。实际反应中，不同卤代烃的反应活性由强到弱的顺序为：R—I＞R—Br＞R—Cl。

这主要是由卤代烃分子中不同碳卤键的可极化度差异造成的。元素周期数越大，其原子半径越大，原子核对外层电子吸引力越小，其可极化度越大。可极化度大的共价键，电子云易变形，核外电子受到原子核的束缚较小，易发生化学反应。键的可极化度是分子的一种动态特性，而衡量分子极性大小的偶极矩是分子的一种静态特性。共价键的可极化度在化学反应中对分子的反应活性起着重要的决定作用。所以，R—I 的反应活性最强。

卤代烃易发生亲核取代反应、消除反应及与金属生成有机金属化合物等多种化学反应。

1. 亲核取代反应　在卤代烃分子中，与卤素相连的碳原子作为缺电子中心，可被 HO^-、RO^-、NO_3^-、NH_3、H_2O 等试剂进攻，从而发生卤素被取代的反应。

不论 HO^-、RO^-、NO_3^- 等负离子还是 NH_3、H_2O 等具有孤对电子的中性分子，这些试剂都是富电子的,具有易进攻缺电子中心的倾向,具有亲核性,称为亲核试剂(nucleophile,简写为 Nu),常用 Nu^- 或 Nu: 表示。

在化学反应中,由亲核试剂进攻而引起的取代反应,称为亲核取代(nucleophilic substitution,S_N)反应。反应可用下列通式表示为:

$$Nu^- + R-X \longrightarrow R-Nu + X^-$$
亲核试剂　底物　产物　离去基团

在亲核取代反应中,反应物 R—X,被称为底物(substrate);而被取代的卤素原子(X),在反应中以负离子的形式(X^-)离开,则称为离去基团(leaving group,用 L 表示)。

卤代烃分子与不同的亲核试剂反应,卤素官能团可转变为其他多种官能团而生成不同的亲核取代产物,在有机合成中具有重要的桥梁作用。

(1) 与含氧的亲核试剂(HO^-、RO^-)反应:卤代烃与氢氧化钠的水溶液共热,卤原子被羟基取代,生成醇。该反应称为卤代烃的水解(hydrolysis)。

$$RCH_2X + NaOH \xrightarrow[\triangle]{H_2O} RCH_2OH + NaX$$

在一些较复杂的分子中,引入卤素比引入羟基更容易,所以有机合成时常在分子中先引入卤素,生成卤代烃,然后再进行水解,最终在分子中引入羟基。比如,工业溶剂戊醇的制备。

$$C_5H_{11}Cl + NaOH \xrightarrow[\triangle]{H_2O} C_5H_{11}OH + NaCl$$

卤代烃与醇钠的醇溶液共热,卤原子可被烷氧基取代,生成醚,该反应称为卤代烃的醇解(alcoholysis),也称为 Williamson 合成法,常用于制备混合醚。

$$CH_3CH_2CH_2ONa + CH_3I \xrightarrow[C_3H_7OH]{\triangle} CH_3CH_2CH_2OCH_3 + NaI$$

Williamson 合成法,常选用伯卤代烃为原料。因为醇钠是强碱,而仲卤代烃或叔卤代烃在强碱溶液中,易发生消除反应生成烯烃。

(2) 与含硫的亲核试剂(HS^-、RS^-)反应

a. 卤代烃与硫氢化钠反应,可生成硫醇。

$$RX + NaSH \longrightarrow RSH + NaX$$
硫醇

b. 卤代烃与硫醇钠或硫醇钾反应时,可生成硫醚。

$$RX + NaSR \longrightarrow RSR + NaX$$
硫醚

(3) 与含碳的亲核试剂(CN^-)反应:卤代烃与氰化钠或氰化钾(剧毒!)的醇溶液共热,卤原子被氰基(—CN)取代,生成腈,此反应称为卤代烃的氰解反应。该反应生成的产物腈比反应物卤代烃多了一个碳原子,因此,氰解反应是有机合成中增长碳链的重要方法之一。

$$RCH_2X + NaCN \xrightarrow[\triangle]{C_2H_5OH} RCH_2CN + NaX$$
腈

另外,腈很容易水解,可进一步转化为羧酸、酰胺类等化合物。

(4) 与含氮的亲核试剂(氨或胺)反应:卤代烃与氨或胺反应,卤原子被氨基或胺基取代,生成相应的铵盐。

$$CH_3CH_2I + NH_3 \longrightarrow CH_3CH_2\overset{H}{\underset{H}{\overset{|}{N}}}-H \cdot I^-$$

因为亲核试剂氨或胺是中性分子,当它进攻碳卤键中带部分正电荷的碳原子时,卤素以卤负离子形式离开,因此取代产物是带正电荷的铵盐。若用氢氧化钠等强碱处理后,即可生成相应的胺。

该反应一般最终得到的是伯、仲、叔胺及季铵盐的混合物,若通过调整原料比例,可得到以某种胺类较多的产物。

(5) 与硝酸银的醇溶液反应:卤代烃与硝酸银的醇溶液反应,生成相应的硝酸酯和卤化银。

$$RX + AgNO_3 \xrightarrow{C_2H_5OH} RONO_2 + AgX \downarrow$$

此反应可用于不同卤代烃的鉴别分析。因为不同卤代烃与硝酸银反应速率不同,卤化银沉淀出现的时间就会不同。若卤原子相同,烃基结构不同时:叔卤代烃室温下立即反应,迅速生成卤化银沉淀;仲卤代烃室温下几分钟后反应,缓慢生成卤化银沉淀;而伯卤代烃需要加热才能反应,生成卤化银沉淀的速率最慢。若烃基结构相同,卤原子不同时:生成黄色沉淀且反应速率最快的是碘代烃,而生成白色沉淀且反应速率最慢的则为氯代烃。

思考题 5-4 写出正溴丁烷与下列试剂反应的主要产物。
(1) KOH/H_2O (2) CH_3CH_2ONa/C_2H_5OH (3) $NaCN/H_2O\text{-}C_2H_5OH$
(4) $AgNO_3/C_2H_5OH$ (5) $NaSCH_3$

2. 亲核取代反应机理及立体化学

(1) 亲核取代反应机理:研究卤代烃的水解反应时,发现有些卤代烃的水解反应速率不仅与卤代烃本身的浓度有关,还与亲核试剂的浓度有关,而另一些卤代烃的水解反应速率仅与卤代烃本身的浓度有关,而与亲核试剂的浓度无关。根据大量动力学研究及相关实验研究结果,提出了两种亲核取代反应机理,即:双分子亲核取代(bimolecular nucleophilic substitution,用 S_N2 表示)反应和单分子亲核取代(unimolecular nucleophilic substitution,用 S_N1 表示)反应。

1) 双分子亲核取代反应:决定反应速率快慢的关键步骤是由两种分子共同参与的亲核取代反应,称为双分子亲核取代反应,即 S_N2 反应(S 表示取代,N 表示亲核,2 表示两种分子参与了控速步骤)。例如,溴甲烷的水解反应:

$$CH_3Br + OH^- \longrightarrow CH_3OH + Br^-$$

研究表明,溴甲烷碱性水解的反应速率不仅与 CH_3Br 的浓度成正比,也与 OH^- 的浓度成正比,反应速率=$k[CH_3Br][OH^-]$。其反应机理如下:

S_N2 反应一步完成。如图 5-1 所示,当亲核试剂 OH^- 接近溴甲烷中的碳原子时,C—O 键逐渐形成的同时,C—Br 键也因受到 OH^- 进攻的影响而逐渐伸长、变弱。最终,在 C—O 键形成的同时,C—Br 键彻底断裂,Br 以 Br^- 的形式离开了碳原子。在形成过渡态时,C—O 键尚未完全形成,而 C—Br 键也尚未完全断裂,碳原子由原来的 sp^3 四面体结构转变为 sp^2 平面结构,其中未参与杂化的 p 轨道的一侧与 OH^- 的轨道部分重叠,而另一侧则与 Br 的轨道部分重叠。而当反应中 C—O 键完全形成时,Br 以 Br^- 的形式也彻底离开碳原子,同时碳原子恢复为 sp^3 四面体的结构。其轨道重叠变化如图 5-2 所示。

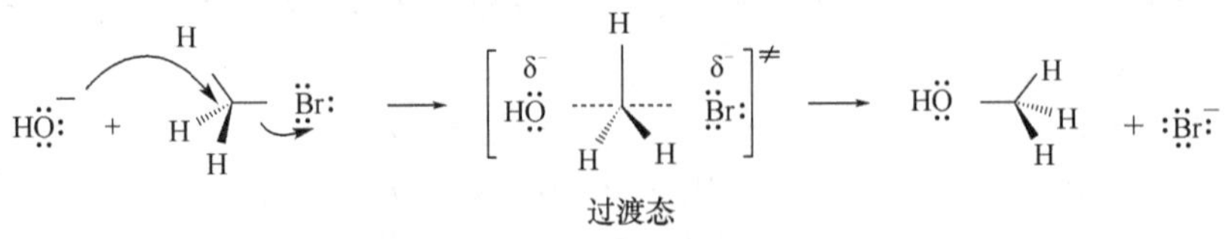

图 5-1 S_N2 反应机理示意图

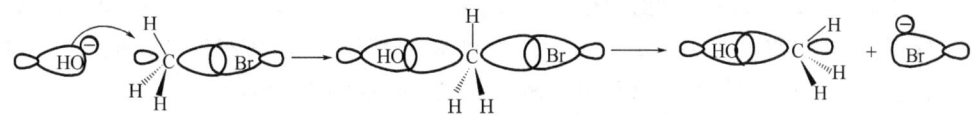

图 5-2 S_N2 反应成键过程中轨道重叠变化示意图

在该反应过程中,当 OH^- 接近碳原子时,需克服碳原子上原有氢原子的阻力,且由于它的进攻而造成溴甲烷中三个 C—H 键偏转,键角变化,导致体系的能量逐渐升高,形成过渡态。在过渡态中,五个原子同时挤在碳原子的周围,能量达到最大。而当以 Br^- 的形式彻底离去时,体系的能量降低。其反应的能量变化如图 5-3 所示。

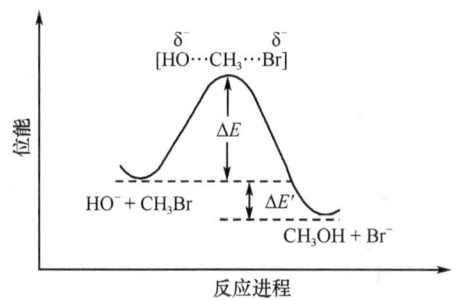

图 5-3 溴甲烷 S_N2 水解反应的能量变化示意图

图中 ΔE 是该反应的活化能,是反应物形成过渡态时,所需要吸收的能量。过渡态能量处在能量变化图的最高峰,反应一旦形成,就会迅速释放能量,生成产物。如图 5-3 所示,过渡态形成的快慢决定了反应速率,而这一步需 OH^- 和 CH_3Br 的共同参与,所以该反应是双分子亲核取代反应。

2) 单分子亲核取代反应:在亲核取代反应中,决定反应速率快慢的关键步骤只有一种反应物分子参与,此类反应称为单分子亲核取代反应,即 S_N1 反应(1 表示只有一种分子参与了控速步骤)。例如,叔丁基溴的水解反应:

$$\underset{\underset{CH_3}{|}}{\overset{\overset{CH_3}{|}}{CH_3-C-Br}} + H_2O \longrightarrow \underset{\underset{CH_3}{|}}{\overset{\overset{CH_3}{|}}{CH_3-C-OH}} + HBr$$

研究表明,叔丁基溴的水解反应速率仅与叔丁基溴的浓度成正比,而与亲核试剂 H_2O 的浓度无关,即反应速率 $=k[(CH_3)_3CBr]$,动力学上为一级反应。其反应机理如下。

第一步:叔丁基溴在溶剂作用下,C—Br 键异裂生成叔丁基碳正离子和溴负离子。在反应过程中,反应吸收能量,C—Br 键逐渐伸长形成不稳定的过渡态 B,能量达到顶峰。此后,能量下降,C—Br 键彻底断裂,生成了反应中间体叔丁基碳正离子。

$$(CH_3)_3C-Br \xrightarrow{慢} [(CH_3)_3\overset{\delta+}{C}\cdots\cdots\overset{\delta-}{Br}] \longrightarrow (CH_3)_3\overset{+}{C} + Br^-$$
$$\qquad\qquad\qquad\quad 过渡态 B \qquad\qquad 叔碳正离子$$

第二步:生成的叔丁基碳正离子立即与亲核试剂 HO^- 作用,生成叔丁基醇。

$$(CH_3)_3\overset{+}{C} + OH^- \xrightarrow{快} [(CH_3)_3\overset{\delta+}{C}\cdots\cdots\overset{\delta-}{OH}] \longrightarrow (CH_3)_3C-OH$$
$$\qquad\qquad\qquad\qquad 过渡态 D$$

叔丁基溴水解反应的第一步是叔丁基溴中极性共价键 C—Br 键的异裂,因 C—Br 键异

裂需要活化能 ΔE_1，导致这一步反应速率较慢；第二步是 C—Br 键异裂生成的叔丁基碳正离子与亲核试剂 OH^- 反应，因碳正离子是活性中间体，不稳定，只需较小的活化能 ΔE_2 即可反应，所以这一步反应速率较快。其反应过程中能量变化如图 5-4 所示。

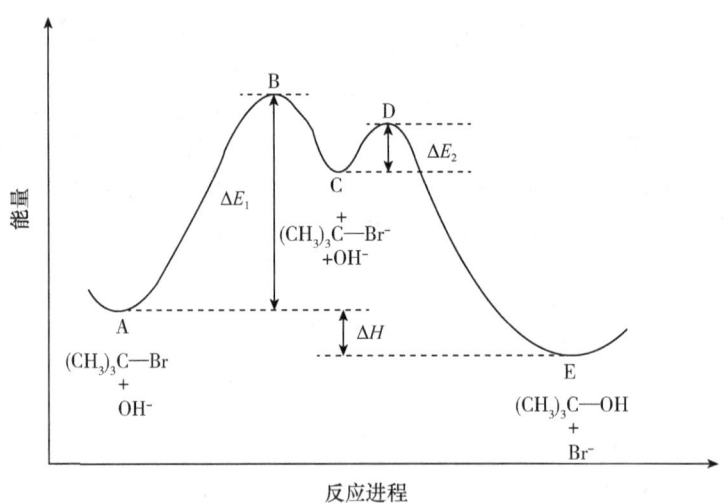

图 5-4 叔丁基溴水解反应的能量变化图

在叔丁基溴水解反应中，因第一步反应所需的活化能最大，是控制整个反应速率的关键一步。而在这一步中，只有叔丁基溴一种分子参与，所以该反应是单分子亲核取代反应。

（2）亲核取代反应的立体化学：若亲核取代反应发生在卤代烃的手性碳原子上时，产物的构型不仅与底物卤代烃的构型有关，还与亲核取代反应的类型有关。若亲核试剂从离去基团的正面进攻，产物的构型和底物卤代烃的构型一样，即构型保持；若亲核试剂从离去基团的背面进攻，产物的构型和底物的构型相反，即构型翻转；若亲核试剂从正面和背面进攻的机会相等，则生成外消旋产物。

1）S_N2 反应的立体化学：卤代烃为手性分子，若发生 S_N2 反应，产物的构型就会发生翻转，即发生瓦尔登翻转（Walden inversion）。例如，(S)-2-溴丁烷与亲核试剂 I^- 的反应：

反应物为(S)-2-溴丁烷，而产物为(R)-2-碘丁烷，手性碳原子的构型发生了变化。在反应中，I^- 从离去基团 Br^- 的背面进攻中心手性碳原子。而同时碳原子上的三个基团 H、CH_3、CH_2CH_3 在空间都发生了翻转，整个过程好像雨伞被大风吹得向外翻转一样。从产物的构型来看，底物构型为 R 型，产物构型为 S 型，生成的产物构型与底物构型相反。这种现象就称为瓦尔登翻转。

需要特别强调的是，构型翻转的结果未必就是构型标记 R/S 符号之间的变换。若手性碳原子相连的四个原子或基团 a，b，c，d 在取代后的排列次序仍然是 a，b'，c，d，只是 b' 置换了 b，那么在 S_N2 反应后，构型标记 R/S 就会互换。否则，产物与反应物的构型标记 R/S 相同。

综上所述，S_N2 反应的特点是：双分子反应，反应速率既与底物的浓度有关，又与亲核试剂的浓度有关；反应中新键的形成和旧键的断裂是同时进行的，即反应一步完成；经由 S_N2 反应得到的产物通常发生构型翻转；同时此反应只有一个过渡态，而无中间体生成，因此无重排产物。

2) S_N1 反应的立体化学：在 S_N1 反应中，第一步，叔丁基溴中 C—Br 键异裂，生成叔丁基碳正离子，碳原子由 sp^3 杂化的四面体结构转变为 sp^2 杂化的平面三角形结构（碳正离子中的碳原子为 sp^2 杂化，有一个空的 p 轨道，且该 p 轨道垂直于 sp^2 杂化轨道对称轴所在的平面）。第二步，亲核试剂与碳正离子作用，可从平面两侧进攻，其机会是均等的，因此 S_N1 反应的产物应是外消旋体。

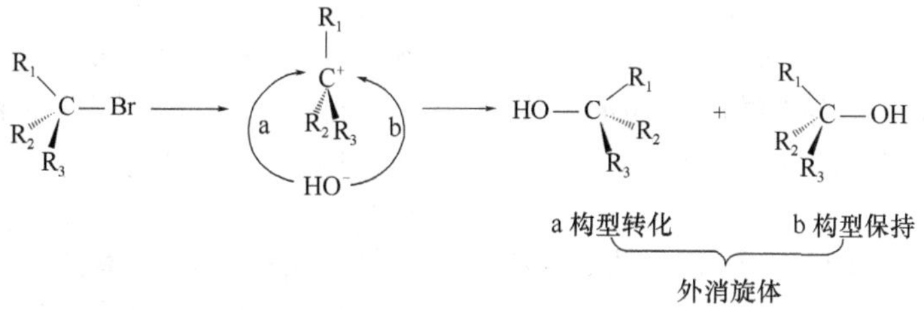

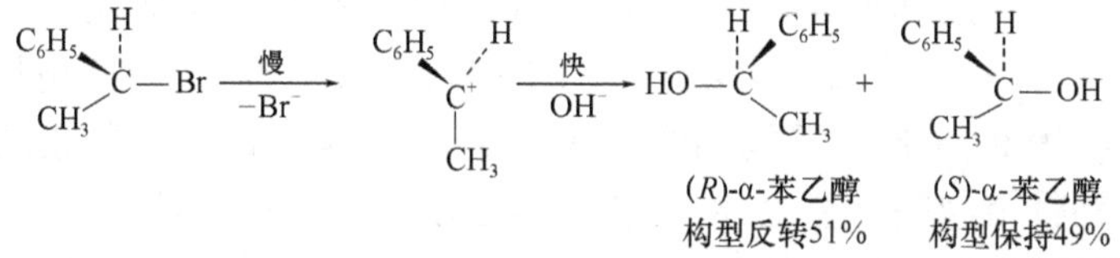

外消旋化是 S_N1 反应的一个重要特征。此外，S_N1 反应的另一个重要特征是：反应中常伴有重排反应发生，因此 S_N1 反应中间体是碳正离子，其易发生重排，而生成更为稳定的碳正离子。例如：

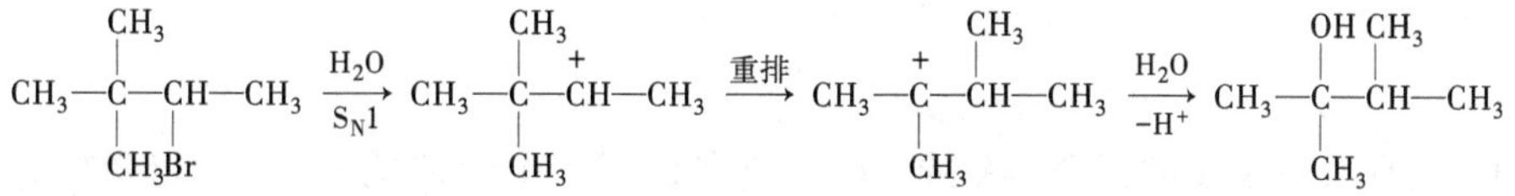

综上所述，S_N1 反应的特点是：单分子反应反应速率只与底物卤代烃的浓度有关，而与亲核试剂浓度无关；反应分两步进行，反应过程中有碳正离子活性中间体生成；若碳正离子连接三个不同基团时，可得到"构型保持"和"构型翻转"两种不同构型产物；此外，由于碳正离子中间体的生成，反应往往会生成重排产物。

思考题 5-5 比较下列碳正离子的稳定性。

（1）$CH_3CH_2CH_2\overset{+}{C}H_2$　　（2）$CH_3\overset{+}{C}HCH_2CH_3$　　（3）$CH_3\overset{+}{C}CH_3$
　　　　　　　　　　　　　　　　　　　　　　　　　　　　　　　　　　　　　　　|
　　　　　　　　　　　　　　　　　　　　　　　　　　　　　　　　　　　　　　CH_3

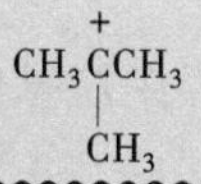

思考题 5-6 写出下列碳正离子的重排产物。

（1）$CH_3\overset{+}{C}H—CHCH_3$　　（2）$CH_3\underset{\underset{CH_3}{|}}{\overset{\overset{CH_3}{|}}{C}}—\overset{+}{C}H_2$ 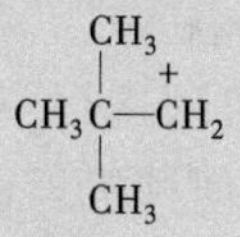　　（3）$CH_3(CH_2)_2\overset{+}{C}H_2$
　　　　　　　　　|
　　　　　　　CH_3

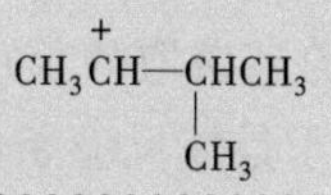

四、影响亲核取代反应的因素

卤代烃以哪种机理发生亲核取代反应，主要由反应底物中烷基的结构、离去基团的离去能力、亲核试剂的亲核性强弱及溶剂效应等因素共同作用。

1. 烷基结构的影响　底物中烷基结构主要是从电子效应和空间效应两方面来影响亲核取代反应的历程和活性。

(1) 对 S_N2 反应的影响

$$Nu^- + RX \longrightarrow [Nu\overset{\delta^-}{\cdots}R\overset{\delta^+}{\cdots}X]^+ \longrightarrow NuR + X^-$$
过渡态

甲基溴、乙基溴、异丙基溴和叔丁基溴在极性较小的无水丙酮中与碘化钾作用是按 S_N2 机理进行的,生成相应的碘代烃。其反应速率值为:

$$I^- + RBr \longrightarrow RI + Br^-$$

CH_3Br	CH_3CH_2Br	$(CH_3)_2CHBr$	$(CH_3)_3CBr$
145	1	0.0078	0.001(可忽略)

若反应底物是具有支链的不同伯溴代烃,其与 I^- 的 S_N2 反应的相对速率大小为:

CH_3CH_2Br	$CH_3CH_2CH_2Br$	$(CH_3)_2CCH_2Br$	$(CH_3)_3CCH_2—Br$
1	0.8	0.03	1.3×10^{-5}

对以上数据进行对比,可以发现,α-碳原子周围取代基数目越多,空间位阻越大,越不利于 S_N2 反应。若卤代烃都为伯卤代烃时,其 β-碳原子周围取代基数目如果越多,也越不利于 S_N2 反应。此外,从电子效应来看,α-碳上的电子云密度越低,其正电性越大,越有利于亲核试剂的进攻。因此,α-碳原子周围取代基数目越少,其 α-碳原子的正电性越大,其发生亲核取代反应的活性就越高。总之,卤代烃中 α-碳原子周围的烷基越少,体积越小,且给电子效应越小,越有利于发生 S_N2 反应。

(2) 对 S_N1 反应的影响

$$RX \longrightarrow [R\overset{\delta^+}{\cdots}X]^+ \longrightarrow R^+ + X^-$$
过渡态
控制反应速率的一步　　中间体

S_N1 反应中,控速步骤是碳卤键异裂,生成碳正离子中间体的那一步,与亲核试剂的进攻无关,所以,卤代烃发生 S_N1 反应的速率大小与碳正离子稳定性的大小顺序是一致的:中间体碳正离子越稳定,其相应的反应速率就越大。因此,当底物中 α-碳原子上的烷基取代基数目越多,给电子效应越强,相应中间体碳正离子越稳定,其 S_N1 反应速率就越大。不同溴代烷发生 S_N1 反应的相对速率值为:

CH_3Br	CH_3CH_2Br	$(CH_3)_2CHBr$	$(CH_3)_3CBr$
1.0	1.7	4.5	10^7

综上所述,底物卤代烃中烷基结构对亲核取代反应的类型与活性影响简单概括为:

$$RX = \underset{S_N2\text{增加}}{\overset{S_N1\text{增加}}{CH_3X\quad 1°\quad 2°\quad 3°}}$$

伯卤代烃发生亲核取代反应,通常按 S_N2 机理进行;叔卤代烃的亲核取代反应,通常按 S_N1 机理进行;而仲卤代烃的亲核取代反应按照何种机理进行,取决于具体反应条件。

2. 离去基团的影响　对于亲核取代反应来说,无论是按 S_N1 还是 S_N2 机理进行,底物中离去基团的离去能力越强,都越有利于反应。在两种类型的反应中,均涉及卤代烃中的 C—X 键异裂,以 X^- 的形式离开。因此,C—X 键越弱,越容易断裂,X^-(离去基团)就越容易离开,亲核取代反应越容易进行。离去基团的离去能力大小通常可通过离去基团的碱性强弱来判断。离去基团的碱性越弱,其稳定性越强,离去能力就越大。例如,I^- 就是一个好的离去基团,因 C—I 键的键能小,易断裂,而且卤负离子中,I^- 的 pK_a 值最小,其碱性相对最弱。

C—X 键	C—F	C—Cl	C—Br	C—I
键能/(kJ·mol^{-1})	485.3	339.0	284.5	217.6
H—X 酸	H—F	H—Cl	H—Br	H—I
pK_a 值	3.2	-8.0	-9.0	-10.0
共轭碱的碱性	\multicolumn{4}{c}{I^-(最弱) < Br^- < Cl^- < F^-(最强)}
离去能力	\multicolumn{4}{c}{I^-(最好) > Br^- > Cl^- > F^-(最差)}

3. 亲核试剂的影响 试剂的亲核性(nucleophilicity)是指亲核试剂与缺电子碳原子的结合能力。

对 S_N1 反应来说,因为控制反应速率的关键步骤只与底物 RX 的 C—X 键断裂有关,而亲核试剂没有参与控速步骤,因此亲核试剂的亲核能力强弱,对 S_N1 反应速率影响不大。

对 S_N2 反应来说,因为控制反应速率的关键步骤与底物和亲核试剂两种反应物有关,所以亲核试剂的亲核能力强弱对反应速率影响较大。因此,在 S_N2 反应中,亲核试剂的亲核能力越强,反应形成过渡态所需的活化能就越低,其反应也越容易进行。

亲核试剂的亲核性强弱,主要与试剂的碱性、可极化性、溶剂及体积大小等因素有关。

碱性是指试剂与质子的结合能力。对同一周期的元素,试剂的亲核性大小与碱性大小一致。从左至右,碱性减弱,亲核性减弱。对于进攻原子是相同的亲核试剂,亲核性与碱性的大小顺序也是一致的,例如:

$$CH_3CH_2Br + H_3N \longrightarrow CH_3CH_2NH_3^+ + Br^- \quad 慢$$

$$CH_3CH_2Br + H_2N^- \longrightarrow CH_3CH_2NH_2^+ + Br^- \quad 快$$

$$\underrightarrow{H_2N^- \quad HO^- \quad NH_3 \quad H_2O}$$
碱性减弱
亲核性减弱

在质子溶剂中,对同族元素来说,从上到下,亲核性大小与碱性大小的顺序相反。这是因为试剂的亲核性大小还受到可极化性的影响。可极化性是指在外界电场的作用下,化合物中的成键电子云发生相应变化的能力。对同一主族的元素,从上到下,元素的周期数越大,原子核对外层电子的束缚力就越小,在外界电场的作用下,其外层电子所占轨道就极易变形,可极化性大。例如,卤族元素从 F 到 I,碱性逐渐减弱,可极化性却逐渐增大,而亲核性与可极化性一致,也是逐渐增大。

$$\underrightarrow{F^- \quad Cl^- \quad Br^- \quad I^-}$$
碱性减弱
可极化性逐渐增大
亲核性逐渐增大
(质子溶剂)

另外,若亲核试剂中烷基的数目越多,其体积越大,不利于与底物碳原子接近,因此,亲核性下降。例如:

$$CH_3CH_2Br + CH_3O^- \longrightarrow CH_3CH_2OCH_3 + Br^- \quad 快$$

$$CH_3CH_2Br + CH_3\underset{CH_3}{\overset{CH_3}{C}}O^- \longrightarrow C_2H_5OC\underset{CH_3}{\overset{CH_3}{CH_3}} + Br^- \quad 慢$$

4. 溶剂极性的影响 根据介电常数的大小及能否与负离子形成氢键,溶剂可分为:质子溶剂、偶极非质子溶剂和非极性溶剂。质子溶剂是指分子中有能形成氢键的氢原子的溶剂,如水、醇、羧酸等。偶极非质子溶剂是指分子中没有能形成氢键的原子,且介电常数一般大于 15 的溶剂。而非极性溶剂指介电常数小于 15 的一类溶剂。溶剂的类型不同对亲核取代反应的影响也不同。

(1) 对 S_N1 反应的影响

$$RX \longrightarrow [\overset{\delta^+}{R}\text{---}\overset{\delta^-}{X}]^+ \longrightarrow R^+ + X^-$$
过渡态
部分正、负电荷分离,极性增大

如上式所示,S_N1 反应中,形成的过渡态极性大于反应物,当溶剂极性较大时,比较有利于过渡态的形成,因此,增加溶剂的极性有利于 S_N1 反应发生。另外,若溶剂为质子溶剂,质子溶剂可与离去基团 L^- 形成氢键,增强 L^- 的稳定性,从而加快反应。所以,质子溶剂有利于 S_N1 反应。例如,叔丁基溴在不同溶剂中的水解反应(S_N1 反应):

$$(CH_3)_3CBr \xrightarrow{100\% H_2O} (CH_3)_3COH + HBr \quad 快$$

$$(CH_3)_3CBr \xrightarrow{99\% CH_3COCH_3, 10\% H_2O} (CH_3)_3COH + HBr \quad 慢$$

(2) 对 S_N2 反应的影响

$$Nu^- + RX \longrightarrow [\overset{\delta^-}{Nu}\text{---}\overset{\delta^+}{R}\text{---}\overset{\delta^-}{X}]^+ \longrightarrow NuR + X^-$$
过渡态

如上式所示,过渡态的电荷相对亲核试剂的电荷比较分散,所以过渡态的极性小于亲核试剂的极性,若增大溶剂的极性,可使极性大的亲核试剂溶剂化程度增大,导致反应所需活化能增大,而不利于 S_N2 过渡态的形成。所以,极性小的溶剂有利于 S_N2 反应。

另外,若溶剂为质子溶剂,对于 S_N2 反应来说,反应速率的控制步骤是由底物和亲核试剂两种分子共同参与的,质子溶剂可增大卤代烃中离去基团的稳定性,但同样也增大了亲核试剂的稳定性,使其亲核进攻能力降低。所以,质子溶剂不利于 S_N2 反应。若溶剂为偶极非质子溶剂,就可减弱溶剂分子对亲核试剂的包围,从而有利于 S_N2 反应。例如,卤素在非质子溶剂中亲核能力的大小顺序就不同于在质子溶剂中的。

$$\xrightarrow{\quad F^- \quad Cl^- \quad Br^- \quad I^- \quad}$$
碱性减弱
亲核性逐渐减弱
(非质子溶剂)

思考题 5-7 为什么在质子溶剂中,碘离子亲核性较强,而在非质子溶剂中,氟离子亲核性强?

思考题 5-8 卤代烃与 NaOH 在水-乙醇溶液中进行亲核取代反应,指出哪些是 S_N2 反应机理?哪些是 S_N1 反应机理?

(1) 产物发生瓦尔登翻转　(2) 有重排反应　(3) 增加溶剂的含水量,反应明显加快

(4) 反应历程只有一步　(5) 叔卤代烃反应速率大于仲卤代烃

五、消除反应及机理

在卤代烃的亲核取代反应中,经常伴随着消除反应(elimination reaction,简写为 E)的发生。消除反应是指有机分子脱去一个简单分子的反应。从相邻的两个碳原子上各除去一个原子或基团的反应,称为 1,2-消除反应,也称 α,β-消除反应,简称 β-消除反应。在卤代烃中,由于卤原子吸电子(-I)效应,导致 β-H 较活泼,易在强碱作用下被消除,而卤素以 X^- 形式离去,

最终生成烯烃。

1. 消除反应　卤代烃与氢氧化钠或氢氧化钾的醇溶液作用时,脱去卤素与β-碳原子上的氢原子而生成烯烃。

$$R-\underset{H}{C}H-\underset{X}{C}H_2 + NaOH \xrightarrow{\text{醇}} R-CH=CH_2 + NaX + H_2O$$

卤代烃的消除反应与卤代烃的烃基结构有关,如叔卤代烃最容易脱卤化氢,仲卤代烃次之,伯卤代烃最难。消除反应的活性次序为:$3°RX>2°RX>1°RX$。

在仲卤代烃和叔卤代烃脱卤化氢时,发现它们可有两个消除方向,分别生成两种不同的产物。例如,当 2-溴丁烷与浓氢氧化钾-乙醇溶液共热时,有两种产物生成:

$$CH_3CH_2-\underset{\underset{Br}{|}}{C}H-CH_3 \xrightarrow{KOH, 乙醇} \underset{81\%}{CH_3CH=CHCH_3} + \underset{19\%}{CH_3CH_2CH=CH_2}$$

实验结果表明,消除反应的主要产物是双键碳上连有较多烃基的烯烃。也就是说,脱卤化氢时,如有两个不同的 β-H 可以脱去,则消除的主要是含氢原子较少的 β-碳原子上的 H,即生成双键碳上连接烃基较多的烯烃。这个规律由俄国化学家札依采夫总结提出,故称札依采夫规则(Saytzeff rule)。

2. 消除反应机理　与亲核取代反应一样,消除反应也有两种机理,双分子消除(bimolecular elimination,简写为 E2)反应机理和单分子消除(unimolecular elimination,简写为 E1)反应机理。

(1) 双分子消除反应机理:双分子消除反应(E2 反应,其中 E 代表消除反应,2 代表双分子)类似于 S_N2 反应,控制反应速率的关键步骤都是由双分子参与,也是一步协同的过程。

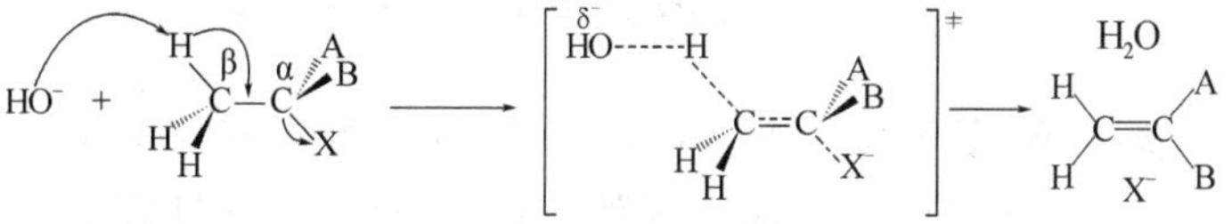

E2 反应机理

在 E2 反应中,碱进攻分子中的 β-H,使 β-C 脱去质子,同时分子中的卤原子带着一对电子以 X^- 的形式离去,在此过程中,β-碳原子与 α-碳原子都由 sp^3 杂化转变为 sp^2 杂化,从而在 α-C 和 β-C 之间形成一个新键(π键)。E2 反应的特点:新键生成和旧键断裂同时发生,且离去基团 X 与 β-H 处于反式共平面时,有利于消除反应。如 Newman 投影式所示,只有离去基团 X 与 β-H 处于反式共平面时,过渡态才处于能量较低且较稳定的对位交叉构象,从而利于消除。

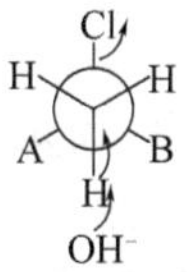

E2过渡态的Newman 投影式

(2) 单分子消除反应机理:单分子消除反应(E1 反应,1 代表单分子)与 S_N1 反应相似,也是分步进行的。第一步是卤代烃分子先解离为碳正离子,第二步是在碱的作用下,β-碳原子脱去一个质子,同时在 α-碳与 β-碳原子之间形成一个π键。反应过程如下式所示:

$$\underset{\substack{|\ |\\ R\ X}}{\overset{\substack{H\ R\\ |\ |}}{R-\underset{\beta}{C}-\underset{\alpha}{C}-R}} \xrightleftharpoons{\text{慢}} \underset{\substack{|\ |\\ R}}{\overset{\substack{H\ \ \ R\\ |\ \ \ |}}{R-C\ \ \overset{+}{C}-R}} + X^-$$

$$:OH^- + R-\underset{\substack{|\\ R}}{\overset{H}{C}}-\overset{+}{\underset{\substack{|\\ R}}{C}}\diagup^R \xrightleftharpoons{\text{快}} \underset{R}{\overset{R}{C}}=\underset{R}{\overset{R}{C}} + H_2O$$

首先,C—X 键异裂,生成碳正离子,反应速率较慢,是控制反应速率的一步;又因为这一步只有一种分子参与,所以该反应为单分子消除反应。

E1 与 S_N1 反应相似,其反应中生成的碳正离子可以发生重排而转变为更稳定的碳正离子,然后再消除质子,从而生成重排后的消除产物。例如,新戊基溴在醇溶液中的消除反应:

$$H_3C-\underset{\substack{|\\ CH_3}}{\overset{\substack{CH_3\\ |}}{C}}-CH_2Br \xrightarrow[-Br^-]{C_2H_5OH} H_3C-\underset{\substack{|\\ CH_3}}{\overset{\substack{CH_3\\ |}}{C}}-\overset{+}{C}H_2 \xrightarrow[\text{1,2-甲基迁移}]{\text{重排}} H_3C-\overset{+}{\underset{\substack{|\\ CH_3}}{C}}-CH_2CH_3 \xrightarrow{-H^+} H_3C-\underset{\substack{|\\ CH_3}}{C}=CH-CH_3$$

反应物新戊基溴结构中没有 β-H,预计应不会发生消除反应,但实际上,新戊基溴可以发生消除反应,且消除主产物为 2-甲基-2-丁烯。这个反应能发生是因为反应中生成的新戊基碳正离子,可重排成更稳定的叔戊基碳正离子,从而有了可发生消除的 β-H。由于碳正离子的形成与重排反应有密切的关系,所以通常把重排反应作为 E1 或 S_N1 历程的标志。

思考题 5-9 写出下列溴化物脱溴化氢后的主要产物。

(1) [结构式] (2) [结构式] (3) [结构式]

六、亲核取代反应与消除反应的竞争

卤代烃在一定条件下,既可发生亲核取代反应,又可发生消除反应。它们常常是同时发生,并相互竞争的。反应产物常受卤代烃的结构、试剂的亲核性强弱、试剂的碱性强弱、试剂的体积大小及反应的温度等多种因素共同影响和控制。

1. 试剂的亲核性和碱性强弱不同的影响 亲核取代反应与消除反应是在同一反应体系中,试剂的进攻位置不同而引起的不同反应历程。这种差异是由试剂的性质作用不同而造成的。当试剂主要表现为亲核性时,它主要进攻 α-碳原子,引发取代反应;而当试剂主要表现为碱性时,它主要进攻 β-氢原子,引发消除反应。

所以,要判断反应到底是亲核取代反应,还是消除反应,首先应判定试剂的性质。试剂的性质不同,必然会引发不同的反应。

试剂可能是亲核性强的,也可能是亲核性弱的;可能是强碱,也可能是弱碱。试剂的碱性和亲核性并不是一致的。有的试剂可能既是强碱,又是强亲核试剂;但有的试剂可能是强碱,但不是强亲核试剂。常见的试剂分类:

亲核性强但碱性弱的试剂:Cl^-、Br^-、I^-、HS^-、RS^-、H_2S、RSH

碱性强但亲核性弱的试剂:H⁻
既是强碱又是强亲核试剂:HO⁻、RO⁻
既是弱碱又是弱亲核试剂:H₂O、ROH

当试剂亲核性强但碱性弱时,主要发生亲核取代反应;当试剂碱性强但亲核性弱时,主要发生消除反应;当试剂碱性强且亲核性也强时,主要发生的是双分子的 S_N2 和 E2 反应;当试剂碱性弱且亲核性也弱时,主要发生的是单分子的 S_N1 和 E1 反应。

2. 底物卤代烃结构的影响 反应历程不仅受试剂亲核性、碱性强弱不同的影响,还受反应底物结构的影响,即底物为伯卤代烃、仲卤代烃,还是叔卤代烃。

(1) 亲核性强但碱性弱的试剂:当试剂亲核性强但碱性弱时,伯卤代烃易发生 S_N2 反应;仲卤代烃可发生 S_N1、S_N2 反应,若溶剂采用非质子溶剂,有利于 S_N2 反应。例如,2-溴丙烷与 I⁻ 在丙酮溶剂中的反应:

$$\underset{H}{\overset{CH_3}{CH_3CBr}} + Na^+I^- \xrightarrow{丙酮} \underset{H}{\overset{CH_3}{CH_3Cl}} + Na^+Br^-$$
$$100\%$$

叔卤代烃易发生 S_N1 反应。

(2) 碱性强但亲核性弱的试剂:当试剂碱性强但亲核性弱时,伯、仲、叔卤代烃都易发生 E2 反应。因为在消除反应中,强碱很容易进攻 β-氢原子,所以,碳原子上的基团体积影响不大。

(3) 既是强碱又是强亲核试剂:当试剂碱性强且亲核性也强时,伯卤代烃的反应产物以 S_N2 产物为主,少量伴随有 E2 产物;但伯卤代烃 α-C 周围基团体积增大时,消除反应比例也增大,其最终反应产物可能为等量的 S_N2 产物和 E2 产物;而当亲核试剂体积也较大时,如烷氧负离子为叔丁基氧负离子时,其消除反应占优势。

$$CH_3CH_2CH_2Br \xrightarrow{CH_3CH_2ONa, CH_3CH_2OH} CH_3CH_2CH_2OCH_2CH_3 + CH_3CH=CH_2$$
$$91\% \qquad\qquad 9\%$$

$$CH_3CH_2CH_2CH_2Br \xrightarrow{(CH_3)_3COK,(CH_3)_3COH} CH_3CH_2CH=CH_2 + CH_3CH_2CH_2CH_2OC(CH_3)_3$$
$$85\% \qquad\qquad 15\%$$

仲卤代烃以 E2 反应为主,少量伴随 S_N2 反应的发生。叔卤代烃只发生 E2 反应。

(4) 既是弱碱又是弱亲核试剂:当试剂碱性弱且亲核性也弱时,伯卤代烃反应非常慢,主要为 S_N2 和 E2 反应。仲卤代烃的反应复杂,其产物是 S_N1、S_N2、E1、E2 反应的混合物。叔卤代烃则主要发生 S_N1 和 E1 反应,但高温有利于 E1 反应。

七、卤代烯烃和卤代芳烃的亲核取代反应

不同类型的卤代烯烃和卤代芳烃,由于分子内双键或芳环与卤原子的相对位置不同,相互之间的影响不同,表现在化学性质上,尤其是卤原子的活泼性上差别较大。

乙烯型或卤苯型卤代烃,受双键或芳环的直接影响,卤素原子很不活泼,在一般条件下不发生取代反应;同时,由于卤素原子电负性较大,受其影响,双键或芳环的活泼性降低,即双键的亲电加成或芳环的亲电取代反应活性比相应的烯烃或芳烃活性要低。

烯丙型或苄基型卤代烃,卤素原子非常活泼,很容易进行亲核取代反应;而卤素原子对双键或芳环的影响较小。

孤立型卤代烯烃或卤代芳烃,卤素原子的活泼性基本和卤烷中的相同,双键或芳环的活性也基本上和烯烃或芳烃相同。

对各类卤代烃的亲核取代反应,卤素原子的活泼性一般有下列规律:

C_6H_5—CH_2X, RCH=$CHCH_2X$ > R_3CX > R_2CHX > RCH_2X > CH_3X > RCH=CHX, C_6H_5—X

例如:

$$CH_2=CH—Cl + AgNO_3 \longrightarrow 无反应现象$$

$$C_6H_5—CH_2Cl + AgNO_3 \longrightarrow C_6H_5—CH_2O_3NO_2 + AgCl\downarrow$$

$$CH_2=CHCH_2CH_2Cl + AgNO_3 \xrightarrow{\Delta} CH_2=CHCH_2CH_2ONO_2 + AgCl\downarrow$$

烯丙基氯中的氯原子非常活泼,很容易发生取代反应,一般比叔卤烷中的卤原子活性还要大。例如在室温下,即可与硝酸银的乙醇溶液发生 S_N1 反应,很快生成氯化银沉淀。

对 S_N1 反应来说,烯丙基氯的这种活泼性是因为氯解离后可以生成稳定的烯丙基碳正离子。这个碳正离子的带正电的碳原子是 sp^2 杂化的,它的一个缺电子的空 p 轨道和相邻的碳碳双键的 π 轨道发生重叠,使 π 电子云离域形成缺电子共轭体系。因此正电荷得到分散,使这个碳正离子趋于稳定,如图 5-5 所示。

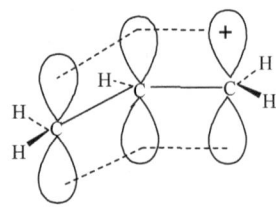

图 5-5 烯丙基碳正离子空 p 轨道

思考题 5-10 用化学方法鉴别下列各组化合物。

(1) 邻溴甲苯, 苄基溴 (2) 1-溴环己烯, 3-溴环己烯

(3) 氯苯, 氯环己烷 (4) 氯环己烷, CH_2=$CHCHCH_2CH_3$ (Cl)

八、与金属的反应

卤代烃能与锂、钠、钾和镁等金属发生反应,生成有机金属化合物——金属原子直接与碳原子相连接的化合物。其中与金属镁的反应应用最为广泛。

卤代烃与金属镁在无醇的无水乙醚中作用生成有机镁化合物,产物能溶于乙醚,不需分离可直接用于各种合成反应,这种产物称为格利雅(Grignard)试剂,简称格氏试剂。

$$RX + Mg \xrightarrow{无水乙醚} RMgX \quad 烷基卤化镁(格氏试剂)$$

脂肪卤代烃和芳香卤代烃都可形成格氏试剂。卤代烃与镁反应的活性为:RI>RBr>RCl>RF;3°RX>2°RX>1°RX。氟代烃活性太差,碘代烃价格太贵,所以一般常用 RBr 和 RCl。

习 题

1. 写出下列化合物的结构式或用系统命名法命名

(1) 2-溴-3-甲基丁烷 (2) 2,2-二甲基-1-碘丙烷 (3) 环己基溴

(4) 对乙基氯苯　　　　(5) 2-氯戊-1,4-二烯　　　　(6) 丙基溴化镁
(7) CHCl₃　　　　　　(8) ClCH₂CH₂Cl　　　　　(9) CH₂=CHCH₂Cl
(10) CH₃CHBrCH₂CHCH₂CH₂CH₃　　　　　(11) (CH₃CH₂CH₂CH₂)₃C—Cl
　　　　　　　CH₂Cl CH₃

(12) [结构式]　　(13) [结构式]　　(14) [结构式]

2. 写出下列反应的主要产物

(1) C₆H₅CH₂Br + NaCN ⟶

(2) [环状结构] + KOH/醇 —△→

(3) H—C(CH₃)(CH₂CH₃)—Br + NaOH/H₂O ⟶

(4) (CH₃CH₂)₃CBr + CH₃ONa / CH₃OH, △ ⟶

(5) CH₃CH₂Br + Mg —无水乙醚→

(6) CH₃CH₂CH₂CH₂I + CH₃COONa —CH₃CH₂OH→

(7) CH₃CH₂I + (CH₃)₃CONa ⟶

3. 写出环己基溴与下列试剂反应的主要产物
(1) Mg/无水乙醚　　(2) NaCN/CH₃CH₂OH　　(3) KOH/CH₃CH₂OH/△

4. 将下列化合物按 S_N1 历程反应的活性由大到小排列
(1) (CH₃)₂CHBr　　(2) (CH₃)₃Cl　　(3) (CH₃)₃CBr

5. 分子式为 C_4H_9Br 的化合物 A，用强碱处理，得到两个分子式为 C_4H_8 的异构体 B 及 C，写出 A、B、C 的结构。

6. 怎样鉴别下列各组化合物？
(1) (CH₃)₃CCl　　CH₃CHCH₂CH₃　　CH₃CH₂CH₂CH₂Cl
　　　　　　　　　　　Cl

(2) C₆H₅CH₂Cl　　CH₃CH₂CH₂Cl　　CH₃CH=CHCl

(3) CH₃CH₂CH₂Cl　　CH₃CH₂CH₂Br　　CH₃CH₂CH₂I

(4) [苯-Cl]　　[苯-CH₂Cl]　　[苯-CH₂CH₂Cl]　　[苯-CH₂Br]　　[苯-CH₂I]

7. 卤代烷在氢氧化钠的水-醇溶液中进行反应，根据现象指出哪些属于 S_N2 机理，哪些属于 S_N1 机理。
(1) 伯卤代烷比仲卤代烷反应快　　　　(2) 叔卤代烷比仲卤代烷反应快
(3) 氢氧化钠溶液浓度增加反应速率加快　　(4) 有重排产物
(5) 增加水量反应速率加快　　　　　　(6) 发生外消旋化
(7) 减少碱量反应速率不变　　　　　　(8) 产物构型完全转化

8. 由 1-溴丙烷及其他必要试剂合成下列化合物
(1) 异丙醇　　(2) 己-2-炔　　(3) 2-溴丙烯　　(4) 1,1,2,2-四溴丙烷

9. 由指定的有机物及必要的无机试剂进行合成反应
(1) 由乙烯合成丁-1-醇　　　　(2) 由乙烯合成丁-2-醇
(3) 由丙烯合成丁-3-烯酸　　　(4) 由丙烯合成 2-甲基丙酸

10. 分子式为 C_3H_7Br 的 A，与 KOH-乙醇溶液共热得 B，分子式为 C_3H_6，如使 B 与 HBr 作用，则得到 A 的异构体 C，推断 A 和 C 的结构，用反应式表明推断过程。

(西安交通大学　王丽娟)

第六章 醇、酚、醚

★★ 内容提示

本章重点介绍醇、酚、醚的结构特征、分类和命名;醇、酚的物理性质及其影响醇的沸点和溶解度的因素;醇、酚、醚及环氧化合物的主要化学性质;了解醇、酚、醚的一些典型化合物在医学上的用途。

从本章开始讨论有机含氧化合物,醇、酚、醚是含 C—O 键的化合物,醇、酚的官能团是羟基(—OH)。醇(alcohol)、酚(phenol)、醚(ether)都可看作水分子中的氢原子被烃基取代的产物。

R—OH   醇   酚   R—O—R′   醚

第一节 醇

一、醇的结构、分类和命名法

1. 醇的结构 醇可以看成是烃分子中的氢原子被羟基(—OH)取代后生成的衍生物(R—OH)。羟基(—OH,hydroxyl radical)是醇的官能团。醇分子中的氧原子是不等性 sp^3 杂化,其中两个 sp^3 杂化轨道分别与一个碳原子和一个氢原子形成σ键,其余两个 sp^3 杂化轨道各有一对未共用电子对(孤对电子),乙醇的结构如图 6-1 所示。

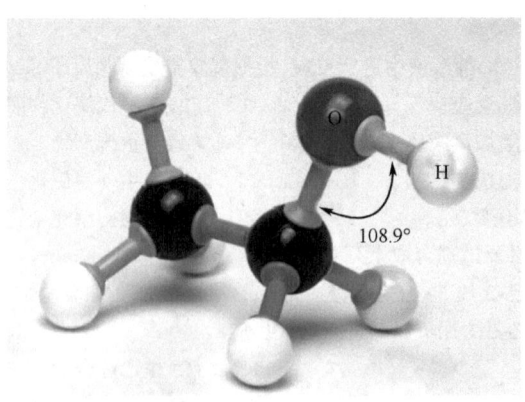

图 6-1 乙醇的结构

氧的电负性比碳和氢的都大,使得碳氧键和氢氧键都具有较大的极性,这与醇的性质密切相关。

2. 醇的分类 醇的分类方法较多,这里主要介绍以下几种:

(1) 根据羟基所连碳原子种类分为:一级醇(伯醇)、二级醇(仲醇)、三级醇(叔醇)。

$$\underset{\text{伯醇}(1°)}{R-\underset{\underset{H}{|}}{\overset{\overset{H}{|}}{C}}-OH} \qquad \underset{\text{仲醇}(2°)}{R-\underset{\underset{H}{|}}{\overset{\overset{R'}{|}}{C}}-OH} \qquad \underset{\text{叔醇}(3°)}{R-\underset{\underset{R''}{|}}{\overset{\overset{R'}{|}}{C}}-OH}$$

(2) 根据分子中烃基的类别分为:饱和脂肪醇、不饱和脂肪醇、脂环醇和芳香醇(芳环侧链有羟基的化合物)。

$$\underset{\text{丙醇(饱和脂肪醇)}}{CH_3CH_2CH_2OH} \qquad \underset{\text{烯丙醇(不饱和脂肪醇)}}{CH_2=CHCH_2OH} \qquad \underset{\text{环己醇(脂环醇)}}{\text{环己-OH}} \qquad \underset{\text{苄醇(芳香醇)}}{\text{苯-CH_2OH}}$$

(3) 根据分子中所含羟基的数目分为:一元醇、二元醇和多元醇。

$$\underset{\text{乙醇(一元醇)}}{CH_3CH_2OH} \qquad \underset{\text{乙二醇(二元醇)}}{HOCH_2CH_2OH} \qquad \underset{\text{丙三醇(多元醇)}}{\underset{\underset{OH}{|}\;\underset{OH}{|}\;\underset{OH}{|}}{CH_2-CH-CH_2}}$$

多个羟基连在同一碳上的化合物不稳定,这种结构会自发失水,故同碳二醇或三醇除特殊结构外一般不存在。另外,烯醇是不稳定的,容易互变成为比较稳定的醛或酮。

例如:

$$R-\underset{\underset{OH}{|}}{\overset{\overset{R}{|}}{C}}-OH \underset{-H_2O}{\rightleftharpoons} \underset{R}{\overset{R}{>}}C=O \qquad R-\underset{\underset{OH}{|}}{\overset{\overset{OH}{|}}{C}}-OH \underset{-H_2O}{\rightleftharpoons} R-\overset{\overset{O}{\|}}{C}-OH$$

3. 醇的命名

(1) 俗名:如乙醇俗称酒精、丙三醇称为甘油等。

(2) 简单的一元醇用普通命名法命名。例如:

$$\underset{\text{异丁醇}}{CH_3-\underset{\underset{}{|}}{\overset{\overset{CH_3}{|}}{CH}}-CH_2OH} \qquad \underset{\text{叔丁醇}}{CH_3-\underset{\underset{CH_3}{|}}{\overset{\overset{CH_3}{|}}{C}}-OH} \qquad \underset{\text{环己醇}}{\text{环己-OH}} \qquad \underset{\text{苄醇}}{\text{苯-CH_2OH}}$$

(3) 系统命名法。

1) 选择含有羟基的最长碳链作为主链,按主链所含碳原子个数称为某醇。

2) 从离羟基最近的一端开始编号,羟基位置标在某醇前面,这样得到母体名称。

3) 在母体名称前加上取代基的名称与位次。

4) 不饱和醇命名时,应选择包含羟基与双键在内的最长碳链作主链,编号从靠近羟基一端开始。

5) 命名芳香醇时,芳基作为取代基。

6) 多元醇应以包括尽可能多的羟基的碳链为主链,称为二醇、三醇,并在某醇前标名羟基的位置。

例如:

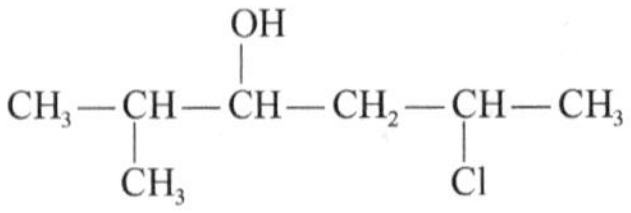

CH₃—CH(OH)—CH(CH₃)—CH₂—CH(Cl)—CH₃ 5-氯-2-甲基己-3-醇

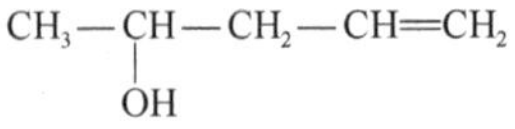

CH₃—CH(OH)—CH₂—CH=CH₂ 戊-4-烯-2-醇

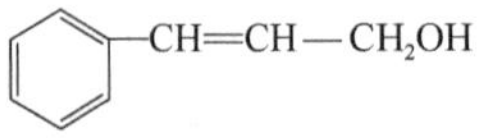

C₆H₅—CH=CH—CH₂OH 3-苯基丙-2-烯-1-醇

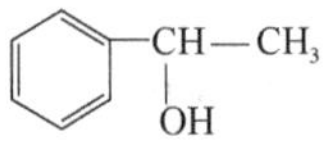

C₆H₅—CH(OH)—CH₃ 1-苯基乙醇(α-苯乙醇)

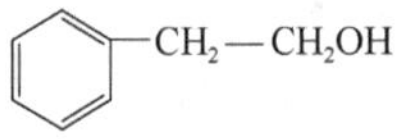

C₆H₅—CH₂—CH₂OH 2-苯基乙醇(β-苯乙醇)

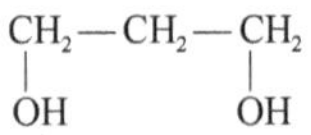

HOCH₂—CH₂—CH₂OH 丙-1,3-二醇

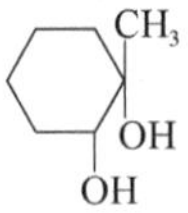

顺-1-甲基环己-1,2-二醇

7) 醇的英文命名是将相应烷烃名末尾的 e 换成-ol；二元醇词尾用-diol；三元醇词尾用-triol。

例如：

CH₃CH₂CH₂CH₂CH₂OH   CH₃CH=CHCH₂OH
1-pentanol   2-buten-1-ol

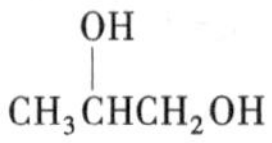

CH₃CH(OH)CH₂OH   HOCH₂CH(OH)CH₂OH
1,2-propanediol 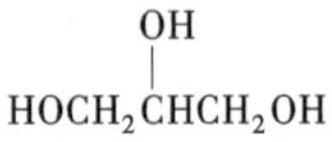   1,2,3-propanetriol

思考题 6-1 写出下列醇的结构：
(1) 异戊醇   (2) 环戊醇   (3) 4-甲基戊-2-醇

二、醇的物理性质

1. 性状 $C_1 \sim C_4$ 是低级一元醇，是无色流动易挥发的液体，相对密度比水小。$C_5 \sim C_{11}$ 为黏稠的液体，C_{12} 以上高级一元醇是无色的蜡状固体。甲醇、乙醇、丙醇都带有酒味，从丁醇开始到十一醇有不愉快的气味，二元醇和多元醇都具有甜味，故乙二醇有时称为甘醇(glycol)。

2. 沸点 与烷烃类似，饱和一元醇的沸点也是随着碳原子的数目增加而上升，碳原子数目相同时，支链越多沸点越低。醇比相同碳数的烷烃的沸点高 100~120℃（形成分子间氢键的原因），如乙烷的沸点为 -88.6℃，而乙醇的沸点为 78.3℃；乙烷（相对分子质量为 30）的沸点为 -88.6℃，甲醇（相对分子质量 32）的沸点为 64.9℃；正丁醇沸点为 117.3℃，异丁醇沸点为 108.4℃，叔丁醇沸点为 88.2℃。

由于醇分子间借氢键相互缔合，液态醇气化时，不仅要破坏醇分子间的范德瓦耳斯力，还需要更多的能量破坏氢键，氢键的键能约为 $25 kJ \cdot mol^{-1}$。氢键一般用虚线表示，醇分子间的氢键可表示为：

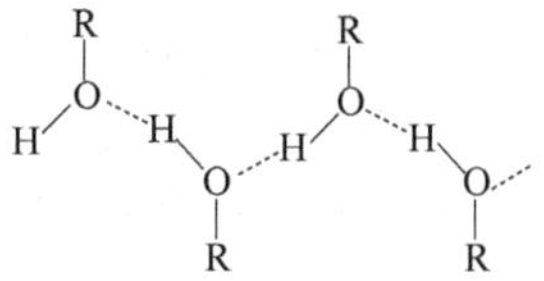

$$\begin{array}{c} R\quad\quad\quad R\quad\quad\quad R \\ | \quad\quad\quad | \quad\quad\quad | \\ H-O\cdots H-O\cdots H-O\cdots H-O\cdots \\ | \quad\quad\quad | \\ H \quad\quad\quad H \end{array}$$

3. 溶解度 低级醇能溶于水，相对分子质量增加，溶解度就降低。含有三个以下碳原子的一元醇，可以与水混溶。正丁醇在水中的溶解度就很低，只有 $7.9 g \cdot 100 g^{-1}$，正戊醇就更小了，只有 $2.7 g \cdot 100 g^{-1}$，正己醇 $0.5 g \cdot 100 g^{-1}$。高级醇和烷烃一样，几乎不溶于水，易溶于有机溶剂。低级醇之所以能溶于水主要是由于它的分子中有和水分子相似的部分——羟基。醇和水分子之间能形成氢键，所以促使醇分子易溶于水。

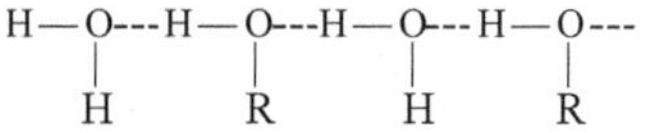

$$H-O\cdots H-O\cdots H-O\cdots H-O\cdots$$
$$\quad | \quad\quad | \quad\quad | \quad\quad |$$
$$\quad H \quad\quad R \quad\quad H \quad\quad R$$

当醇的碳链增长时，羟基在整个分子中的影响减弱，在水中的溶解度也就降低，以至于不溶于水。烃基的存在对缔合作用有阻碍作用，它会屏蔽羟基，阻碍氢键的形成。相反地，当醇中的羟基增多时，分子中和水相似的部分增加，同时能和水分子形成氢键的部位也增加了，因此二元醇的水溶性要比一元醇大。例如，乙二醇（沸点 197℃）、丙三醇（沸点 290℃）可与水混溶。甘油富有吸湿性，故纯甘油不能直接用来滋润皮肤，一定要掺一些水，否则会从皮肤中吸取水分，使人感到刺痛。

4. 结晶醇的形成 低级醇能与一些无机盐（$MgCl_2$、$CaCl_2$、$CuSO_4$ 等）作用形成结晶醇，也称醇化物。例如：

$$\left.\begin{array}{l} MgCl_2 + 6CH_3OH \\ CaCl_2 + 4C_2H_5OH \\ CaCl_2 + 4CH_3OH \end{array}\right\} 结晶醇：不溶于有机溶剂，溶于水。可用于除去有机物中的少量醇$$

思考题 6-2 比较下列化合物的沸点及在水中的溶解度，并说明原因。
（1）戊烷　　（2）环戊醇　　（3）戊醇

三、醇的化学性质

醇的化学性质主要由羟基官能团所决定，同时也受到烃基的一定影响，从化学键来看，反应的部位有 C—OH、O—H 和 C—H，如图 6-2 所示。

分子中的 C—O 键和 O—H 键都是极性键，因而醇分子中有两个反应中心。又由于受 C—O 键极性的影响，使得 α-H 具有一定的活性，所以醇的反应都发生在这三个部位上。

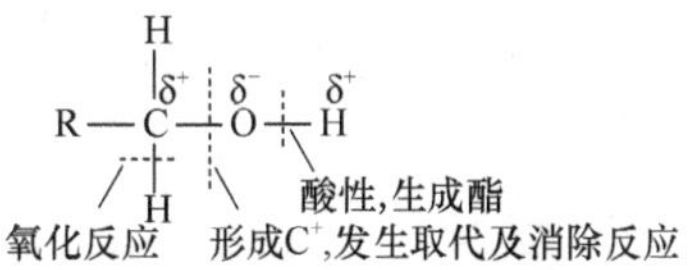

图 6-2　醇分子的化学键断键位置

1. 与活泼金属的反应

$$CH_3CH_2OH + Na(K) \longrightarrow CH_3CH_2ONa(K) + 1/2\ H_2$$

Na 与醇的反应比与水的反应缓慢得多，反应所生成的热量不足以使氢气燃烧，也不会爆炸，故常利用醇与 Na 的反应销毁残余的金属钠。

$CH_3CH_2O^-$ 比 OH^- 的碱性强，所以醇钠极易水解。

$$CH_3CH_2ONa + H_2O \rightleftharpoons CH_3CH_2OH + NaOH$$
较强碱　　　较强酸　　　较弱酸　　　较弱碱

醇的反应活性：　　CH$_3$OH　>　伯醇(乙醇)　>　仲醇　>　叔醇(叔丁醇)
　　　　pK_a　　　　15.5　　　　　15.9　　　　　　　　　　　(18.0)

醇钠(RONa)是有机合成中常用的碱性试剂。金属镁、铝也可与醇作用生成醇镁、醇铝。

2. 与卤化氢反应

$$R-OH + HX \longrightarrow R-X + H_2O$$

反应速率与卤代氢的活性和醇的结构有关。

HX 的反应活性：　　HI　>　HBr　>　HCl

例如：

$$CH_3CH_2CH_2CH_2OH + HI(47\%) \xrightarrow{\Delta} CH_3CH_2CH_2CH_2I + H_2O$$

$$+ HBr(48\%) \xrightarrow[\Delta]{H_2SO_4} CH_3CH_2CH_2CH_2Br + H_2O$$

$$+ HCl \xrightarrow[\Delta]{ZnCl_2} CH_3CH_2CH_2CH_2Cl + H_2O$$

醇的活性次序：　　烯丙式醇　>　叔醇　>　仲醇　>　伯醇　>　CH$_3$OH

例如，醇与卢卡斯(Lucas)试剂(浓盐酸和无水氯化锌)的反应：

伯醇　RCH$_2$OH　$\xrightarrow[\text{常温}]{\text{Lucas 试剂}}$　ClCH$_2$R
　　　　　　　　　　　　　　　　　(放置 1h 也不反应,即无浑浊出现)
　　　　　　　　　　　　　　　　　(加热才有反应,即先浑浊后分层)

仲醇　R$_2$CHOH　$\xrightarrow[\text{常温}]{\text{Lucas 试剂}}$　R$_2$CHCl
　　　　　　　　　　　　　　　　　(放置片刻浑浊)

叔醇　R$_3$OH　$\xrightarrow[\text{常温}]{\text{Lucas 试剂}}$　R$_3$CCl
　　　　　　　　　　　　　　　　　(立即浑浊)

Lucas 试剂可用于区别伯、仲、叔醇,但一般仅适用于 6 个碳原子以下的醇,因为高级的一元醇也不溶于 Lucas 试剂。

3. 与酸成酯反应

(1) 与无机酸反应：醇与含氧无机酸,如硫酸、硝酸、磷酸反应生成无机酸酯。

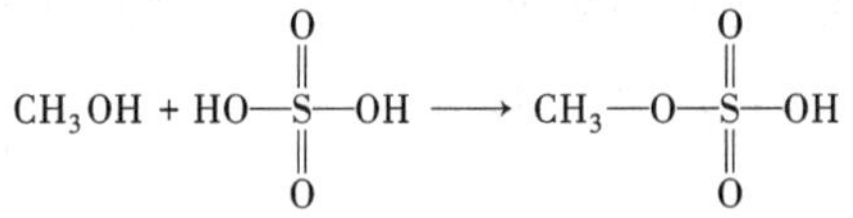

$$CH_3OH + HO-\underset{\underset{O}{\|}}{\overset{\overset{O}{\|}}{S}}-OH \longrightarrow CH_3-O-\underset{\underset{O}{\|}}{\overset{\overset{O}{\|}}{S}}-OH$$

硫酸氢甲酯(酸性酯)

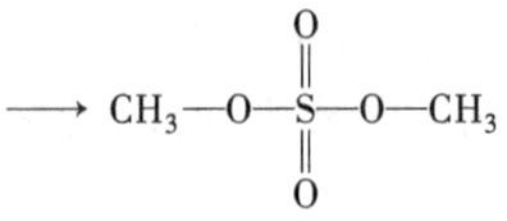

$$\longrightarrow CH_3-O-\underset{\underset{O}{\|}}{\overset{\overset{O}{\|}}{S}}-O-CH_3$$

硫酸二甲酯(中性酯)

$$\begin{array}{l} CH_2-OH \\ | \\ CH-OH \\ | \\ CH_2-OH \end{array} \xrightarrow{HNO_3} \begin{array}{l} CH_2-ONO_2 \\ | \\ CH-ONO_2 \\ | \\ CH_2-ONO_2 \end{array} + H_2O$$

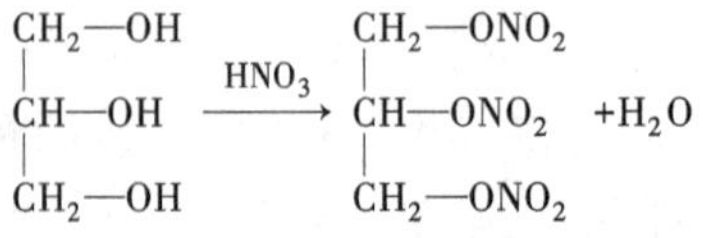

三硝酸甘油酯

醇的无机酸酯具有多方面的用途,高级醇的硫酸酯是常用的合成洗涤剂之一,如 C$_{12}$H$_{25}$OSO$_2$ONa(十二烷基磺酸钠);软骨中硫酸软骨质具有硫酸酯的结构,核酸、磷脂类含有磷酸酯的结构。

(2) 与有机酸反应：醇与有机酸反应机理详见羧酸酯化反应。

$$ROH + CH_3COOH \underset{}{\overset{H^+}{\rightleftharpoons}} CH_3COOR + H_2O$$

4. 脱水反应　醇与催化剂(浓 H_2SO_4)共热即发生脱水反应，随反应条件而异可发生分子内或分子间的脱水反应。

$$\underset{H\ \ \ OH}{CH_2-CH_2} \xrightarrow[\text{或 } Al_2O_3, 360℃]{H_2SO_4, 170℃} CH_2=CH_2 + H_2O$$

$$\underset{H\ \ \ OH}{CH_2-CH_2} \xrightarrow[\text{或 } Al_2O_3, 240\sim260℃]{H_2SO_4, 140℃} CH_3CH_2OCH_2CH_3 + H_2O$$

醇的脱水反应活性：　　$3°R-OH > 2°R-OH > 1°R-OH$

例如：

$$CH_3CH_2CH_2CH_2OH \xrightarrow[140℃]{75\% H_2SO_4} CH_3CH=CHCH_3$$

$$\underset{OH}{CH_3CH_2CHCH_3} \xrightarrow[100℃]{60\% H_2SO_4} \underset{80\%}{CH_3CH=CHCH_3}$$

$$(CH_3)_3C-OH \xrightarrow[85\sim90℃]{20\% H_2SO_4} \underset{100\%}{CH_3-\underset{\overset{|}{CH_3}}{\overset{\overset{CH_3}{|}}{C}}=CH_2}$$

醇脱水反应的特点：

(1) 醇脱水生成烯烃的反应遵循札依采夫规则，即主要生成双键碳上烃基取代较多的烯烃，例如：

$$\underset{OH}{CH_3CH_2CHCH_3} \xrightarrow{H^+} \underset{80\%}{CH_3CH=CHCH_3} + \underset{20\%}{CH_3CH_2CH=CH_2}$$

$$\underset{OH}{C_6H_5CHCH_3} \xrightarrow{H^+} \underset{(主)}{C_6H_5CH=CHCH_3} + C_6H_5CH_2CH=CH_2$$

(2) 用硫酸催化脱水时，有重排产物生成。

$$CH_3CH_2\underset{\overset{|}{CH_3}}{CH}CH_2OH \xrightarrow{H^+} \underset{\text{伯碳正离子}}{CH_3CH_2\underset{\overset{|}{CH_3}}{CH}\overset{+}{CH_2}} \xrightarrow{\text{氢重排}} \underset{\text{叔碳正离子}}{CH_3CH_2-\overset{\overset{CH_3}{|}}{\underset{\underset{CH_3}{|}}{\overset{+}{C}}}-CH_3}$$

$$\downarrow {-H^+} \qquad\qquad \downarrow {-H^+}$$

$$CH_3CH_2-\underset{\overset{|}{CH_3}}{C}=CH_2 \qquad \underset{\text{主要产物}}{CH_3CH=\underset{\overset{|}{CH_3}}{C}-CH_3}$$

5. 氧化　伯醇、仲醇分子中的 α-氢原子，由于受羟基的影响易被氧化生成醛、酮和羧酸。氧化醇时可用的氧化剂很多，通常有 $KMnO_4$、浓 HNO_3、$Na_2Cr_2O_7$、CrO_3/H_2SO_4、$CrO_3·2C_5H_5N$ 等，它们的氧化能力以 $KMnO_4$ 和 HNO_3 为最强。

伯醇被氧化为羧酸。

$$RCH_2OH \xrightarrow{K_2Cr_2O_7+H_2SO_4} RCHO \xrightarrow{[O]} RCOOH$$

$$CH_3CH_2OH + \underset{\text{橙红色}}{Cr_2O_7^{2-}} \longrightarrow CH_3CHO + \underset{\text{绿色}}{Cr^{3+}}$$

$$\qquad\qquad\qquad\qquad \downarrow K_2Cr_2O_7$$

$$\qquad\qquad\qquad\qquad CH_3COOH$$

Cr^{6+}为橙红色，Cr^{3+}为绿色，基于此反应颜色变化可用于检查醇的含量。例如，检查司机是否酒后驾车的分析仪就是根据此反应原理设计的。

仲醇一般被氧化为酮。脂环醇可继续氧化为二元酸。

$$CH_3-\underset{\underset{CH_3}{|}}{CH}-OH \xrightarrow{KMnO_4, H^+} CH_3-\underset{\underset{O}{\|}}{C}-CH_3$$
丙酮

$$环己醇 \xrightarrow[50\sim60℃]{50\% HNO_3, V_2O_5} 环己酮 \xrightarrow{[O]} \begin{matrix} CH_2CH_2COOH \\ | \\ CH_2CH_2COOH \end{matrix}$$
环己醇　　　　　　环己酮　　　己二酸

叔醇一般难氧化，在剧烈条件下氧化则碳链断裂生成小分子氧化物。

$$CH_3-\underset{\underset{CH_3}{|}}{\overset{\overset{CH_3}{|}}{C}}-OH \xrightarrow{KMnO_4} CH_3-\underset{\underset{O}{\|}}{C}-CH_3 + HCOOH + H_2O$$
甲酸

所以只有伯醇和仲醇的氧化反应有实用价值，可以用来制醛、酮和酸，叔醇的氧化反应就没有用处。

6. 多元醇的反应

（1）邻二醇与$Cu(OH)_2$反应：与新配制的$Cu(OH)_2$反应，沉淀消失，溶液呈深蓝色：

$$\begin{matrix} RCH-OH \\ | \\ RCH-OH \end{matrix} + Cu(OH)_2 \longrightarrow \begin{matrix} RCH-O \\ | \quad\quad\; \diagdown \\ \quad\quad\quad Cu \\ | \quad\quad\; \diagup \\ RCH-O \end{matrix} + H_2O$$
深蓝色

（2）与过碘酸（HIO_4）反应：邻二醇与过碘酸在缓和条件下进行氧化反应，具有羟基的两个碳原子的C—C键断裂而生成醛、酮、羧酸等产物。

$$\underset{\underset{OH}{|}\;\underset{OH}{|}}{RCH-CHR'} + HIO_4 \longrightarrow RCHO + R'CHO + HIO_2 + H_2O$$

这个反应是定量进行的，可用来定量测定1,2-二醇的含量（非邻二醇无此反应）。

> **思考题6-3** 用简便化学方法鉴别下列化合物：
> (1) 1-丁醇　(2) 2-丁醇　(3) 叔丁醇　(4) 1,2-丁二醇

四、醇在医药上的应用

1. 甲醇 略带酒精味。甲醇又名木精、木酒精，英文名称为 methanol。其理化性质为：无色、透明、高度挥发、易燃液体；熔点-97.8℃；沸点64.5℃；能与水、乙醇、乙醚、苯、酮、卤代烃和许多其他有机溶剂相混溶；遇热、明火或氧化剂易着火。

甲醇有毒，口服10ml可致失明，口服30ml可致死。这是由甲醇氧化产物甲醛和甲酸不能被同化利用所致。

2. 乙醇 又名酒精，它在常温、常压下是一种易燃、易挥发的无色透明液体，它的水溶液具有特殊的、令人愉快的香味，并略带刺激性。英文名称：ethyl alcohol。熔点-117.3℃，沸点78.5℃，密度0.7893g·cm^{-3}，能与水及大多数有机溶剂以任意比例混溶。工业酒精含

乙醇约95%。含乙醇达99.5%以上的酒精称无水乙醇。含乙醇95.6%、含水4.4%的酒精是恒沸混合液,沸点为78.15℃,其中少量的水无法用蒸馏法除去。制取无水乙醇时,通常把工业酒精与新制生石灰混合除水,加热蒸馏才能得到。工业酒精中含有少量甲醇,有毒,不能掺水饮用。

乙醇的用途很广,可用乙醇来制造乙酸、饮料、香精、染料、燃料等。医疗上也常用体积分数(v/v)为70%~75%的乙醇作消毒剂等。

乙醇具有还原性,可以被氧化成乙醛。酒精中毒的罪魁祸首通常被认为是有一定毒性的乙醛,而并非喝下去的乙醇。酒中的乙醇含量越高,吸收越快。啤酒含酒精3%~5%;黄酒含酒精16%~20%;果酒含酒精16%~28%;葡萄酒含酒精18%~23%;白酒含酒精40%~65%;低度白酒也含酒精24%~38%。饮酒后,乙醇在消化道中被吸收入血,空腹饮酒则吸收更快。血中的乙醇由肝脏来解毒,先是在醇脱氢酶作用下转化为乙醛,又在醛脱氢酶作用下转化为乙酸,乙酸再进一步分解为水和二氧化碳。有人报道成人的肝脏每小时约能分解10ml乙醇,大量饮酒,超过机体的解毒极限就会引起中毒。会饮酒与不会饮酒(即酒量大小)的人,中毒量悬殊,中毒程度、症状也有很大的个体差异。一般而论,成人的乙醇中毒量为75~80ml·次$^{-1}$,致死量为250~500ml·次$^{-1}$,幼儿25ml·次$^{-1}$亦有可能致死。

3. 乙二醇 又名甘醇,是最简单的二元醇。乙二醇是无色无臭、有甜味液体,对动物有毒性,人类致死量约为1.6g·kg^{-1}。乙二醇能与水、丙酮互溶,但在醚类中溶解度较小。用作溶剂、防冻剂及合成涤纶的原料。乙二醇的高聚物聚乙二醇(PEG)是一种相转移催化剂,也用于细胞融合;其硝酸酯是一种炸药。

主要用于制聚酯涤纶、聚酯树脂、吸湿剂、增塑剂、表面活性剂、合成纤维、化妆品和炸药,并用作染料、油墨等的溶剂,配制发动机的抗冻剂,气体脱水剂,制造树脂,也可用作玻璃纸、纤维、皮革、黏合剂的湿润剂。可生产合成树脂PET,纤维级PET即涤纶纤维,PET也可以用于制作矿泉水瓶等。还可生产醇酸树脂、乙二醛等。除用作汽车用抗冻剂外,还用于工业冷量的输送,一般称为载冷剂,也可以与水一样用作冷凝剂。

4. 甘油 又名丙三醇,是一种无色、无臭、味甘的黏稠液体。英文名称为glycerol。熔点20℃,沸点290℃(分解),相对密度1.2613(20/4℃)。纯甘油可形成结晶固体,冷至−15~−55℃时最易结晶,吸水性很强,可与水混溶,并可溶于丙酮、三氯乙烯及乙醚-醇混合液。第一次世界大战期间,因其为制造火药的原料,则产量大增。阿尔费雷德·贝恩哈德·诺贝尔1886年发明硝酸甘油炸药,这个化合物经轻微碰撞即分解成大量的气体、水蒸气和二氧化碳,发生爆炸,硝酸甘油还常用作强心剂和抗心绞痛药。

每克甘油完全氧化可产生4kcal(1kcal=4184J)热量,经人体吸收后不会改变血糖和胰岛素水平。甘油是食品加工业中通常使用的甜味剂和保湿剂,大多出现在运动食品和代乳品中。冬季人们常将甘油搽于手和面部等暴露在空气中的皮肤表面,能够使皮肤保持柔软,富有弹性,不受尘埃、气候等损害而干燥,起到防止皮肤冻伤的作用。由于甘油可以增加人体组织中的水分含量,所以可以增强高热环境下人体的运动能力。

5. 苯甲醇 又名苄醇,英文名称为benzyl alcohol。苯甲醇是最简单的芳香醇之一,可看作是苯基取代的甲醇。苯甲醇是无色液体,有刺激性气味,有微弱的芳香味,几乎无香。熔点−15.3℃,沸点205.45℃;易溶于乙醇、乙醚等有机溶剂,能溶于水,20℃时在水中溶解度3.8%。在自然界中多数以酯的形式存在于香精油中,如茉莉花油、风信子油和秘鲁香脂中都含有此成分。

苯甲醇具有局部麻醉作用及防腐作用。皮下注射或肌内注射其 1%~4% 水溶液 1~5ml 可起局部止痛之效,其 2% 注射液曾用作青霉素的溶剂,但由于有溶血作用并对肌肉有刺激性,是否值得采用,需进一步研究。其也可用于治牙痛。其 10% 软膏或其洗剂均可用作局部止痒剂。

6. 山梨糖醇 山梨糖醇是含有多羟基的多元醇,能溶于水,和蔗糖一样甜,被用作糖的替代品。

第二节 酚

一、酚的结构和命名法

羟基直接与芳环相连的化合物称为酚。该羟基称为酚羟基,以区别醇羟基。最简单的酚是苯酚。

1. 酚的结构 酚的结构特点是酚羟基直接连在苯环上,苯环上的碳原子均为 sp^2 杂化,酚羟基的氧原子也是 sp^2 杂化,氧原子上的两对孤对电子,一对占据一个 sp^2 杂化轨道,另一对占据未参与杂化的 p 轨道,此 p 轨道与苯环的大 π 键平行,形成 p-π 共轭体系,如图 6-3 所示。由于 p-π 共轭体系的形成,氧的 p 电子向苯环偏移,增加了苯环上的电子云密度,降低了氧原子上的电子云密度。

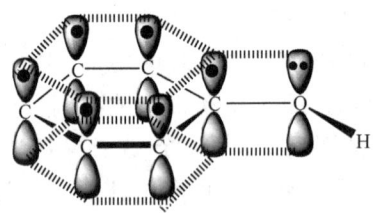

图 6-3 苯酚的 p-π 共轭体系

2. 酚的命名 一般是在"酚"字前面加上芳环的名称作母体,再加上其他取代基的名称和位次。

苯酚
phenol

4-甲基苯酚
4-methylphenol

4-硝基苯酚
4-nitrophenol

1,2-苯二酚
1,2-benzenediol

1,2,4-苯三酚
1,2,4-benzenetriol

4-羟基苯磺酸
4-hydroxybenzenesulfonic acid

萘酚因官能团的位置不同,分为 α-萘酚和 β-萘酚,例如:

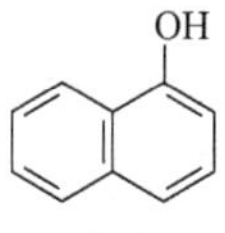
OH

α-萘酚

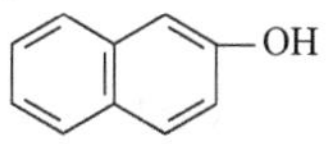
OH

β-萘酚

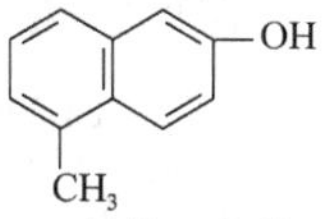
OH
CH₃

5-甲基-β-萘酚

若以酚作为母体其侧链较复杂时，可把酚羟基作为取代基，例如：

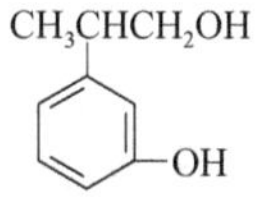
CH₃CHCH₂OH
OH

2-(3-羟基苯基)丙-1-醇

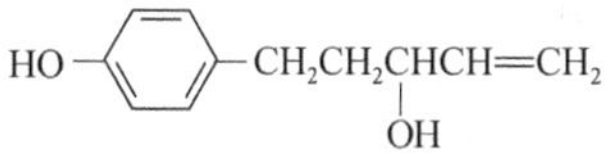
HO
CH₂CH₂CHCH=CH₂
OH

5-(4-羟基苯基)戊-1-烯-3-醇

二、酚的物理性质

酚一般多为固体，少数烷基酚为液体。由于分子间形成氢键，因此沸点都很高，微溶于水。纯的酚是无色的，由于易氧化往往带有红色至褐色。酚毒性很大，杀菌和防腐作用是酚类化合物的重要特性之一。

苯酚又名石炭酸、羟基苯，是最简单的酚类有机物，是一种弱酸。熔点 42~43℃，沸点 182℃，燃点 79℃。无色结晶或结晶熔块，在潮湿空气中吸湿后，由结晶变成液体。具有特殊气味(与浆糊的味道相似)。有毒，有腐蚀性，常温下微溶于水，易溶于有机溶剂；当温度高于 70℃时，能与水以任意比例互溶，其溶液沾到皮肤上可用乙醇洗涤。暴露在空气中呈粉红色。置于空气中或日光下被氧化，逐渐变成粉红色至红色。

甲酚又名煤酚，是甲基苯酚各异构体的混合物。甲酚抗菌作用较苯酚强 3~10 倍，而毒性几乎相等。能杀灭包括分枝杆菌在内的细菌繁殖体。2%溶液经 10~15min 能杀死大部分致病性细菌，2. 5%溶液 30min 能杀灭结核杆菌。由于在水中溶解度低，常配成甲酚皂溶液(来苏儿，lysol)。甲酚皂溶液易与水混合，使用方便。

三、酚的化学性质

羟基既是醇的官能团也是酚的官能团，因此酚与醇具有共性。但由于酚羟基连在苯环上，苯环与羟基的互相影响又赋予酚一些特有性质，所以酚与醇在性质上又存在着较大的差别：

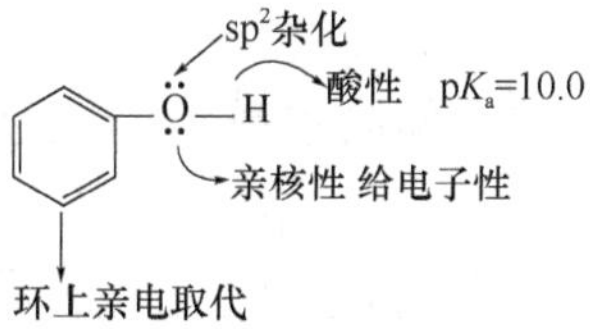
sp²杂化
O—H
酸性 pKa=10.0
亲核性 给电子性
环上亲电取代

1. 酚羟基的反应

(1)酸性

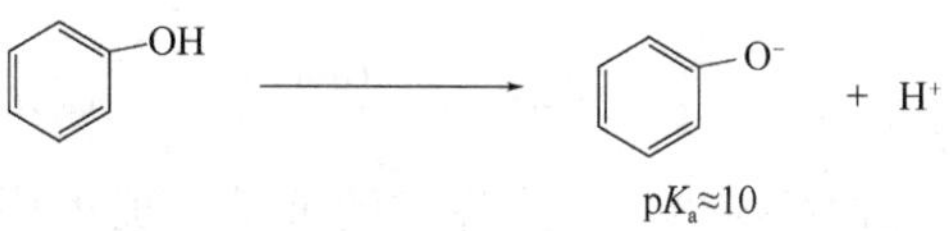
OH
O⁻
+ H⁺
pKa≈10

酚的酸性比醇强,但比碳酸弱。

$$\begin{array}{cccc} & CH_3CH_2OH & C_6H_5OH & H_2CO_3 \\ pK_a & 17 & 10 & 6.5 \end{array}$$

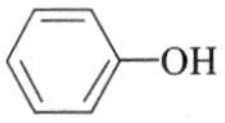

故酚可溶于 NaOH 但不溶于 NaHCO$_3$,不能与 NaHCO$_3$ 作用放出 CO$_2$,反之通 CO$_2$ 于酚钠水溶液中,酚即游离出来。

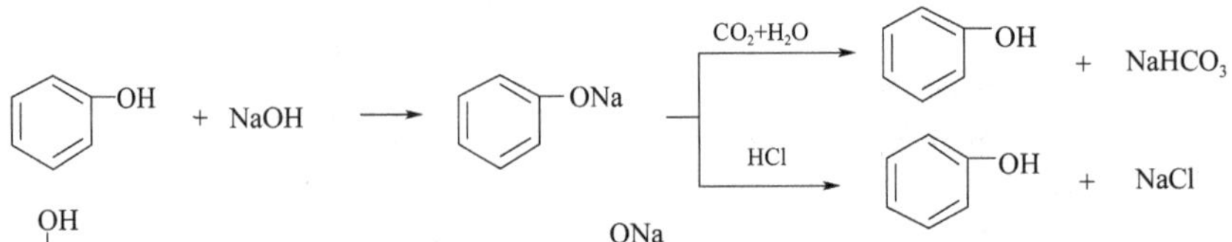

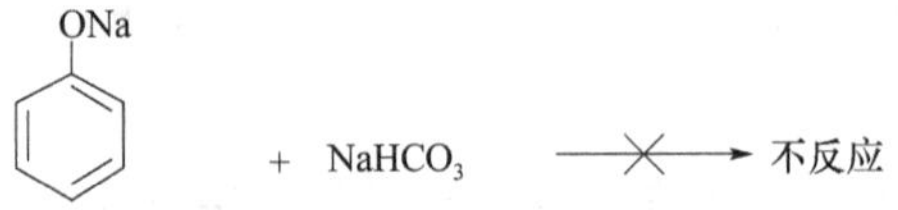

$$C_6H_5OH + NaOH \longrightarrow C_6H_5ONa \begin{array}{l} \xrightarrow{CO_2+H_2O} C_6H_5OH + NaHCO_3 \\ \xrightarrow{HCl} C_6H_5OH + NaCl \end{array}$$

$$C_6H_5OH + Na_2CO_3 \longrightarrow C_6H_5ONa + NaHCO_3$$

$$C_6H_5ONa + NaHCO_3 \xrightarrow{\quad\times\quad} 不反应$$

利用醇、酚与 NaOH 和 NaHCO$_3$ 反应性的不同,可鉴别、分离酚和醇。

当苯环上连有吸电子基团时,酚的酸性增强;连有供电子基团时,酚的酸性减弱。

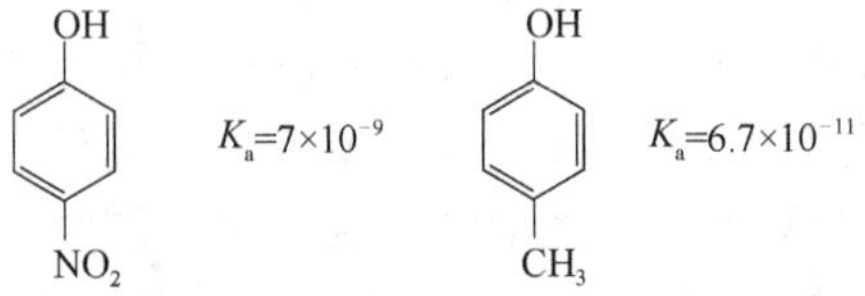

对硝基苯酚 $K_a = 7 \times 10^{-9}$ 对甲基苯酚 $K_a = 6.7 \times 10^{-11}$

思考题 6-4　为什么苯氧基负离子比环己氧基负离子稳定?

思考题 6-5　为什么间硝基苯酚的酸性小于邻硝基苯酚和对硝基苯酚,但是比苯酚酸性强?

---

(2) 与 FeCl$_3$ 的显色反应:酚能与 FeCl$_3$ 溶液发生显色反应,大多数酚能发生此反应,故此反应可用来鉴定酚。

$$6C_6H_5OH + FeCl_3 \longrightarrow H_3[Fe(OC_6H_5)_6] + 3HCl$$
　　　　　　苯酚　　　　　　　　　蓝紫色(络离子)

不同的酚与 FeCl$_3$ 作用产生的颜色不同。与 FeCl$_3$ 的显色反应并不限于酚,具有烯醇式结构的脂肪族化合物也有此反应。

(3) 酚醚的生成:酚醚不能由分子间脱水成醚,一般是由酚在碱性溶液中与烃基化试剂作用生成。

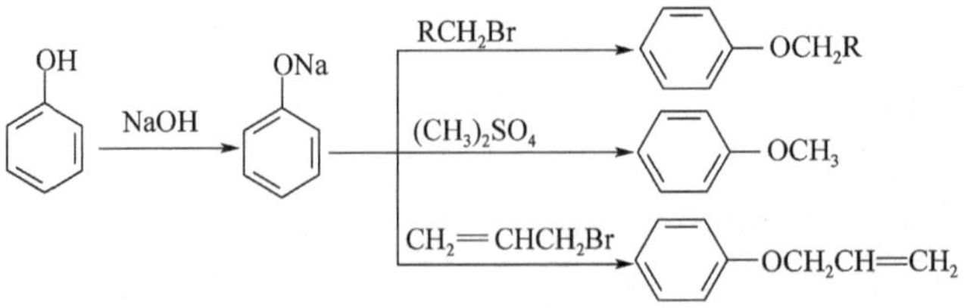

$$C_6H_5OH \xrightarrow{NaOH} C_6H_5ONa \begin{array}{l} \xrightarrow{RCH_2Br} C_6H_5OCH_2R \\ \xrightarrow{(CH_3)_2SO_4} C_6H_5OCH_3 \\ \xrightarrow{CH_2=CHCH_2Br} C_6H_5OCH_2CH=CH_2 \end{array}$$

在有机合成上常利用生成酚醚的方法来保护酚羟基。酚也可被卤素取代,但不像醇那样顺利;酚也可以生成酯,但比醇困难。

$$\text{PhOH} + CH_3COOH \xrightarrow{H^+} \times$$

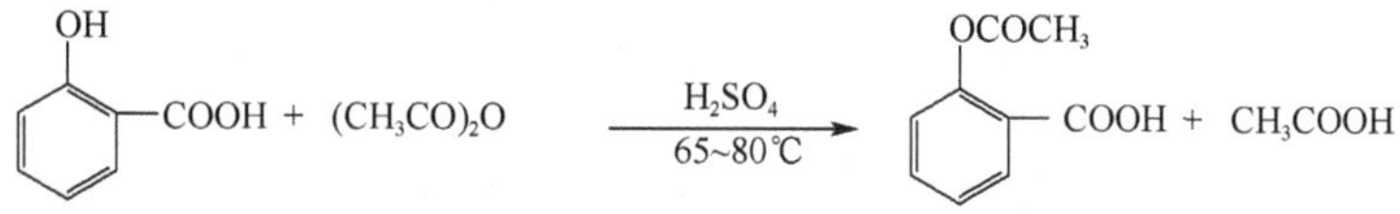

$$\text{水杨酸(邻-HO-C}_6\text{H}_4\text{-COOH)} + (CH_3CO)_2O \xrightarrow[65\sim80℃]{H_2SO_4} \text{乙酰水杨酸(阿司匹林)} + CH_3COOH$$

2. 芳环上的亲电取代反应 羟基与苯环的 p-π 共轭,使苯环上的电子云密度增加,尤其是羟基的邻、对位增加较多,因此亲电反应容易在这两个位置进行。

(1) 卤代反应:苯酚与溴水在常温下可立即反应生成 2,4,6-三溴苯酚白色沉淀。

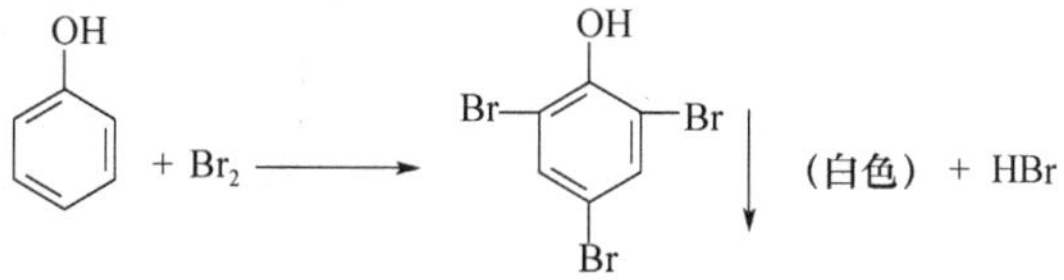

$$\text{PhOH} + Br_2 \longrightarrow \text{2,4,6-三溴苯酚} \downarrow (白色) + HBr$$

该反应很灵敏,很稀的苯酚溶液 [10ppm(1ppm = 10^{-6})] 就能与溴水生成沉淀。故此反应可用作苯酚的鉴别和定量测定。

(2) 硝化:苯酚比苯易硝化,在室温下即可与稀硝酸反应。

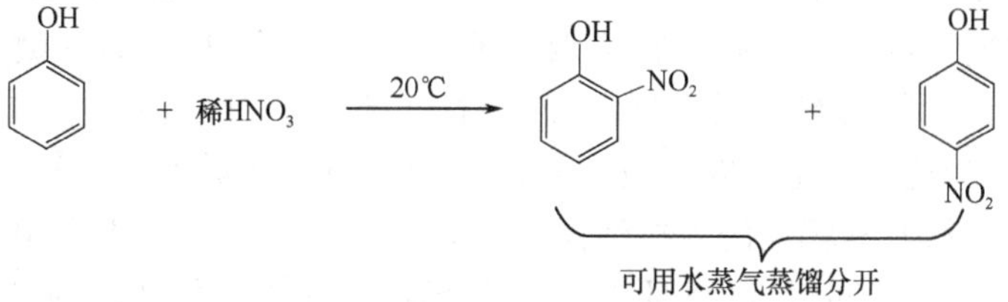

$$\text{PhOH} + \text{稀}HNO_3 \xrightarrow{20℃} \text{邻-硝基苯酚} + \text{对-硝基苯酚}$$

可用水蒸气蒸馏分开

邻硝基苯酚易形成分子内氢键而成螯环,这样就削弱了分子间的引力;而对硝基苯酚不能形成分子内氢键,但能形成分子间氢键而缔合。因此邻硝基苯酚的沸点和在水中的溶解度比其异构体低得多,故可随水蒸气蒸馏出来。

(3) 磺化反应

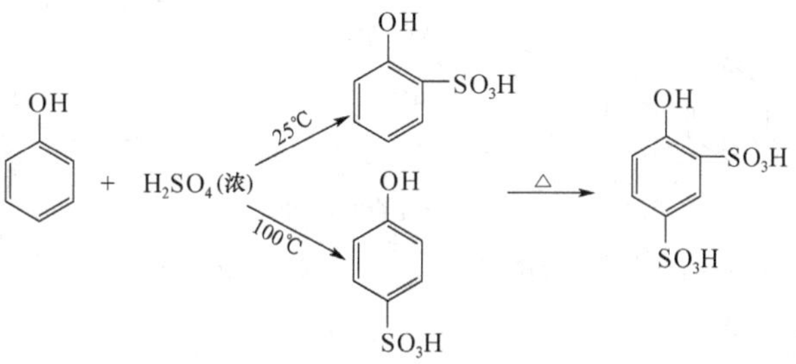

$$\text{PhOH} + H_2SO_4(\text{浓}) \xrightarrow{25℃} \text{邻-HO-C}_6H_4\text{-}SO_3H$$
$$\xrightarrow{100℃} \text{对-HO-C}_6H_4\text{-}SO_3H \xrightarrow{\triangle} \text{2-羟基-1,4-苯二磺酸}$$

磺化反应是可逆反应,在稀酸条件下回流可以除去磺酸基,也可以被其他基团所取代,如硝基。

上述反应是制得不含邻位异构体的对硝基苯酚的方法。

3. 氧化反应 酚易被氧化为醌等氧化物,氧化物的颜色随着氧化程度的深化而逐渐加深,由无色而呈粉红色、红色以至深褐色。多元酚更易被氧化。

例如：

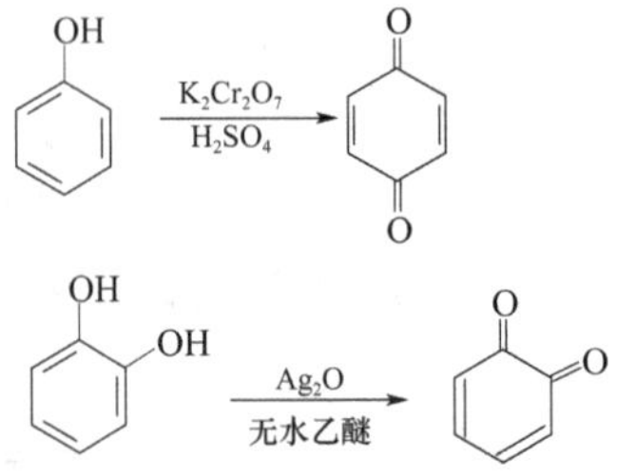

$$\underset{\text{苯酚}}{\text{C}_6\text{H}_5\text{OH}} \xrightarrow[\text{H}_2\text{SO}_4]{\text{K}_2\text{Cr}_2\text{O}_7} \text{对苯醌}$$

$$\underset{\text{邻苯二酚}}{} \xrightarrow[\text{无水乙醚}]{\text{Ag}_2\text{O}} \text{邻苯醌}$$

酚具有易被氧化的性质，常用来作为抗氧化剂和除氧剂。常用的抗氧化剂有：

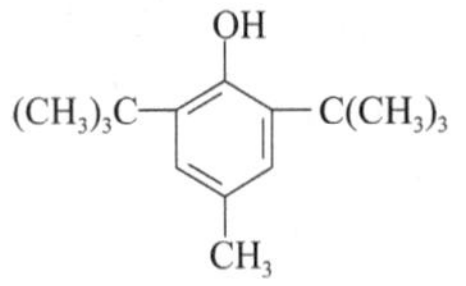

抗氧剂246 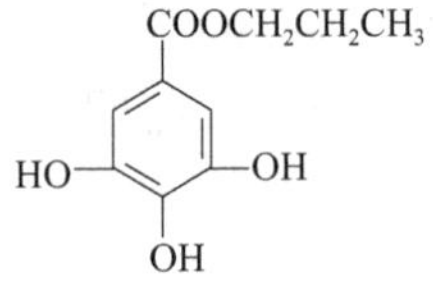　　没食子酸丙酯（PG）

四、维生素 E

维生素 E(vitamin E, VE)是生育酚(tocopherol, T)与三烯生育酚(tocotrienol, T-3)的总称。图 6-4 所示为 8 种自然界的维生素 E 的构造。自然界共有 8 种化合物，都有一个色满醇基及植醇的侧链。T-3 与 T 的区别在于前者侧链 3'、7'及 11'位有双键，由于色满醇基上的甲基位置及数目不同而有不同类型，生理活性也不同。对动物的生物活性以 α-T 为最高，在体外对亚油酸抗氧化作用以 δ 型为最高，α 型最低。色满醇上的羟基可用 NH_2 代替，与相应构型的维生素 E 有相同的生物活性。以 $CH-NH_2$ 代替 $-OH$，其 β 型或 γ 型的衍生物的生物活性与 α 型相同，色满醇环上三个甲基是生物活性所必需的，甲基数量少，活性低，但其位置不是主要的。

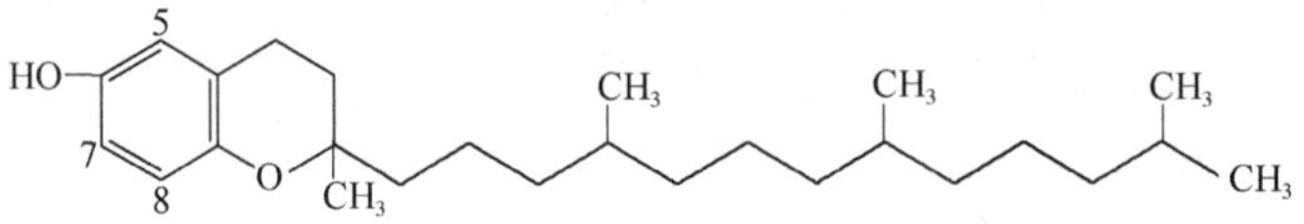

生育酚结构

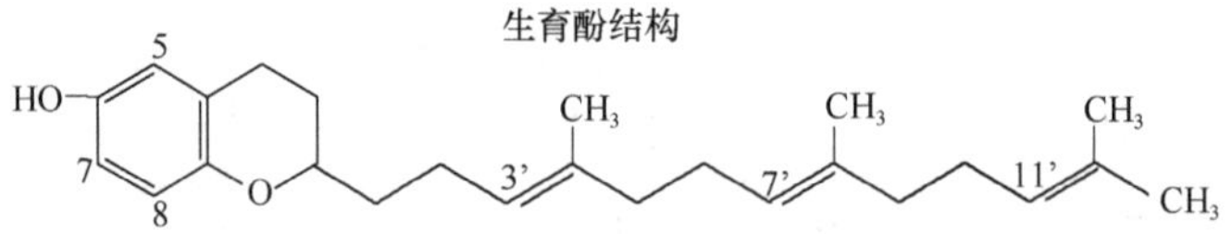

三烯生育酚结构

甲基位置	生育酚(T)	三烯生育酚(T-3)
5,7,8	α-T	α-T-3
5,8	β-T	β-T-3
7,8	γ-T	γ-T-3
8	δ-T	δ-T-3

图 6-4　8 种自然界的维生素 E 的构造

维生素 E 氧化为氢醌或醌，为光热及 Fe^{3+}、Cu^{2+} 所促进，在酸性溶液中或无氧情况下较稳定,酯式比游离式稳定。市售产品多为维生素 E 酯。

维生素 E 广泛存在于植物食品中,植物油(橄榄油及椰子油除外)的维生素 E 含量较多。维生素 E 为多烯脂肪酸的抗氧化剂,但维生素 E 在各种植物油中类型不同,α 型较少,如豆油仅占 8%~10%。影响食物中维生素 E 含量的因素很多,如牛奶因季节不同,含量也不同。维生素 E 不稳定,在储存烹调过程中都有损失,如炸马铃薯片在室温中储存 2 周,损失 48% 维生素 E。植物油在储存过程中维生素 E 损失较少,精制及烹调时损失较多。面粉漂白也可以破坏维生素 E,食物加热又与氧接触,维生素 E 损失较多。

第三节 醚和环氧化合物

醚可以看作醇或者酚羟基的氢原子被烃基取代的产物,即醇或酚的衍生物,其通式为

R—O—R   Ar—O—Ar   Ar—O—R

图 6-5 所示为甲醚的结构:

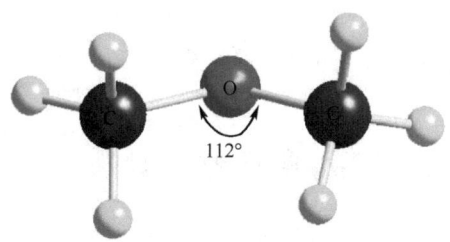

图 6-5 甲醚的结构

一、醚的分类和命名法

醚结构中与氧相连的两个烃基相同的称为单醚;不相同的称为混醚;具有环状结构的醚称为环醚;分子中具有—$(OCH_2CH_2)_n$—重复单位,形状似皇冠的统称冠醚。

单醚:先写出与氧相连的烃基名称(去"基"字),然后加上醚字。醚的英文名称为ether。

CH₃OCH₃   CH₃CH₂OCH₂CH₃
二甲醚(甲醚)   二乙醚(乙醚)
dimethyl ether   diethyl ether

CH₂=CHOCH=CH₂   C₆H₅—O—C₆H₅
二乙烯醚   二苯醚
divinyl ether   diphenyl ether

混醚:较小的烃基放在前面。如有芳香烃基,则芳香烃基在前。

CH₃OCH₂CH₃   CH₃O—C₆H₅
甲乙醚   苯甲醚
ethyl methyl ether   methyl phenyl ether(anisole)

环醚:按俗名或按杂环规则命名。

$$\underset{\substack{\text{四氢呋喃}\\\text{tetrahydrofuran}}}{\underset{H_2C-CH_2}{H_2C\diagdown O\diagup CH_2}} \qquad \underset{\substack{1,4\text{-二氧六环}\\1,4\text{-dioxane}}}{\underset{CH_2-CH_2}{O\diagdown CH_2-CH_2\diagup O}}$$

三元环醚称为环氧化合物(epoxide)，命名为环氧某烷。

$$\underset{\substack{1,2\text{-环氧丁烷}\\1,2\text{-epoxybutane}}}{H_2C\overset{O}{\triangle}CHCH_2CH_3} \qquad \underset{\substack{2,3\text{-环氧丁烷}\\2,3\text{-epoxybutane}}}{H_3CHC\overset{O}{\triangle}CHCH_3} \qquad \underset{\substack{2\text{-甲基-1,2-环氧丙烷}\\2\text{-methyl-1,2-epoxypropane}}}{H_2C\overset{O}{\triangle}\underset{CH_3}{CCH_3}}$$

结构比较复杂的醚可以当作烃的烃氧基衍生物来命名。将较大的烃基当作母体，剩下的—OR 部分(烷氧基)看作取代基，例如：

$$\underset{\substack{3\text{-甲氧基己烷}\\3\text{-methoxyhexane}}}{\underset{OCH_3}{CH_3CH_2CH_2CHCH_2CH_3}} \qquad \underset{\substack{2\text{-乙氧基乙醇}\\2\text{-ethoxyethanol}}}{C_2H_5OCH_2CH_2OH} \qquad \underset{\substack{4\text{-甲基-5-甲氧基庚-2-烯}\\4\text{-methyl-5-methoxy-2-heptene}}}{\underset{CH_3}{CH_3CH=CHCHCHCH_2CH_3}\overset{OCH_3}{}}$$

二、醚的物理性质

醚的沸点比相同相对分子质量的醇低(正丁醇 118℃，乙醚 35℃)。其原因是醚分子中氧原子的两边均为烃基，没有活泼氢原子，醚分子之间不能产生氢键。醚与相同碳原子的醇在水中的溶解度相近，因为醚分子中氧原子仍能与水分子中的氢原子生成氢键。

思考题 6-6 比较下列化合物的沸点及在水中的溶解度，并说明原因。
(1) 丁烷　　(2) 乙醚　　(3) 丁醇　　(4) 四氢呋喃

三、醚的化学性质

醚是一类不活泼的化合物，对碱、氧化剂、还原剂都十分稳定。醚在常温下与金属 Na 不发生反应，可以用金属 Na 来干燥。醚的稳定性仅次于烷烃。但其稳定性是相对的，由于醚键(C—O—C)的存在，它又可以发生一些特有的反应。

1. 锌盐的生成　醚的氧原子上有未共用电子对，能接受强酸(浓盐酸或浓硫酸)中的 H^+ 而生成锌盐。

$$R-O-R' + HX \longrightarrow R-\underset{H}{\overset{+}{O}}-R' + X^-$$

锌盐是一种弱碱强酸盐，仅在浓酸中才稳定，遇水很快分解为原来的醚。利用此性质可以将醚从烷烃或卤代烃中分离出来。

2. 醚键的断裂　在较高温度下，强酸能使醚键断裂，使醚键断裂最有效的试剂是浓的氢碘酸(HI)。

$$CH_3CH_2OCH_2CH_3 + HI \rightleftharpoons CH_3CH_2\overset{+}{O}CH_2CH_3 \longrightarrow CH_3CH_2I + CH_3CH_2OH$$
$$\underset{H}{|} \quad \xrightarrow{HI(过量)} 2CH_3CH_2I + H_2O$$

醚键断裂时往往是较小的烃基生成碘代烷,例如:

$$CH_3\underset{CH_3}{\overset{|}{C}H}CH_2OCH_2CH_3 + HI \xrightarrow{\Delta} CH_3\underset{CH_3}{\overset{|}{C}H}CH_2OH + CH_3CH_2I$$

芳香混醚与浓 HI 作用时,总是断裂烷氧键,生成酚和碘代烷。

$$C_6H_5O\text{-}CH_3 \xrightarrow[120\sim130℃]{57\% HI} C_6H_5OH + CH_3I$$

p-π共轭
键牢固,不易断

3. 过氧化物的生成 醚长期与空气接触下,会慢慢生成不易挥发的过氧化物。

$$RCH_2OCH_2R \xrightarrow{[O]} RCH_2O\underset{\underset{O-O-H}{|}}{CHR}$$

（过氧化物）

过氧化物不稳定,加热时易分解而发生爆炸,因此,醚类应尽量避免暴露在空气中,一般应放在棕色玻璃瓶中,避光保存。

蒸馏放置过久的乙醚时,要先检验是否有过氧化物存在,且不要蒸干。

检验方法:硫酸亚铁和硫氰化钾混合液与醚振摇,有过氧化物则显红色。

$$\text{过氧化物} + Fe^{2+} \longrightarrow Fe^{3+} \xrightarrow{SCN^-} [Fe(SCN)_6]^{3+}$$
红色

除去过氧化物的方法:①加入还原剂 5% 的 $FeSO_4$ 于醚中振摇后蒸馏;②储藏时在醚中加入少许金属钠。

四、环氧化合物的开环反应

1,2-环氧化合物简称环氧化合物,其中最简单的是环氧乙烷。因为是一个三元环结构,这是一个张力很大的环,其张力为 $114.1 kJ \cdot mol^{-1}$。因此,环氧化合物比开链的醚要活泼,可与多种试剂作用而开环。

环氧乙烷为无色气体,沸点 13.5℃,能溶于水、乙醇、乙醚中,一般是把它保存在钢筒（瓶）中。环氧乙烷化学性质活泼,在酸或碱催化下能与多种试剂反应,形成一系列重要工业原料。

1. 酸催化反应 在酸催化下,环氧乙烷可与水、醇、卤化氢等含活泼氢的化合物反应,生成双官能团化合物。例如:

$$CH_2\text{-}CH_2 + HBr \longrightarrow \underset{OH}{\overset{Br}{\underset{|}{CH_2\text{-}CH_2}}}$$
$$\quad\backslash O /$$

$$CH_2\text{-}CH_2 + CH_3OH \xrightarrow{H^+} \underset{OH}{\overset{OCH_3}{\underset{|}{CH_2\text{-}CH_2}}}$$
$$\quad\backslash O /$$

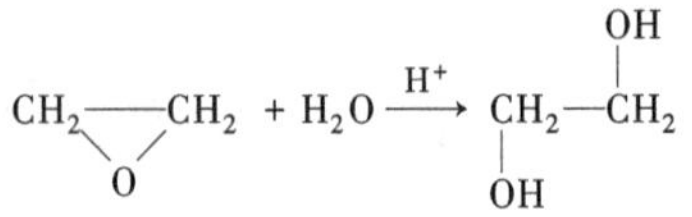

$$\text{CH}_2\text{—CH}_2 + \text{H}_2\text{O} \xrightarrow{\text{H}^+} \text{CH}_2\text{—CH}_2$$
$$\underset{\text{O}}{} \qquad \underset{\text{OH} \quad \text{OH}}{}$$

2. 碱催化反应 在碱催化下,环氧乙烷可与 RO^-、NH_3 等反应生成相应的开环化合物。例如：

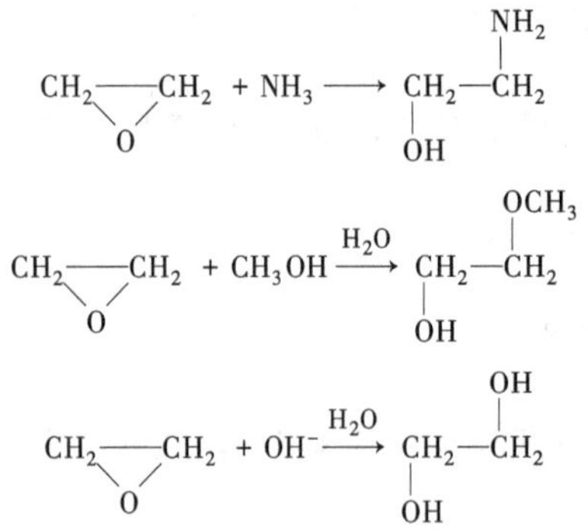

$$\text{CH}_2\text{—CH}_2 + \text{NH}_3 \longrightarrow \text{CH}_2\text{—CH}_2$$
$$\underset{\text{O}}{} \qquad \underset{\text{OH} \quad \text{NH}_2}{}$$

$$\text{CH}_2\text{—CH}_2 + \text{CH}_3\text{OH} \xrightarrow{\text{H}_2\text{O}} \text{CH}_2\text{—CH}_2$$
$$\underset{\text{O}}{} \qquad \underset{\text{OH} \quad \text{OCH}_3}{}$$

$$\text{CH}_2\text{—CH}_2 + \text{OH}^- \xrightarrow{\text{H}_2\text{O}} \text{CH}_2\text{—CH}_2$$
$$\underset{\text{O}}{} \qquad \underset{\text{OH} \quad \text{OH}}{}$$

3. 开环反应的取向 在酸催化下,亲核试剂向取代较多的碳原子进攻,先是环氧化合物质子化,质子化的环氧化合物使碳氢键进一步削弱,以至它有部分解离成碳正离子的性质,所以亲核试剂进攻最能容纳正电荷的碳原子。而在碱催化下,则向取代较少的碳原子进攻,这是因为在碱催化条件下,烷氧基负离子向含有取代基最少的碳原子上进攻,因为那里的空间位阻较小。

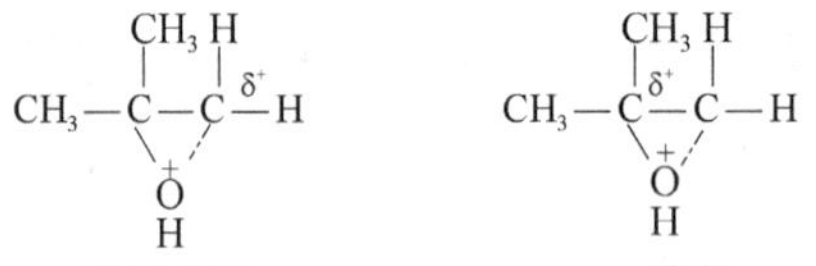

例如：

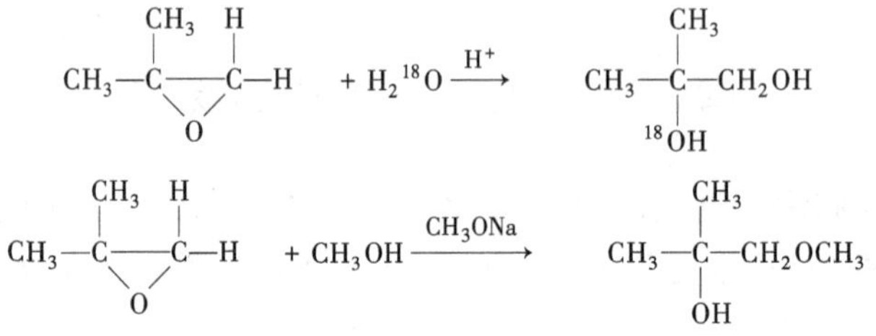

五、环氧化合物的生物活性

环氧化合物是重要的有机中间体,在生物体内也以代谢中间体存在。例如,从角鲨烯生成胆固醇、由苯丙酸合成酪氨酸等生物合成中都有环氧化合物中间体生成。

环氧化合物有一定的毒性,还具有致癌性,如在前面章节讨论过的致癌芳烃——苯并芘。研究表明,这些芳烃可能本身不具致癌性,但它们在体内经过生物活化作用生成的环氧化合物具有致癌性。苯并芘在肝细胞内生成环氧化合物——苯并芘二醇。

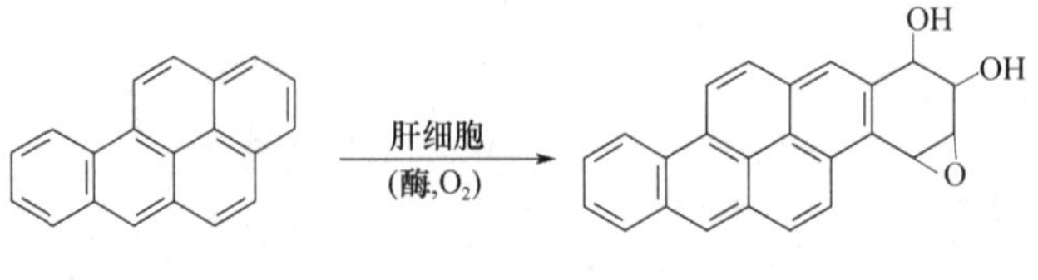

正常情况下,二醇衍生物可被除去,也就是说,这是人体的一种解毒功能。但在某些情况下,环氧化合物得以进入细胞核与 DNA 的亲核基团发生反应,尽管还未被完全证实,但有充分研究表明,正是这种反应引起正常细胞向癌细胞的最初突变。

六、冠醚的结构和功能

冠醚(crown ether)是一种大环多醚,分子中的氧原子键角 105°,与碳原子的键角 109° 很相近,它们的结构特征是分子中具有 —(OCH_2CH_2)$_n$— 重复单元。由于它们的形状似皇冠,故统称冠醚,15-冠-5 结构如图 6-6 所示。

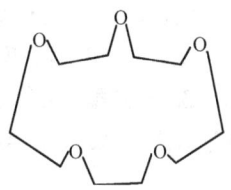

图 6-6　15-冠-5 结构

这类化合物具有特有的简化命名法,名称 x-冠-y 中的 x 代表环上原子的总数,y 代表氧原子总数。

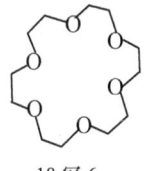
18-冠-6

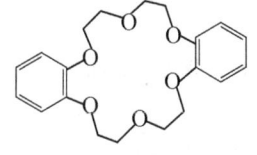
二苯基-18-冠-6

冠醚的重要特点是具有特殊的络合能力,因此根据环中间的空穴大小,可以与不同离子络合,如 12-冠-4 可以络合 Li^+,但不能络合 K^+;而 18-冠-6 可以络合 K^+,但不络合 Li^+ 或 Na^+。

冠醚的另一个特点是可与许多有机物互溶。这点在有机合成中也很有用,因为有机合成常用无机试剂,而有机物与无机物通常找不到一种共同适合的溶剂,从而影响反应顺利地进行,冠醚在这方面可以起到很突出的作用。

$$\bigcirc + KMnO_4 \longrightarrow 反应不易发生$$

$$\bigcirc + KMnO_4 \xrightarrow{18-冠-6} 反应即刻发生$$

这是由于该醚能与 K^+ 络合,使高锰酸钾能以络合物形式溶于环己烯中,使氧化剂能很好地与反应物接触。因而氧化反应速率大大加快,产率也大为提高。在这个反应中,冠醚实际上是促使氧化剂由水转移到有机相,是相转移剂,所以冠醚被称为相转移催化剂。

$$KMnO_4 + 18\text{-冠-}6 \rightleftharpoons \text{\textcircled{K}} MnO_4^- \quad 溶于有机相$$
固相或水相

冠醚毒性大,价格高。

七、醚在医药上的应用

早在 1842 年,著名美国医生 Long 即将乙醚作为全身麻药用于外科手术。乙醚和氧化亚氮作为第一代全麻药问世以来,第二代乙烯醚、环丙烷也进入临床,乙烯醚的作用比乙醚强7倍。但由于这些化合物易燃易爆、气味不佳、不良反应多,已逐渐被淘汰。第三代以氟烷(氟代醚)为代表,开辟了氟代吸入全麻药的新纪元。

1. 安氟醚[又称思氟烷(enflurane)] $CHFClCF_2—O—CHF_2$,为无色挥发性液体,沸点56.5℃,是目前临床应用最为广泛的吸入麻醉剂。国外应用已有30多年,我国长期依赖进口,因而在一定程度上限制了临床应用,直到1995年本品的生产工艺才取得突破性进展。

2. 异氟醚[又称异氟烷(isoflurane)] $CF_3CHCl—O—CHF_2$,为无色挥发性液体,沸点48.5℃,与安氟醚是异构体,吸入性麻醉剂。

3. 七氟醚[又称七氟异丙甲醚(sevoflurane)] $CH_2F—O—CH(CF_3)_2$,是近年来投入临床应用的新吸入麻醉剂。

习 题

1. 解释下列现象

(1) 为什么乙二醇及其甲醚的沸点随相对分子质量的增加而降低?

	$\begin{array}{c}CH_2OH\\CH_2OH\end{array}$	$\begin{array}{c}CH_2OCH_3\\CH_2OH\end{array}$	$\begin{array}{c}CH_2OCH_3\\CH_2OCH_3\end{array}$
沸点	197℃	125℃	84℃

(2) 下列醇的氧化(A)比(B)快。

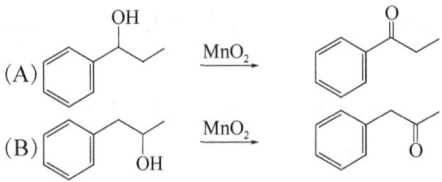

2. 写出下列化合物的结构式
   (1) 4-甲基戊-2-醇 (2) 邻甲氧基苯酚
   (3) 正丙基叔丁醚 (4) 对异丙基苯酚

3. 命名下列化合物
   (1) $(CH_3)_3CCH_2CH_2OH$ (2) $C_6H_5CH_2CH_2OH$
   (3) [邻苯二酚结构式] (4) $HO——OCH_3$

4. 比较下列各组化合物的酸性相对强弱
   (1) ①甲醇 ②乙醇 ③正丙醇 ④异丙醇
   (2) ①苯酚 ②对硝基苯酚 ③对甲基苯酚

5. 用简便化学方法区别下列各组物质
   (1) 苄醇、苯酚
   (2) 丁-2-醇、叔丁醇
   (3) 乙醇、苯乙醚

6. 写出下列反应的主要产物

(1) $CH_3O——CH_2CH_3 \xrightarrow{HI} ($ $)$

(2) $\underset{\underset{OH}{|}}{CH_3CHCH_2CH_3} \xrightarrow{HBr} ($ $) \xrightarrow[醇]{NaOH} ($ $)$

(3) 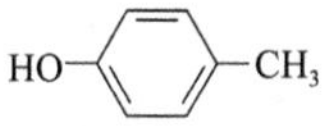 HO—⟨C₆H₄⟩—CH₃ $\xrightarrow[H_2O]{Br_2}$ (   )

(4) $(CH_3)_2C=CHCHCH_3$ $\xrightarrow[H^+]{KMnO_4}$ (   )
           |
           OH

(5) 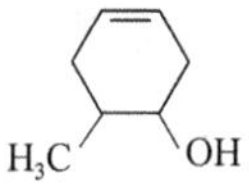 3-甲基-2-环己烯醇 $\xrightarrow[-H_2O\ \Delta]{H_2SO_4}$ (   )

(6) 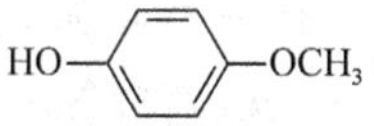 HO—⟨C₆H₄⟩—OCH₃ $\xrightarrow{NaOH}$ (   )

7. 某化合物 A(C_6H_6O) 不溶于 $NaHCO_3$, 但溶于 NaOH。A 与溴水作用立即得到化合物 B($C_6H_3Br_3$), 写出 A 和 B 的结构式。

(首都医科大学　赵　光)

第七章 醛、酮、醌

★★ 内容提示

本章主要介绍醛、酮和醌的结构,醛、酮的分类和命名,羰基化合物的亲核加成反应及其机理,羰基化合物的 α-H 的反应,羰基的氧化和还原反应,醛的特征反应,醌的亲电加成反应。

醛(aldehyde)、酮(ketone)和醌(quinone)分子结构中都含有羰基($\diagdown$C=O)(carbonyl),总称为羰基化合物(carbonyl compounds)。

醛分子中羰基处于链端,分别与一个烃基和一个氢原子相连(甲醛例外),分子中的

$$\overset{O}{\underset{\|}{—C—H}}$$ 称为醛基,醛基是醛的特性基团(官能团)。醛基可简写为—CHO。

酮分子中羰基处于链中间,与两个烃基相连,酮分子中的羰基又称为酮基,是酮的特性基团(官能团)。醛和酮分子中的烃基可以是烷基、烯基、环烷基或芳香烃基。

醌是一类不饱和的环二酮,分子中含有共轭的两个碳碳双键和两个羰基。

羰基很活泼,可以发生多种多样的有机反应,所以羰基化合物在有机化学中有广泛的用途。羰基化合物常用作溶剂、香料、药物及制药的原料,同时也是动植物代谢过程中十分重要的中间体。

一、醛、酮的结构与命名法

1. 醛、酮的结构　醛和酮的羰基碳原子和氧原子都是 sp^2 杂化,碳原子的三个 sp^2 杂化轨道分别与氧和其他两个原子形成三个σ键;羰基碳和氧各剩余一个未杂化的 p 轨道,彼此平行重叠形成π键,垂直于三个σ键所在的平面。羰基氧上的两对孤对电子分布在氧原子另外两个 sp^2 杂化轨道上。由于氧的电负性大于碳的电负性,因此羰基中碳氧双键的电子分布是不均匀的,电子云偏向氧原子一方,使氧原子带部分负电荷,碳原子带部分正电荷,这种结构特征使其具有较高的反应活性。羰基的结构如图 7-1 所示。

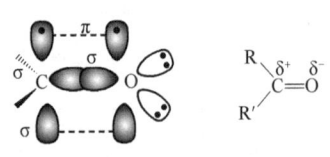

图 7-1　羰基的结构

2. 醛、酮的分类与命名　按照分子中烃基的不同,可以把醛和酮分为脂肪醛、酮和芳香醛、酮,脂肪醛、酮分子中根据烃基结构的饱和性分为饱和醛、酮和不饱和醛、酮;按照羰基的数目,醛、酮可以分为一元醛、酮和多元醛、酮。例如:

脂肪醛和酮　　CH₃CH₂CHO　　　CH₃—C(=O)—CH₃

芳香醛和酮　　C₆H₅—CHO　　　C₆H₅—C(=O)—CH₃

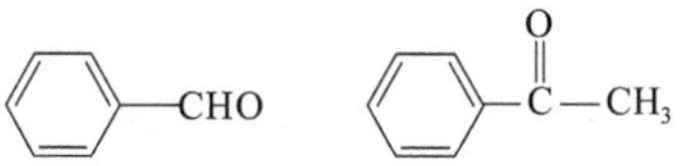

多元醛和酮　　HC(=O)—CH₂CH₂—CH(=O)　　CH₃C(=O)—CH₂—CC(=O)H₃

醛和酮的命名可用普通命名法,也可用系统命名法。

(1) 普通命名法:普通命名法适用于简单的醛和酮。①脂肪醛按分子中所含碳原子数称为某醛,若用希腊字母表示时,与羰基碳直接相连的碳原子称为 α-碳原子,然后依次以 β、γ…编号。②脂肪酮则按羰基所连的两个烃基名称命名为某(基)某(基)酮,以英文字母顺序前后排列"甲"字有时可以省略。③芳香醛可将芳烃基作为取代基,以脂肪醛作为母体。④酮的羰基与苯环直接连接时,则称为"某酰苯"。例如:

HCHO　　　　CH₃CHO　　　　CH₃CCH₂CH₃(=O)　　　CH₃CCH₃(=O)
甲醛　　　　　乙醛　　　　　乙基甲基酮　　　　　二甲基酮

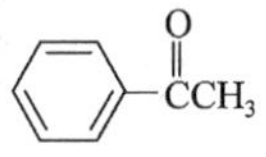

C₆H₅—CCH₃(=O)　　　　C₆H₅—CHO　　　　C₆H₅—C(=O)—C₆H₅
乙酰苯(苯乙酮) 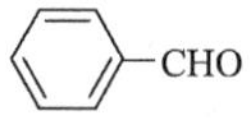　　　　苯甲醛 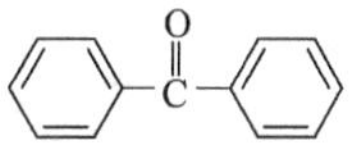　　　　　二苯(甲)酮

(2) 系统命名法:系统命名法适用于结构复杂的醛和酮。命名时选择含羰基的最长碳链作主链,称为某醛或某酮。主链中碳原子的编号要从醛基一端或从靠近酮基的一端开始,而且需标明酮基的位置,取代基的位置、个数及名称放在母体名称之前。例如:

CH₃CH₂—CH(CH₃)—CHO　　　　CH₃CHCH₂—C(=O)—CH₃ (带CH₃支链)
2-甲基丁醛　　　　　　　　　　4-甲基戊-2-酮

多元醛、酮的命名,除应选取羰基最多的最长碳链作主链,还应注明酮基的位置和数目。例如:

HCCH₂CH₂CH(=O)(=O)　　　　CH₃CCH₂CCH₃(=O)(=O)
戊二醛　　　　　　　　　　　戊-2,4-二酮

不饱和醛、酮命名时,除应满足羰基的编号尽可能小外,同时要标示出不饱和键的位置:

CH₃CH=CHCHO　　　　CH₃—C(CH₃)=CH—C(=O)—CH₃
丁-2-烯醛(巴豆醛)　　　4-甲基戊-3-烯-2-酮

脂环酮的命名与脂肪酮相似,编号从羰基碳原子开始,在含相同碳原子的脂肪酮名称前加一个环字。例如:

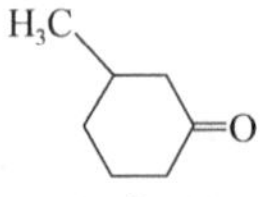

3-甲基环己-1-酮 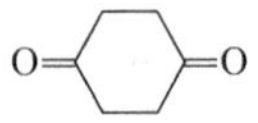   环己-1,4-二酮

思考题 7-1 命名下列化合物：

（1）CH$_3$CH$_2$CH(CH$_3$)CHO

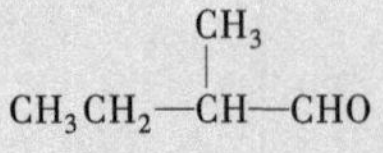

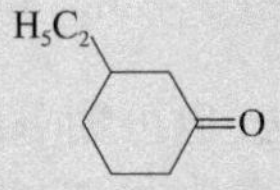

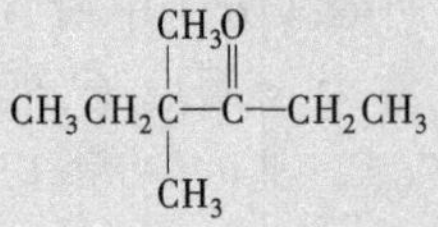

（2）3-乙基环己酮结构

（3）CH$_3$CH$_2$C(CH$_3$)(OCH$_3$)CH$_2$CH$_3$

（4）C$_6$H$_5$CH$_2$CH$_2$COCH$_3$

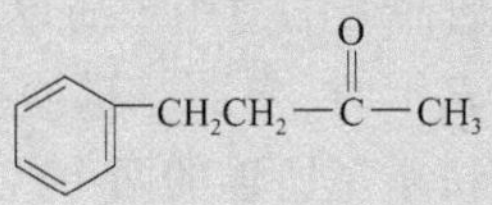

从自然界获得的许多醛、酮都有俗名，如从桂皮油中分离出来的 3-苯基丙-2-烯醛称肉桂醛、芳香油中常见的茴香醛等。

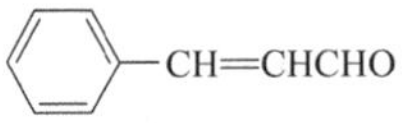

肉桂醛 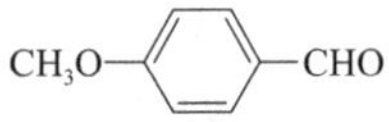   茴香醛 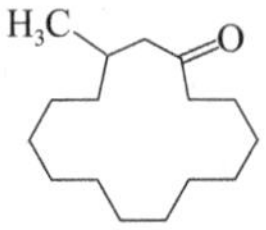   麝香酮

二、醛、酮的物理性质

常温下，除甲醛是气体外，其余低级饱和醛都为液体，高级醛是固体。低级醛具有强烈刺激味，中级醛具有果香味，含九、十个碳的醛常用于香料工业中。低级酮是液体，具有令人愉快的气味，高级酮是固体。表 7-1 列出了一些醛和酮的物理常数。

由于醛、酮分子间不能形成氢键，故其沸点比相对分子质量相近的醇和羧酸要低。但是羰基的极性使得其分子间偶极-偶极相互作用增大，因此其沸点比相对分子质量相近的烷烃和醚类要高。

醛、酮的羰基氧原子与水分子中的氢原子可以形成分子间氢键，使水溶性增强。甲醛、乙醛易溶于水；随着分子中烃基比例增大，醛、酮的水溶性迅速降低。含 6 个碳以上的醛、酮几乎不溶于水，而溶于乙醚、苯等有机溶剂中。丙酮为无色有果香气的液体，极易溶于水，并能与各种有机溶剂混溶，是常用的有机溶剂，在医学检验中还可用作组织脱水剂。正常人的血液中丙酮含量极低，糖尿病患者由于体内代谢紊乱，常有过量的丙酮从尿液中或随呼吸排出。

表 7-1 一些醛和酮的物理常数

中文名称	结构式	熔点/℃	沸点/℃	密度/(g·cm^{-3})	水溶解度/[g·(100g 水)$^{-1}$]
甲醛	HCHO	-92.0	-19.5	0.185	55.0

续表

中文名称	结构式	熔点/℃	沸点/℃	密度/$(g \cdot cm^{-3})$	水溶解度/$[g \cdot (100g水)^{-1}]$
乙醛	CH_3CHO	-123.0	20.8	0.781	溶
丙醛	CH_3CH_2CHO	-81.0	48.8	0.807	20.0
乙二醛	OHC—CHO	15.0	50.4	1.14	溶
苯甲醛	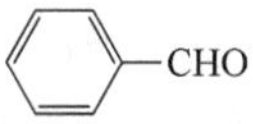 C₆H₅—CHO	-26.0	179.0	1.046	0.33
丙酮	CH_3COCH_3	-95.0	56.0	0.792	溶
丁-2-酮	$CH_3COCH_2CH_3$	-86.0	79.6	0.805	35.3
戊-2-酮	$CH_3COCH_2CH_2CH_3$	-77.8	102.0	0.812	几乎不溶
戊-3-酮	$CH_3CH_2COCH_2CH_3$	-42.0	102.0	0.814	4.7
环己酮	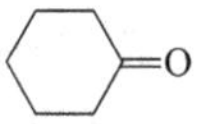 环己酮结构	-16.4	156.0	0.942	微溶
4-甲基戊-3-烯-2-酮	$(CH_3)_2CH=CHCOCH_3$	-59.0	130.0	0.865	溶
丁二酮	$CH_3COCOCH_3$	-2.4	88.0	0.980	25.0
二苯酮	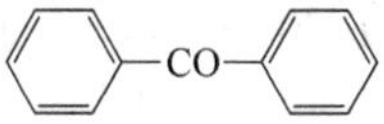 C₆H₅—CO—C₆H₅	48.0	306.0	1.098	不溶

思考题 7-2 不查表，比较下列各组化合物的沸点，指出哪一个较高，并说明理由。
(1) 丁醛和丁-1-醇　(2) 戊-2-酮和戊-2-醇　(3) 丙烷和丙醛

三、醛、酮的化学性质

羰基(C═O)和碳碳双键(C═C)在结构上有两个重要的差别，一是氧原子带有孤对电子；二是氧原子的电负性比碳强。羰基结构决定醛、酮有三大类化学反应：第一类是羰基的亲核加成反应，第二类是α-氢的取代反应，第三类是醛的特殊反应。

$$-\overset{H}{\underset{|}{C}}-\overset{\begin{array}{c}O^{\delta-}\\ \|\end{array}}{\underset{}{C^{\delta+}}}-R'(H)$$

- 羰基亲核加成
- 涉及醛的特殊反应
- α-H 的反应

1. 羰基的亲核加成反应 由于醛酮的羰基中碳氧以双键结合,易发生加成反应;羰基的碳氧键是一个极性键,碳原子带部分正电荷,氧原子带部分负电荷,因此羰基碳氧双键容易与亲核试剂发生亲核加成(nucleophilic addition)反应。反应时,试剂中带负电荷的部分:Nu⁻加到羰基碳上,带正电荷的部分 A⁺加到羰基氧上。亲核加成反应的机理如下:

$$\underset{R'}{\overset{R}{>}}C\overset{\delta+\ \delta-}{=\!=}O + Nu:A \underset{}{\overset{慢}{\rightleftharpoons}} \left[\underset{R'}{\overset{R}{>}}\underset{Nu}{\overset{O^-}{C}}\right] \overset{A^+,快}{\rightleftharpoons} \underset{R'}{\overset{R}{>}}\underset{Nu}{\overset{OA}{C}}$$

反应时,首先是亲核试剂 Nu:A 中的亲核部分:Nu⁻进攻活泼的羰基碳,π 键断裂,电子对转移到氧原子上,形成氧负离子中间体。第一步反应速率较慢,成为控制反应速率的关键步骤。第二步是亲核试剂中带正电荷的部分 A⁺与中间体中带负电荷的氧结合形成最终加成产物。

在上述加成中,整个反应速率的控速步骤是由亲核试剂进攻带正电荷的羰基碳引起的,最终得到加成产物,所以羰基的加成称为亲核加成反应。常见的亲核试剂是负离子或带有孤对电子的中性分子,如氢氰酸、亚硫酸氢钠、醇、水和氨的衍生物等。羰基的亲核加成往往是可逆的,但是,在许多情况下,由于加成产物的进一步转化,反应可以进行到底。

发生亲核加成反应时,反应的难易除了与亲核试剂本身的强弱有关外,主要取决于羰基连接的基团的电子效应和空间效应的影响。从电子效应看,与羰基相连的烃基具有斥电子效应,使羰基碳所带的负电荷增多,正电性下降,不利于亲核试剂进攻;从空间效应看,羰基碳原子上连接的烷基的体积增大,空间阻碍增大,使亲核试剂进攻羰基受阻,不利于反应进行。芳香醛酮由于芳环的共轭效应,使芳环上的电子向羰基方向转移,大大降低了羰基碳的正电性,而且芳环体积比烷基更大,空间位阻更大,因此反应性更差。一般来讲,不同结构的醛、酮进行亲核加成由易到难的顺序是

$$\underset{H}{\overset{H}{>}}C=O > \underset{H}{\overset{R}{>}}C=O > \underset{H_3C}{\overset{R}{>}}C=O > \underset{R}{\overset{R}{>}}C=O > \underset{H_3C}{\overset{Ar}{>}}C=O$$

(1)与氢氰酸的加成:醛、脂肪族甲基酮和 8 个碳以下的环酮能与氢氰酸反应,加成产物为 α-氰醇(α-cyanohydrin),也称 α-羟腈。其反应通式为

$$R-\overset{\overset{O}{\|}}{C}-R'(H) + HCN \rightleftharpoons R-\overset{\overset{OH}{|}}{\underset{CN}{C}}-R'(H)$$

实验证明:反应在碱催化下速率加快,产率也提高;若加入酸,反应速率降低,甚至放置几天也不发生作用。这是因为在上述反应中,真正起作用的是亲核试剂氰根负离子。弱酸氢氰酸在溶液中存在如下的电离平衡:

$$HCN \rightleftharpoons CN^- + H^+$$

加入碱,增大了反应体系中的 CN⁻浓度;相反,加入酸,反应体系中 CN⁻浓度降低,加成反应难以进行。

在上述两步反应过程中,第一步发生共价键的异裂,是控制反应速率的慢步骤,整个加

成反应速率由第一步决定。产物α-羟腈在酸性条件下可以水解生成α-羟基酸,因此这个反应是一种增长碳链的方法。

$$\underset{\underset{CN}{|}}{\overset{\overset{OH}{|}}{R-C-R'(H)}} \xrightarrow[H^+]{H_2O} \underset{\underset{COOH}{|}}{\overset{\overset{OH}{|}}{R-C-R'(H)}}$$

例如,丙酮与氢氰酸在碱催化下反应生成丙酮氰醇,产物经水解、酯化等反应,可以制备甲基丙烯酸甲酯(有机玻璃的单体)。

$$\underset{CH_3}{\overset{CH_3}{\diagdown}}C=O \xrightarrow{HCN} \underset{CH_3}{\overset{CH_3}{\underset{|}{C}}}\overset{OH}{\underset{CN}{|}} \xrightarrow[H^+]{H_2O} \underset{H_3C}{\overset{H_3C}{\underset{|}{C}}}\overset{OH}{\underset{COOH}{|}} \xrightarrow[\text{浓硫酸}]{CH_3OH\ 80℃} CH_2=\underset{|}{\overset{CH_3}{C}}-COOCH_3$$

(2) 与格氏试剂的加成:格氏试剂容易与醛、酮的羰基加成,其产物不经分离在酸性条件下直接水解可以制备各种类型的醇。由于格氏试剂是一种极性化合物,与Mg相连的碳带有负电性,所以在反应中,格氏试剂的碳负离子(:R⁻)是一种强的亲核试剂。

$$\overset{\delta^+}{\underset{}{}}\overset{\delta^-}{C=O} + \overset{\delta^-}{R}-\overset{\delta^+}{MgX} \xrightarrow{\text{无水乙醚}} \underset{R}{\overset{OMgX}{\underset{|}{C}}} \xrightarrow[H^+]{H_2O} \underset{R}{\overset{OH}{\underset{|}{C}}} + Mg\overset{X}{\underset{OH}{|}}$$

利用格氏试剂与不同醛、酮反应,可以制备不同的醇。甲醛与格氏试剂作用,生成伯醇;其他醛与格氏试剂作用,生成仲醇;酮与格氏试剂反应生成叔醇。例如:

$$\underset{H}{\overset{H}{\diagdown}}\overset{\delta^+\ \delta^-}{C=O} + \overset{\delta^-}{CH_3CH_2}-\overset{\delta^+}{MgX} \xrightarrow{\text{无水乙醚}} \underset{H}{\overset{H}{\underset{CH_2CH_3}{\overset{OMgX}{|}}}} \xrightarrow[H^+]{H_2O} CH_3CH_2CH_2OH$$

$$\underset{H}{\overset{CH_3CH_2}{\diagdown}}\overset{\delta^+\ \delta^-}{C=O} + \overset{\delta^-}{CH_3CH_2}-\overset{\delta^+}{MgX} \xrightarrow{\text{无水乙醚}} \underset{H}{\overset{CH_3CH_2}{\underset{CH_2CH_3}{\overset{OMgX}{|}}}} \xrightarrow[H^+]{H_2O} CH_3CH_2\underset{|}{\overset{OH}{C}}HCH_2CH_3$$

$$(C_6H_5)_2C=O + C_6H_5MgX \xrightarrow[(2)H_2O/H^+]{(1)\text{无水乙醚}} (C_6H_5)_3C-OH$$

思考题 7-3 用适当的格氏试剂制备下列醇:
(1) 2-甲基丁-2-醇   (2) 1-苯基丙-2-醇

(3) 与含硫亲核试剂的加成:醛、脂肪族甲基酮和8个碳以下的环酮与亚硫酸氢钠的饱和溶液作用,析出结晶状加成物α-羟基磺酸钠。

$$\underset{H}{\overset{R}{\diagdown}}C=O + \overset{HO}{\underset{O}{\underset{\|}{:S}}}\overset{ONa}{\underset{}{}} \rightleftharpoons \underset{H}{\overset{R}{\underset{SO_3H}{\overset{ONa}{|}}}}C \rightleftharpoons \underset{H}{\overset{R}{\underset{SO_3Na}{\overset{OH}{|}}}}C$$

上述反应是可逆的。因为加成产物α-羟基磺酸钠遇酸或碱,又可恢复成原来的醛、酮,所以该加成反应除可用来鉴别醛、脂肪族甲基酮和8个碳以下的环酮外,还可利用反应的可逆性,来分离或精制这些醛、酮。

因为该反应中的亲核试剂是体积比CN^-更大的HSO_3^-,受羰基连接的烃基的空间位阻影响,反应比与氢氰酸的加成难,所以需要用过量的$NaHSO_3$,促使平衡向右进行,使产率提高。另外磺酸基团的引入,可以增加分子的水溶性。

(4) 醛酮与醇的加成反应:在无水酸(如干燥氯化氢)存在下,1分子醛与1分子醇发生加成反应,生成半缩醛(hemiacetal)。

$$R-\underset{\underset{O}{\parallel}}{C}-H + HOR' \xrightleftharpoons{\text{干燥 HCl}} R-\underset{\underset{OR'}{|}}{\overset{\overset{OH}{|}}{C}}-H$$
半缩醛

半缩醛通常不稳定,可以继续与1分子醇反应,生成稳定的缩醛(acetal)。

$$R-\underset{\underset{OR'}{|}}{\overset{\overset{OH}{|}}{C}}-H \xrightarrow[\text{干燥 HCl}]{HOR'} R-\underset{\underset{OR'}{|}}{\overset{\overset{OR'}{|}}{C}}-H + H_2O$$
半缩醛　　　缩醛

半缩醛结构中的羟基称为半缩醛羟基,因与醚键连接在同一碳原子上,通常不稳定,难分离出来。缩醛具有偕二醚结构(两个醚键连在同一碳原子上),其性质与醚相似,对碱及氧化剂稳定,但在稀酸中分解成原来的醛和醇。缩醛这个性质在有机合成中常用来保护活泼的醛基,也就是说待氧化或其他影响醛基的反应完成后,用稀酸分解缩醛,把醛基释放出来。

酮也可以与醇作用生成缩酮(ketal),但反应要慢得多,原因是反应平衡倾向于反应物的一边。但是在酸催化下,乙二醇容易与酮作用,生成具有五元环结构的缩酮。这个反应可以用来保护酮基,当然也可用丙酮来保护分子中的邻二醇结构。

$$\underset{R'}{\overset{R}{>}}C=O + \underset{HO-CH_2}{\overset{HO-CH_2}{|}} \xrightarrow{\text{干燥 HCl}} \underset{R'}{\overset{R}{>}}C\underset{O-CH_2}{\overset{O-CH_2}{<}} + H_2O$$

缩酮的性质与缩醛类似,对碱及氧化剂都比较稳定,然而遇稀酸却分解成原来的酮和醇。

虽然许多半缩醛不稳定,但是单糖(多羟基醛或酮)分子内的羰基与羟基可以形成环状半缩醛(酮),这种环状半缩醛(酮)的结构是稳定的(详见第十三章)。半缩醛(酮)、缩醛(酮)的结构和性质在糖化学中十分重要。

思考题 7-4 以丙烯醛为原料合成甘油醛(2,3-二羟基丙醛),写出各步反应式。

(5) 与水的加成:醛、酮的羰基可以与水加成形成水合物。由于水是一种较弱的亲核试剂,因此产物偕二醇(geminal diol)不稳定,容易失水,反应平衡主要倾向反应物一方。

$$\underset{(R')H}{\overset{R}{>}}C=O + H_2O \rightleftharpoons \underset{(R')H}{\overset{R}{>}}C\underset{OH}{\overset{OH}{<}}$$

一般醛的水化产物的产率大于酮,如甲醛在水溶液中几乎以水合物形式存在(99.96%),但分离不出来。丙酮水合作用较小,水合物含量只有0.14%。

如果醛、酮的羰基碳上连接有强吸电子基团时,由于羰基的正电性增大,可以生成稳定的水合物。例如,三氯乙醛由于羰基 α-碳连着3个有吸电子作用的氯原子,羰基活性增大,可与水形成稳定的有固定熔点无色透明柱状晶体的水合氯醛(chloral hydrate)。$100 g \cdot L^{-1}$

三氯乙醛水溶液在临床上曾用作镇静催眠药。水合茚三酮(ninhydrin)在氨基酸和蛋白质分析中是重要的显色剂。

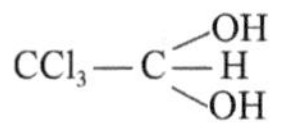

$$CCl_3-\overset{OH}{\underset{OH}{\overset{|}{\underset{|}{C}}}}-H$$

水合氯醛 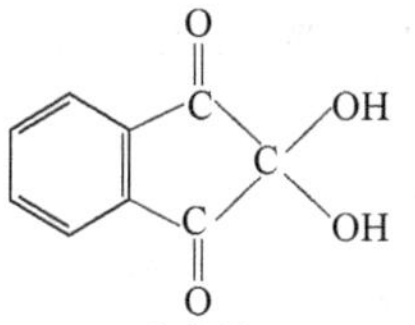　　　水合茚三酮

（6）与含氮亲核试剂的加成：醛、酮能与氨及氨的某些衍生物发生亲核加成反应，加成产物容易失去一分子水形成含有碳氮双键的化合物。该反应也称为加成缩合反应。氨的某些衍生物有伯胺、羟胺、肼、苯肼、2,4-二硝基苯肼、氨基脲等。如果用 H_2N-G 代表氨的某些衍生物，其中 G 代表不同的取代基，上述反应的通式如下：

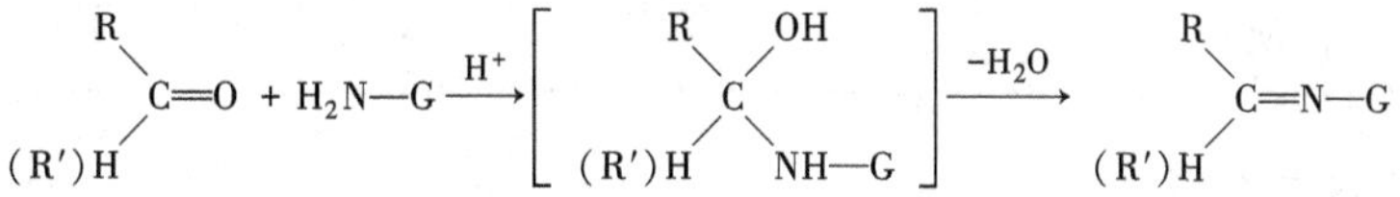

$$\underset{(R')H}{\overset{R}{C}}=O + H_2N-G \xrightarrow{H^+} \left[\underset{(R')H}{\overset{R}{\underset{NH-G}{\overset{OH}{C}}}}\right] \xrightarrow{-H_2O} \underset{(R')H}{\overset{R}{C}}=N-G$$

N-取代亚胺

各种氨的衍生物与醛、酮的加成缩合产物名称和结构式，见表 7-2。由于反应产物都有一定的晶形和熔点，容易鉴别，因此在有机分析中称这些氨的衍生物为"羰基试剂"。其中 2,4-二硝基苯肼常用于醛、酮的鉴别。这是因为它几乎能与所有的醛、酮迅速反应，并析出橙黄色或橙红色的 2,4-二硝基苯腙晶体，易于观察。

表 7-2　氨的衍生物和醛、酮反应的产物

氨的衍生物	结构式	加成缩合产物结构式	名称
伯胺	H_2N-R''	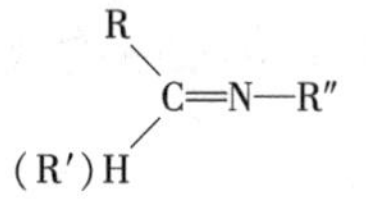 $\underset{(R')H}{\overset{R}{C}}=N-R''$	席夫碱
羟胺	H_2N-OH	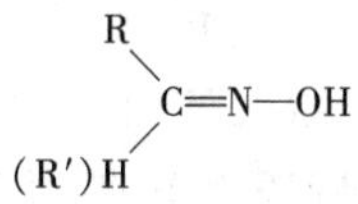 $\underset{(R')H}{\overset{R}{C}}=N-OH$	肟
肼	H_2N-NH_2	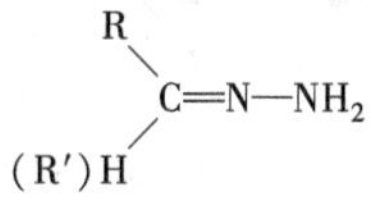 $\underset{(R')H}{\overset{R}{C}}=N-NH_2$	腙
苯肼	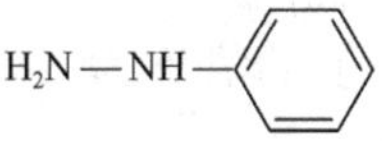 $H_2N-NH-C_6H_5$	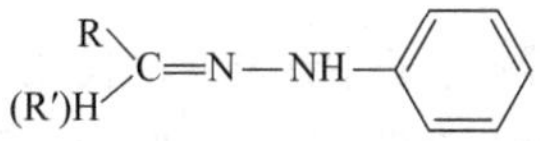 $\underset{(R')H}{\overset{R}{C}}=N-NH-C_6H_5$	苯腙
2,4-二硝基苯肼	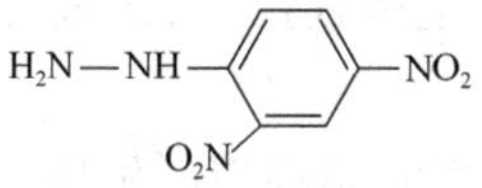 $H_2N-NH-C_6H_3(NO_2)_2$	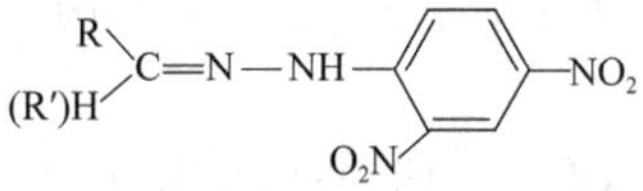 $\underset{(R')H}{\overset{R}{C}}=N-NH-C_6H_3(NO_2)_2$	2,4-二硝基苯腙
氨基脲	$H_2N-NH-\overset{O}{\underset{}{\overset{\|}{C}}}-NH_2$	$\underset{(R')H}{\overset{R}{C}}=N-NH-\overset{O}{\underset{}{\overset{\|}{C}}}-NH_2$	缩氨脲

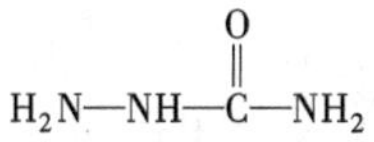

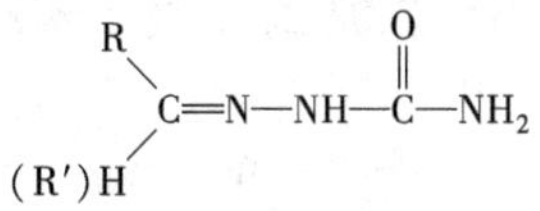

此外，表 7-2 产物容易结晶、纯化，经酸水解又可以得到原来的醛、酮，故这些试剂还用于醛、酮的分离及精制。

醛、酮与伯胺加成缩合产物为 N-取代亚胺（N-substituted imine），称席夫碱（Schiff base）。

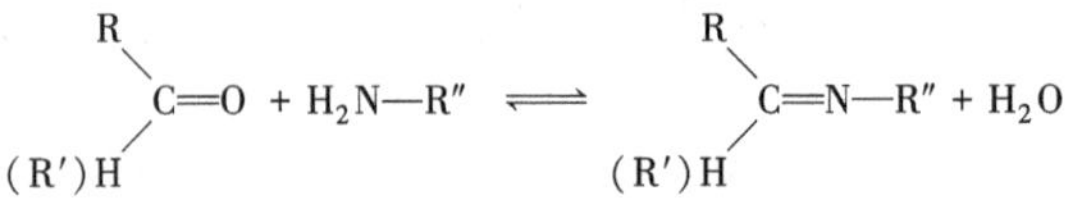

$$\underset{(R')H}{\overset{R}{>}}C=O + H_2N-R'' \rightleftharpoons \underset{(R')H}{\overset{R}{>}}C=N-R'' + H_2O$$

席夫碱因为与人体许多生化过程有关而被广泛关注。例如，人眼能有视觉是因为视觉感光细胞中存在感光色素视紫红素，从化学结构来看，视紫红素是具有亚胺结构的席夫碱，这种席夫碱是由顺-11-视黄醛的羰基与视蛋白中的氨基进行加成缩合反应而成。当视紫红素吸收光子后，可导致视黄醛 C_{11} 的双键构型转化，由顺式转变为反式，触发神经冲动，将信息传递到大脑形成视觉。

思考题 7-5 完成下列反应的方程式

(1) 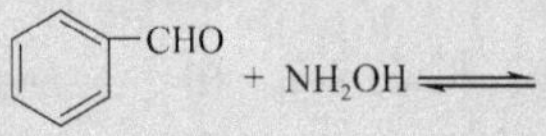 C$_6$H$_5$CHO + NH$_2$OH $\rightleftharpoons$

(2) CH$_3$CHO + H$_2$N—NH—C$_6$H$_3$(NO$_2$)$_2$ 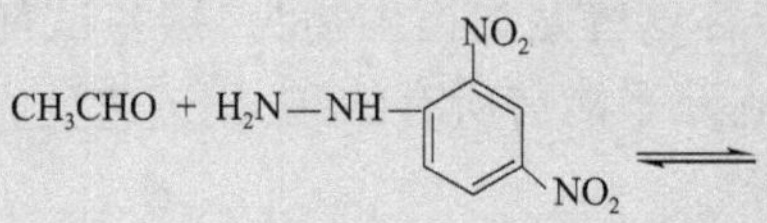 $\rightleftharpoons$

2. 羰基加成的立体化学 由于羰基是平面构型，在发生亲核加成反应时，亲核试剂可以从羰基平面的上方或下方进攻羰基。除了甲醛和对称酮外，其他醛、酮加成时都会产生新的手性碳原子，产物是对映体的混合物或非对映体的混合物。

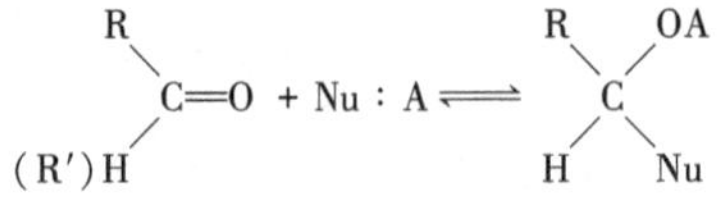

$$\underset{(R')H}{\overset{R}{>}}C=O + Nu:A \rightleftharpoons \underset{H}{\overset{R}{\underset{Nu}{|}}}\overset{OA}{\underset{|}{C}}$$

例如，乙醛与氢氰酸的加成，CN^- 作为亲核试剂可以从羰基平面的上方或下方进攻羰基碳，且机会相等，生成了由等量的 R-羟基丙腈和 S-羟基丙腈组成的外消旋体产物。

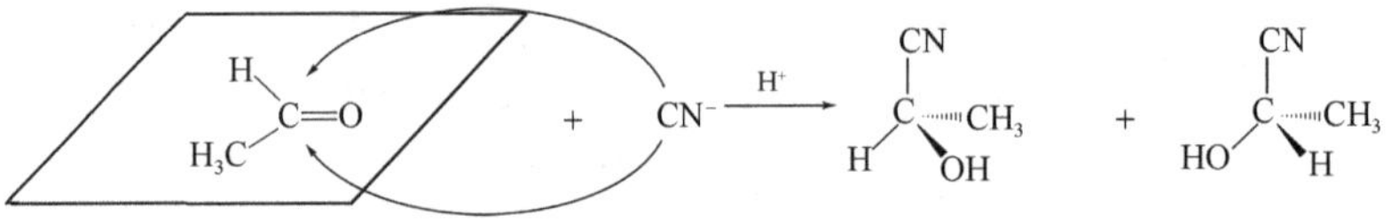

R-羟基丙腈   S-羟基丙腈

3. α-氢的反应 醛、酮分子中与羰基相邻的碳原子上的氢称为 α-氢。α-氢原子受羰基极性的影响酸性增强，比较活泼，它可以发生如下的反应：

(1) 卤代反应：含有 α-氢的醛、酮可以与卤素发生卤代反应，α-氢可逐步被卤素取代，得到卤代醛、酮。

如果 α-碳上的氢不止一个时，在酸催化下，卤代反应能够控制生成一卤代产物。例如，苯乙酮与溴在乙酸溶液中反应，得到 α-溴代苯乙酮：

$$C_6H_5COCH_3 + Br_2 \xrightarrow{CH_3COOH} C_6H_5COCH_2Br + HBr$$

如果 α-碳上的氢不止一个时用碱催化，卤代反应速率很快，生成 α-H 完全卤代的多卤代物。例如,乙醛、甲基酮与卤素的氢氧化钠溶液作用(常用次卤酸钠的碱溶液),首先生成 α,α,α-三卤代物,由于卤原子的强吸电子作用,三卤代物在碱性溶液中不稳定,立即分解成三卤甲烷(俗称卤仿)和羧酸盐。由于反应中有卤仿生成,该反应又称卤仿反应,反应过程如下:

$$X_2 + 2NaOH \rightleftharpoons NaOX + NaX + H_2O$$

$$CH_3-\underset{\underset{O}{\parallel}}{C}-R(H) + 3NaOX \rightleftharpoons CX_3-\underset{\underset{O}{\parallel}}{C}-R(H) + 3NaOH$$

$$CX_3-\underset{\underset{O}{\parallel}}{C}-R(H) + NaOH \rightleftharpoons CHX_3\downarrow + (H)R-COONa$$

$$CH_3-\underset{\underset{O}{\parallel}}{C}-R(H) + 3X_2 + 4NaOH \longrightarrow CHX_3\downarrow + (H)R-COONa + 3NaX + 3H_2O$$

卤仿反应常用碘的碱溶液,产物之一是碘仿,所以称为碘仿反应。碘仿是一种淡黄色晶体,难溶于水(但易溶于强碱性溶液中),有特殊的气味,容易识别。所以,可以用碘仿反应鉴别乙醛和甲基酮。另外由于次碘酸钠(NaOI)具有氧化作用,乙醇和含有 $CH_3CH(OH)-R(H)$ 结构的醇在该反应条件下可被氧化成相应的乙醛或甲基酮,也能发生碘仿反应。例如:

$$CH_3\underset{\underset{OH}{|}}{CH}CH_3 \xrightarrow{NaOI} CH_3-\underset{\underset{O}{\parallel}}{C}-CH_3 \xrightarrow{NaOI} CHI_3\downarrow + CH_3COONa$$

思考题 7-6 下列化合物能发生碘仿反应的有哪些?
(1) 乙醇　　　(2) 戊-2-醇　　　(3) 戊-3-醇　　　(4) 丙-1-醇
(5) 戊-3-酮　　(6) 异丙醇　　　(7) 丙醛　　　　(8) 苯乙酮

(2) 羟醛缩合反应:在稀碱存在下,1 分子醛的 α-碳可加到另外 1 分子醛的羰基碳上,α-H 则加到羰基氧上,生成 β-羟基醛,也称羟醛(aldol)。如果把产物加热,可得 α,β-不饱和醛。该反应称为羟醛缩合(aldol condensation),也称醇醛缩合。

例如,在稀碱存在下,乙醛发生羟醛缩合反应生成 β-羟基丁醛,后者在受热情况下失水,生成丁-2-烯醛(巴豆醛),它是一种 α,β-不饱和醛。

$$CH_3-\underset{\underset{O}{\parallel}}{C}-H + \underset{\underset{H}{|}}{CH_2}-CHO \xrightarrow[4\sim 5℃]{稀\ NaOH} CH_3\underset{\underset{OH}{|}}{CH}CH_2CHO$$

β-羟基丁醛

$$CH_3\underset{\underset{OH}{|}}{CH}CH_2CHO \xrightarrow{加热} CH_3CH=CHCHO + H_2O$$

丁-2-烯醛(巴豆醛)

羟醛缩合反应机理如下:

反应开始于稀碱从一分子醛的 α-碳上夺取一个质子,使 α-碳成为碳负离子,此碳负离子作为强的亲核试剂,进攻另一分子醛的羰基碳,生成一个氧负离子。然后氧负离子从水分子中夺取一个质子,得到 β-羟基醛,也称醇醛。

$$R-\underset{\underset{H}{|}}{CH}-\underset{\underset{O}{\parallel}}{C}-H(R') + OH^- \rightleftharpoons R\overset{-}{C}H-\underset{\underset{O}{\parallel}}{C}-H(R') + H_2O$$

$$RCH_2-\underset{O}{\overset{\|}{C}}-H(R') + R\overset{-}{C}H-\underset{O}{\overset{\|}{C}}-H(R') \rightleftharpoons RCH_2-\underset{\underset{(R')H}{|}}{\overset{O^-}{\overset{|}{C}}}-\underset{\underset{R}{|}}{\overset{}{C}H}-\underset{O}{\overset{\|}{C}}-H(R')$$

$$RCH_2-\underset{\underset{(R')H}{|}}{\overset{O^-}{\overset{|}{C}}}-\underset{\underset{R}{|}}{\overset{}{C}H}-\underset{O}{\overset{\|}{C}}-H(R') + H_2O \rightleftharpoons RCH_2-\underset{\underset{(R')H}{|}}{\overset{OH}{\overset{|}{C}}}-\underset{\underset{R}{|}}{\overset{}{C}H}-\underset{O}{\overset{\|}{C}}-H(R') + OH^-$$

由两种不同的含有 α-氢的醛酮进行羟醛缩合反应,一般可以得到四种缩合产物的混合物。由于分离困难,实用意义不大。但是,如果某一种醛酮不具有 α-氢,则可得到单一缩合产物,且收率高,在合成上有重要价值。例如,乙醛在稀碱存在下慢慢加入过量的苯甲醛中,可得到收率很高的 β-羟基苯丙醛,它缩水生成肉桂醛。

$$C_6H_5CHO + CH_3CHO \rightleftharpoons C_6H_5-\underset{\underset{OH}{|}}{\overset{}{C}H}CH_2CHO \xrightarrow{-H_2O} \underset{\text{肉桂醛}}{C_6H_5CH=CHCHO}$$

羟醛(酮)缩合反应可以用来增长碳链,产物中含有两类活泼的特性基团,在一定条件下可转变成其他有机化合物。

羟醛缩合反应及其逆反应在生物体内也是一个重要的生化过程,在糖代谢中较为常见。由于羟醛缩合反应的逆反应的存在,生物体才能将糖分解为较小的分子,从而发挥其供能作用。

4. 氧化还原反应

(1) 氧化反应

1) 与弱氧化剂的反应:醛容易被氧化成羧酸,它不仅可与强氧化剂(如高锰酸钾等)作用,还可以与弱氧化剂(如托伦试剂、费林试剂及本尼迪克特试剂等)作用,得到相应的氧化产物;酮不易被弱氧化剂氧化,但酮可与强氧化剂(如强酸性、高浓度 $KMnO_4$)反应,使碳链断裂,生成含碳原子数目较少的羧酸混合物。

托伦(Tollen)试剂是由氧化银溶解在氨水中制备的无色溶液。醛与 Tollen 试剂共热时,醛被氧化成羧酸,$[Ag(NH_3)_2]^+$ 被还原成金属银沉积在试管壁上形成银镜,所以该反应又称为银镜反应。

$$RCHO + 2[Ag(NH_3)_2]OH \xrightarrow{加热} RCOONH_4 + 2Ag\downarrow + 3NH_3 + H_2O$$

费林(Fehling)试剂由硫酸铜和酒石酸钾钠的氢氧化钠溶液混合而成。Cu^{2+} 是氧化剂,与醛反应被还原为红色的氧化亚铜沉淀析出,醛被氧化成羧酸。

$$RCHO + 2Cu(OH)_2 + NaOH \xrightarrow{加热} RCOONa + Cu_2O\downarrow + 3H_2O$$

本尼迪克特(Benedict)试剂由硫酸铜、碳酸钠和枸橼酸钠(柠檬酸钠)配制,仍以 Cu^{2+} 作氧化剂,用枸橼酸钠作配合剂,反应原理同 Fehling 试剂。临床上 Benedict 试剂可用来检测尿液中的葡萄糖。

由于上述试剂只与醛作用,不与酮反应,因此利用它们可把醛和酮区别开来。但是,芳香醛不与 Fehling 试剂及 Benedict 试剂作用,所以还可用它们来鉴别脂肪醛和芳香醛。

这些弱氧化剂不能氧化 $C=C$、$—OH$、$—NH_2$ 等易被氧化的基团。

2) 与席夫试剂的反应:品红是一种红色染料,其水溶液中通入 SO_2 后褪去红色成为无色溶液,这种溶液称为席夫试剂。

席夫试剂与醛反应生成紫红色的醌型材料,它不与酮反应,利用这一性质可鉴别醛和酮。甲醛与席夫试剂反应生成的紫红色产物加入浓硫酸后紫红色不消失,而其他醛与席夫试剂生成的紫红色产物加入浓硫酸后褪色,所以又可利用这一性质鉴别甲醛和其他醛。

3) 坎尼扎罗(Cannizzaro)反应:不含 α-H 的醛,在浓碱作用下,能发生自身的氧化还原反应,即一分子醛被氧化为羧酸,在碱溶液中生成羧酸盐,另一分子醛被还原为醇。这种反应称为歧化反应(disproportionation reaction),也称 Cannizzaro 反应。例如:

$$2HCHO \xrightarrow{浓 NaOH} CH_3OH + HCOONa$$

$$2\ C_6H_5-CHO \xrightarrow{浓 NaOH} C_6H_5-CH_2OH + C_6H_5-COONa$$

两种不含 α-H 的醛,在浓碱作用下会发生交叉 Cannizzaro 反应,得到几种产物的混合物。但如果其中有甲醛,甲醛总被氧化成甲酸,这是因为它具有强还原性,另一种醛被还原成醇,如

$$HCHO + C_6H_5-CHO \xrightarrow{浓 NaOH} C_6H_5-CH_2OH + HCOONa$$

思考题 7-7 下列化合物中,哪些能发生醇醛缩合?哪些能发生 Cannizzaro 反应?
(1) 丙酮　(2) 苯乙醛　(3) 2,2-二甲基丙醛　(4) 呋喃甲醛

(2) 还原反应:采用不同的还原剂可将醛、酮的羰基还原成醇羟基或甲叉基(—CH_2—)。

1) 催化加氢:在 Ni、Pt、Pd 等金属催化剂的催化下,醛加氢还原成伯醇,酮加氢被还原为仲醇。

$$R-\overset{O}{\underset{}{C}}-H \xrightarrow[Pt,0.3MPa,25℃]{H_2} RCH_2OH \quad 伯醇$$

$$R-\overset{O}{\underset{}{C}}-R' \xrightarrow[Pt,0.3MPa,25℃]{H_2} R-\overset{OH}{\underset{H}{C}}-R' \quad 仲醇$$

2) 金属氢化物还原:如果用金属氢化物作为还原剂,如硼氢化钠($NaBH_4$)或氢化锂铝($LiAlH_4$)也能将醛、酮还原成相应的醇,但不影响分子中的碳碳双键结构。在还原时金属氢化物中的氢负离子(H^-)作为亲核试剂加到羰基碳上,金属基团(M^+)与羰基氧结合,生成的加成物经水解得醇。反应通式如下:

$$\underset{}{>}C=O \xrightarrow[金属氢化物]{M^+H^-} \underset{H}{\overset{|}{-C-O^-}} M^+ \xrightarrow{H_2O} \underset{H}{\overset{|}{-C-OH}} + M^+OH^-$$

两种试剂中 $NaBH_4$ 的还原能力不及 $LiAlH_4$,但其优点是使用方便。因为 $NaBH_4$ 能同时溶解于水和醇,可使加成和水解两步反应快速进行;而 $LiAlH_4$ 由于能与水和醇剧烈作用,所以进行第一步加成反应必须在无水条件(如乙醚)中进行,然后再进行第二步水解。

$$CH_3CH=CHCH_2CHO \xrightarrow[(2)H_2O]{(1)LiAlH_4,乙醚} CH_3CH=CHCH_2CH_2OH$$

3) 克莱门森(Clemmensen)还原:将醛或酮与锌汞齐和浓盐酸一起回流反应,可将羰基还原成甲叉基。此方法称为 Clemmensen 还原法。例如:

$$C_6H_5-\overset{O}{\underset{}{C}}-CH_3 \xrightarrow[\triangle]{Zn-Hg/浓HCl} C_6H_5-CH_2CH_3 + H_2O$$

这种合成法是合成纯的带侧链芳烃的一个很好方法,且收率高。但只适用于对酸稳定的化合物。对于那些对酸敏感而对碱稳定的羰基化合物,可以用缩乙二醇为溶剂,将醛或酮与肼、浓碱在常压下一起加热,将羰基还原成甲叉基,这种方法称为沃尔夫(Wolff)-基希纳(Kishner)-黄鸣龙还原法。例如:

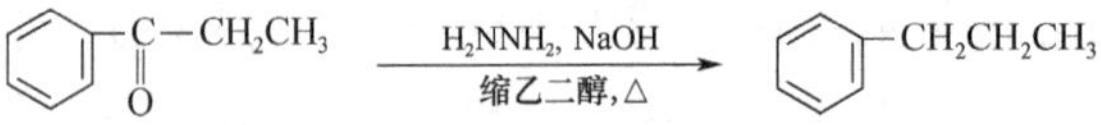

C—CH2CH3
O
H2NNH2, NaOH
缩乙二醇,△
CH2CH2CH3

四、醌

1. 醌的结构和命名 醌是一类α,β-不饱和环二酮,如苯醌是环己二烯二酮化合物,分子中存在较大的共轭体系,有对位和邻位两种构型。醌广泛分布在自然界中,可作为药物和染料的中间体,如醌类化合物维生素 K、辅酶 Q 等具有重要生理作用。醌一般都有颜色,常见的有苯醌、萘醌、蒽醌及其衍生物。醌类通常是依据相应的芳烃衍生物的名称命名,如苯醌、萘醌、蒽醌等,两个羰基的位置可用阿拉伯数字注明,也可用对、邻及α、β等标明。例如:

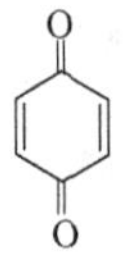

1,4-苯醌
(对苯醌)

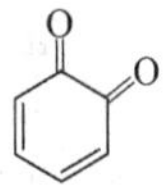

1,2-苯醌
(邻苯醌)

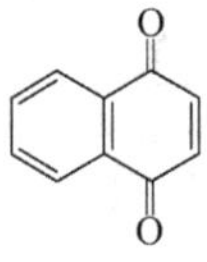

1,4-萘醌
(α-萘醌)

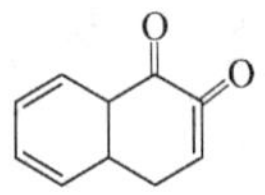

1,2-萘醌
(β-萘醌)

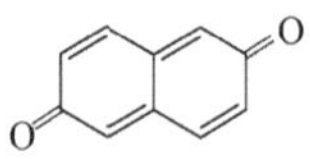

2,6-萘醌

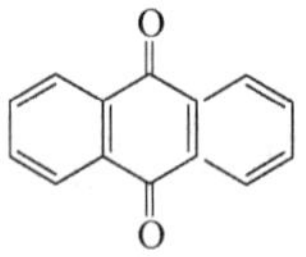

9,10-蒽醌

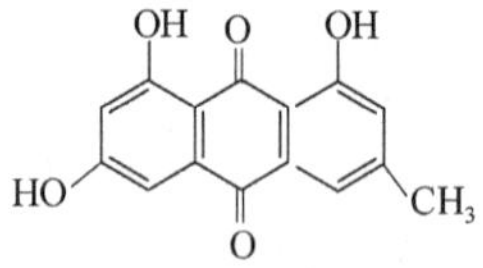

OH
O
OH
HO
CH3
O

大黄素

2. 苯醌的化学性质 苯醌是环己二烯二酮,分子中既含有碳碳双键又含有羰基,具有烯烃和酮的双重性质。由于两个碳碳双键与两个羰基共轭,苯醌又有与α,β-不饱和酮相似的化学性质。

(1)苯醌的亲电加成:苯醌分子中含有碳碳双键,所以能与亲电试剂发生亲电加成反应。例如,对苯醌与溴作用可分别生成二溴化物及四溴化物:

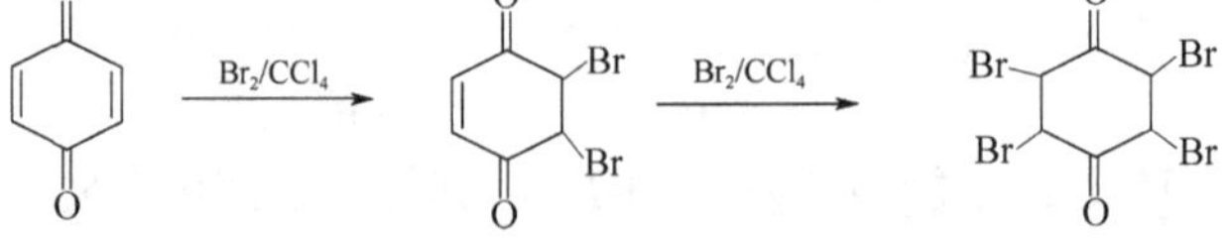

O
O
Br2/CCl4
Br
Br
Br2/CCl4
Br
Br
Br
Br

(2)苯醌的亲核加成:苯醌的分子中羰基能与亲核试剂发生亲核加成反应。例如,对苯醌与羟胺作用生成对苯醌肟或对苯醌二肟:

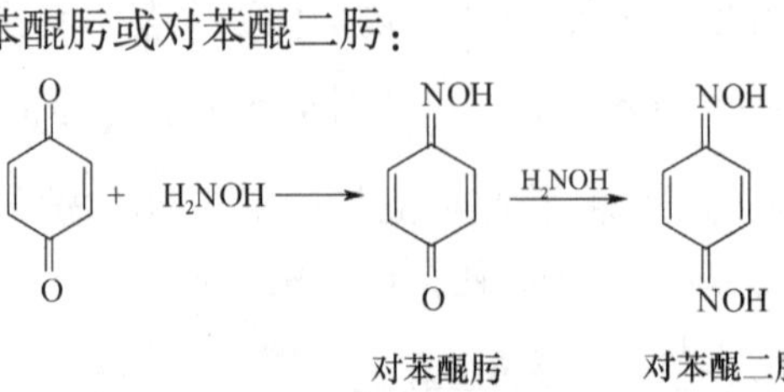

O
O
+ H2NOH
NOH
O
H2NOH
NOH
NOH

对苯醌肟　　对苯醌二肟

(3)苯醌的共轭加成:苯醌与α,β-不饱和酮性质相似,能与亲核试剂发生1,4-加成反

应。例如,对苯二醌与溴化氢加成后,重排生成对苯二酚的衍生物:

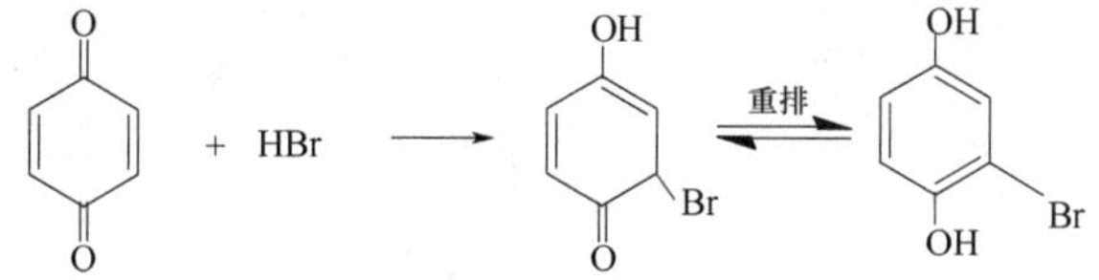

(4) 还原反应:在亚硫酸水溶液中对苯醌被还原成对苯二酚,也称氢醌(hydroquinone)。含有对苯醌结构的许多生物分子在体内也容易发生这种还原反应:

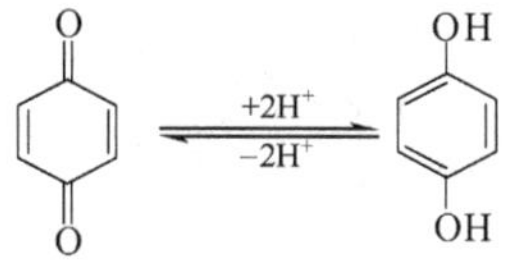

等量的对苯醌和对苯二酚的乙醇溶液混合,有深绿色晶体析出,它是由1分子对苯醌和1分子氢醌结合而成,称为醌氢醌。

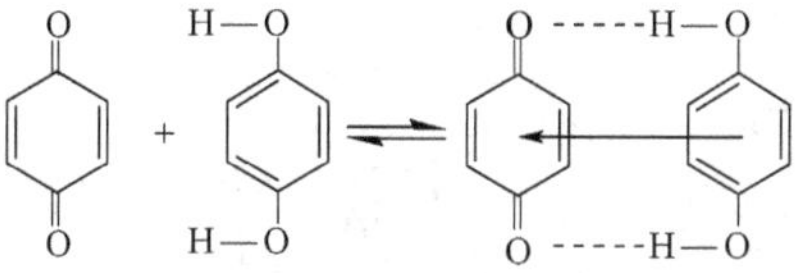

在电化学上,利用两者氧化还原性质可以制备醌氢醌电极,常用来测定溶液 pH。

3. 辅酶 Q_n 和维生素 K

(1) 辅酶 Q_n (coenzymes Q_n):辅酶 Q_n,又称为泛醌,是一类脂溶性的苯醌衍生物,广泛存在于自然界,是所有需氧生物体内氧化还原过程中极为重要的物质。它通过分子中的苯醌和氢醌间的可逆的氧化还原过程在生物体内转移电子。

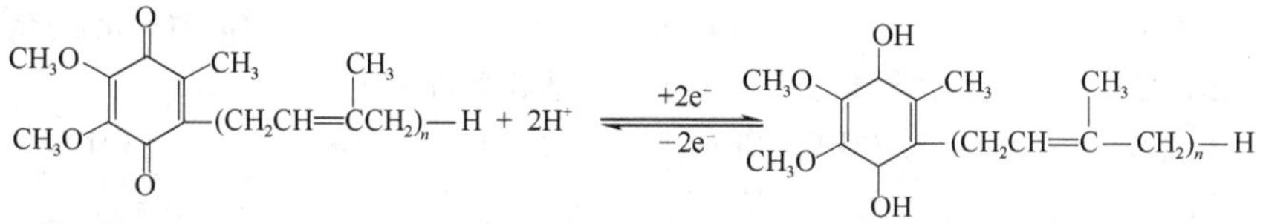

不同的辅酶 Q_n 的差别在于结构中侧链所含异戊二烯单位数目 n 的不同。人体内辅酶 Q_n 含有 10 个异戊二烯单位,称为辅酶 Q_{10} (CoQ_{10})。

(2) 维生素 K(vitamin K):维生素 K 是 1,4-萘醌的衍生物,它们存在于各种绿叶蔬菜中,具有促进凝血作用,所以在医学上常用作止血剂。天然存在的维生素 K 有维生素 K_1 和维生素 K_2,它们的结构式如下:

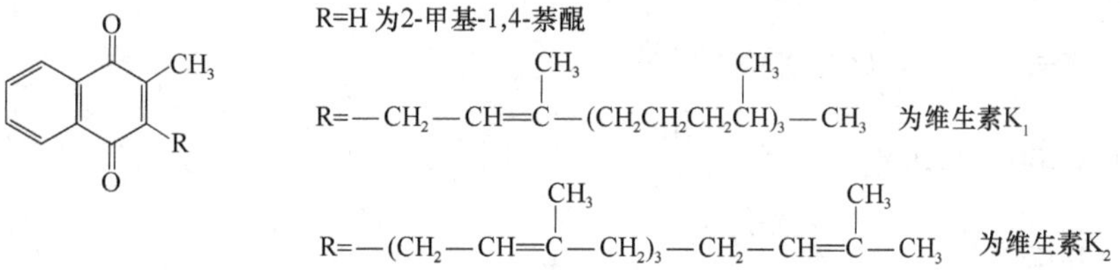

维生素 K_1 为黄色油状液体,可从苜蓿中提取。维生素 K_2 为黄色结晶,熔点 53.5~54.5℃,可从腐败的鱼肉中提取。

研究表明,2-甲基-1,4-萘醌具有很强的凝血能力,但难溶于水,医药上常用其亚硫酸氢钠加成物,这种人工合成的加成产物,溶于水,称为维生素 K_3,也具有止血作用,维生素 K_3 熔点 105~107℃。其反应式如下:

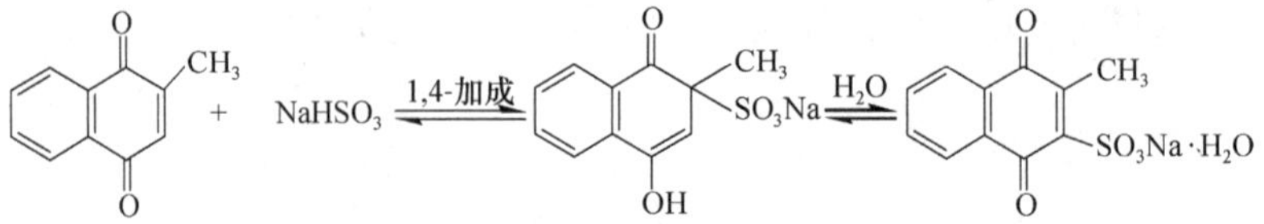

习 题

1. 用系统命名法命名下列化合物

(1) $(CH_3)_2CHCHCHO$
           |
           CH_3

(2) 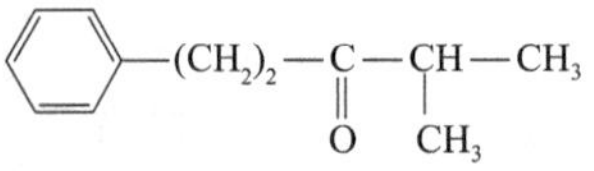 $C_6H_5-(CH_2)_2-CO-CH(CH_3)-CH_3$

(3) $(CH_3)_2C=CH-CH_2CHO$

(4) 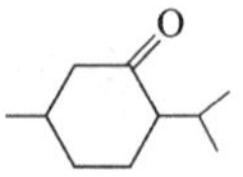 5-甲基-2-异丙基环己酮（结构图）

(5) $H_3C-CO-CH=CH-CO-CH_3$

(6) 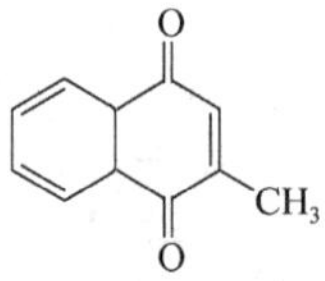 2-甲基-1,4-萘醌（结构图）

2. 写出下列各化合物的结构式

(1) 2,3-二甲基戊醛　　(2) β-溴丙醛

(3) 苄基苯基甲酮　　(4) 4-甲基戊-3-烯-2-酮

(5) 3-甲基环己-1-酮　　(6) 柠檬醛[(E)-3,7-二甲基辛-2,6-二烯醛]

3. 试用下列各试剂分别与丙酮和环戊酮进行反应，写出各产物结构和类别

(1) 硼氢化钠(甲醇)　　(2) 溴化甲基镁，稀酸　　(3) 甲醇(酸催化)

(4) 4-硝基苯肼　　(5) 氰化钠+硫酸　　(6) 氢氧化银+氨水

4. 下列化合物中，哪些化合物既能与 HCN 加成，又能发生碘仿反应？

(1) $CH_3CH_2CH_2OH$　　(2) CH_3CH_2CHO　　(3) $CH_3CH_2COCH_3$　　(4) CH_3CH_2OH

(5) 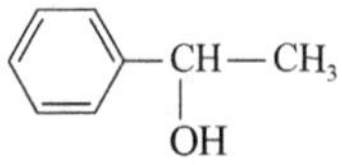 $C_6H_5CH(OH)CH_3$　　(6) 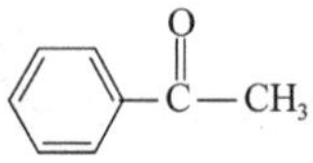 $C_6H_5COCH_3$　　(7) 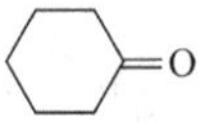 环己酮　　(8) CH_3CHO

5. 将下列羰基化合物按发生亲核加成反应的难易顺序排列：

CH_3CHO；CH_3COCH_3；CF_3CHO；$C_6H_5COCH_3$

6. 完成下列反应写出主要产物

(1) 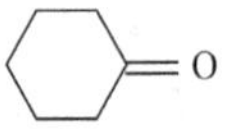 环己酮 $+ HCN \longrightarrow$

(2) 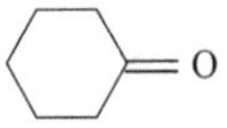 环己酮 $+ HOCH_2CH_2OH \xrightarrow{\text{干燥HCl}}$

(3) $C_6H_5COCH_3 + C_6H_5MgBr \xrightarrow{H_2O}{H^+}$

(4) $CH_3CH_2CHO \xrightarrow[\Delta]{\text{稀 } OH^-} \xrightarrow{NaBH_4}$

(5) 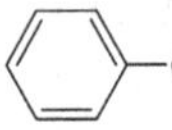 $C_6H_5COCH_3 + NaOH + I_2 \longrightarrow$

(6) 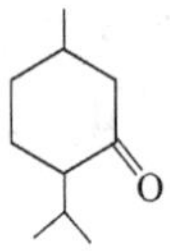 5-甲基-2-异丙基环己酮 $+ H_2 \xrightarrow{Pt}$

7. 试用简便的化学方法鉴别下列各组化合物
   (1) 甲醛、乙醛、苯甲醛
   (2) 戊-2-酮、戊-3-酮、环己-1-酮
   (3) 苯甲醛、苯乙酮、1-苯基丙-2-酮

8. 给出采用不同羰基化合物与格氏试剂反应生成下列各醇的可能途径，并指出哪些醇尚可用醛或酮加以还原制得。

   (1) $(CH_3)_2CH(CH_2)_2\overset{OH}{\underset{|}{C}}HCH_2CH_3$

   (2) $(CH_3)_3C-CH_2-OH$

   (3)

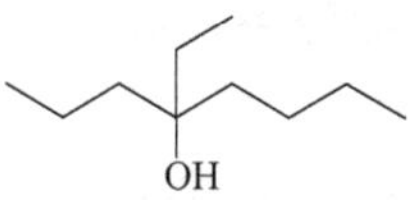

9. 某化合物 A 的分子式为 $C_{10}H_{12}O$，可与溴的氢氧化钠溶液作用，再经酸化得产物 B($C_9H_{10}O_2$)；A 经 Clemmensen 还原法还原得化合物 C($C_{10}H_{14}$)。在稀碱溶液中，A 与苯甲醛反应生成 D($C_{17}H_{16}O$)。A、B、C 和 D 经强烈氧化都可以得到同一产物邻苯二甲酸。试写出 A、B、C 和 D 的可能结构式。

10. 化合物 A、B、C 和 D 分子式都为 $C_6H_{12}O$，碳链都不含支链。它们均不与溴的四氯化碳溶液作用；但 A、B 和 C 都可与 2,4-二硝基苯肼生成黄色沉淀；A 和 B 还可与 HCN 作用，A 与 Tollen 试剂作用，有银镜生成，B 无此反应，但可与碘的氢氧化钠溶液作用生成黄色沉淀。D 不与上述试剂作用，但遇金属钠能放出氢气。试写出 A、B、C 和 D 的结构式。

11. 分子式为 $C_9H_{10}O_2$ 的化合物 A，能溶于 NaOH 溶液，并可与 $FeCl_3$ 或者 2,4-二硝基苯肼作用，但不与 Tollen 试剂作用。A 用 $LiAlH_4$ 还原生成化合物 B($C_9H_{12}O_2$)。A 和 B 均可与碘的氢氧化钠溶液作用，有黄色沉淀生成。A 与 Zn(Hg)/HCl 作用，得到化合物 C($C_9H_{12}O$)。C 与 NaOH 成盐后，与 CH_3I 反应得到化合物 D($C_{10}H_{14}O$)，后者用 $KMnO_4$ 处理，得到对甲氧基苯甲酸。试写出 A、B、C 和 D 的结构式。

12. 某未知化合物 A，与 Tollen 试剂无反应，与 2,4-二硝基苯肼反应生成黄色固体。A 与氰化钠和硫酸反应得化合物 B，分子式为 $C_6H_{11}ON$，A 与硼氢化钠在甲醇中反应可得手性化合物 C，C 用浓硫酸脱水得戊-2-烯一种产物。试写出 A、B、C 的结构式。

(山西医科大学 贾 斌)

第八章 羧酸和羧酸衍生物

内容提示

本章介绍羧酸和羧酸衍生物的结构、命名及物理性质;羧酸的酸性及影响酸性的因素;羧酸和羧酸衍生物的亲核取代反应及机制、还原反应;脱羧反应;酯缩合反应;酰胺的特殊性质;碳酸衍生物的结构特性。

第一节 羧　酸

一、羧酸的结构

分子中含有羧基(carboxyl group)的化合物称为羧酸(carboxylic acid)。羧基由羰基和羟基组合而成,

$$\begin{matrix} & O \\ & \| \\ & C \\ & | \\ & OH \end{matrix}$$

,可用—COOH 表示。羧酸的通式为 RCOOH 或 ArCOOH。

羧基的碳原子为 sp^2 杂化,三个杂化轨道分别与两个氧原子和另一个碳原子或氢原子形成三个 σ 键,它们在一个平面上,键角约为 120°。碳原子未参与杂化的 p 轨道与一个氧原子的 p 轨道重叠形成 π 键。另一个氧原子结合了氢原子,这个氧原子的含两个电子的 p 轨道与 π 键发生共轭,形成 p-π 共轭体系。羧基的结构如图 8-1 所示。

X 射线衍射显示,甲酸分子中的 C═O 双键键长为 123pm,较醛、酮中羰基键长(120pm)长;碳氧单键键长为 136pm,较醇中的碳氧单键键长(143pm)短。当羧基中的氢原子电离后,羧酸根负离子中的 p-π 共轭作用更强。如图 8-2 所示,甲酸根离子的两个碳氧键完全相同,键长都是 127pm,负电荷均等地分散于两个氧原子上。

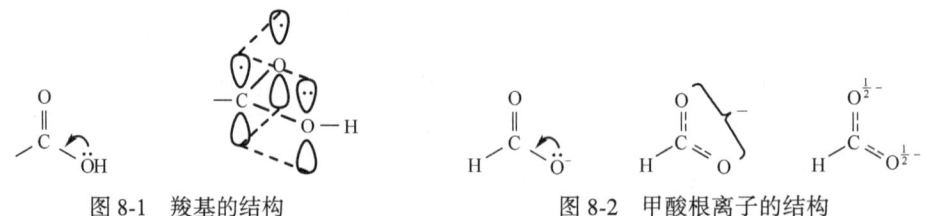

图 8-1　羧基的结构　　　　　图 8-2　甲酸根离子的结构

二、羧酸的分类和命名法

根据羧基所连烃基的结构,羧酸可分为脂肪酸与芳香酸,前者又分为饱和酸与不饱和酸;根据分子中的羧基数目,可分为一元酸、二元酸与多元酸。

羧酸的名称常有俗名和系统名。俗名通常根据其最初的来源而得,如甲酸最早从蚂蚁

蒸馏液中分离得到,故称蚁酸;乙酸最早从食醋中得到,故称醋酸。一些常见羧酸的俗名参见表 8-1。

表 8-1 羧酸的物理常数

名称	熔点/℃	沸点/℃	溶解度/(g/100g H_2O)	pK_a(25℃)
甲酸(蚁酸)	8.4	100.5	∞	3.76
乙酸(醋酸)	16.6	117.9	∞	4.75
丙酸(初油酸)	-20.8	141	∞	4.87
丁酸(酪酸)	-4.3	163.5	∞	4.81
2-甲基丙酸(异丁酸)	-46.1	153.2	22.8	4.84
戊酸(缬草酸)	-33.8	186	~5	4.82
己酸(羊油酸)	-2	205	0.96	4.83
十六酸(软脂酸)	62.9	269/0.01MPa	不溶	
十八酸(硬脂酸)	69.9	287/0.01MPa	不溶	
苯甲酸(安息香酸)	122.4	249	0.34	4.17
乙二酸(草酸)	189.5		8.6	1.27*,4.27*
丙二酸(缩苹果酸)	135.6		73.5	2.83*,5.69**
丁二酸(琥珀酸)	185		5.8	4.21*,5.64**

* pK_{a1};
** pK_{a2}

羧酸的系统命名法是:以含羧基在内的最长碳链为主链而命名为某酸,从羧基碳原子开始,用阿拉伯数字给主链碳原子编号。简单羧酸也常用希腊字母编号,从羧基所连的碳原子开始,依次为 α、β、γ、δ…位;无论碳链长短,末端碳原子都可用 ω 位表示。

羧酸的英文系统命名法是把相同碳原子数的链烃名称末尾的-e 换成-oic acid。甲酸和乙酸仍然多用其普通名 formic acid 和 acetic acid。

$$CH_3CH_2CH_2CH_2COOH$$
戊酸
pentanoic acid

$$\overset{\gamma}{C}H_3\overset{\beta}{C}H_2\overset{}{C}H\overset{\alpha}{C}H_2COOH$$
$$\quad\quad\quad\quad |$$
$$\quad\quad\quad\ \ CH_3$$
3-甲基戊酸或 β-甲基戊酸
3-methylpentanoic acid

$$CH_3CH=CHCOOH$$
丁-2-烯酸(巴豆酸)
but-2-enoic

脂环族和芳香族羧酸以脂肪酸为母体、脂环和芳环作为取代基来命名。羧基直接连在脂环上的,命名为环某烷酸(cycloalkanecarboxylic acid)。

环己基乙酸
cyclohexylacetic acid

苯甲酸
benzoic acid

环己烷羧酸
cyclohexanecarboxylic acid

二元酸命名,选择含两个羧基的最长碳链为主链,称为某二酸。英文命名是将同碳数烃名称末尾的-e 换成-dioic acid。

HOOCCOOH
乙二酸
ethanedioic acid(oxalic acid)

HOOCCH$_2$CH$_2$COOH
丁二酸
butanedioic acid(succinic acid)

羧酸分子中除去羧基中的羟基后所余下的部分称为酰基(acyl group),根据相应的羧酸命名。英文名是将相应羧酸名末尾的-ic acid 换成-yl,或-carboxylic acid 换成-carbonyl。

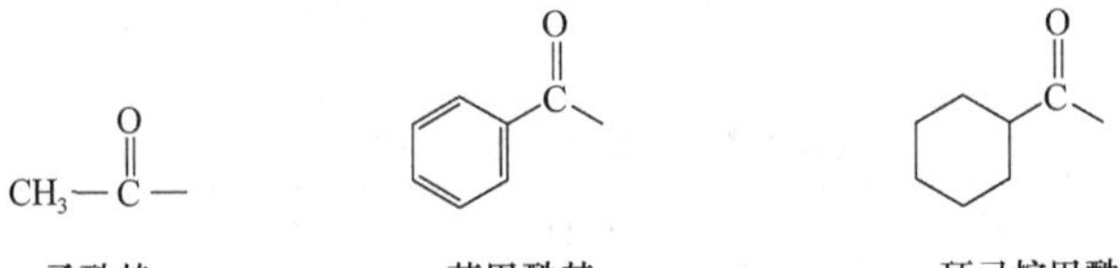

$$CH_3-\overset{\overset{O}{\|}}{C}-$$
乙酰基
acetyl

苯甲酰基
benzoyl

环己烷甲酰基
cyclohecxanecarbonyl

三、羧酸的物理性质

低级的饱和一元酸为液体,$C_4 \sim C_{10}$的羧酸都具有强烈的刺鼻气味或恶臭。高级的饱和一元酸为蜡状固体,挥发性低,没有气味。脂肪族二元酸和芳香羧酸都是结晶固体。

羧酸与水也能形成很强的氢键,在饱和一元羧酸中,甲酸至丁酸可与水混溶;其他羧酸随碳链的增长,憎水的烃基越来越大,水溶性迅速降低。高级一元羧酸不溶于水,而溶于有机溶剂。多元酸比同数碳原子的一元酸的水溶性强;芳香酸的水溶性较差。

羧酸的沸点随着相对分子质量的增加而升高。羧酸的沸点比相对分子质量相近的醇的沸点高得多。例如,甲酸的沸点(100.5℃)比乙醇的沸点(78.3℃)高;乙酸的沸点(118℃)比丙醇的沸点(97.2℃)高。这是由于氢键使羧酸分子间缔合成二聚体或多聚体(如甲酸、乙酸在气态时都保持双分子聚合状态),而且羧酸分子间的氢键又比醇分子间的氢键强。如下所示:

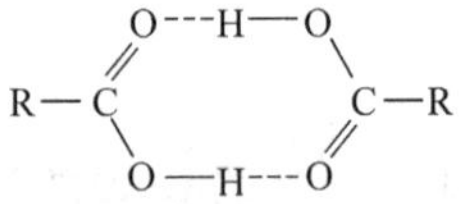

$$R-\overset{O\cdots H-O}{\underset{O-H\cdots O}{C}}C-R$$

羧酸的熔点也随碳原子数的增加呈锯齿状上升,偶数碳原子羧酸的熔点比与之相邻的两个奇数碳原子的羧酸熔点高。这可能是偶数碳羧酸分子比奇数碳羧酸分子有更好的对称性,在晶体中容易排列得更紧密些。一些常见羧酸的物理常数如表 8-1 所示。

思考题 8-1 试比较苯甲醛、苯甲醇、苯甲酸的沸点高低。

四、羧酸的化学性质

1. 羧酸的酸性 羧酸在水中解离出质子,呈酸性。羧基中的氢原子解离后,羧酸根离子的负电荷通过 p-π 共轭平均分布(图 8-2),使羧酸根能量降低而稳定。

$$RCOOH \rightleftharpoons RCOO^- + H^+$$

常见一元羧酸的 pK_a 在 4~5,比无机强酸的酸性弱,但比碳酸、酚、醇及其他各类含氢化合物的酸性强。

羧酸与碱(如氢氧化钠、碳酸钠、碳酸氢钠及一些生物碱)反应,生成羧酸盐和水。

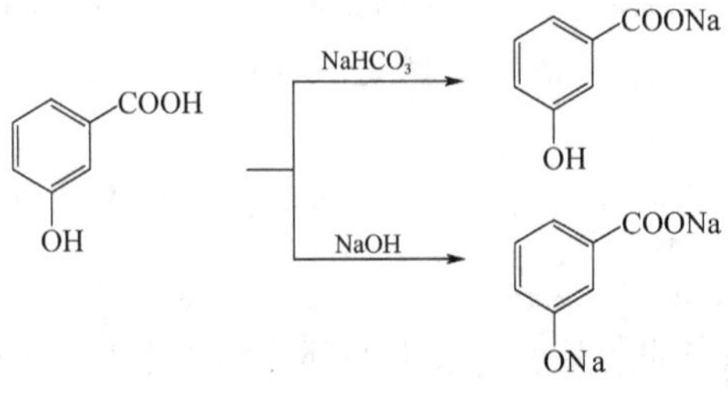

利用 NaOH 溶液和 NaHCO$_3$ 溶液可以区别不溶于水的羧酸、酚和醇。既溶于 NaOH 溶液也溶于 NaHCO$_3$ 溶液的是羧酸，溶于 NaOH 溶液、不溶于 NaHCO$_3$ 溶液的是酚，在两者中都不溶的是醇。

羧酸盐遇强酸游离出羧酸，利用此性质可分离、精制羧酸。

思考题 8-2 利用酸性强弱差别，设计分离苯甲酸和对甲苯酚的混合物。

羧酸酸性的强弱取决于解离出 H$^+$ 后所生成的羧酸根负离子的稳定性。若烃基上的氢被取代，则酸性发生改变，且因取代基的种类、数量、位置的不同而不同。若烃基上的取代基有利于负电荷分散，使羧酸根负离子稳定，则酸性增强；反之则会使酸性减弱。

脂肪酸烃基上连接吸电子基团，如卤素、羟基、硝基、碳碳双键、碳碳三键等，将使酸性增强，这些基团的吸电子诱导效应使羧酸根负离子更稳定。反之，能使羧基电子云密度升高的基团，如烷基，由于微弱的给电子诱导效应及超共轭效应，使酸性减弱。

脂肪族一元酸中，甲酸的酸性最强。

	HCOOH	CH$_3$COOH	CH$_3$CH$_2$COOH	(CH$_3$)$_2$CHCOOH	(CH$_3$)$_3$CCOOH
pK_a	3.77	4.74	4.87	4.86	5.05

取代基的吸电子能力越强，羧酸的酸性就越强。不同取代乙酸的 pK_a 值见表 8-2。

表 8-2 取代乙酸 (X—CH$_2$COOH) 的 pK_a 值

X	pK_a	X	pK_a	X	pK_a
H	4.74	CH$_3$O	3.53	Cl	2.86
CH=CH$_2$	4.35	C≡CH	3.32	F	2.57
C$_6$H$_5$	4.28	I	3.18	CN	2.44
OH	3.83	Br	2.94	NO$_2$	1.08

取代基对酸性的影响还与取代基的数目和相对位置有关。诱导效应具有的加和性，取代基卤原子的数目越多，卤代酸的酸性越强：

	CH$_3$COOH	ClCH$_2$COOH	Cl$_2$CHCOOH	Cl$_3$CCOOH
pK_a	4.74	2.86	1.29	0.65

诱导效应随距离的增加而迅速减弱，卤原子离羧基越远，卤代酸的酸性越弱：

	CH$_3$CH$_2$CHCOOH | Cl	CH$_3$CHCH$_2$COOH | Cl	CH$_2$CH$_2$CH$_2$COOH | Cl	CH$_3$CH$_2$CH$_2$COOH
pK_a	2.86	4.41	4.70	4.81

苯甲酸的 pK_a 为 4.17，比一般脂肪酸的酸性强（除甲酸外）。这是由于苯甲酸根负离子的共轭结构，使负电荷分散的程度大，增加了它的稳定性。

当芳环上引入取代基后，与取代酚类似，其酸性随取代基的种类、位置的不同而变化。表 8-3 列出了一些取代苯甲酸的 pK_a 值。

表 8-3 一些取代苯甲酸的 pK_a 值

	邻-	间-	对-		邻-	间-	对-
H	4.17	4.17	4.17	NO$_2$	2.21	3.46	3.40
CH$_3$	3.89	4.28	4.35	OH	2.98	4.12	4.54
Cl	2.89	3.82	4.03	OCH$_3$	4.09	4.09	4.47
Br	2.82	3.85	4.18	NH$_2$	5.00	4.82	4.92

二元酸比相应一元酸的酸性强。两个羧基相距越近,二元酸的酸性越强。这是因为,二元酸中有两个活泼氢,分两步电离。第一个羧基电离后生成的负离子,因第二个羧基的吸电子诱导效应而稳定。

	HOOC—COOH	HOOCCH$_2$COOH	HOOC(CH$_2$)$_2$COOH	HOOC(CH$_2$)$_3$COOH
pK_{a1}	1.27	2.85	4.21	3.77

第二个羧基电离后形成的羧酸根负离子有两个负电荷中心,互相排斥,不稳定。因此,第二个羧基远比第一个羧基难电离,低级二元羧酸的 pK_{a2} 总是大于 pK_{a1}。

思考题 8-3 比较下列各组化合物的酸性:
(1) FCH$_2$COOH、ClCH$_2$COOH、BrCH$_2$COOH、ICH$_2$COOH
(2) O$_2$NCH$_2$COOH、ClCH$_2$COOH、HOCH$_2$COOH、CH$_3$CH$_2$COOH
(3) HC≡C—CH$_2$COOH、H$_2$C=CH—CH$_2$COOH、CH$_3$CH$_2$—CH$_2$COOH

2. 脱羧反应 羧酸分子脱去羧基并放出二氧化碳的反应称为脱羧反应(decarboxylation reaction)。饱和一元酸在一般条件下不易脱羧,需用无水碱金属与碱石灰共热才能脱羧。

$$CH_3COONa \xrightarrow{NaOH(CaO)} CH_4 + Na_2CO_3$$

α-碳上有吸电子取代基(如硝基、卤素、酰基、羧基和不饱和键等)的羧酸容易脱羧。芳香羧酸较脂肪羧酸容易脱羧。

$$Cl_3C—COOH \xrightarrow{\triangle} CHCl_3 + CO_2\uparrow$$

$$CH_3\overset{O}{\overset{\|}{C}}CH_2COOH \xrightarrow{\triangle} CH_3\overset{O}{\overset{\|}{C}}CH_3 + CO_2\uparrow$$

二元羧酸因两个羧基之间的影响,对热较敏感,乙二酸和丙二酸受热后易脱羧生成一元酸。

$$\begin{matrix}COOH\\|\\COOH\end{matrix} \xrightarrow{\triangle} HCOOH + CO_2\uparrow$$

$$H_3C—CH\begin{matrix}COOH\\ \\COOH\end{matrix} \xrightarrow{\triangle} CH_3CH_2COOH + CO_2\uparrow$$

思考题 8-4 写出下列反应的主要产物:
(1) [环己基-环丙基]COOH/COOH $\xrightarrow{\triangle}$ (2) HOOCCOOH $\xrightarrow{\triangle}$

3. 羧基的还原 羧酸不易被催化氢化还原,强还原剂氢化铝锂(LiAlH$_4$)在室温下能将羧酸还原成伯醇。氢化铝锂是一种选择性还原剂,对不饱和酸分子中的双键、三键不产生影响。

$$CH_2=CHCH_2COOH \xrightarrow[\text{②}H_3O^+]{\text{①}LiAlH_4/Et_2O} CH_2=CHCH_2CH_2OH$$

4. 羧酸衍生物的生成 羧酸分子中羧基上的羟基被其他原子或原子团取代后生成的化合物,称为羧酸衍生物,主要有酰卤、酸酐、酯和酰胺。

(1) **酰卤的生成**:羧酸中的羟基被卤素取代的产物称为酰卤化物,其中最重要的是酰氯。酰氯由羧酸与亚硫酰氯(二氯亚砜)、三氯化磷或五氯化磷等氯化剂反应制得。

$$3R—\overset{O}{\overset{\|}{C}}—OH + PCl_3 \longrightarrow 3R—\overset{O}{\overset{\|}{C}}—Cl + H_3PO_3$$

亚磷酸 沸点200℃(分解)

$$\underset{\text{R—C—OH}}{\overset{\text{O}}{\|}} + PCl_5 \longrightarrow \underset{\text{R—C—Cl}}{\overset{\text{O}}{\|}} + POCl_3 + HCl$$

三氯氧磷沸点 107℃

$$\underset{\text{R—C—OH}}{\overset{\text{O}}{\|}} + SOCl_2 \longrightarrow \underset{\text{R—C—Cl}}{\overset{\text{O}}{\|}} + SO_2\uparrow + HCl\uparrow$$

采用哪种氯化剂,主要取决于产物与反应物、副产物是否便于分离。亚硫酰氯反应后生成的副产物氯化氢和二氧化硫都是气体,易于分离,它是实验室制备酰氯常用的试剂。酰卤是一类具有高度反应活性的化合物,广泛应用于药物和有机合成中。

(2) 酸酐的生成:羧酸(除甲酸)在脱水剂(如乙酰氯、乙酸酐、P_2O_5 等)存在下受热,分子间脱水生成酸酐(anhydride)。

$$\underset{\text{R}}{\overset{\text{O}}{\underset{\|}{\text{C}}}}_{\text{OH}} + \underset{\text{R}}{\overset{\text{O}}{\underset{\|}{\text{C}}}}_{\text{HO}} \xrightarrow[\Delta]{\text{脱水剂}} \underset{\text{R}}{\overset{\text{O}}{\underset{\|}{\text{C}}}}_{\text{O}}\underset{\text{R}}{\overset{\text{O}}{\underset{\|}{\text{C}}}}$$

五元或六元环状酸酐,可由二元酸分子内脱水而得。例如:

邻苯二甲酸 $\xrightarrow{180℃}$ 邻苯二甲酸酐 + H_2O

(3) 酯的生成:羧酸与醇在酸催化下反应生成酯(ester)和水,这个反应称为酯化反应(esterification reaction)。酯化反应是可逆的,需要在强酸(如浓硫酸、氯化氢、苯磺酸等)催化下加热进行,反应一般进行得较慢。

$$RCOOH + R'OH \underset{}{\overset{H^+}{\rightleftharpoons}} RCOOR' + H_2O$$

为了提高产率,常采用如下措施,使平衡向生成酯的方向移动:加入过量的廉价原料,或采用恒沸法加除水剂除去反应中所产生的水,或将酯不断从反应体系中蒸出。

实验表明,伯醇、仲醇与羧酸反应是羧酸分子去掉羟基、醇分子去掉羟基氢,剩余的酰基与烷氧基结合生成酯。例如,用含有 ^{18}O 的醇和羧酸酯化时,生成含有 ^{18}O 的酯。

$$\underset{\text{R—C}}{\overset{\text{O}}{\|}}\underset{}{\overline{\text{—OH}}}+\overline{\text{H}}\text{—O—R'} \overset{H^+}{\rightleftharpoons} \underset{\text{R—C—OR'}}{\overset{\text{O}}{\|}} + H_2O$$

酯化反应的机理是加成-消除,醇作为亲核试剂,进攻质子化的酸,加成生成四面体构型的中间体,此中间体消除一分子水,生成酯:

$$\underset{\text{R}}{\overset{\text{O}}{\underset{\|}{\text{C}}}}_{\text{OH}} \overset{H^+}{\rightleftharpoons} \underset{\text{R}}{\overset{+OH}{\underset{\|}{\text{C}}}}_{\text{OH}} \overset{H^{18}O-R'}{\rightleftharpoons} \underset{\text{R}}{\overset{\text{OH}}{\underset{\overset{|}{^{18}O^+-H}}{\text{C—OH}}}}_{\overset{|}{R'}}$$

$$\underset{\text{R}}{\overset{\text{OH}}{\underset{\overset{|}{^{18}O^+-H}}{\text{C—OH}}}}_{\overset{|}{R'}} \rightleftharpoons \underset{\text{R}}{\overset{\text{OH}}{\underset{\overset{|}{^{18}O-R'}}{\text{C—OH}_2}}} \overset{-H_2O}{\rightleftharpoons} \underset{\text{R}}{\overset{+OH}{\underset{^{18}OR'}{\text{C}}}} \overset{-H^+}{\rightleftharpoons} \underset{\text{R}}{\overset{\text{O}}{\underset{^{18}OR'}{\text{C}}}}$$

(4) 酰胺的生成:羧酸与氨(或胺)反应生成酰胺(amide)。羧酸与氨(胺)发生酸碱反应首先形成铵盐,然后受热脱水得到酰胺。

$$RCOOH \xrightarrow{NH_3} RCOONH_4 \underset{\Delta}{\rightleftharpoons} R-\overset{\overset{O}{\|}}{C}-NH_2 + H_2O$$

$$RCOOH \xrightarrow{HNR'_2} RCOONH_2R'_2 \underset{\Delta}{\rightleftharpoons} R-\overset{\overset{O}{\|}}{C}-NR'_2 + H_2O$$

思考题 8-5 给出试剂和反应条件,以使 2-甲基丁酸有效地转化为:①相应的酰氯;②相应的甲酯;③与丁-2-醇形成的相应酯;④酸酐;⑤N-甲基酰胺。

第二节 羧酸衍生物

一、羧酸衍生物的结构与命名

1. 羧酸衍生物的结构 羧酸分子的羧基中的羟基被卤素(—X)、酰氧基(—OCOR)、烷氧基(—OR)、氨基(—NH$_2$,—NHR,—NR$_2$)取代所生成的化合物,分别称为酰卤、酸酐、酯、酰胺,总称为羧酸衍生物(carboxylic acid derivatives)。

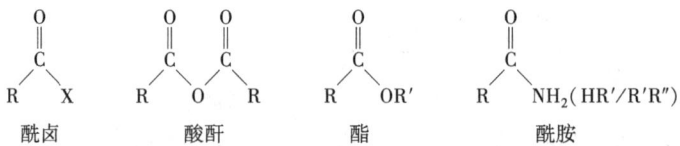

与羧酸类似,酰卤、酸酐、酯和酰胺分子中都含有酰基,酰基碳为 sp^2 杂化,未参与杂化的 p 轨道与氧原子的 p 轨道交盖形成π键;与酰基相连的原子(X、O、N)上都有未共用电子对,与碳氧双键的π键形成 p-π共轭。可用通式表示如下:

$$\underset{R}{\overset{\overset{O}{\|}}{C}}-L \quad L=X, OCR', OR', NH_2/NHR'/NR'R''$$

2. 羧酸衍生物的命名法

(1) 酰卤:在酰基名称后加上卤素的名称。英文名中卤素用词尾形式 fluoride、chloride、bromide、iodide。例如:

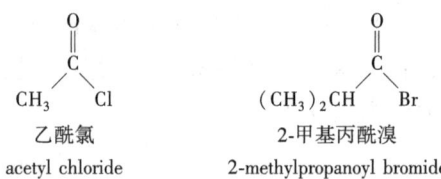

乙酰氯 2-甲基丙酰溴
acetyl chloride 2-methylpropanoyl bromide

(2) 酸酐:由同种一元酸形成的对称酸酐在相应酸名后加"酐"字。英文名是把相应酸名中的 acid 改为 anhydride。由不同的一元酸形成的不对称酸酐,将形成羧酐的两个酸的名称按其英文名称的字母顺序排列,以"酐"字结尾。由同一个母体氢化物上两个羧基脱水形成的环状酸酐,按对称酸酐命名。例如:

乙酸酐 乙(酸)丙酸酐 邻苯二甲酸酐
acetic anhydride ethanoic propanoic anhydride phthalic anhydride

(3) 酯:根据酰基对应的羧酸名称和烃氧基中烃基的名称,称为某酸某酯,多元醇酯称

为某醇某酸酯。英文名是先写烃氧基部分的烃基名,空一格,后接酸部分,把-ic acid 换成-ate。例如:

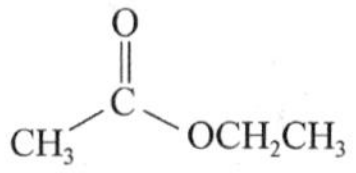

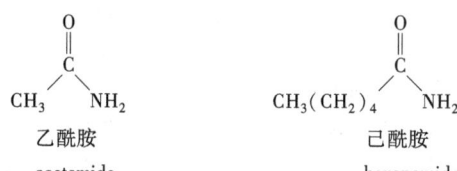

乙酸乙酯　　　　　　苯甲酸甲酯　　　　　　乙酸异丙酯
ethyl acetate　　　　methyl benzoate　　　　isopropyl ethanoate

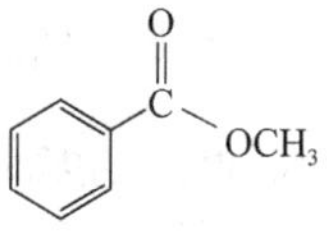

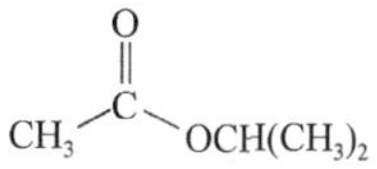

(4) 酰胺:酰胺的命名是在酰基名称后加上"胺"字。英文命名是将相应羧酸名的词尾-oic acid 或-ic acid 换成-amide。例如:

$$\underset{\text{乙酰胺}}{\underset{\text{acetamide}}{CH_3-\overset{O}{\underset{\|}{C}}-NH_2}} \qquad \underset{\text{己酰胺}}{\underset{\text{hexanamide}}{CH_3(CH_2)_4-\overset{O}{\underset{\|}{C}}-NH_2}}$$

若氮原子上有取代基,在取代基名前加 N,标示取代基连在氮原子上。例如:

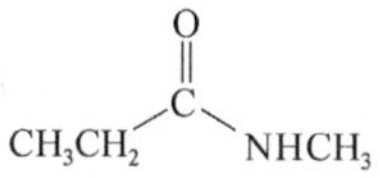

N-甲基丙酰胺　　　　　N,N-二甲基甲酰胺　　　　N-丙基-N-苯基乙酰胺
N-methylpropanamide　　N,N-dimethylformamide　　N-phenyl-N-propylacetamide

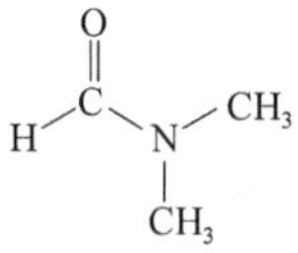

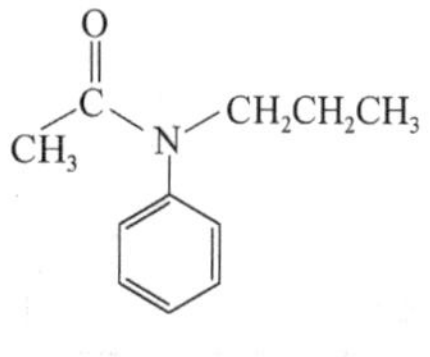

(5) 内酯(lactone)和内酰胺(lactam):环状的酯称内酯可看作醇酸发生分子内酯化反应的产物,根据相应直链醇酸的碳原子数命名为"某内酯",在"内酯"之前插入与羧基脱水成酯的羟基的位次。环状的酰胺称内酰胺,可看作氨基酸发生分子内脱水反应所生成的酰胺,根据相应直链氨基酸的碳原子数命名为"某酰胺",用希腊字母表明与羧基脱水成酰胺的氨基的位置。

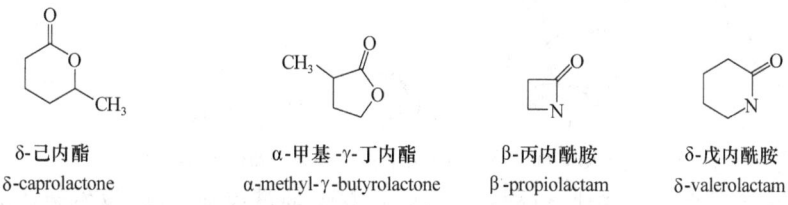

δ-己内酯　　　　α-甲基-γ-丁内酯　　　β-丙内酰胺　　　δ-戊内酰胺
δ-caprolactone　α-methyl-γ-butyrolactone　β-propiolactam　δ-valerolactam

内酯和内酰胺也可按杂环化合物来命名。

二、羧酸衍生物的物理性质

低级的酰卤和酸酐是具有刺激气味的无色液体,高级的是固体;低级酯是易挥发并有芳香气味的无色液体;除甲酰胺和某些 N-取代酰胺外,酰胺均是固体。

酰卤和酯都不能形成分子间氢键,故均较相应羧酸的沸点低;酸酐较相应羧酸的沸点高,但较相对分子质量相当的羧酸低;酰胺分子间可以通过氢键缔合,分子间的偶极作用力比较大,其熔点、沸点都较相应羧酸的高。当酰胺氮上的氢都被烷基取代后,分子间不能形成氢键,熔点和沸点都因之降低。如脂肪族 N-烷基取代酰胺一般为液体。

酰卤与酸酐不溶于水,低级的则遇水分解。酰胺能与质子性溶剂分子缔合,低级酰胺

能溶于水,如 N,N-二甲基甲酰胺能与水混溶。它是很好的非质子性极性溶剂,能与许多有机溶剂混溶。酯在水中的溶解度较小,但易溶于有机溶剂,也能溶解许多有机物,如乙酸乙酯常用作从水溶液中提取有机物的溶剂。表 8-4 列出了一些羧酸衍生物的物理常数。

表 8-4 几种羧酸衍生物的物理常数

名称	沸点/℃	熔点/℃	密度/(10^3 kg/m³)
乙酰氯	52.0	−112	1.104
丙酰氯	80.0	−94	1.065
苯甲酰氯	197.2	−1	1.212
乙酸酐	139.6	−73	1.082
丙酸酐	168	−45	1.212
苯甲酸酐	360	42	1.199
邻苯二甲酸酐	284.5	132	1.527
甲酸乙酯	54	−80	0.969
乙酸乙酯	77.1	−84	0.901
苯甲酸乙酯	213	−35	1.051$^{15℃}$
乙酰胺	222	82	1.159
丙酰胺	213	80	1.042
乙酰苯胺	305	114	1.21$^{4℃}$
N,N-二甲基甲酰胺	153	−60.5	0.948

三、羧酸衍生物的化学性质

1. 羧酸衍生物的亲核取代反应 羧酸衍生物中的分子羰基碳带部分正电荷,易受亲核试剂的进攻,而发生酰基上的亲核取代反应。在水、醇或氨(胺)的作用下,羧酸衍生物中的 —L 基团被羟基、烷氧基或氨(胺)基取代,分别称为羧酸衍生物的水解(hydrolysis)、醇解(alcoholysis)和氨解(aminolysis)反应。

$$\underset{\text{L=X,OCOR',OR',NH}_2\text{/NHR'/NR'R''}}{R-\overset{O}{\underset{|}{C}}-L} \xrightarrow{Nu^-} R-\overset{O^-}{\underset{Nu}{\underset{|}{C}}}-L \xrightarrow{-L^-} \underset{Nu=H_2O,ROH,NH_3,RNH_2}{R-\overset{O}{\underset{|}{C}}-Nu}$$

反应经历了亲核加成-消除过程:第一步,亲核试剂进攻羰基碳,发生亲核加成,形成四面体的氧负离子中间体;第二步,中间体发生消除反应,—L 基团离去,恢复碳氧双键。最终亲核试剂取代离去基团,形成取代产物。

加成和消除这两步都会对反应速率产生影响。第一步亲核加成,酰基碳所连基团的吸电子效应越强,体积越小,中间体就越稳定,反应速率就越快。—L 基团吸电子效应强弱顺序是 —X>—OCOR′>—OR′>—NH₂。第二步消除反应,离去基团—L 的碱性越弱就越容易离去,反应速率就越快。L⁻ 的碱性强弱顺序是 $NH_2^->R'O^->R'COO^->X^-$,即 L⁻ 的离去能力是 $X^->R'COO^->R'O^->$—NH₂。因此,羧酸衍生物亲核取代反应的活性顺序为:

$$R-\overset{O}{\underset{|}{C}}-X > R-\overset{O}{\underset{|}{C}}-O-\overset{O}{\underset{|}{C}}-R > R-\overset{O}{\underset{|}{C}}-OR' > R-\overset{O}{\underset{|}{C}}-NH_2$$

(1) 水解反应:羧酸衍生物在水的作用下分解,都生成羧酸。

$$\underset{R}{\underset{L}{C}}\overset{O}{=} + H_2O \longrightarrow \underset{R}{\underset{OH}{C}}\overset{O}{=} + HL$$

酰卤最容易水解。低级酰卤与空气中的水就能发生十分剧烈的反应,随着酰卤相对分子质量增大,水解速度逐渐减慢,必要时需加入适当溶剂(如二氧六环、四氢呋喃等),增加其与水的接触,促使反应速率加快。例如:

$$n\text{-}C_{19}H_{39}\text{COCl} + H_2O \xrightarrow{\bigcirc\!\!\!\bigcirc} n\text{-}C_{19}H_{39}\text{COOH} + HCl$$

酸酐的反应比酰卤稍缓和一些,在室温下与水作用缓慢,需加热才能迅速水解。

$$\begin{array}{c}CH_3\\ \\ HC\end{array}\!\end{array}$$

酯的水解需用酸或碱催化,并且加热才能进行。酸催化下的酯水解是酯化反应的逆反应。

$$\underset{R}{\underset{OR'}{C}}\overset{O}{=} + H_2O \xrightleftharpoons{H^+} \underset{R}{\underset{OH}{C}}\overset{O}{=} + HOR'$$

在碱作用下,酯水解生成羧酸盐和醇,反应不可逆。常采用在碱过量的条件下,使水解进行完全。酯的碱性水解反应称为皂化反应。

$$\begin{array}{l}H_2C-OCOC_{17}H_{33}\\HC-OCOC_{15}H_{31} + 3NaOH \longrightarrow \\H_2C-OCOC_{17}H_{35}\end{array} \begin{array}{l}H_2C-OH + C_{17}H_{33}COONa\\HC-OH + C_{15}H_{31}COONa\\H_2C-OH + C_{17}H_{35}COONa\end{array}$$

酰胺的水解较难,一般需在酸或碱催化下长时间加热回流才能进行。例如:

$$\underset{CH_3CH_2}{\underset{NH_2}{C}}\overset{O}{=} + H_2O \xrightarrow{NaOH} \underset{CH_3CH_2}{\underset{ONa}{C}}\overset{O}{=} + NH_3$$

$$\underset{PhCH_2CH_2CH_2}{\underset{NH_2}{C}}\overset{O}{=} + H_2O \xrightleftharpoons[\Delta]{H_2SO_4} \underset{PhCH_2CH_2CH_2}{\underset{OH}{C}}\overset{O}{=} + NH_4^+HSO_4^-$$

思考题 8-6 羧酸衍生物能够水解,在使用和保存含有这类结构的药物时应注意防止水解。阿司匹林的结构式为 (邻-COOH, OCOCH₃ 苯),请解释为什么阿司匹林在潮湿空气中放置过久会失效,会发生什么反应?如何检验阿司匹林是否失效?

(2) 醇解反应:羧酸衍生物与醇反应生成酯。

$$\underset{R}{\underset{L}{C}}\overset{O}{=} + HOR' \longrightarrow \underset{R}{\underset{OR'}{C}}\overset{O}{=} + HL$$

酰卤和酸酐很容易与醇反应生成酯,是合成酯的常用方法之一,通常用来制备难以直

接从羧酸与醇反应得到的酯。酸酐较酰卤的反应温和,可用少量酸或碱催化,例如:

$$C_6H_5COCl + HOC(CH_3)_3 \xrightarrow{\text{吡啶}} C_6H_5COOC(CH_3)_3$$

$$(CH_3CO)_2O + C_6H_5OH \xrightarrow[H_2O]{NaOH} C_6H_5OCOCH_3 + CH_3COONa$$

酯的醇解,又称为酯交换(transesterification)反应,是在酸或碱存在下,酯与醇反应生成新的酯和醇。此反应可逆,需加入过量的醇或将生成的醇除去,使反应向生成新酯的方向进行。酯交换反应常用来制备难以合成的酯(如酚酯或烯醇酯)或从低沸点醇酯合成高沸点醇酯。例如:

$$CH_2\!=\!CHCOOCH_3 + n\text{-}C_4H_9OH \xrightleftharpoons{p\text{-}CH_3C_6H_4SO_3H} CH_2\!=\!CHCOOC_4H_9\text{-}n + CH_3OH$$

(3)氨解反应:羧酸衍生物与氨(或胺)作用,生成酰胺。

$$\underset{R}{\overset{O}{\underset{\|}{C}}}\!-\!L + NH_3(NH_2R'/NR'R'') \longrightarrow \underset{R}{\overset{O}{\underset{\|}{C}}}\!-\!NH_2(NHR'/NR'R'') + HL$$

由于氨(或胺)的亲核性比水、醇强,故羧酸衍生物的氨解反应比水解、醇解更容易进行。酰卤与氨(或胺)反应迅速,是合成酰胺的常用方法。反应常在碱性条件下进行,以中和反应产生的酸。例如:

$$C_6H_5COCl + HN\!\!\diagup\!\!\diagdown \xrightarrow{NaOH} C_6H_5CON\!\!\diagup\!\!\diagdown + NaCl + H_2O$$

酸酐氨解比酰卤缓和,例如:

$$(CH_3CO)_2O + C_6H_5NH_2 \longrightarrow C_6H_5NHCOCH_3 + CH_3COOH$$

酸酐和酰卤的氨(胺)解也是氨(或胺)的酰化反应。酰化反应在有机合成和药物改性方面有重要意义。例如,对氨基苯酚有解热止痛作用,但毒性较大,它与乙酸酐反应可制得无毒的解热镇痛药扑热息痛。

$$(CH_3CO)_2O + H_2N\text{-}C_6H_4\text{-}OH \longrightarrow CH_3COHN\text{-}C_6H_4\text{-}OH + CH_3COOH$$

对氨基苯酚 　　　　对羟基乙酰苯胺(扑热息痛)

酯与氨(或胺)发生氨解反应生成酰胺或酰胺衍生物。例如:

$$C_6H_5COOC_2H_5 + NH_3 \longrightarrow C_6H_5CONH_2 + C_2H_5OH$$

酰胺的氨解反应是酰胺的交换反应,反应时,作为反应物碱性应比离去胺的碱性强,且需过量,在有机合成中应用较少。

思考题 8-7 在加热条件下用氨处理琥珀酸酐,生成分子式为 $C_4H_5NO_2$ 的化合物,试写出其结构式。

2. Claisen 酯缩合反应 在醇钠作用下,含有 α-H 的酯与另一分子酯反应,失去一分子醇,生成 β-酮酸酯,称为 Claisen 酯缩合(Claisen condensation)反应。

$$2\ RCH_2COOR' \xrightarrow[(2)\ H_3O^+]{(1)\ C_2H_5ONa} RCH_2\overset{O}{\overset{\|}{C}}\overset{}{\underset{R}{C}}HCOOR' + R'OH$$

反应结果是一分子酯的 α-氢被另一分子酯的酰基取代。例如：

$$2\ CH_3\overset{O}{\overset{\|}{C}}-OC_2H_5 \xrightarrow[(2)\ H_3O^+]{(1)\ C_2H_5ONa} CH_3\overset{O}{\overset{\|}{C}}-CH_2\overset{O}{\overset{\|}{C}}OC_2H_5 + C_2H_5OH$$

反应机理如下：

(1) $C_2H_5O^- + H-CH_2COOC_2H_5 \rightleftharpoons {}^-CH_2COOC_2H_5 + C_2H_5OH$

(2) $CH_3-\overset{O}{\overset{\|}{C}}-OC_2H_5 + {}^-CH_2COOC_2H_5 \rightleftharpoons CH_3-\overset{O^-}{\overset{|}{\underset{OC_2H_5}{C}}}-CH_2COOC_2H_5$

(3) $CH_3-\overset{O^-}{\overset{|}{\underset{OC_2H_5}{C}}}-CH_2COOC_2H_5 \rightleftharpoons CH_3\overset{O}{\overset{\|}{C}}CH_2COOC_2H_5 + C_2H_5O^-$

乙酸乙酯在醇钠作用下生成碳负离子，作为亲核试剂，与另一酯的羰基进行亲核加成；加成中间体再经消除生成 β-丁酮酸乙酯。

采用不同的酯进行酯缩合时，可能有四种产物，在合成上无意义。但不含 α-氢的酯与含有 α-氢的酯进行酯缩合反应，可得到较纯的产物。这种反应称为交叉酯缩合（crossed ester condensation）。

$$C_6H_5COOC_2H_5 + CH_3COOC_2H_5 \xrightarrow[(2)\ H_3O^+]{(1)\ NaH} C_6H_5\overset{O}{\overset{\|}{C}}CH_2COOC_2H_5 + C_2H_5OH$$

思考题 8-8 如何由乙酸制备丙二酸二乙酯？

思考题 8-9 完成下列反应式：

(1) $H\overset{O}{\overset{\|}{C}}OC_2H_5 + CH_3COOC_2H_5 \xrightarrow[\text{②}H_3O^+]{\text{①}C_2H_5ONa}$

(2) $C_2H_5O\overset{O}{\overset{\|}{C}}OC_2H_5 + C_6H_5CH_2COOC_2H_5 \xrightarrow[\text{②}H_3O^+]{\text{①}C_2H_5ONa}$

(3) $C_2H_5OCO(CH_2)_5COOC_2H_5 \xrightarrow[\text{②}H_3O^+]{\text{①}C_2H_5ONa}$

3. 羧酸衍生物的还原反应 与羧酸类似，羧酸衍生物分子中的羰基也可被还原，常用的还原剂为氢化铝锂。氢化铝锂可将酰卤、酸酐、酯还原成伯醇，将酰胺还原成胺。此法常用于酯和酰胺的还原。

$$R-\overset{O}{\overset{\|}{C}}-X \xrightarrow{LiAlH_4} RCH_2OH + HX$$

$$R-\overset{O}{\overset{\|}{C}}-O-\overset{O}{\overset{\|}{C}}-R' \xrightarrow{LiAlH_4} RCH_2OH + R'CH_2OH$$

$$R-\overset{O}{\overset{\|}{C}}-OR' \xrightarrow{LiAlH_4} RCH_2OH + R'OH$$

$$R-C\equiv N \xrightarrow{LiAlH_4} RCH_2NH_2$$

$$\underset{(NHR',NR'_2)}{R-\overset{O}{\overset{\|}{C}}-NH_2} \xrightarrow{LiAlH_4} \underset{(NHR',NR'_2)}{RCH_2NH_2}$$

4. 酰胺的特性

(1) 酸碱性：受酰基的影响，酰胺分子中氨基氮原子上的电子云密度降低，碱性明显减弱。酰胺的水溶液不显碱性，而显中性。在酰亚胺分子中，氮原子上连接两个酰基，氮上的电子云密度大大降低，氮上的氢表现出明显的酸性，能与氢氧化钠(或氢氧化钾)水溶液反应成盐。例如：

$$\text{(succinimide)}NH + NaOH \longrightarrow \text{(succinimide)}N^-Na^+ + H_2O$$

(2) Hofmann 降解反应：酰胺在碱性溶液中与卤素作用，失去羰基，生成少一个碳原子的伯胺，这个反应称为 Hofmann 降解(Hofmann degradation)反应。

$$R\overset{O}{\overset{\|}{C}}NH_2 \xrightarrow{X_2,NaOH,H_2O} RNH_2 + CO_2$$

$$R\overset{O}{\overset{\|}{C}}NH_2 + Br_2 + NaOH \longrightarrow RNH_2 + NaBr + Na_2CO_3 + H_2O$$

思考题 8-10 在研究 Hofmann 降解反应时曾观察到下列变化：顺-2,2-二甲基-3-甲酰胺基环戊烷甲酸(1)用次溴酸钠处理，得到了化合物(2)，(2)受热转变成内酰胺(3)。写出各步反应式。

5. 碳酸衍生物及其特性 碳酸分子有两个羟基连在同一个羰基上，是不稳定的化合物。碳酸分子的两个羟基被其他基团取代所得的衍生物是稳定的，它们是有机合成及药物合成的重要原料，以下为常见的碳酸衍生物。

(1) 尿素(urea)：碳酸中两个羟基被氨基(—NH$_2$)取代形成的化合物称为尿素或脲。

$$H_2N\overset{O}{\overset{\|}{C}}NH_2$$

尿素除具有酰胺的一般化学性质外，还具有一些特殊性质。

1) 弱碱性：尿素与强酸作用生成盐。

$$H_2N\overset{O}{\overset{\|}{C}}NH_2 + HNO_3 \longrightarrow H_2N\overset{O}{\overset{\|}{C}}NH_2 \cdot HNO_3 \downarrow$$

2) 水解：尿素在酸、碱或尿素酶的催化下水解，生成二氧化碳、氨或铵。

$$H_2N\overset{O}{\overset{\|}{C}}NH_2 + H_2O \longrightarrow CO_2 + 2NH_3$$

3) 与亚硝酸反应：尿素与亚硝酸反应，放出氮气，同时生成二氧化碳和水。

4) 缩二脲的生成及缩二脲反应：尿素加热至稍高于熔点时，两分子的尿素之间失去一分子氨，生成缩二脲。

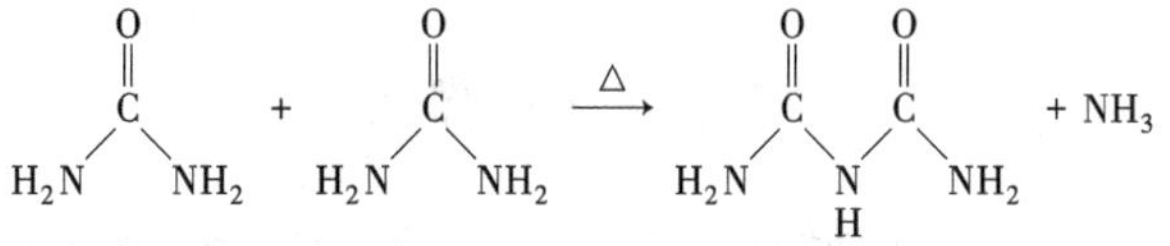

$$\underset{H_2N}{\overset{O}{\underset{\|}{C}}}{NH_2} + \underset{H_2N}{\overset{O}{\underset{\|}{C}}}{NH_2} \xrightarrow{\Delta} \underset{H_2N}{\overset{O}{\underset{\|}{C}}}-\underset{H}{N}-\underset{NH_2}{\overset{O}{\underset{\|}{C}}} + NH_3$$

在缩二脲的碱性溶液中加入微量硫酸铜即显紫红色或紫色，这种颜色反应称缩二脲反应(biuret reaction)。分子中含有两个或两个以上酰胺键的物质均可发生缩二脲反应。

（2）胍(guanidine)：尿素分子中的氧原子被亚氨基（＝NH）取代后的化合物称为胍或亚氨基脲。某些胍的衍生物具有生理活性，如链霉素、病毒灵（玛啉胍）等分子结构中都含有胍基。

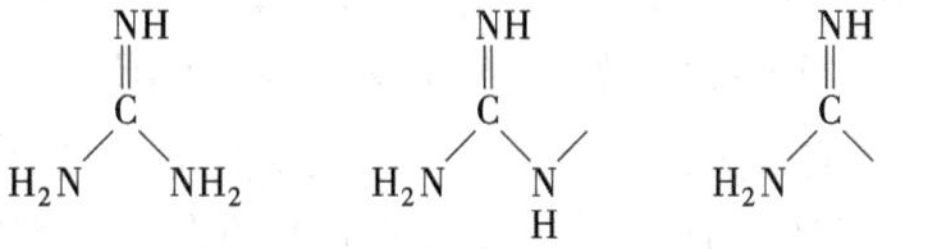

胍　　胍基　　脒基

胍是有机一元强碱，碱性（ 的 $pK_a = 13.8$）与氢氧化钾相当，在空气中能吸收水分与二氧化碳生成稳定的碳酸盐。

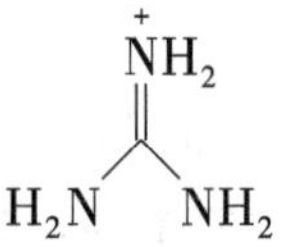

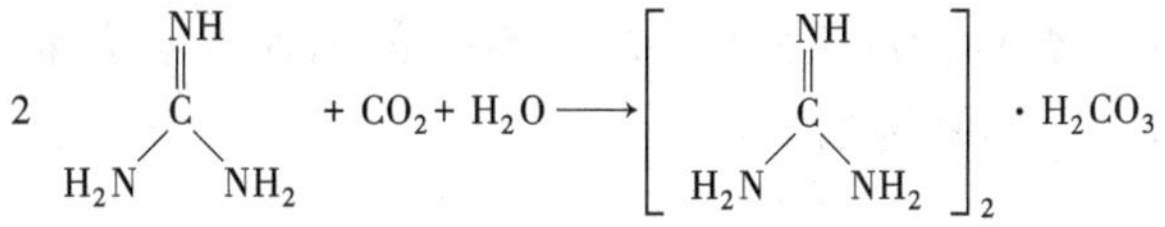

胍易水解，在氢氧化钡水溶液中加热，即水解成脲和氨。

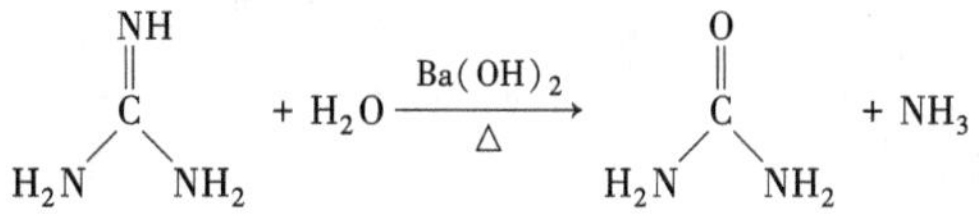

所以游离的胍，特别是在碱性条件下，是不稳定的，通常以盐的形式保存。很多含有胍结构的药物，往往制成盐类使用。

（3）丙二酰脲：脲与丙二酸酯发生氨解反应，生成丙二酰脲(malonyl urea)。

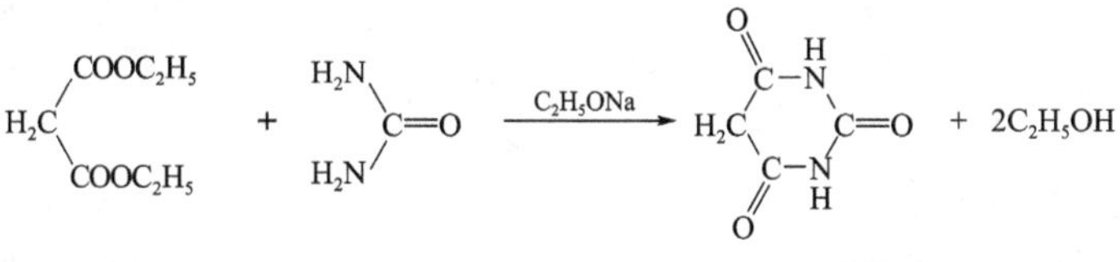

丙二酰脲

丙二酰脲在水溶液中存在酮式-烯醇式互变异构平衡，烯醇式有较强的酸性（$pK_a = 3.85$），比乙酸（$pK_a = 4.76$）的酸性还强，故称为巴比妥酸。

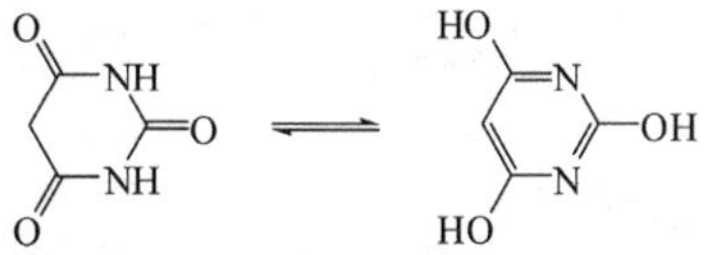

巴比妥酸的五位甲叉基上的两个氢被烃基取代后才呈现镇静催眠的生理活性，这些巴比妥酸的衍生物总称为巴比妥类药物。

四、前列腺素

前列腺素(prostaglandin, PG)于 1930 年被 von Enler(尤勒)从人的精液中发现，1935 年 Ulf. S. von. Euler(乌尔夫·奥伊勒)鉴定为脂溶性的二十碳有机酸，因误认为前列腺分泌物而称为前列腺素。

瑞典科学家 S. K. Bergstrom(贝里斯特隆)于 1947~1962 年从羊精囊中提取出极少量的前列腺素，并确定了 PGE_2、PGE_{2a}、PGD_2 的化学结构和特性。Bergstrom 和瑞典科学家 B. I. Samuelsson(塞缪森)在研究前列腺素的生物合成机制时发现：花生四烯酸在不同氧化酶作用下，经中间体 PGG_2 和 PGH_2 分别形成前列腺素 PGD_2、PGE_2 和 PGE_{2a}。1966 年之后英国科学家 J. R. Vane(范恩)发现乙酰水杨酸等能抑制花生四烯酸合成前列腺素的第一步环加氧酶的活性，使 PGG_2 不能生成，从而切断了 PG 的合成。随后 Vane 和 Samuelsson 又发现了 PGI_2。以上三位科学家以前列腺素研究的成果，获得了 1982 年的诺贝尔生理学或医学奖。

现已分离、鉴定出 20 多种不同结构、不同性能的 PG，它们的分子结构都是以前列腺烷酸(prostanoic acid, PA)为基本骨架，即含 20 个碳原子的羧酸，分子中有一个五元环，环上连有两个长侧链，至少有一个双键和几个含氧的官能团。随着分子中所含的酮基、羟基、双键数目和位置不同，形成了各种性能不同的 PG。其中，前列腺素 E 和前列腺素 F 更为引起人们的关注。PGE_2 和 PGF_{1a} 的结构如下：

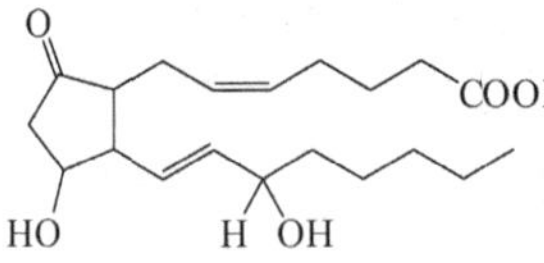

前列腺素遍及人体各个器官，含量极微，有着极广泛的生物活性，是人体多种功能的调节剂，对生殖、心血管、呼吸、消化、神经、免疫诸系统和水的吸收、平衡电解质、皮肤及炎症等，都有显著的活性。

习 题

1. 命名下列化合物

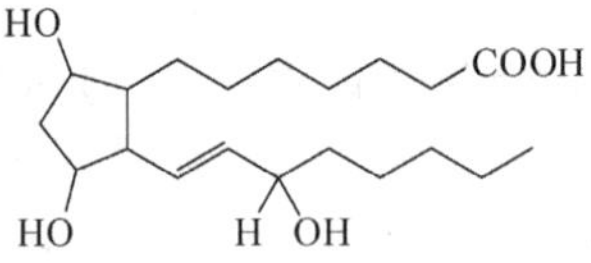

(1) 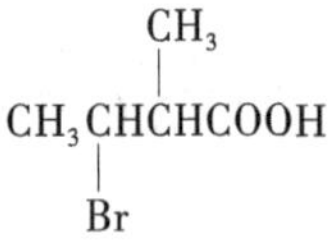 $CH_3CHCHCOOH$ 中间C带CH_3，下面带Br

(2) 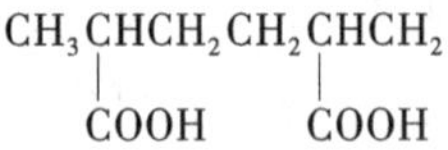 $CH_3CHCH_2CH_2CHCH_2$，两个CH带COOH

(3) 苯环带 COOH、OCH_3、NO_2

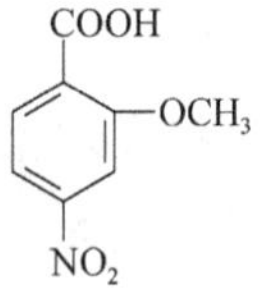

(4) 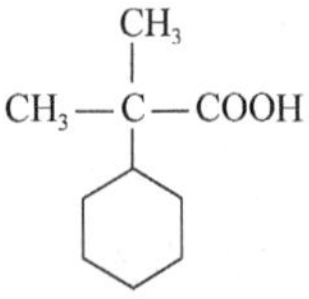 $CH_3-\overset{CH_3}{\underset{\text{环己基}}{C}}-COOH$

(5) 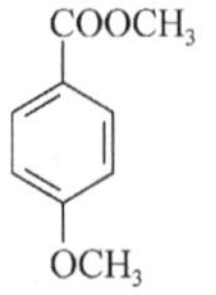 苯环对位带 $COOCH_3$ 和 OCH_3

(6) 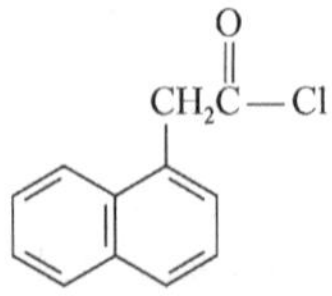 萘环带 CH_2-Cl（羰基）

(7) 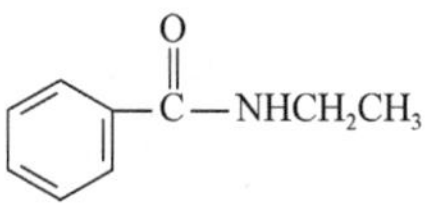 [结构式：苯环-C(=O)-NHCH₂CH₃]

(8) 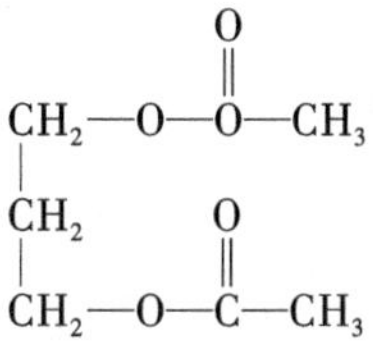 [结构式：中间碳连两个CH₂-O-C(=O)-CH₃及一个-O-C(=O)-CH₃]

(9) 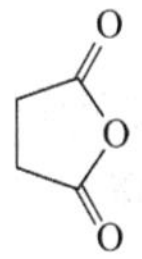 [琥珀酸酐结构]

(10) 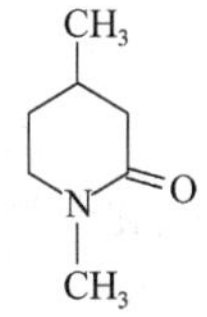 [1-甲基-4-甲基-2-哌啶酮结构]

2. 写出下列化合物的结构式
(1) 苯甲酸苯酯　　　　　(2) 3-乙烯基己-4-炔酸
(3) 2-乙酰氧基苯甲酸　　(4) N-甲基苯甲酰胺
(5) 异丁酸叔丁酯　　　　(6) 丁二醇乙甲酸酯
(7) 乙基丁烯二酸酐　　　(8) 戊-4-内酯

3. 比较下列各组化合物的性质（按由强到弱的次序排列）
(1) 酸性强弱
1) A. 甲酸　　　B. 乙酸　　　C. 苯甲酸　　　D. 丙二酸
2) A. 苯甲酸　　B. 对甲基苯甲酸　　C. 对硝基苯甲酸
(2) 碱性强弱
A. $CH_3CH_2O^-$　　B. CH_3COO^-　　C. $O_2NCH_2COO^-$　　D. $HOCH_2COO^-$
(3) 酰基上亲核取代的活性

A. 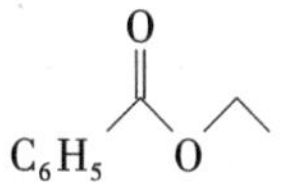 $C_6H_5COOC_2H_5$　　B. $(C_6H_5CO)_2O$　　C. $C_6H_5CONHCH_3$

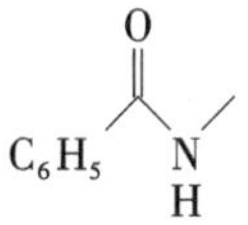

D. 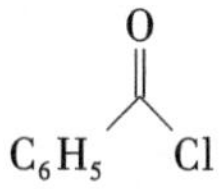 C_6H_5COCl　　E. 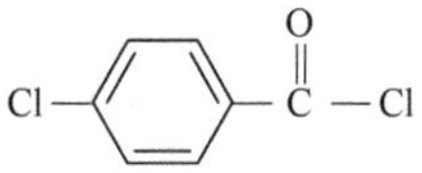 Cl-C₆H₄-COCl

4. 用化学方法鉴别下列各组化合物
(1) 甲酸、乙酸、乙醛
(2) 苯酚、苯甲酸、水杨酸

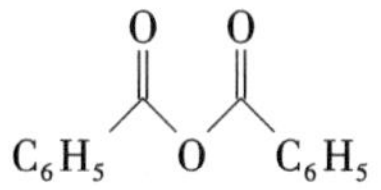

5. 完成下列反应：

(1) 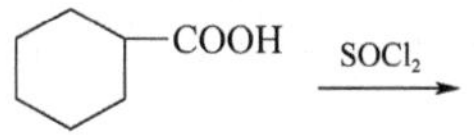 环己基-COOH $\xrightarrow{SOCl_2}$

(2) 2 苯-COOH $\xrightarrow{乙酐}$

(3) 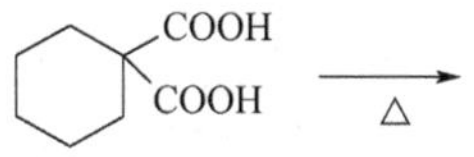 环己基(COOH)₂ $\xrightarrow{\Delta}$

(4) 苯-COOH $\xrightarrow{LiAlH_4}$

(5) 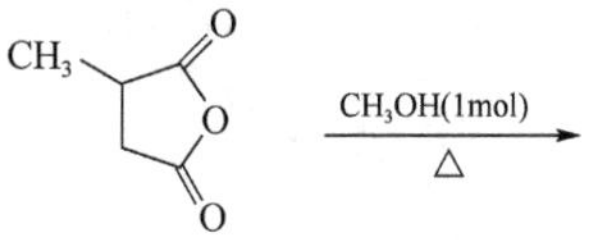 [3-甲基丁二酸酐] $\xrightarrow[\Delta]{CH_3OH(1mol)}$

(6) $CH_3C(=O)-OCH=CH_2 \xrightarrow[H^+]{H_2O}$

(7) $2CH_3CH_2COOC_2H_5 \xrightarrow{C_2H_5ONa}$

(8) 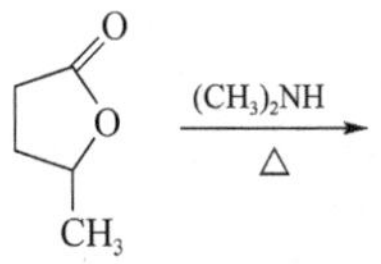 [5-甲基-γ-丁内酯] $\xrightarrow[\Delta]{(CH_3)_2NH}$

(9) 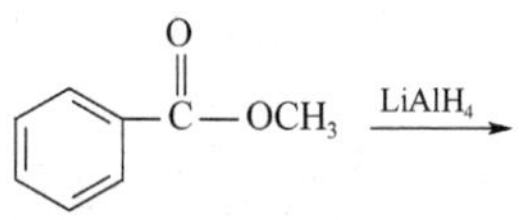 苯-C(=O)-OCH₃ $\xrightarrow{LiAlH_4}$

(10) 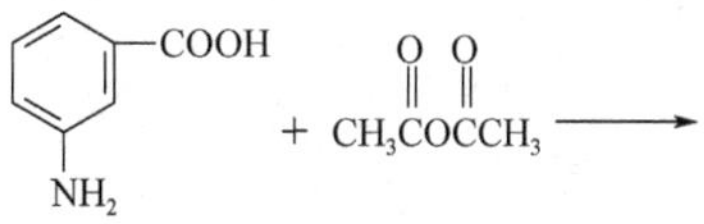 3-氨基苯甲酸 + CH_3COCCH_3（乙酰丙酮）$\longrightarrow$

(11) 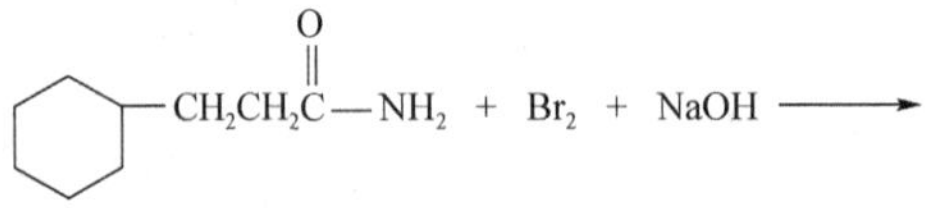 (环己基)-CH$_2$CH$_2$C(=O)-NH$_2$ + Br$_2$ + NaOH ⟶

(12) 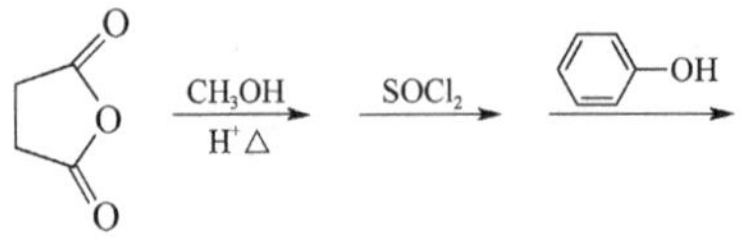 丁二酸酐 $\xrightarrow{\text{CH}_3\text{OH}}_{\text{H}^+\triangle}$ $\xrightarrow{\text{SOCl}_2}$ $\xrightarrow{\text{C}_6\text{H}_5\text{OH}}$

6. 化合物 A 在稀碱存在下与丙酮反应生成分子式为 $C_{12}H_{14}O_2$ 的化合物 B，B 通过碘仿反应生成分子式为 $C_{11}H_{12}O_3$ 的化合物 C，C 经过催化氢化生成羧酸 D，化合物 C、D 氧化后均生成化合物 E，其分子式为 $C_9H_{10}O_3$，E 用 HI 处理生成水杨酸，试写出 A~E 的结构式。

7. 化合物 A 的分子式为 $C_5H_6O_3$，它能与 1mol 乙醇作用得到两个互为异构体的化合物 B 和 C。B 和 C 分别与氯化亚砜作用后再与乙醇作用，两者都生成同一化合物 D，试推测 A、B、C、D 的结构并写出有关反应式。

8. 化合物 A、B、C 的分子式均为 $C_5H_8O_2$，均不溶于 NaOH 溶液。A、B 可使溴的四氯化碳溶液褪色，而 C 不能；A 的水解产物之一可发生碘仿反应和银镜反应，可使 $KMnO_4$ 褪色，也能使溴水褪色。B 的水解产物之一能使溴水褪色，另一产物能发生碘仿反应、无银镜反应；C 的水解产物只有一种，可以发生碘仿反应，又可使 $KMnO_4$ 溶液褪色，试写出 A、B、C 可能的结构式。

(山西医科大学　卫建琮)

第九章 羟基酸和羰基酸

★★ **内容提示**

本章重点介绍羟基酸和酮酸的特殊化学性质：酸性、脱水反应、脱羧反应、氨基化反应、酮酸分解反应；在生物体内物质代谢中涉及的醇酸与酮酸化学反应；酮式-烯醇式互变异构；医药学上重要的羟基酸和羰基酸。

羧酸分子中烃基上的氢原子被其他原子或基团取代所形成的化合物称为取代羧酸(substituted carboxylic acid)。根据取代基的不同，取代羧酸可分为卤代羧酸(halogen acid)、羟基酸(hydroxy acid)、羰基酸(carbonyl acid)以及氨基酸(amino acid)等几类。本章主要讨论羟基酸与羰基酸。

一、羟 基 酸

羧酸分子中烃基上氢原子被羟基取代后的化合物称为羟基酸。羟基连接在脂肪烃基上的羟基酸称为醇酸(alcoholic acid)，连接在芳环上的羟基酸称为酚酸(phenolic acid)。

许多羟基酸最初是从天然产物分离出来的，根据其来源而命名，常称俗名。醇酸的系统命名与脂肪酸相同，羟基为取代基，并用阿拉伯数字或希腊字母 α、β、γ 等标明羟基的位置。醇酸广泛存在于生物体内，它们中有的是生物体内糖、脂肪和蛋白质等代谢过程中产生的中间产物，有的是合成药物的原料，有的可作为食品的调味剂。

羟基酸分子中含有羧基而具有羧酸的典型化学性质，如酸性，与醇成酯等；同时分子中又含有羟基而具有醇或者酚的典型反应，如醇羟基可以被氧化、酯化和脱水，酚羟基有弱酸性，与 $FeCl_3$ 发生颜色反应等。更重要的是，由于羟基和羧基共存于同一分子中，两类基团之间存在相互影响，其影响程度与两官能团的相对位置有关，因此，羟基酸具有某些特殊性质。

1. 酸性 醇酸的酸性强于相应的羧酸，羟基离羧基越近，酸性越强，反之越小。例如：

$HOCH_2COOH > CH_3CH(OH)COOH > HOCH_2CH_2COOH > CH_3COOH$

pK_a 3.83   3.87   4.51   4.76

醇酸的酸性强于相应羧酸的原因是醇羟基的吸电子诱导效应，使分子中各原子之间的成键电子都向羟基方向偏移，羧基上的氢原子易解离。随着羟基与羧基间距离加大，诱导效应强度减小，酸性也相应减弱。所以，酸性顺序如下：α-羟基酸 > β-羟基酸 > γ-羟基酸。

酚酸与相应芳香酸比较，其酸性随羟基与羧基的相对位置不同而表现出明显的差异。例如：

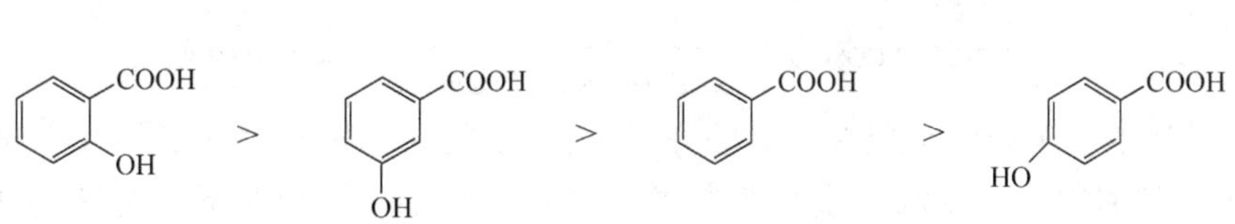

pK_a 3.00   4.12   4.17   4.54

酚酸的酸性受诱导效应、共轭效应和邻位效应等因素的影响。在上述各化合物中，水杨酸的酸性最强。这是因为羟基处于羧基邻位，由于空间拥挤，使羧基不能与苯环共平面，削弱了羧基与苯环之间的 p-π 共轭效应，减小了苯环上 π 电子云向羧基的偏移，使羧基氢原子较易解离，形成稳定的羧酸根负离子，这种现象称为邻位效应。此外，羟基与羧基能形成分子内氢键，增加了羧基中氧氢键的极性，利于氢解离，解离后的羧基负离子与酚羟基也能形成氢键，使这个负离子更加稳定，不易再与解离出的 H^+ 结合，因此其酸性比苯甲酸强。

$$\text{水杨酸} \rightleftharpoons \text{水杨酸负离子} + H^+$$

间羟基苯甲酸不能形成分子内氢键，羟基在间位主要以吸电子诱导效应为主，由于羟基与羧基之间间隔了三个碳原子，作用较小，其酸性较苯甲酸略微增强。

在对羟基苯甲酸分子中，由于羟基氧原子与苯环的 p-π 共轭效应大于其吸电子诱导效应，使羧基负离子稳定性降低，因此其酸性比苯甲酸弱。

2. 醇酸的氧化反应 醇酸分子中的羟基由于受羧基的吸电子诱导效应影响，比醇分子中的羟基易被氧化。例如，稀硝酸一般不能氧化醇，但却能氧化 α- 或 β- 醇酸，生成羰基酸或二元酸。Tollen 试剂不与醇反应，却能将 α- 羟基酸氧化成 α- 酮酸。例如：

$$R-CH-CH_2COOH \xrightarrow{\text{稀 } HNO_3} CH_3-C-CH_2COOH$$
$$\quad\ \ |\qquad\qquad\qquad\qquad\qquad\qquad\ \ \|$$
$$\quad OH\qquad\qquad\qquad\qquad\qquad\qquad\ \ O$$

$$R-CH-COOH \xrightarrow[\triangle]{\text{Tollen 试剂}} CH_3-C-COOH + Ag\downarrow$$
$$\quad\ \ |\qquad\qquad\qquad\qquad\qquad\qquad\ \ \|$$
$$\quad OH\qquad\qquad\qquad\qquad\qquad\qquad\ \ O$$

α- 或 β- 醇酸在体内的氧化通常是在酶催化下进行。例如，乳酸氧化成丙酮酸，β- 羟基丁酸氧化成乙酰乙酸。

$$CH_3CHCOOH \xrightleftharpoons[+2H]{-2H} CH_3CCOOH$$
$$\quad\ \ |\qquad\qquad\qquad\qquad\ \|$$
$$\quad OH\qquad\qquad\qquad\ \ O$$

在生物体内，脂肪酸分解代谢过程中的中间产物 β- 羟酯酰辅酶也存在类似的变化，不同的是 β- 羟酸以硫酯的形式存在，生成硫酯酰辅酶。

$$\underset{RCHCH_2COSCoA}{\overset{OH}{|}} \xrightarrow[\beta\text{-羟酯酰CoA脱氢酶}]{NAD^+ \quad NADH+H} \underset{RCCH_2COSCoA}{\overset{O}{\|}}$$

3. 醇酸的分子内脱水反应 醇酸分子中，由于羧基和羟基之间的相互影响，使其对热较敏感，加热时很容易脱水。脱水的方式随着羟基与羧基位置的不同而异，生成的产物也不同。

(1) α-醇酸加热时分子间脱水生成交酯：α-醇酸加热时，两分子相互酯化，发生分子间的交叉脱水反应，生成六元环的交酯(lactide)。交酯多为结晶物质，具有酯的通性。

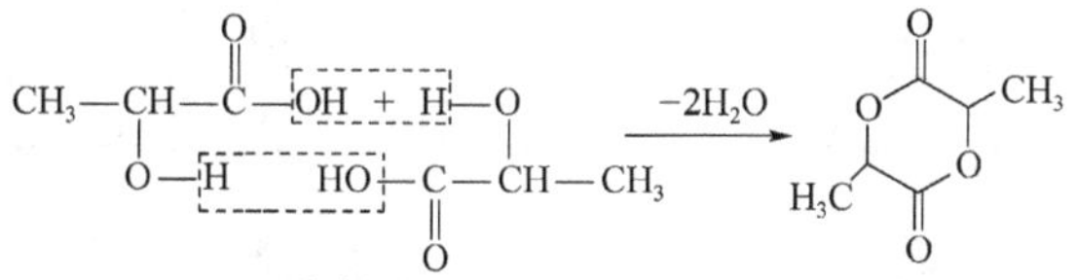

$$CH_3-CH-C\begin{matrix}O\\\|\\OH\end{matrix} + \begin{matrix}H\\\|\\HO\end{matrix}-C-CH-CH_3 \xrightarrow{-2H_2O}$$ 丙交酯

α-羟基丙酸

(2) β-醇酸受热时分子内脱水生成不饱和羧酸：由于羧基和羟基的影响，β-醇酸分子中的 α-H 比较活泼，受热时与 β-羟基脱水生成 α，β-不饱和羧酸。

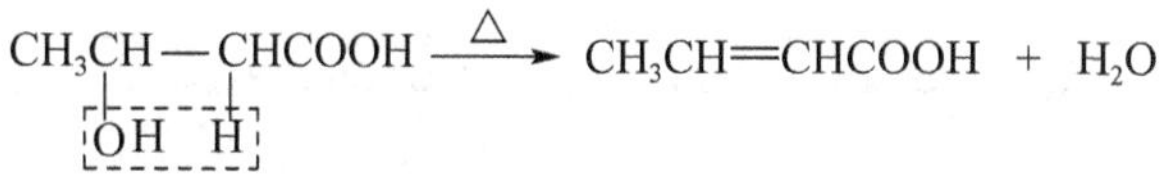

$$CH_3CH-CHCOOH \xrightarrow{\triangle} CH_3CH=CHCOOH + H_2O$$
羟基丁酸　　　　　　　丁烯酸

(3) γ-醇酸和 δ-醇酸受热时分子内脱水形成内酯：γ-醇酸易发生分子内脱水，室温下失水形成稳定的五元环内酯(lactone)。例如：

$$\begin{matrix}CH_2-CH_2-C=O\\|\quad\quad\quad\quad|\\CH_2O\quad H\quad OH\end{matrix} \longrightarrow$$ γ-丁内酯(1,4-丁内酯) + H_2O

γ-羟基丁酸

因此游离的 γ-醇酸很难存在，γ-内酯是稳定的中性化合物，在碱性条件下可开环形成 γ-羟基酸盐。通常以盐的形式保存 γ-醇酸。例如：

[γ-丁内酯] + NaOH ⟶ $HOCH_2CH_2CH_2COONa$
γ-羟基丁酸钠

γ-羟基丁酸钠有麻醉作用，用于手术中，有术后苏醒快的优点。

δ-醇酸加热时分子内脱水形成六元环内酯，但反应较 γ-醇酸难。形成的 δ-戊内酯在室温下即可水解开环。

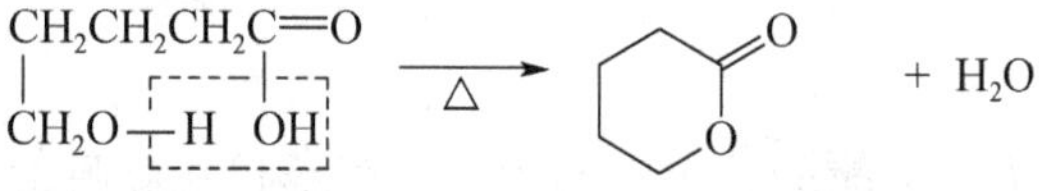

$$\begin{matrix}CH_2CH_2CH_2C=O\\|\quad\quad\quad\quad\quad|\\CH_2O-H\quad OH\end{matrix} \xrightarrow{\triangle}$$ δ-戊内酯(1,5-戊内酯) + H_2O

δ-羟基戊酸

某些中草药的有效成分中常含有内酯的结构。例如，抗菌消炎药穿心莲的主要化学成分穿心莲内酯就含有 γ-内酯的结构。

羟基与羧基相隔 5 个及以上碳原子的醇酸加热时，分子间脱水生成链状的聚酯(polyester)。

4. 酚酸的脱羧反应 羟基在羧基邻、对位的酚酸加热至熔点以上时易发生脱羧反应，生成相应的酚，例如：

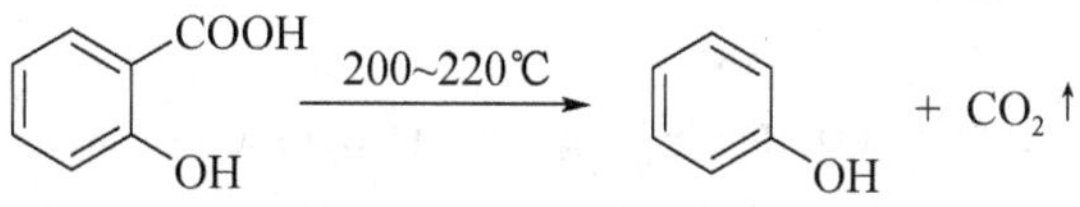

邻羟基苯甲酸 $\xrightarrow{200\sim220℃}$ 苯酚 + $CO_2\uparrow$

$$\underset{\substack{HO\\HO}}{\overset{HO}{\bigcirc}}-COOH \xrightarrow{200℃} \underset{\substack{HO\\HO}}{\overset{HO}{\bigcirc}} + CO_2\uparrow$$

思考题 9-1 完成下列反应式：

1. 邻羟基苯乙酸 $\xrightarrow{\triangle}$

2. $\text{CH}_2\text{CH(OH)COOH}$ 带 CH_2COOH 支链 $\xrightarrow{[O]} \xrightarrow{\text{浓 }H_2SO_4} \xrightarrow{\triangle}$

二、酮 酸

分子中既含有羧基又含有羰基的化合物称为羰基酸。羰基在碳链末端的称为醛酸，含有酮基的称为酮酸。酮酸的系统命名是以羧酸为母体，酮基作取代基，并用阿拉伯数字或希腊字母标明酮基的位置。根据羰基和羧基的相对位置不同，称为"某醛酸"或"某酮酸"，酮酸可分为 α-、β-、γ-····酮酸。其中 α- 和 β-酮酸是糖、脂肪和蛋白质代谢的中间产物。酮酸在生命科学类书籍中常用俗名。

酮酸分子中含有酮基和羧基，因此具有酮和羧酸的性质。如酮基可以被还原成羟基，可与羰基试剂反应生成相应的产物；羧基可与碱成盐，与醇成酯等。此外，由于酮基和羧基之间的相互影响以及二者相对位置的不同，使不同结构的酮酸具有一些特殊性质。

1. α-酮酸的分解反应 α-酮酸分子中的羧基与羰基直接相连，它们之间产生相互影响，使 α-碳原子和羧基碳原子之间的电子云密度降低，键的强度减弱，容易发生断裂，与稀硫酸或浓硫酸共热时可发生分解反应。例如：

$$R-\overset{O}{\underset{\|}{C}}-COOH \begin{array}{c} \xrightarrow{\text{稀 }H_2SO_4,\triangle} RCHO + CO_2\uparrow \quad \text{脱羧反应}\\ \xrightarrow{\text{浓 }H_2SO_4,\triangle} RCOOH + CO\uparrow \quad \text{脱羰反应} \end{array}$$

2. α-酮酸的氧化反应 α-酮酸分子中的羰基与羧基相互影响的另外一种效应是氧的吸电子效应能使羰基碳原子与羧基碳原子之间电子云密度降低，使碳碳键容易断裂，羰基能被弱氧化剂如 Tollen 试剂氧化生成羧酸，原有的羧基被脱去生成 CO_2。

$$R-\overset{O}{\underset{\|}{C}}-COOH \xrightarrow[\triangle]{\text{Tollen 试剂}} RCOOH + CO_2$$

丙酮酸、α-酮戊二酸是生物体内葡萄糖与氨基酸分解代谢中的中间产物，其分解代谢过程就是通过类似的化学反应进行的。不同的是催化剂是酶，氧化反应是以脱氢的形式进行的，氢的受体是氧化型烟酰胺腺嘌呤二核苷酸（NAD^+）。

$$HOOCCH_2CH_2COCOOH \xrightarrow[\text{脱氢酶}]{NAD^+ \quad NADH+H^+} HOOCCH_2CH_2COOH + CO_2$$

3. α-酮酸的氨基化反应与转氨基作用　α-酮酸与氨在催化剂存在下可转变成 α-氨基酸,此反应称为 α-酮酸的氨基化反应。例如:

$$R-\underset{\underset{O}{\|}}{C}-COOH \xrightarrow[-H_2O]{NH_3/Pt(或酶)} [R-\underset{\underset{NH}{\|}}{C}-COOH] \xrightarrow{+[H]} R-\underset{\underset{NH_3^+}{|}}{CH}-COO^-$$

α-氨基酸

生物体内某些非必需氨基酸合成也是通过类似的反应进行的,不同的是催化剂是酶,还原剂是还原型烟酰胺腺嘌呤二核苷酸($NADH+H^+$)。如谷氨酸的生物合成:

$$HOOCCH_2CH_2COCOOH + NH_3 \xrightarrow[谷氨酸脱氢酶]{NADH+H^+ \quad NAD^+} HOOCCH_2CH_2\underset{\underset{NH_3^+}{|}}{CH}COO^-$$

生物体内存在一种将 α-酮酸转变成 α-氨基酸的特殊氨基化反应,又称转氨基作用(transamination)。反应中,氨基供体绝大多数是 L-氨基酸,而氨基受体则是 α-酮戊二酸,催化剂是转氨酶。转氨基作用既是氨基酸的分解代谢过程,又是某些非必需氨基酸生物合成过程。例如:

$$HOOCCH_2CH_2COCOOH + H_3C-\underset{\underset{NH_3^+}{|}}{CH}-COO^- \xrightarrow{谷丙转氨酶(GPT)} {}^-OOCCH_2CH_2\underset{\underset{NH_3^+}{|}}{CH}COO^- + H_3C-\underset{\underset{O}{\|}}{C}-COOH$$

　　α-酮戊二酸　　　　　　丙氨酸　　　　　　　　　　　　　　　　谷氨酸　　　　　　　丙酮酸

谷丙转氨酶(GPT)主要存在于人体肝细胞内。正常情况下血清中 GPT 的活性较低。急性肝炎患者肝细胞坏死后,肝细胞中的 GPT 逸入血液,血清中 GPT 的活性会明显上升。临床上检测肝功能就是测定血清中 GPT 的活性。

4. β-酮酸的分解反应　由于受羰基和羧基-I 效应(吸电子效应)的影响,β-酮酸分子羰基与羧基之间的甲叉基碳上电子云密度较低,因此与相邻两个碳原子之间的键都易断裂,在不同的反应条件下可发生酮式分解和酸式分解。

β-酮酸微热即发生脱羧反应,生成酮,并放出 CO_2。这一反应称为 β-酮酸的酮式分解(ketonic cleavage)。

$$CH_3COCH_2COOH \xrightarrow{微热} CH_3COCH_3 + CO_2\uparrow$$

晚期糖尿病患者呼出的气体中含有少量丙酮就是上述反应的结果。

β-酮酸的脱羧反应比 α-酮酸更易脱羧,这是由于除了上述羰基的诱导效应外,酮基还能与羧基氢形成氢键:

$$R-\underset{\underset{O}{\|}}{C}-CH_2-\underset{\underset{O}{\|}}{C}=O \longrightarrow [R-\underset{\underset{O\cdots}{\|}}{C}-CH_2-\underset{\underset{O}{\|}}{C}=O] \xrightarrow{-CO_2} R-\underset{\underset{OH}{|}}{C}=CH_2 \longrightarrow R-\underset{\underset{O}{\|}}{C}-CH_3$$

　　β-酮酸　　　　　　　　　过渡态　　　　　　　　　　烯醇式　　　　甲基酮

酮酸与浓氢氧化钠共热时,α-碳原子和 β-碳原子之间发生键的断裂,生成两分子羧酸盐,这一反应称为 β-酮酸的酸式分解(acid cleavage)反应。

$$R-\underset{\underset{O}{\|}}{C}-CH_2COOH + 2NaOH(浓) \xrightarrow{\Delta} RCOONa + CH_3COONa$$

在生物体内,脂肪酸分解代谢过程中的中间产物 β-酮脂酰辅酶也存在类似的变化,不同的是 β-酮酸以硫酯的形式存在,生成两分子不是羧酸盐,而是羧酸的硫酯脂酰辅酶与乙酰辅酶。

$$RCOCH_2COSCoA + CoASH \xrightarrow{硫解酶} RCOSCoA + CH_3COSCoA$$

5. 醇酸和酮酸的体内化学过程 某些醇酸和酮酸是生物体内糖、脂肪和蛋白质代谢过程中重要中间产物。在各种酶的催化下,某些醇酸和酮酸发生一系列化学反应(如氧化、脱羧及脱水等)并释放出能量,是生命活动的化学基础。例如:丙酮酸是体内葡萄糖代谢过程中的重要中间产物,在丙酮酸脱氢酶的作用下氧化生成乙酰辅酶 A;苹果酸是三羧酸循环中的重要中间产物,在苹果酸脱氢酶的作用下氧化生成草酰乙酸。

$$CH_3-\underset{辅酶A}{\overset{O}{\underset{\|}{C}}-COOH} + CoASH \xrightarrow[]{NAD^+ \quad NADH+H^+} CH_3-\underset{乙酰辅酶A}{\overset{O}{\underset{\|}{C}}-SCoA} + CO_2$$

$$\underset{苹果酸}{HOOCCH_2CHOHCOOH} \xrightarrow{苹果酸脱氢酶} \underset{草酰乙酸}{HOOCCH_2COCOOH}$$

在人体细胞线粒体内,草酰乙酸与乙酰辅酶 A 在柠檬酸合酶的作用下,经酯缩合反应生成柠檬酸,其反应式如下:

$$CH_3-\overset{O}{\underset{\|}{C}}-SCoA \xrightarrow[柠檬酸合成酶]{HOOCCOCH_2COOH} HOOC-\underset{CH_2COOH}{\overset{OH}{\underset{|}{C}}}-CH_2\overset{O}{\underset{\|}{C}}-SCoA$$

$$HOOC-\underset{CH_2COOH}{\overset{OH}{\underset{|}{C}}}-CH_2\overset{O}{\underset{\|}{C}}-SCoA \xrightarrow[水解酶]{H_2O} HOOC-CH_2-\underset{COOH}{\overset{OH}{\underset{|}{C}}}-CH_2COOH + CoASH$$

柠檬酸在顺乌头酸酶的作用下可脱水生成顺乌头酸,再加水形成异柠檬酸,然后经脱氢、脱羧等过程转变成 α-酮戊二酸,α-酮戊二酸氧化脱羧生成琥珀酸:

$$\underset{柠檬酸}{\underset{COOH}{\overset{OH}{\underset{|}{HOOCH_2CCH_2COOH}}}} \xrightarrow[-H_2O]{酶} \underset{顺乌头酸}{\underset{HOOCH_2C}{\overset{HOOC}{C}}=\overset{COOH}{\underset{H}{C}}} \xrightarrow[+H_2O]{酶} \underset{异柠檬酸}{\underset{COOH}{\overset{OH}{\underset{|}{HOOCCH_2CHCHCOOH}}}}$$

$$\xrightarrow{氧化酶} \underset{草酰琥珀酸}{\underset{COOH}{HOOCCH_2-\overset{O}{\underset{\|}{CHCCOOH}}}} \xrightarrow{-CO_2} \underset{\alpha-酮戊二酸}{HOOCCH_2CH_2\overset{O}{\underset{\|}{C}}COOH} \xrightarrow[-H]{-CO_2} \underset{琥珀酸}{\underset{CH_2COOH}{\overset{CH_2COOH}{|}}}$$

又如:乙酰乙酸是脂肪酸代谢过程中的重要中间产物,在酶的催化作用下被还原成 β-羟基丁酸。

$$\underset{乙酰乙酸}{CH_3COCH_2COOH} \underset{\beta-羟基丁酸脱氢酶}{\overset{NADH+H^+ \quad NAD^+}{\rightleftharpoons}} \underset{\beta-羟基丁酸}{\underset{OH}{\overset{|}{CH_3CHCH_2COOH}}}$$

部分乙酰乙酸通过非酶促反应脱羧生成丙酮。

乙酰乙酸、β-羟基丁酸和丙酮三者在医学上称为酮体。正常人的血液中酮体的含量很低,而晚期糖尿病患者不能正常利用血液中的葡萄糖,而靠消耗机体内储存的脂肪供给能量,造成血液中酮体堆积,严重时还会出现酮症酸中毒。

思考题 9-2 完成下列反应式:

1. 环戊基(COOH)(OH) $\xrightarrow{\Delta}$ HBr; $\xrightarrow{[O]}$ $\xrightarrow{\Delta}$ 浓NaOH $\xrightarrow{\Delta}$

2. $HO-C(CH_2COOH)(CH_2COOH)-COOH \xrightarrow{-H_2O} \xrightarrow{+H_2O} \xrightarrow{-2H} \xrightarrow{-CO_2} \xrightarrow{-CO_2} \xrightarrow{[O]}$

三、酮型-烯醇型互变异构

乙酸乙酯在乙醇钠的作用下脱醇缩合成乙酰乙酸乙酯:

$$2CH_3-\overset{O}{\underset{\|}{C}}-COOC_2H_5 \xrightarrow{C_2H_5ONa} CH_3-\overset{O}{\underset{\|}{C}}-CH_2COOC_2H_5 + C_2H_5OH$$

乙酰乙酸乙酯是一种具有愉快水果香味的无色液体,稍溶于水,易溶于乙醇等有机溶剂。乙酰乙酸乙酯分子中含有羰基,具有羰基的典型反应,如与羟氨反应生成肟,与2,4-二硝基苯肼反应生成黄色的苯腙,与 HCN、$NaHSO_3$ 加成,与 $I_2/NaOH$ 发生碘仿反应等。除此之外,乙酰乙酸乙酯还可以使溴水褪色,能与 $FeCl_3$ 发生颜色反应,与金属钠反应放出氢气,这些特殊现象一直困扰着人们。直到 1911 年,有人在 -78℃ 的低温条件下将乙酰乙酸乙酯分离出两种异构体:一种是熔点为 -39℃ 的无色晶体,另一种是无色液体,前者为酮型结构,后者为烯醇型结构。原来乙酰乙酸乙酯在通常情况下不是单一的物质,而是酮型和烯醇型异构体的混合物,在室温下两种异构体之间可以相互自动转变而处于动态平衡:

$$CH_3-\overset{O}{\underset{\|}{C}}-CH_2COOC_2H_5 \rightleftharpoons CH_3-\overset{OH}{\underset{|}{C}}=CH-COOC_2H_5$$

酮型(93%)　　　烯醇型(7%)

两种或两种以上的异构体能相互自动转变,而处于动态平衡体系的现象称为互变异构现象(tautomerism),具有互变异构关系的各异构体也称为互变异构体。互变异构体是一种特殊的官能团异构,是分子中由于原子和原子团相互连接的方式和次序不同而产生的异构现象。酮型和烯醇型两种异构体之间的互变异构现象称为酮型-烯醇型互变异构现象。

常温下,乙酰乙酸乙酯两种互变异构体互变速度很快,不可能将它们分离开。乙酰乙酸乙酯存在酮型-烯醇型互变异构的原因,主要是因为乙酰乙酸乙酯分子中甲叉基上的氢原子(双重 α-H),受两个吸电子基团的影响,比较活泼,可以重排成烯醇型。而且形成烯醇型后,因分子中存在 π-π 共轭体系" $-\overset{|}{C}=\overset{|}{C}-\overset{|}{C}=O$ "增加了共轭体系的范围和强度,其分子的内能明显降低;加之该烯醇型通过氢键形成六元螯环,也使烯醇型稳定性增加。

$$CH_3-\overset{O}{\overset{\|}{C}}-\overset{H}{\overset{|}{CH}}-\overset{O}{\overset{\|}{C}}-OC_2H_5 \underset{+H^+}{\overset{-H^+}{\rightleftharpoons}} [CH_3-\overset{O}{\overset{\|}{C}}-\overset{-}{CH}-\overset{O}{\overset{\|}{C}}-OC_2H_5]^- \underset{-H^+}{\overset{+H^+}{\rightleftharpoons}} CH_3-\overset{O-H\cdots O}{\overset{\|}{C}}=CH-\overset{\|}{C}-OC_2H_5$$

互变异构现象是有机化合物中比较普遍存在的现象。从理论上讲，凡具有 $-\overset{H}{\overset{|}{C}}-\overset{O}{\overset{\|}{C}}-$ 基本结构的化合物都可能有酮型和烯醇型两种互变异构体存在。互变异构的趋势会随 α-H 的质子化程度和烯醇型异构体的稳定性不同而不同。各种化合物酮型和烯醇型存在的比例大小主要取决于分子结构，要有明显的烯醇型存在，分子必须具备如下条件：

(1) 分子中的甲叉基氢受两个吸电子基团影响而酸性增强。
(2) 形成烯醇型后产生的双键应与羰基形成 π-π 共轭，使共轭体系有所扩大和加强，内能有所降低，热力学能有所降低。
(3) 烯醇型可形成分子内氢键，构成稳定性更大的环状螯合物。

几种酮型-烯醇型互变异构体中在室温条件下烯醇型含量见表 9-1。

表 9-1　几种酮型-烯醇型互变异构体中烯醇型的含量 (25℃)

化合物	互变异构平衡体	烯醇型含量/%
丙酮	$CH_3-\overset{O}{\overset{\|}{C}}-CH_3 \rightleftharpoons CH_2=\overset{OH}{\overset{\|}{C}}-CH_3$	0.00025
乙酰乙酸乙酯	$CH_3COCH_2COOC_2H_5 \rightleftharpoons CH_3\overset{OH}{\overset{\|}{C}}=CHCOOC_2H_5$	7.5
乙酰丙酮	$CH_3COCH_2COCH_3 \rightleftharpoons CH_3\overset{OH}{\overset{\|}{C}}=CHCOCH_3$	80.0
苯甲酰乙酰苯	$C_6H_5COCH_2COC_6H_5 \rightleftharpoons C_6H_5\overset{OH}{\overset{\|}{C}}=CHCOC_6H_5$	96.0

除乙酰乙酸乙酯外，某些糖和含氮化合物中，特别是酰亚胺类化合物中也存在互变异构现象，如嘌呤碱与嘧啶碱。

思考题 9-3　写出下列化合物稳定烯醇型结构。

1. 2-甲氧羰基环己酮 ($C_6H_9(=O)COOCH_3$)
2. 巴比妥酸（嘧啶-2,4,6-三酮）

四、医学上重要的羟基酸和羰基酸

1. 乳酸　乳酸 ($CH_3CHOHCOOH$, lactic acid)，学名 α-羟基丙酸，因存在于酸牛奶中而得名。乳酸吸湿性很强，一般是黏稠状液体，能溶于水、醇和甘油，不溶于氯仿。乳酸具有消毒防腐作用；乳酸钙可用作补钙药物；乳酸钠可用作酸中毒的解毒剂。

乳酸也是生物体内葡萄糖无氧酵解的最终产物。人在剧烈活动时，肌肉中的糖原分解因缺氧而导致乳酸积累过多，就会感到肌肉"酸痛"。适当的锻炼可以加速乳酸经血液循环向肝脏转运，形成糖原，另一部分经肾脏由尿排出。乳酸是人体中糖代谢的中间产物。

2. 苹果酸 苹果酸[HOOCCH(OH)CH₂COOH, malic acid]的化学名为羟基丁二酸，最初因从苹果中分离出来而得名，在未成熟的苹果和山楂中含量较多。天然苹果酸是左旋体，为无色针状结晶，熔点100℃，易溶于水和乙醇，微溶于乙醚。

苹果酸是生物体内糖代谢的中间产物。作为性能优异的添加剂，广泛应用于食品、化妆品、医疗和保健品等领域。是目前世界食品工业中用量最大和发展前景较好的有机酸之一。苹果酸钠可作为低食盐患者食盐代用品。

3. 柠檬酸 柠檬酸(citric acid)的化学名为3-羧基-3-羟基戊二酸，又称枸橼酸，存在于柑橘果实中，尤以柠檬果实中含量丰富而得名。柠檬酸为白色结晶性粉末，无臭，易溶于水、乙醇和乙醚，熔点153℃，味极酸。柠檬酸广泛应用于食品、医药、日化等行业。在食品工业中用作糖果和清凉饮料的调味剂。医药上，枸橼酸钠有防止血液凝固的作用，故作体外抗凝血剂。枸橼酸铁铵[(NH₄)₃Fe(C₆H₅O₇)₂]是常用的补血药。

柠檬酸是体内糖、脂肪和蛋白质代谢过程的中间产物。它兼具α-羟基酸及β-羟基酸的特性，在体内酶的催化下，柠檬酸经顺乌头酸转变为异柠檬酸，再经氧化脱羧变成α-酮戊二酸。

4. 水杨酸 水杨酸(salicylic acid)化学名称邻-羟基苯甲酸，因最初从水杨树皮中提取而得名。它是无色针状结晶，熔点159℃，在79℃时升华；微溶于水，易溶于乙醇、乙醚、氯仿和沸水中；与三氯化铁反应显紫红色。水杨酸属于酚酸，其酸性较苯甲酸强。

水杨酸是重要的精细化工原料。作为医药中间体，它可合成乙酰水杨酸、对氨基水杨酸和水杨酸甲酯等。

乙酰水杨酸的商品名为阿司匹林(aspirin)，常用作解热镇痛药与抗血小板药。成人每日服用小剂量的阿司匹林，可防治心脑血管血栓形成，降低心脑血管病死亡率。

对氨基水杨酸(para-aminosalicylic acid)，简称为"PAS"，其钠盐是一种抗结核杆菌药，与链霉素或异烟肼合用治疗各种结核病可增强疗效。静脉滴注可提高脑脊液中药物浓度，可用于治疗结核性脑膜炎及急性播散型结核病。

水杨酸甲酯(methyl salicylate)俗称冬青油。它因由冬青树叶中提取而得名，具有特殊香味。可用作扭伤的外用药，也可用于配制牙膏、糖果等的香精。

5. 丙酮酸 丙酮酸(pyruvic acid)，为浅黄色液体，有乙酸气味，易溶于水，具有α-酮酸的特性。丙酮酸是动植物体内糖、脂肪和蛋白质代谢的中间产物。在酶的催化下，丙酮酸还原生成乳酸。

$$CH_3-\underset{\underset{丙酮酸}{}}{\overset{O}{\underset{\|}{C}}}-COOH \underset{-2H}{\overset{+2H}{\rightleftharpoons}} CH_3-\underset{\underset{乳酸}{}}{\overset{OH}{\underset{|}{CH}}}-COOH$$

6. 草酰乙酸 草酰乙酸(oxaloacetic acid)化学名为α-酮丁二酸，为无色晶体，能溶于水。在体内可在酶的作用下由琥珀酸转变而成。

$$\underset{琥珀酸}{\begin{matrix}CH_2COOH\\CH_2COOH\end{matrix}} \xrightarrow{-2H} \underset{延胡索酸}{\begin{matrix}H-C-COOH\\HOOC-C-H\end{matrix}} \xrightarrow{+H_2O} \underset{苹果酸}{\begin{matrix}HO-CHCOOH\\CH_2COOH\end{matrix}} \xrightarrow{-2H} \underset{\alpha\text{-酮丁二酸}}{\begin{matrix}O=CHCOOH\\CH_2COOH\end{matrix}}$$

草酰乙酸既是 α-酮酸，又是 β-酮酸，易发生脱羧反应。在生物体内脱羧生成丙酮酸。

7. α-酮戊二酸　α-酮戊二酸（α-keto-glutaric acid）为无色晶体，熔点为 109~110℃，能溶于水，具有 α-酮酸的性质，受热易脱羧，体内在酶的作用下脱羧和氧化反应生成琥珀酸。

$$\underset{\alpha\text{-酮戊二酸}}{\begin{matrix}CH_2COCOOH\\CH_2COOH\end{matrix}} \xrightarrow[-CO_2]{\text{酶}} \underset{\text{丁醛酸}}{\begin{matrix}CH_2COOH\\CH_2CHO\end{matrix}} \xrightarrow{[O]} \underset{\text{琥珀酸}}{\begin{matrix}CH_2COOH\\CH_2COOH\end{matrix}}$$

α-酮丁二酸和 α-酮戊二酸为生物体内糖、脂肪和蛋白质代谢的中间产物。

习　题

1. 写出下列化合物的结构式或命名
   (1) 水杨酸　　　　　　　　(2) 草酰琥珀酸　　　　　　　(3) 柠檬酸
   (4) 苹果酸　　　　　　　　(5) HOOCCOCH$_2$COOH　　　(6) HOOCCOCH$_2$CH$_2$COOH
   (7) H$_3$CCOCH$_2$COOH

2. 写出下列各反应的主要产物

   (1) $\underset{\quad\quad OH}{CH_3CH_2CHCOOH}$
   - $\xrightarrow{\Delta}$?
   - $\xrightarrow{\text{Tollen试剂}}$?
   - $\xrightarrow[\Delta]{\text{稀 }H_2SO_4}$?

   (2) $\underset{\quad\quad OH}{CH_3CHCH_2COOH}$
   - $\xrightarrow{\Delta}$?
   - $\xrightarrow{KMnO_4/H^+}$?
   - $\xrightarrow[\Delta]{NaOH}$?

   (3) $\underset{\quad\quad\quad OH}{CH_3CHCH_2CH_2CH_2COOH} \xrightarrow{\Delta}$?

   (4) 邻羟基苯甲酸 $\xrightarrow{200℃}$?

   (5) 1,3-二羧基-2-环己酮类化合物 $\xrightarrow{\text{微热}}$?

   (6) $\underset{\quad\quad\quad\quad COOH}{CH_3CH_2\overset{O}{\overset{\|}{C}}CHCH_2COOH} \xrightarrow{\Delta}$?

   (7) $CH_3\overset{O}{\overset{\|}{C}}COOH \xrightarrow[\text{酶}]{[NH_3]}$? $\xrightarrow{[H]}$?

3. 用化学方法鉴别下列各组化合物
   (1) 乙酰水杨酸、水杨酸、水杨酸甲酯
   (2) 丙二酸、草酰乙酸甲酯、乙酰乙酸乙酯
   (3) 丙酮酸、丙酮、戊-2,4-二酮

4. 按要求排出下列各组化合物的次序
   (1) 按酸性由强到弱的顺序排列
   A. α-丁酮酸　　　　　　　B. β-丁酮酸　　　　　　　C. 丁酸
   D. α-羟基丁酸　　　　　　E. β-羟基丁酸

(2)按烯醇型稳定性由高到低的次序排列

A. 乙酰乙酸乙酯　　　　　B. 戊-2,4-二酮　　　　　C. 乙酰丙酮
D. 丙二酸二乙酯　　　　　E. 环己酮

5. 下列化合物中，哪些能与 $FeCl_3$ 发生颜色反应？试写出其酮型和烯醇型互变平衡式。
(1) CH_2OHCH_2COOH 　　　　　(2) $C_6H_5COCH(COOCH_3)_2$
(3) $CH_3COCH_2CH_2COOCH_2CH_3$ 　　　　　(4) $CH_3COC(CH_3)_2COOCH_3$

6. 构型为 R 的化合物 A($C_6H_{12}O_3$) 和 $NaHCO_3$ 水溶液作用可放出 CO_2，A 加热脱水得化合物 B($C_6H_{10}O_2$)。B 无旋光活性，但有两个顺反异构体，能使溴水褪色，若被酸性高锰酸钾氧化，可得到草酸和化合物 C(C_4H_8O)，C 可以发生碘仿反应。试推测 A、B、C 的结构式，并写出相关的化学反应式。

(三峡大学　袁　丁)

第十章　含氮、硫、磷有机化合物

> **内容提示**
>
> 本章主要介绍胺的结构、分类及命名；胺的化学性质以及季铵盐和季铵碱的性质、重氮盐的性质及其在合成上的应用，生源胺；硫醇、硫醚的结构及性质、膦的结构、命名及应用。

含氮、硫、磷化合物与人类活动有着密切的关系。如生命现象的基础物质核酸、辅酶A、磷脂，机体中的神经传导物质生源胺，一些维生素（如维生素B_6），临床上使用的苯巴比妥类和磺胺类药物，中草药中的重要有效成分生物碱，有机磷杀虫剂，能诱发多种癌症的剧毒物质亚硝胺均可归于其中。

本章将主要讨论胺类化合物的结构，基本有机化学反应及其某些性质在生命科学中的应用，有机硫化合物和有机磷化合物的结构特征及其与生命科学有密切关系的化学反应。

第一节　胺

一、胺的结构、分类与命名

1. 胺的分类　氨(ammonia)的烃基取代物称为胺(amine)。胺分子中的氮上只连脂肪烃基的胺为脂肪胺(aliphatic amine)，与芳环直接相连的胺称芳香胺(aromatic amine)。例如：

脂肪胺：　$CH_3CH_2NH_2$　　　　$CH_3CH_2NHCH_3$

芳香胺：　C$_6$H$_5$—NH_2　　　　C$_6$H$_5$—$NHCH_3$

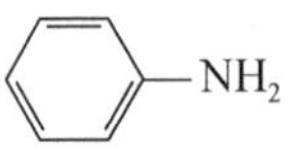

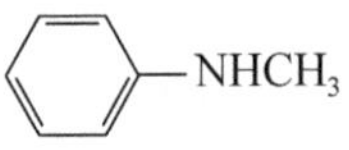

氮原子上连有1个、2个或3个烃基的胺分别称为伯胺(1°胺，primary amine)、仲胺(2°胺，secondary amine)和叔胺(3°胺，tertiary amine)。

$$NH_3 \qquad RNH_2 \qquad R_2NH \qquad R_3N$$
$$氨 \qquad 伯胺 \qquad 仲胺 \qquad 叔胺$$

伯、仲、叔胺中分别含有氨基（—NH_2）、亚氨基（$\diagup$NH）和次氨基（$\equiv$N）。

需要注意的是：伯、仲、叔胺和伯、仲、叔醇（或卤代烃）有着不同的含义。前者由氮原子所连烃基的数目确定；而后者以羟基（或卤原子）所连碳原子的种类确定。例如：

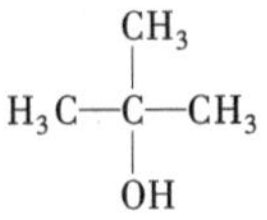

$$\underset{\text{叔丁醇（叔醇）}}{H_3C-\underset{\underset{OH}{|}}{\overset{\overset{CH_3}{|}}{C}}-CH_3} \qquad \underset{\text{叔丁胺（叔胺）}}{H_3C-\underset{\underset{NH_2}{|}}{\overset{\overset{CH_3}{|}}{C}}-CH_3}$$

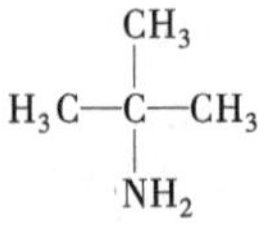

氢氧化铵和铵盐的四烃基取代物,分别称为季铵碱(quaternary ammonium hydroxide)和季铵盐(quaternary ammonium salt)。例如:

$$R_3N \qquad [R_4N]^+X^- \qquad [R_4N]^+OH^-$$

叔胺　　　　　季铵盐　　　　　　季铵碱
tertiary amine　　quaternary ammonium salt　　quaternary ammonium hydroxide

机体中最重要的季铵碱是胆碱。它是由胆碱与乙酰辅酶 A 在胆碱能神经末梢合成的。胆碱和乙酰胆碱的结构如下:

$$\left[H_3C-\overset{\overset{CH_3}{|}}{\underset{\underset{CH_3}{|}}{N^+}}-CH_2CH_2OH\right]OH^- \qquad \left[H_3C-\overset{\overset{CH_3}{|}}{\underset{\underset{CH_3}{|}}{N^+}}-CH_2CH_2O\overset{O}{\overset{\|}{C}}-CH_3\right]OH^-$$

胆碱　　　　　　　　　　　　　乙酰胆碱
choline　　　　　　　　　　　　acetylcholine

根据分子中所含氨基的数目,胺分为一元胺(monoamine)、二元胺(diamine)和多元胺(polyamine)。例如:

$$CH_3CH_2NH_2 \qquad H_2NCH_2CH_2NH_2 \qquad H_2N-CH_2\overset{\overset{NH_2}{|}}{C}HCH_2-NH_2$$

一元胺　　　　　　　二元胺　　　　　　　多元胺

2. 胺的命名　简单胺以胺作母体,烃基作取代基,称某胺,如果与氮原子相连的烃基不相同时,按烃基英文字母先后列出。例如:

$$CH_3CH_2NH_2 \qquad (C_6H_5)_2NH \qquad CH_3CH_2NHCH_3$$

乙胺　　　　　　　二苯胺　　　　　　　乙甲胺
ethylamine　　　　diphenylamine　　　ethylmethylamine

当氮上同时连有芳基和脂肪基时,命名以芳香胺为母体,在脂肪基前加"N"表示脂肪烃基连在氮原子上。例如:

H₃C—⟨ ⟩—NHCH₂CH₃　　　　　⟨ ⟩—N(CH₃)(CH₂CH₃)

N-乙基对甲基苯胺　　　　　　　　N-乙基-N-甲基苯胺
N-ethyl-p-methylbenzenamine　　　N-ethyl-N-methylbenzenamine

比较复杂的胺采用氨基作为取代基。例如:

$$CH_3\overset{\overset{CH_3}{|}}{C}H CH_2\overset{\overset{NH_2}{|}}{C}HCH_2CH_3$$

4-氨基-2-甲基己烷
4-amino-2-methylhexane

季铵碱、季铵盐和胺的离子型化合物命名类似无机化合物。例如:

$$NH_4Cl \qquad (CH_3)_4N^+Br^- \qquad HOCH_2CH_2N^+(CH_3)_3OH^-$$

氯化铵　　　　　溴化四甲铵　　　　　氢氧化三甲基羟乙基铵(胆碱)
ammonium chloride　tetramethylammonium bromide　choline

⟨ ⟩—NH₃⁺Cl⁻

氯化苯铵
anilinium chloride

另外,胺离子型化合物因表现形式不同还可采用如下的命名法。例如:

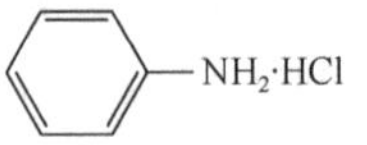

盐酸苯胺或苯胺盐酸盐
aniline hydrochloride

命名时,"氨"用于取代基,如氨基、甲氨基(—CH$_3$NH$_2$)、氨甲基(H$_2$NCH$_2$—),"胺"表示氨的烃基衍生物,"铵"用于季铵类化合物和胺的离子型化合物,对此需特别注意。

3. 胺的结构 胺的结构与氨相似,氮原子是以不等性 sp^3 杂化,4 个杂化轨道中的 3 个与烃基中的碳或氢形成三个 σ 键,整个分子呈三棱锥形结构,另一个 sp^3 杂化轨道上有 1 对孤对电子,且位于棱锥体的顶端,如同第四个基团一样,所以胺分子中的氮原子与碳的四面体结构相类似,但不是正四面体(图 10-1)。

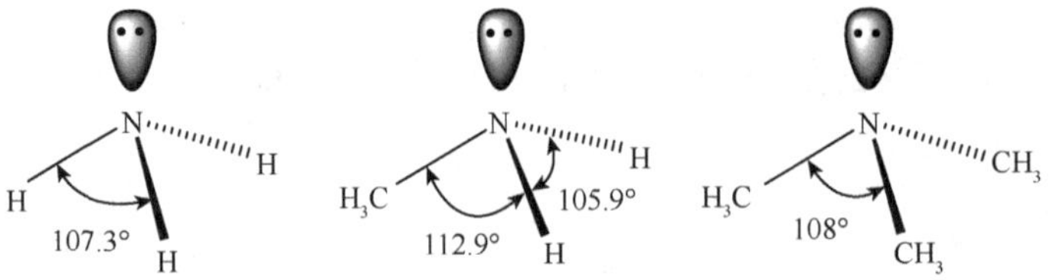

图 10-1 氨、甲胺和三甲胺的结构

苯胺中的氮原子仍为不等性 sp^3 杂化,但孤对电子所占据的轨道含有更多 p 轨道的成分。以氮原子为中心的四面体比脂肪胺更扁平一些,H—N—H 键角为 113.9°,H—N—H 平面与苯环平面存在一个 39.4°的夹角,并不在同一平面上(图 10-2)。虽然苯

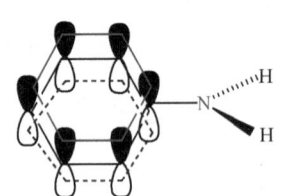

图 10-2 苯胺的结构

上氮原子的孤对电子所在的 sp^3 杂化轨道与苯环上的 p 轨道不平行,但可以共平面,仍能与苯环的大 π 键相重叠,形成共轭体系。由于这种共轭体系的形成使芳香胺与脂肪胺在性质上有较大的差异。

由于胺分子中氮原子是四面体结构,因此氮原子上所连的 3 个原子或基团不同时,氮原子也属手性中心,应有一对对映体。但对于简单胺对映体的拆分目前尚未成功,这是因为胺的对映体之间转化需要的能量很低(约 25kJ·mol^{-1}),能很快相互转化。

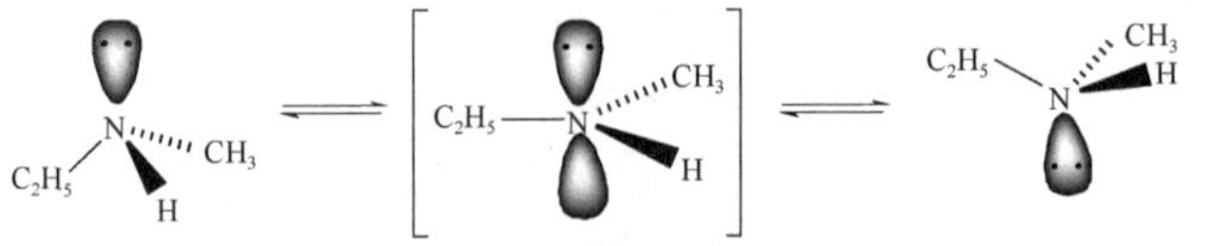

当氮原子上连有四个不同的基团时,则成为手性化合物,存在对映体。例如:

二、胺的物理性质

低级脂肪胺如甲胺、二甲胺、三甲胺和乙胺,在常温下为无色气体,丙胺至十一胺是液

体,十一胺以上为固体。低分子胺具有氨的气味(三甲胺有鱼腥味)。胺与氨一样为极性分子,氮原子上有氢能形成分子间氢键,因此相对分子质量相近的胺的沸点高低顺序是:伯胺＞仲胺＞叔胺。由于氮的电负性比氧的弱,因此胺分子之间的氢键不如醇的强,故胺的沸点比相对分子质量相近的醇低。所有胺分子都能与水分子形成氢键,因此低分子脂肪胺一般都能溶于水,但随着胺分子中烃基的增大,溶解性迅速降低。表10-1列出了一些胺的物理常数。

表 10-1 一些胺的物理常数

名称	化学式	熔点/℃	沸点/℃	溶解度/[g·(100g水)$^{-1}$]	pK_b(25℃)
甲胺	CH_3NH_2	-93.5	-6.3	易溶	3.34
二甲胺	$(CH_3)_2NH$	-93	7.4	易溶	3.27
三甲胺	$(CH_3)_3N$	-117	3.0	91	4.19
乙胺	$CH_3CH_2NH_2$	-81	16.6	易溶	3.36
二乙胺	$(CH_3CH_2)_2NH$	-48	56.3	易溶	3.05
三乙胺	$(CH_3CH_2)_3N$	-115	89.3	14	3.25
乙二胺	$NH_2CH_2CH_2NH_2$	8.5	117	易溶	4.0
苯胺	$C_6H_5NH_2$	-6.3	184	3.7	9.28
对甲苯胺	$p\text{-}C_6H_4CH_3NH_2$	44	200	0.7	8.92
对硝基苯胺	$p\text{-}C_6H_4NO_2NH_2$	147.5	331.70	0.05	13.00

芳香胺是无色的高沸点液体或低熔点固体,具有特殊气味。一般难溶于水,毒性较大。例如,茜胺可通过消化道、呼吸道或经皮肤吸收而引起中毒,有些胺如3,4-二甲基苯胺、β-萘胺、联苯胺等具有致癌作用。

三、胺的化学性质

胺分子中氮原子上的孤对电子使胺具有碱性和亲核性。胺的化学性质主要体现在这两个方面。

1. 碱性 与氨相似,胺分子中的氮原子有一对孤对电子,能结合质子,呈碱性。

$$RNH_2 + H_2O \rightleftharpoons RNH_3^+ + OH^-$$

一些常见胺的pK_b值见表10-1。

胺的碱性强弱与氮上电子云密度有关,氮上电子云密度越大,接受质子能力越强,碱性越强,不同胺碱性强弱为:

$$\text{脂肪胺} > \text{氨} > \text{芳香胺}$$

脂肪烃基是供电子基,能提高氮原子上的电子云密度;而芳香胺因氮上孤对电子离域到苯环,碱性显著降低。胺的碱性还与氮上连接的烃基数目有关,烃基多,空间位阻大,不利于氮与质子结合。胺在水中的碱性还与水的溶剂化作用有关。故胺的碱性强弱是电子效应、立体效应和溶剂化效应综合作用的结果。仅考虑电子效应的影响,胺的碱性强弱顺序为:

$$\text{脂肪叔胺} > \text{脂肪仲胺} > \text{脂肪伯胺} > \text{氨} > \text{芳香胺}$$

仅考虑溶剂化效应,胺的碱性强弱顺序为:

$$伯胺 > 仲胺 > 叔胺$$

胺具有碱性,能与大多数酸作用成盐,但遇到强碱又重新游离析出:

$$CH_3CH_2NH_2 \rightleftharpoons [CH_3CH_2NH_3]^+Cl^-$$
氯化乙胺

胺与盐酸形成的盐一般都是易溶于水和乙醇的晶形固体。实验室中,利用此性质来分离和提纯胺。

2. 酰基化反应 伯胺、仲胺易与酰氯或酸酐等酰基化剂作用生成酰胺,叔胺氮上没有可被取代的氢原子,不能发生酰化反应。

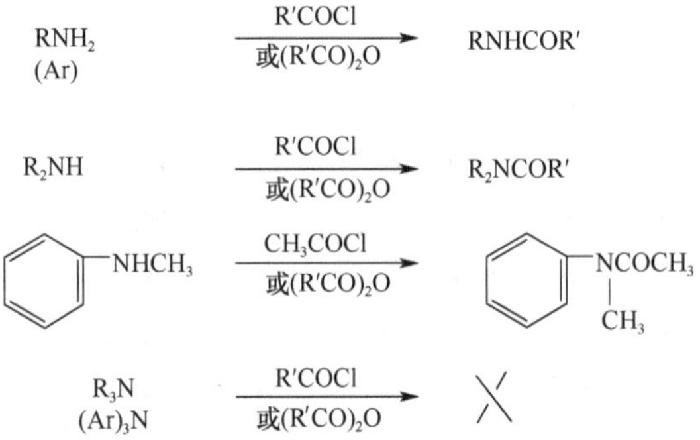

$$RNH_2 (Ar) \xrightarrow{R'COCl 或 (R'CO)_2O} RNHCOR'$$

$$R_2NH \xrightarrow{R'COCl 或 (R'CO)_2O} R_2NCOR'$$

$$C_6H_5NHCH_3 \xrightarrow{CH_3COCl 或 (R'CO)_2O} C_6H_5N(COCH_3)(CH_3)$$

$$R_3N (Ar)_3N \xrightarrow{R'COCl 或 (R'CO)_2O} ✗$$

酰胺是具有一定熔点的固体,在强酸或强碱的水溶液中加热易水解生成胺。因此,此反应在有机合成上常用来保护氨基(先把芳胺酰化,把氨基保护起来,再进行其他反应,然后使酰胺水解再变为胺)。

许多药物分子的芳胺上引入酰基,可以降低其毒副作用,如解热镇痛药扑热息痛。

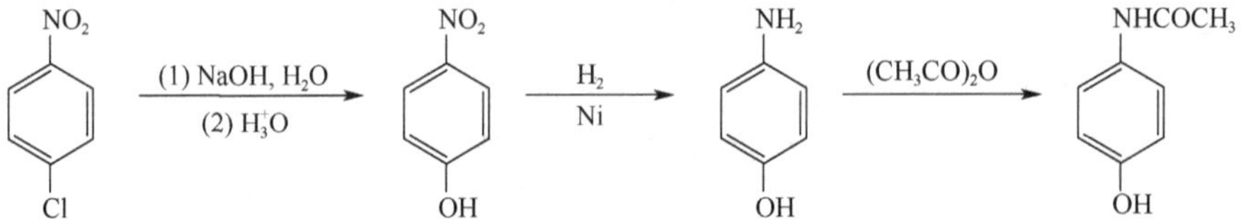

$$对-ClC_6H_4NO_2 \xrightarrow[(2) H_3O^+]{(1) NaOH, H_2O} 对-HOC_6H_4NO_2 \xrightarrow{H_2/Ni} 对-HOC_6H_4NH_2 \xrightarrow{(CH_3CO)_2O} 对-HOC_6H_4NHCOCH_3$$

3. 磺酰化反应[兴斯堡(Hinsberg)反应] 伯胺和仲胺与磺酰化试剂反应生成磺酰胺的反应称为磺酰化反应。由伯胺生成的磺酰胺氮上的氢受磺酰基影响呈弱酸性,可与碱成盐而溶于水;仲胺形成的磺酰胺氮上无氢,不与碱成盐而呈固体析出;叔胺不被磺酰化。

常用的磺酰化试剂是苯磺酰氯和对甲基苯磺酰氯(TsCl)。

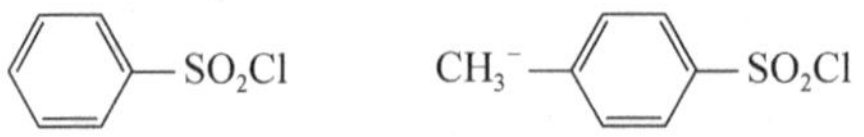

C₆H₅—SO₂Cl   CH₃—C₆H₄—SO₂Cl
苯磺酰氯   对甲基苯磺酰氯

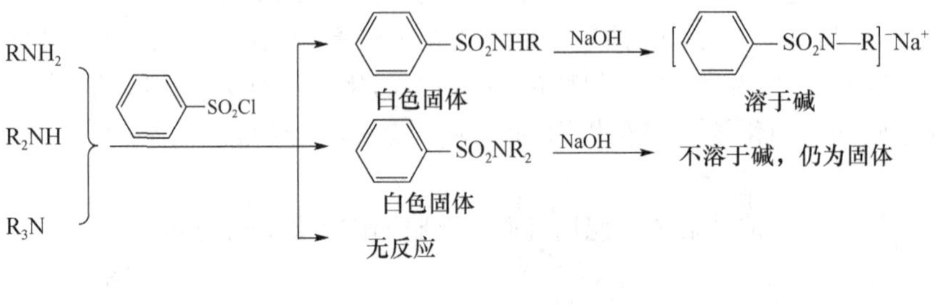

$$\begin{cases} RNH_2 \\ R_2NH \\ R_3N \end{cases} \xrightarrow{C_6H_5SO_2Cl} \begin{cases} C_6H_5SO_2NHR \text{ (白色固体)} \xrightarrow{NaOH} [C_6H_5SO_2N-R]^-Na^+ \text{ 溶于碱} \\ C_6H_5SO_2NR_2 \text{ (白色固体)} \xrightarrow{NaOH} \text{不溶于碱,仍为固体} \\ \text{无反应} \end{cases}$$

兴斯堡反应可用于鉴别、分离纯化伯、仲、叔胺。

4. 与亚硝酸反应 亚硝酸(HNO_2)不稳定,反应时由亚硝酸钠与盐酸或硫酸作用而得。

(1) 脂肪胺与 HNO_2 的反应

1) 伯胺与亚硝酸的反应:

$$RCH_2CH_2NH_2 \xrightarrow[\text{低温}]{NaNO_2+HCl} RCH_2CH_2\overset{+}{N_2}Cl^- \xrightarrow{\text{分解}} RCH_2\overset{+}{CH_2} + N_2\uparrow + Cl^-$$

重氮盐

生成的碳正离子可以发生各种不同的反应,生成烯烃、醇和卤代烃。

所以,伯胺与亚硝酸的反应在有机合成上意义不大。

2) 仲胺与 HNO_2 反应,生成黄色油状液体或固体的 *N*-亚硝基化合物。脂肪仲胺和芳香仲胺与亚硝酸反应,都是在氮上进行亚硝化,生成 *N*-亚硝基化合物。

$$(CH_3CH_2)_2N-H \quad HO-N=O \longrightarrow (CH_3CH_2)_2N-N=O + H_2O$$

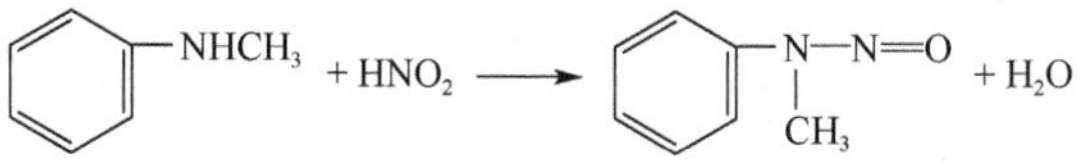

$$C_6H_5NHCH_3 + HNO_2 \longrightarrow C_6H_5N(CH_3)-N=O + H_2O$$

N-甲基-*N*-亚硝基苯胺

3) 叔胺在同样条件下,与 HNO_2 不发生类似的反应。因而,胺与亚硝酸的反应可以区别伯、仲、叔胺。

(2) 芳胺与亚硝酸的反应

1) 芳香伯胺与亚硝酸反应:

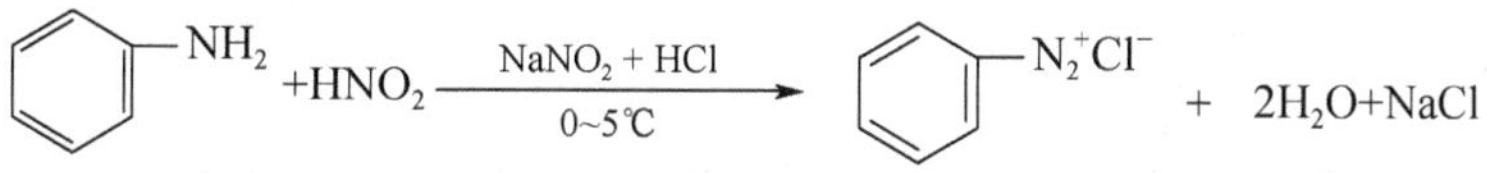

$$C_6H_5NH_2 + HNO_2 \xrightarrow[0\sim5℃]{NaNO_2 + HCl} C_6H_5\overset{+}{N_2}Cl^- + 2H_2O + NaCl$$

氯化重氮苯(重氮盐)

此反应称为重氮化反应。

2) 芳香族仲胺与亚硝酸反应,生成棕色油状液体和黄色固体的亚硝基胺。

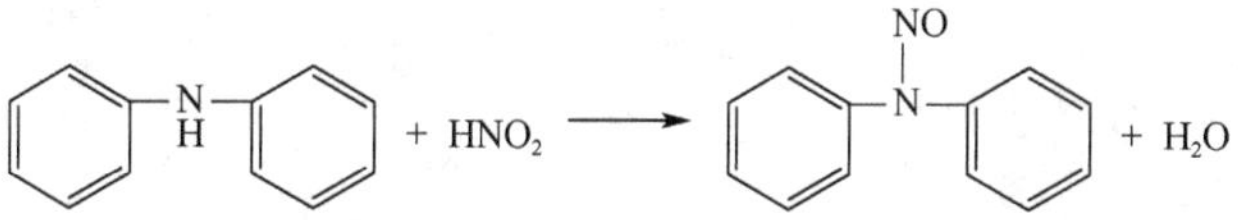

$$(C_6H_5)_2NH + HNO_2 \longrightarrow (C_6H_5)_2N-NO + H_2O$$

仲胺   *N*-亚硝基二苯胺(黄色固体)

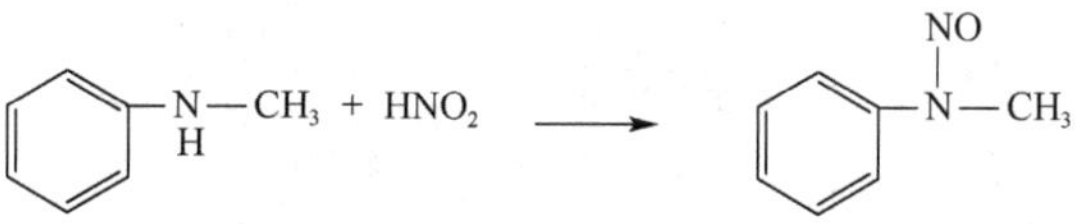

$$C_6H_5N(CH_3)H + HNO_2 \longrightarrow C_6H_5N(CH_3)-NO$$

N-亚硝基甲苯胺(棕色油状)

3) 芳香族叔胺与亚硝酸反应,亚硝基上到苯环,生成对亚硝基胺。

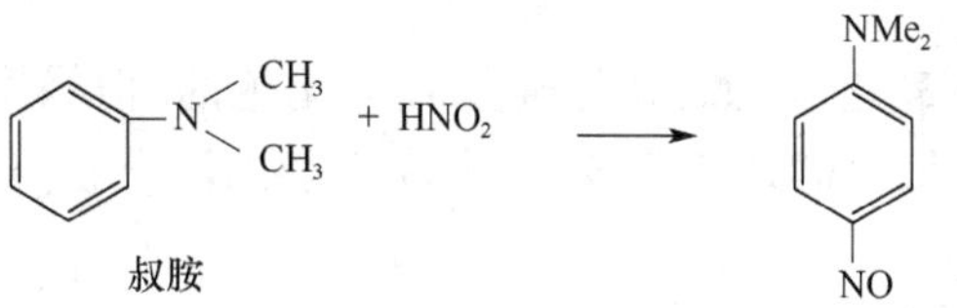

$$C_6H_5N(CH_3)_2 + HNO_2 \longrightarrow p\text{-}ON\text{-}C_6H_4\text{-}NMe_2$$

叔胺   对亚硝基-*N,N*-二甲基苯胺(绿色叶片状)

芳胺与亚硝酸的反应也可用来区别芳香族伯、仲、叔胺。

5. 芳胺的特性反应

(1) 卤代反应：苯胺很容易发生卤代反应，但难控制在一元阶段。

$$\text{C}_6\text{H}_5\text{NH}_2 + \text{Br}_2(\text{H}_2\text{O}) \longrightarrow \text{2,4,6-三溴苯胺}$$

2,4,6-三溴苯胺(白↓)，可用于鉴别苯胺

若要制取一溴苯胺，则应先降低苯胺的活性，再进行溴代，其方法有两种。

方法一：苯胺 $\xrightarrow{(\text{CH}_3\text{CO})_2\text{O}}$ 乙酰苯胺 $\xrightarrow[\text{CH}_3\text{COOH}]{\text{Br}_2}$ 对溴乙酰苯胺 $\xrightarrow[\text{OH}^-\text{或}\text{H}^+]{\text{H}_2\text{O}}$ 对溴苯胺

方法二：苯胺 $\xrightarrow{\text{H}_2\text{SO}_4}$ $\text{C}_6\text{H}_5\overset{+}{\text{N}}\text{H}_3\text{HSO}_4^-$ $\xrightarrow{\text{Br}_2}$ 间溴苯胺盐 $\xrightarrow{2\text{NaOH}}$ 间溴苯胺

(2) 磺化反应：

$$\text{C}_6\text{H}_5\text{NH}_2 \xrightarrow{\text{H}_2\text{SO}_4} \text{C}_6\text{H}_5\overset{+}{\text{N}}\text{H}_3\text{HSO}_4^- \xrightarrow[-\text{H}_2\text{O}]{\Delta} \text{C}_6\text{H}_5\text{NHSO}_3\text{H} \xrightarrow{180\,^\circ\text{C}} \text{对氨基苯磺酸} \longleftrightarrow \text{内盐}$$

对氨基苯磺酸形成内盐。

(3) 硝化反应：芳伯胺直接硝化易被硝酸氧化，必须先把氨基保护起来（乙酰化或成盐），然后再进行硝化。

苯胺 $\xrightarrow{(\text{CH}_3\text{CO})_2\text{O}}$ 乙酰苯胺

- $\xrightarrow[\text{在乙酸中}]{\text{HNO}_3}$ 对硝基乙酰苯胺（主要产物） $\xrightarrow{\text{OH}^-/\text{H}_2\text{O}}$ 对硝基苯胺
- $\xrightarrow[\text{在乙酸酐中}]{\text{HNO}_3}$ 邻硝基乙酰苯胺（主要产物） $\xrightarrow{\text{OH}^-/\text{H}_2\text{O}}$ 邻硝基苯胺

苯胺 $\xrightarrow{\text{H}_2\text{SO}_4}$ $\text{C}_6\text{H}_5\overset{+}{\text{N}}\text{H}_3\text{HSO}_4^-$ $\xrightarrow{\text{HNO}_3}$ 间硝基苯胺盐 $\xrightarrow[\text{H}_2\text{O}]{2\text{NaOH}}$ 间硝基苯胺

(4) 氧化反应：芳胺很容易氧化，例如，新的纯苯胺是无色的，但暴露在空气中很快就变成黄色，然后变成红棕色。用氧化剂处理苯胺时，生成复杂的混合物。在一定的条件下，苯胺的氧化产物主要是对苯醌。

$$\underset{\text{苯胺}}{\text{C}_6\text{H}_5\text{NH}_2} \xrightarrow[\text{H}_2\text{SO}_4, 10℃]{\text{MnO}_2} \text{对苯醌} \xrightarrow{[\text{O}]} \text{苯胺黑}$$

四、重氮盐的化学性质

重氮和偶氮化合物都含有"—N=N—"官能团,该官能团的两端均与烃基相连的化合物称为偶氮化合物。例如:

偶氮苯　　　对羟基偶氮苯　　　偶氮甲烷

若该官能团的一端与烃基相连,另一端与其他原子(非碳原子)或原子团相连的化合物,称为重氮化合物。例如:

氯化重氮苯　　　苯基重氮酸

在重氮盐分子中 C—N—N 呈直线型,氮原子是以 sp 杂化轨道成键,苯环的π轨道和重氮离子的π轨道形成共轭体系。重氮苯离子的结构如图 10-3 所示。

芳香族重氮盐中的重氮基与芳环发生共轭,所以它比脂肪族重氮盐稳定。干的重氮盐极易爆炸,但水溶液无此危险,所以在水溶液中制得的重氮盐就不再分解,直接用于下一步反应。

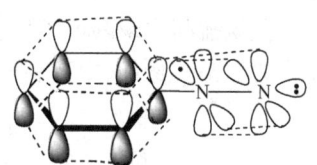

图 10-3　重氮苯离子的结构

芳香族重氮盐是重要的合成中间体,它的化学性质活泼,可发生许多反应,最重要的两类反应是取代反应(substitution reaction)和偶联反应(coupling reaction)。

1. 取代反应　芳香重氮离子中的重氮基带正电荷,强烈地吸引电子,使 C—N 键的极性增强,易断裂放出氮气,重氮基则可被羟基、卵素、氰基和氢原子等取代。由于放出氮气,故也称为放氮反应。例如:

$$\text{C}_6\text{H}_5\overset{+}{\text{N}}\equiv\text{N HSO}_4^- \begin{cases} \xrightarrow[\triangle]{\text{H}_2\text{O}} \text{C}_6\text{H}_5\text{OH} + \text{N}_2\uparrow \\ \xrightarrow[\triangle]{\text{Cu}_2\text{X}_2+\text{HX}} \text{C}_6\text{H}_5\text{X} + \text{N}_2\uparrow \\ \xrightarrow[\triangle]{\text{Cu}_2(\text{CN})_2+\text{KCN}} \text{C}_6\text{H}_5\text{CN} + \text{N}_2\uparrow \\ \xrightarrow{\text{H}_3\text{PO}_2+\text{H}_2\text{O} \text{ 或 } \text{C}_2\text{H}_5\text{OH}} \text{C}_6\text{H}_6 + \text{N}_2\uparrow \end{cases}$$

在芳香重氮盐的水解反应中,宜用硫酸重氮盐,而不用盐酸重氮盐,原因是盐酸重氮盐会带来卤素取代的副产物。氯离子的亲核性比水分子的亲核性强,从而引起竞争反应生成氯代物。与此相反,HSO_4^- 的亲核性弱,不会产生竞争性反应。有人认为,这一反应是按 S_N1

机制进行的,首先是重氮正离子失去 N_2,生成苯基正离子。

$$\underset{}{C_6H_5-\overset{+}{N}\equiv N} \longrightarrow C_6H_5^+ + N_2$$

苯基正离子非常活泼,能与溶液中的亲核试剂发生亲核取代反应,Cl^- 的亲核取代较强,容易与苯基正离子结合而生成氯苯。

$$C_6H_5^+ \begin{cases} \xrightarrow{H_2O} C_6H_5-OH + H^+ \\ \xrightarrow{Cl^-} C_6H_5-Cl \end{cases}$$

硫酸氢根离子的亲核性较弱,难以与水争夺苯基正离子,故反应的主要产物是酚。重氮盐的水解反应必须在强酸性溶液中进行,以免生成的酚与未作用的重氮盐发生偶联反应。

芳香重氮盐在亚铜盐的催化下,生成氯化物、溴化物和氰化物的反应,称为 Sandmeyer 反应,该反应的机理一般认为是自由基反应。例如:

$$C_6H_5-N_2Cl \xrightarrow{Cu_2Cl_2} C_6H_5-N_2Cl \xrightarrow{Cu_2Cl_2} C_6H_5\cdot + N_2 + CuCl_2$$

$$2\,C_6H_5\cdot + 2\,Cu_2Cl_2 \longrightarrow 2\,C_6H_5-Cl + Cu_2Cl_2$$

重氮盐与次磷酸或乙醇反应时,重氮基被氢原子取代,放出氮气,这个反应可以除去苯环上的氨基。例如,由苯制取间溴甲苯。

$$C_6H_6 \xrightarrow[AlCl_3]{CH_3Cl} C_6H_5CH_3 \xrightarrow[HNO_3]{H_2SO_4} p\text{-}CH_3C_6H_4NO_2 \xrightarrow[HCl]{Fe} p\text{-}CH_3C_6H_4NH_2 \xrightarrow{(CH_3CO)_2O} p\text{-}CH_3C_6H_4NHCOCH_3$$

$$\xrightarrow{Br_2} \xrightarrow[H^+]{H_2O} \xrightarrow[5\sim10\,℃]{NaNO_2+HCl} \xrightarrow[H_2O]{H_3PO_2} m\text{-}CH_3C_6H_4Br$$

2. 偶联反应 重氮盐在一定条件下可与酚或芳香胺发生反应,生成有颜色的偶氮化合物(azo-compound),此类反应称为偶联反应(coupling reaction)。在此类反应中,重氮正离子作为亲电试剂与活泼的芳环发生亲电取代反应,故芳环上的电子云密度越大,越有利于偶联反应的发生。

(1) 与酚的偶联反应:重氮盐与酚的偶联反应在弱碱性条件下进行最快。

$$C_6H_5-N_2^+Cl^- + C_6H_5-OH \xrightarrow[0\,℃]{弱碱性} C_6H_5-N=N-C_6H_4-OH$$
对-羟基偶氮苯(橘黄色)

因为酚在弱碱性溶液中转变成酚盐,苯氧基负离子($C_6H_5-O^-$)的"—O^-"比"—OH"更强烈地供电子给苯环,使苯环的电子云密度增大,反应加快。但是,溶液的碱性不能太强,

这是因为在强碱条件下,重氮离子存在如下平衡:

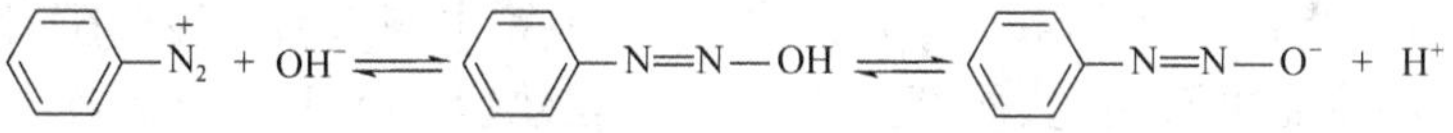

$$C_6H_5-N_2^+ + OH^- \rightleftharpoons C_6H_5-N=N-OH \rightleftharpoons C_6H_5-N=N-O^- + H^+$$

重氮酸(pH 9~11)　　　重氮酸盐(pH 11~13)

重氮酸和重氮酸盐都不能进行偶联反应。

(2) 与芳香胺的偶联反应　重氮盐与芳香胺在弱碱性或中性条件下反应生成黄色固体的偶氮化合物。例如:

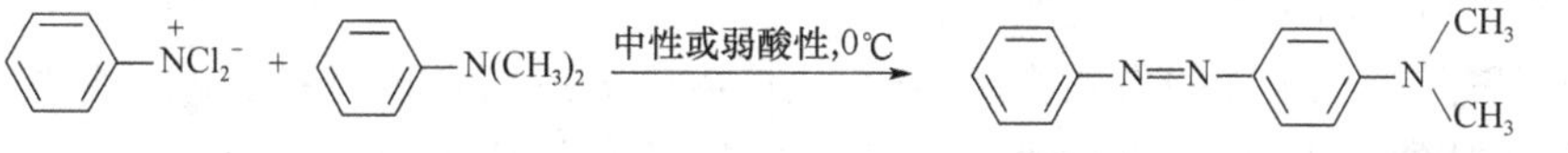

$$C_6H_5-N_2^+Cl^- + C_6H_5-N(CH_3)_2 \xrightarrow{\text{中性或弱酸性,0℃}} C_6H_5-N=N-C_6H_4-N(CH_3)_2$$

对-二甲氨基偶氮苯(4-二甲氨基偶氮苯)

反应的最佳 pH 为 5~7,这是因为胺类在中性或弱酸性溶液中主要以游离胺的形式存在,这时胺的苯环上电子云密度较大,反应较快。溶液的酸性太强,芳香胺与酸作用生成铵盐,使苯环上的电子云密度降低,不利于偶联反应。

重氮盐与芳香胺或酚的偶联反应受电子效应和空间效应的影响,通常发生在羟基或氨基的对位,当对位被其他取代基占据时则发生在邻位。

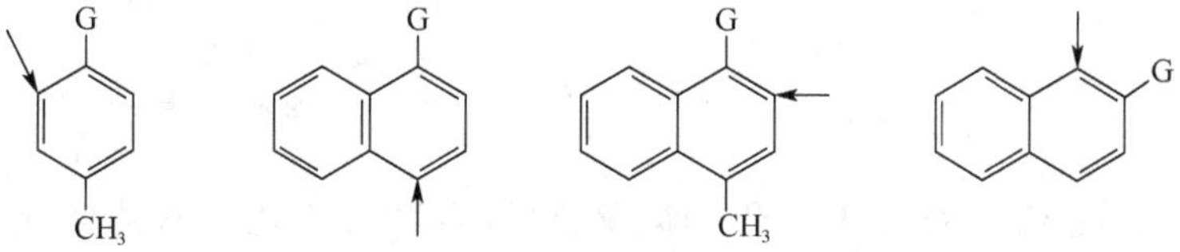

G = —OH, —NH$_2$, —NHR, —NR$_2$

偶氮芳烃有鲜艳的颜色,这是因为偶氮键—N=N—使两个芳环共轭,大大扩展了π电子的离域范围,使得该化合物在可见光区域吸收光,因而显示颜色。偶氮芳烃现已广泛用来作为染料。

五、生　源　胺

生源胺(biogenic amine)是指人体中担负神经冲动传导作用的胺类化合物,包括肾上腺素(adrenaline)、去甲肾上腺素(noradrenaline)、多巴胺(dopamine)、乙酰胆碱(acetylcholine)及 5-羟色胺(serotonin)等,它们的结构如下:

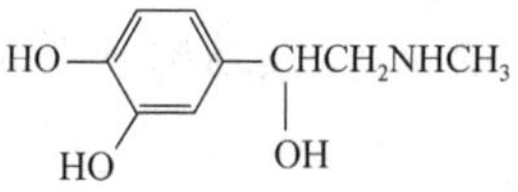

肾上腺素 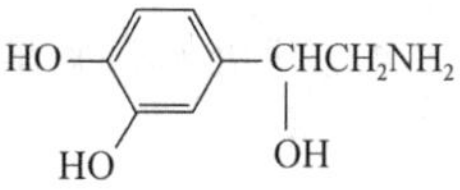　　　　　　　　　去甲肾上腺素

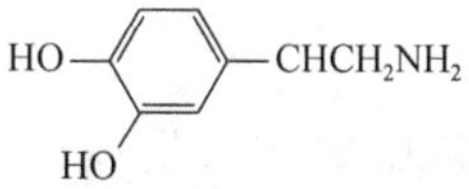

多巴胺 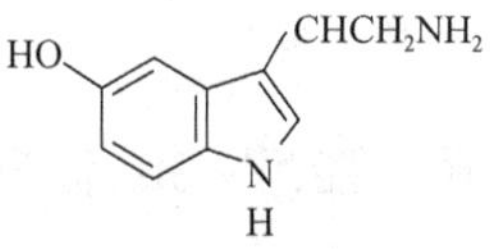　　　5-羟色胺　　　乙酰胆碱 $[CH_3COOCH_2CH_2N(CH_3)_3]^+OH^-$

肾上腺素是肾上腺髓质分泌的激素,原料为酪氨酸,其合成过程为:酪氨酸→多巴→多巴胺→去甲肾上腺素→肾上腺素,各个步骤分别在特异酶作用下进行。肾上腺素分子具有

手性,存在着 S-(+)-肾上腺素和 R-(-)-肾上腺素旋光异构体,它们与受体的立体结合是不同的。R-(-)-肾上腺素可与受体完全契合,而 S-(+)-肾上腺素与受体的结合较弱。构型不同,与受体结合的位点也不同,从而产生不同的生理效应。人工合成的肾上腺素为白色结晶性粉末,易氧化,难溶于水。临床上使用的是其盐酸盐,有加强心脏收缩力、加快心率和传导速度,增加心输出量的作用。

多巴胺是去甲肾上腺素生物合成的前体,又是中枢神经和传出神经的一种递质。人工合成品为白色结晶,易氧化,易溶于水、甲醇等。临床上使用其盐酸盐。中、小剂量用于治疗心肌梗死、创伤、内毒素等引起的休克。

乙酰胆碱是神经传导的重要物质,它在机体内的分解与合成是在胆碱酯酶作用下进行的,如果胆碱酯酶失去活性,就会破坏乙酰胆碱的正常分解和合成,引起神经系统紊乱,甚至死亡。

苯异丙胺(benzedrine,amphetamine),化学名为 1-苯基-2-丙胺,于 1887 年首次合成,是第一个合成的兴奋剂。近年来,一些更新的化合物(如 N-甲基苯异丙胺)替代了传统的苯丙胺,但由于它们的成瘾性和致幻性,已将它们列入一类精神药物进行管制。

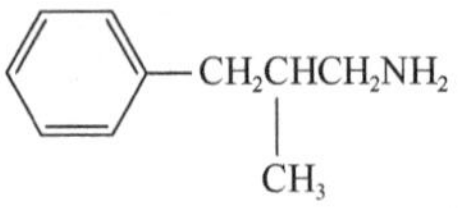

苯异丙胺 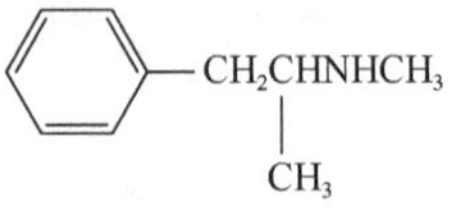   N-甲基苯异丙胺

N-甲基苯异丙胺是一种无味透明晶体,又称"冰毒""摇头丸""蓝精灵"或"忘我",是国际、国内严禁的毒品。它对人体心、肺、肝、肾及神经系统有严重的损害作用,吸食或注射 0.2g 即可致死。它成瘾性强,一般吸食 1~2 周,即产生严重的依赖性。为了民族的昌盛、社会的安定,我们一定要远离毒品。

第二节 含硫有机化合物

分子中碳和硫直接相连的有机化合物称为有机含硫化合物。硫与氧为同族元素,因此硫能形成与含氧化合物相似的一系列含硫化合物,并具有相似的化学性质。

一、硫醇和硫醚的结构和命名法

1. 结构 常见的含硫有机物有硫醇、硫酚和硫醚等,其结构分别为

R—SH   硫酚—SH   R—S—R

硫醇   硫酚   硫醚
(thiol)   (thiophenol) (thioether)

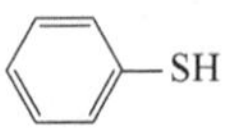

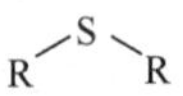

硫醇和硫酚的结构中有一个含硫官能团—SH,称为巯基,硫醇氧化可生成比过氧化物稳定的二硫化物:

R—S—S—R

2. 命名 简单的含硫化合物的命名,只需在相应的含氧衍生物类名前加上"硫"字即可。

CH₃SH	(CH₃)₂CHSH	CH₃SCH₃
甲硫醇	2-丙硫醇	二甲硫醚
(methanethiol)	(2-propanethiol)	(dimethyl sulfide)

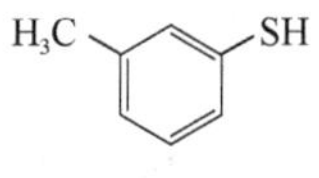

间甲苯硫酚　　　苯硫酚
(p-methyl thiophenol)　(thiophenol)

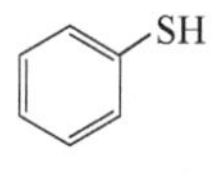

对于结构较复杂的含硫有机物,也可将巯基作为取代基来命名。

HS—CH₂COOH　　　HOCH₂CH₂SH
巯基乙酸　　　　　2-巯基乙醇
(mercaptoacetic acid)　(2-mercaptoethanol)

二、硫醇和硫醚的物理性质

相对分子质量较低的硫醇有毒,并有难闻的臭味,通常煤气中加乙硫醇作警示剂,黄鼠狼发出的臭味,主要含3-甲基-1-丁硫醇。水溶性、沸点比相应的醇低得多,与相对分子质量相同的硫醚相近,硫酚也有恶臭味。

三、硫醇和硫醚的化学性质

1. 酸性 硫醇、硫酚的酸性比相应醇、酚强。

	H₂S	C₂H₅SH	C₆H₅SH
pK_a	7.00	10.60	7.80
	H₂O	C₂H₅OH	C₆H₅OH
pK_a	15.70	18.00	10.00

硫醇显弱酸性,能与氢氧化钠生成盐,可用于除去石油中的硫醇;硫酚的酸性比碳酸强,可溶于 $NaHCO_3$ 溶液中。

$$C_2H_5SH + NaOH \longrightarrow C_2H_5SNa + H_2O$$
$$Ph-SH + NaHCO_3 \longrightarrow PhSNa + CO_2 + H_2O$$

2. 氧化 硫醇和硫酚很容易被氧化,可被氧气、碘和过氧化氢等氧化成二硫化物。而二硫化物遇还原剂(亚硫酸氢钠、锌和乙酸等)又可被还原为硫醇和硫酚。

$$2R-SH \xrightleftharpoons[[H]]{[O]} R-S-S-R$$

硫醇和硫酚遇到强氧化剂高锰酸钾、浓硝酸等,可被氧化成磺酸类化合物。

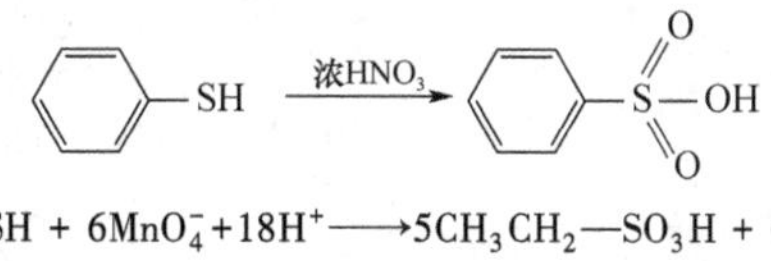

$$\text{Ph-SH} \xrightarrow{\text{浓}HNO_3} \text{Ph-SO}_2\text{OH}$$

$$5CH_3CH_2-SH + 6MnO_4^- + 18H^+ \longrightarrow 5CH_3CH_2-SO_3H + 6Mn^{2+} + 9H_2O$$

硫醇和硫酚与醇的氧化反应对比如下:

醇的氧化反应发生在 α-氢上,产物为醛或酮;硫醇和硫酚的氧化反应则发生在硫原子上。

$$RCH_2OH \xrightarrow{[O]} RCHO \xrightarrow{[O]} RCOOH$$

$$RCH_2SH \xrightarrow{[O]} RCH_2S-S-CH_2R \xrightarrow{[O]} RCH_2SO_3H$$

3. 生成重金属盐 硫醇、硫酚能与砷及重金属(如汞、铅、铜、银等)氧化物或盐作用生成稳定的不溶性盐。

$$2RSH + HgO \longrightarrow (RS)_2Hg\downarrow(白) + H_2O$$

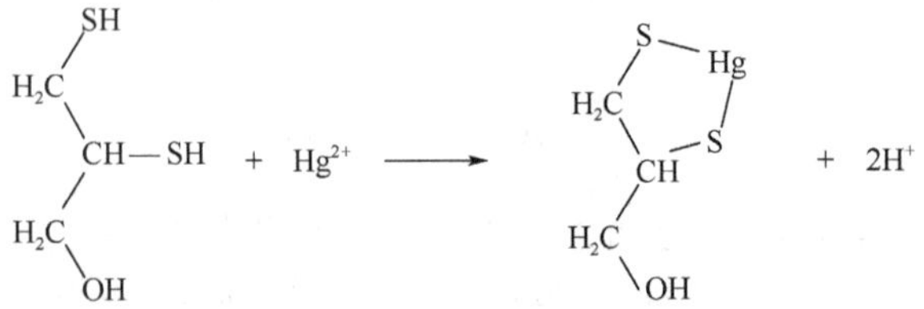

$$\begin{array}{c}H_2C-SH\\|\\CH-SH\\|\\H_2C-OH\end{array} + Hg^{2+} \longrightarrow \begin{array}{c}H_2C-S\\|\quad\quad\;Hg\\CH-S\\|\\H_2C-OH\end{array} + 2H^+$$

因此,含巯基的化合物常用作重金属盐类中毒的解毒剂,如二巯基丙醇,在医药上称为巴尔(BAL),它可以夺取有机体内与酶结合的重金属离子,形成稳定的络盐而从尿中排出。

四、磺胺类药物

1935 年德国医生杜马克发现了一种(后命名为)"磺胺"(百浪多息)的新药,它能杀死小白鼠身上的链球菌。当时杜马克的小女儿爱莉莎手指被刺破,链球菌从伤口进入血液,医治无效,病情十分危急。杜马克给女儿试着注射了两小瓶磺胺。第二天早晨,爱莉莎睁开了双眼,不久恢复了健康。这是"磺胺"在人体中第一次"制服"了链球菌。

磺胺药是一系列含硫的芳香化合物,这些化合物的母体物质是对氨基苯磺酰胺:

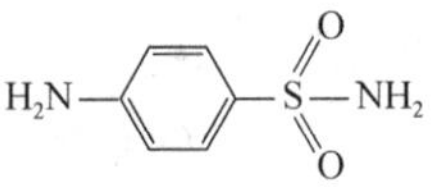

$$H_2N-\underset{}{\bigcirc}-\underset{\underset{O}{\overset{O}{\|}}}{\overset{\|}{S}}-NH_2$$

磺胺药能杀菌的原因:链球菌的生长依靠对氨基苯甲酸(性质与磺胺相似,是细菌的维生素),当患者服用磺胺药以后,磺胺药被人体内的链球菌当作对氨基苯甲酸吸收,与细菌内的酵素结合,阻碍新陈代谢作用,促使细菌死亡。也有人认为,磺胺药依靠阻滞合成细菌生长所必需的维生素叶酸来抑制细菌。

磺胺衍生物:在对氨基苯磺酰胺分子中用各种基团取代—NH_2 上的氢原子,已经合成出大约 500 多种衍生物,这些衍生物包括磺胺甲氧嗪(消炎片)、磺胺吡啶、磺胺嘧啶、磺胺咪唑、消炎磺、新明磺等。磺胺药是无味、白色或黄色的粉末。

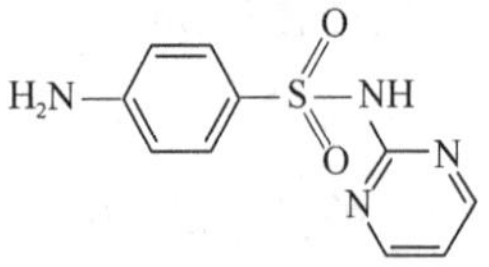

磺胺嘧啶
(sulfadiazine)

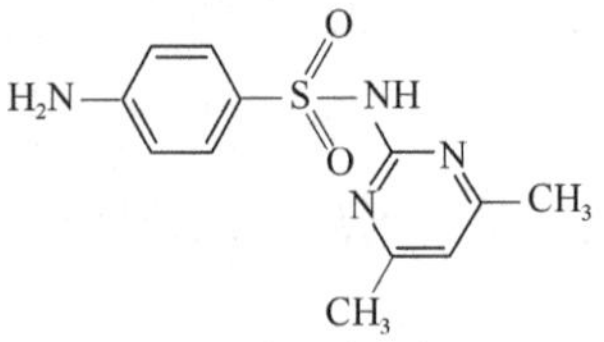

磺胺二甲嘧啶
(sulfadimidine)

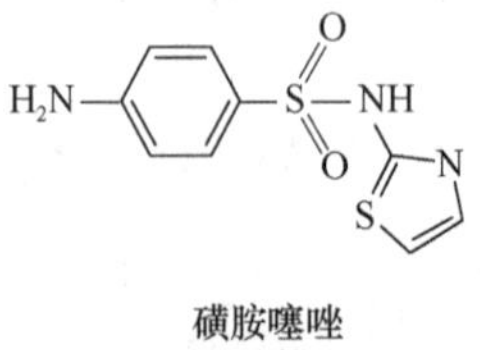

磺胺噻唑
(sulfathiazole)

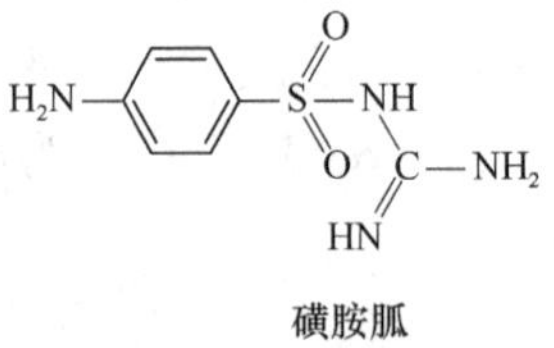

磺胺胍
(sulfaguanidine)

磺胺药能杀死的细菌有链球菌、肺炎球菌、脑膜炎双球菌、淋球菌、葡萄球菌、大肠杆菌、痢疾杆菌、鼠疫杆菌等,主要用于医治血液中毒、上呼吸道感染(如咽喉炎、扁桃腺炎、中耳炎、肺炎等)、泌尿道感染、肠道传染病、淋病、脑膜炎、眼部感染(如结膜炎、沙眼)、疟疾以及许多其他传染病。长期服用磺胺药后,细菌会有抗药性。

磺胺药物的合成步骤大体相仿,首先将苯胺酰化以保护胺基,再用氯磺酸在对位引入磺酰氯,然后与取代胺反应生成磺酰胺,最后将原来氨基上的乙酰基水解下来。

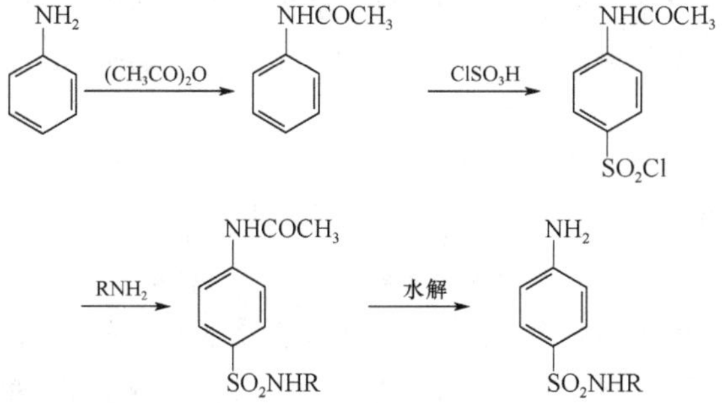

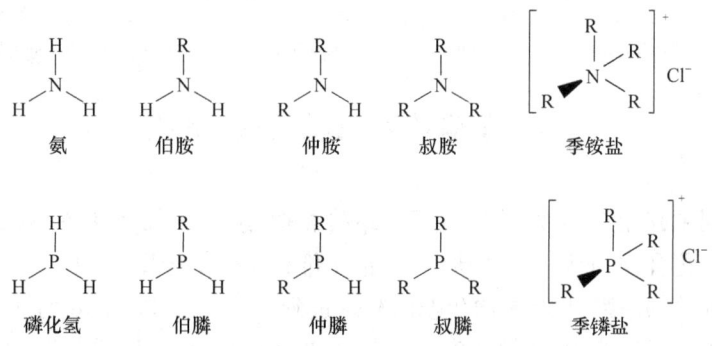

第三节 含磷有机化合物

有机磷化合物在许多方面表现出它的重要性。在生物体中,各种磷酸衍生物作为核酸、辅酶的组成部分,成为维持生命所不可缺少的物质。由于某些有机磷化合物具有强烈的生理活性,至今仍是最重要的一类农药。此外,磷酸三甲苯酯是很好的增塑剂。磷酸三丁酯是提取铀的萃取剂。某些有机磷化合物是重要的有机合成试剂。对有机磷化合物的研究,已经成为有机化学的一个重要的领域。

一、有机磷化合物的分类和命名法

1. 分类 磷原子和氮原子相似,可形成三价的共价化合物。

氨　　伯胺　　仲胺　　叔胺　　季铵盐

磷化氢　伯膦　　仲膦　　叔膦　　季𬭸盐

磷的三价化合物除了膦外,还有亚膦酸类。

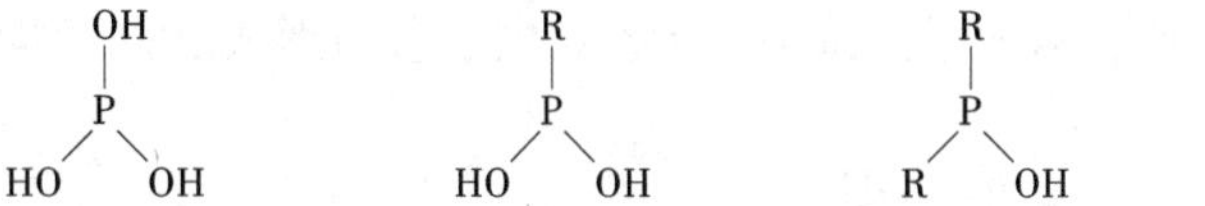

亚磷酸　　烃基亚膦酸　　二烃基亚膦酸

磷原子还可形成五价的共价化合物。

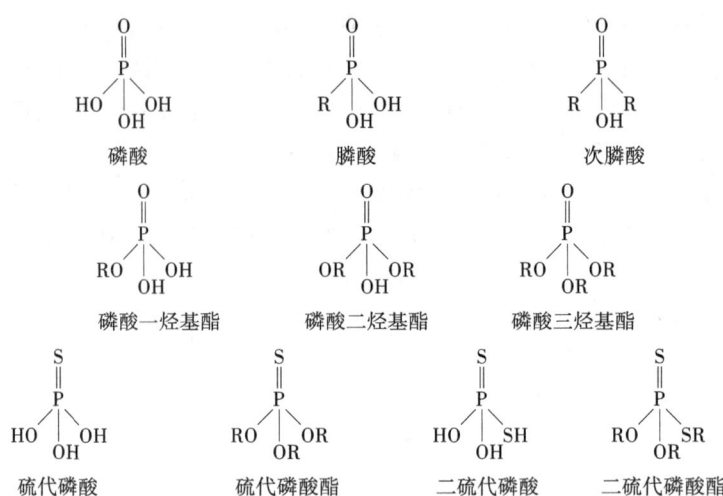

膦酸和次膦酸可以看作是磷酸分子中的羟基被烃基取代的产物,磷酸酯是磷酸和醇的酯化产物,硫代磷酸酯和二硫代磷酸酯分别是硫代磷酸和二硫代磷酸同醇生成的酯。

2. 命名 膦、膦酸和亚膦酸是在相应的名称前加上烃基的名称。

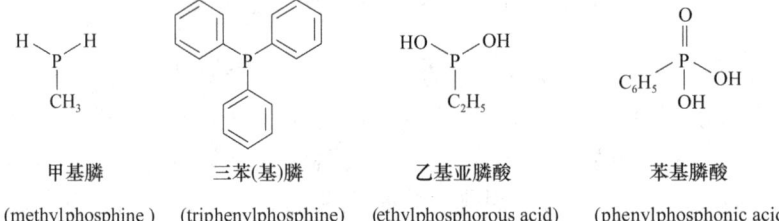

在磷酸酯中,氧酯基都用前缀 *O*-烷基表示。

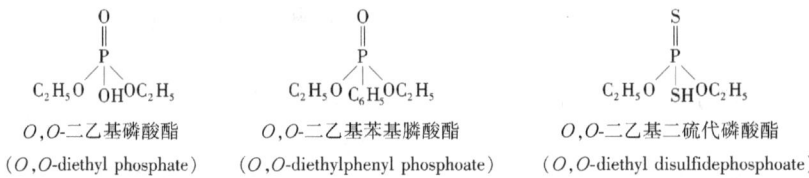

二、含磷有机化合物的结构

氮和磷为同主族元素,它们的价电子层结构相似,N 为 $2s^2 2p^3$、P 为 $3s^2 3p^3$。但氮只能形成 3 价和 4 价化合物,而磷可分别形成 3 价、4 价和 5 价化合物。

磷可形成 5 价的原因是磷原子的电子从 3s 进到 3p、从 3p 进到 3d 的活化能较小,分别为 7.5eV 和 9eV。因此磷的 3d 轨道容易参与杂化轨道的形成,可采取 sp^3d 杂化状态而形成 5 个共价单键,或者磷原子采取 sp^3 杂化,d 电子参与形成 π 键,而构成结构形式为 —P= 的五价化合物,如磷酸 HO—P(OH)(OH)=O。氮原子相应地从 2s 进到 2p、从 2p 进到 3d 的活化能却要高得多,分别为 10.9eV 和 12eV。因此氮不能利用 3d 轨道生成 5 价化合物。

烷基磷与胺相似,磷原子为 sp^3 杂化,一对未成键电子占据一个 sp^3 杂化轨道,具有四面体结构,分子呈棱锥形。

$$\underset{\text{三甲胺}}{H_3C-\underset{108°}{N}(CH_3)-CH_3} \qquad \underset{\text{三甲磷}}{H_3C-\underset{99°}{P}(CH_3)-CH_3}$$

膦与胺相比,C—P—C 键角(99°)比 C—N—C 键角小(108°),主要原因是磷原子的未成键电子对受到原子核的约束小,轨道体积大,压迫另三个σ键,致使键角被压缩变小。

三、生物体内的含磷有机化合物

生物体内含有多种含磷有机化合物,它们均以磷酸、二聚磷酸或三聚磷酸的单酯或双酯形式存在。

$$\underset{\text{磷酸单酯}}{R-O-\overset{O}{\underset{OH}{P}}-OH} \qquad \underset{\substack{\text{二聚磷酸单酯}\\(\text{焦磷酸单酯})}}{R-O-\overset{O}{\underset{OH}{P}}-O-\overset{O}{\underset{OH}{P}}-OH} \qquad \underset{\text{三聚磷酸单酯}}{R-O-\overset{O}{\underset{OH}{P}}-O-\overset{O}{\underset{OH}{P}}-O-\overset{O}{\underset{OH}{P}}-OH}$$

上述三种磷酸酯的 R 多为较复杂的基团,有的是糖,有的是醇或杂环。例如,生物体内以单酯形式存在的辅酶腺苷一磷酸(AMP)、腺苷二磷酸(ADP)和腺苷三磷酸(ATP)等在生命过程中起着重要作用。在生理条件下,它们均以阴离子的形式存在。

$$\underset{\text{腺苷一磷酸(AMP)}}{\text{腺苷}-O-\overset{O}{\underset{O^-}{P}}-O^-} \qquad \underset{\text{腺苷二磷酸(ADP)}}{\text{腺苷}-O-\overset{O}{\underset{O^-}{P}}-O\sim\overset{O}{\underset{O^-}{P}}-O^-} \qquad \underset{\text{腺苷三磷酸(ATP)}}{\text{腺苷}-O-\overset{O}{\underset{O^-}{P}}-O\sim\overset{O}{\underset{O^-}{P}}-O\sim\overset{O}{\underset{O^-}{P}}-O^-}$$

在机体代谢过程中,能量的储存、转移和利用主要凭借磷酸基的合成或分解来实现。凡是磷酸键的形成或磷酸化作用总是吸能反应;而磷酸键的分解或脱磷酸化作用总是放能反应。例如,腺苷三磷酸的磷酸酐键(P—O—P)在水解为腺苷二磷酸的过程中放出能量。

$$ATP + H_2O \rightleftharpoons ADP + 能量$$

ATP 的磷酸酐水解放出的能量为 $30.5 \sim 54.4 \text{ kJ} \cdot \text{mol}^{-1}$,而一般的磷酸酯水解放出的能量在 $8.4 \sim 16.8 \text{ kJ} \cdot \text{mol}^{-1}$。在生物化学上,通常将释放出 $20 \text{ kJ} \cdot \text{mol}^{-1}$ 能量以上的化学键称为"高能键",一般用"~P"符号表示。含有高能磷酸键的化合物称之为高能磷酸化合物。所有的生物都不能利用热能做功。它们必须在恒温下,利用化学能驱动生命过程,高能磷酸化合物在提供这些化学能方面起核心作用,具有重要的生物学意义。

磷酸二酯的化合物,如卵磷脂、脑磷脂等在构成生物膜中起重要作用。此外,在生物大分子 DNA 和 RNA 的主要链结构中,磷酸双酯的结构是其主要组成部分。

四、有毒的含磷有机化合物

农药的发明是人类科技发展史中一个重要里程碑,历史上各种病、虫、草害对人类社会所造成的严重危害是触目惊心的。近代科学发明农药后,才有能力对传播传染病的媒介——鼠、蚁、虱等和危害各种农作物的病虫草等有害生物进行有效的控制,因此农药和医药一样都是人类文明社会进步的物质保障。

有机磷化合物在农药应用方面,可以作为杀虫剂、杀菌剂、除草剂和植物生长调节剂。有机磷杀虫剂(organophosphorus insecticide)由于其药效高、应用范围广、作用方式好、无积累中毒等特点,而成为目前杀虫剂中生产量最大的品种。

有机磷杀虫剂的结构与分类

(1) 有机磷杀虫剂可用下列通式表示:

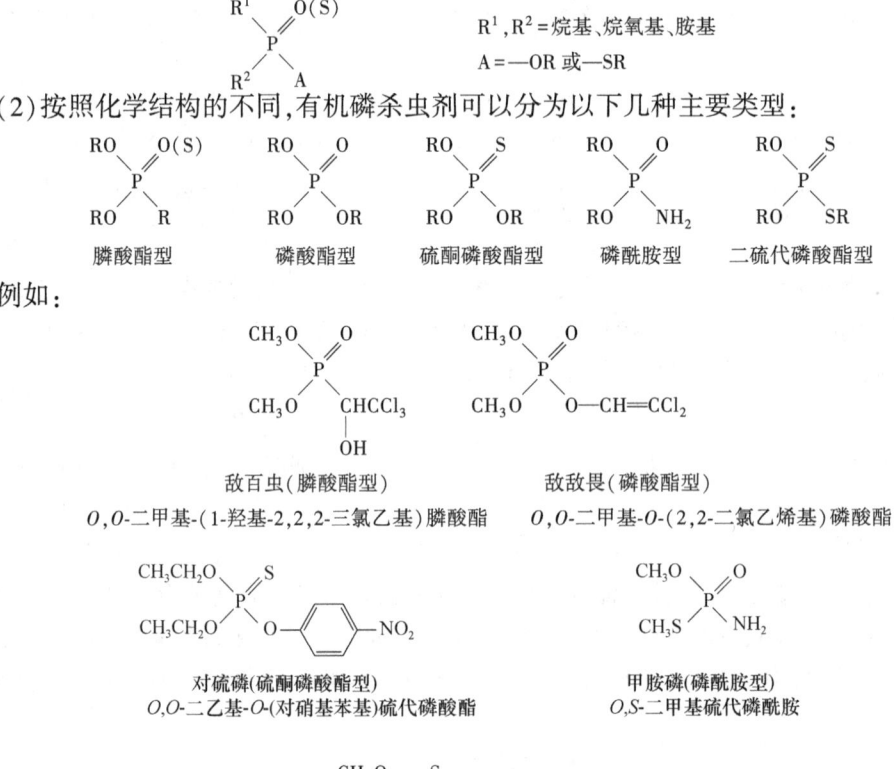

(2) 按照化学结构的不同,有机磷杀虫剂可以分为以下几种主要类型:

膦酸酯型　　磷酸酯型　　硫酮磷酸酯型　　磷酰胺型　　二硫代磷酸酯型

例如:

敌百虫(膦酸酯型)
O,O-二甲基-(1-羟基-2,2,2-三氯乙基)膦酸酯

敌敌畏(磷酸酯型)
O,O-二甲基-O-(2,2-二氯乙烯基)磷酸酯

对硫磷(硫酮磷酸酯型)
O,O-二乙基-O-(对硝基苯基)硫代磷酸酯

甲胺磷(磷酰胺型)
O,S-二甲基硫代磷酰胺

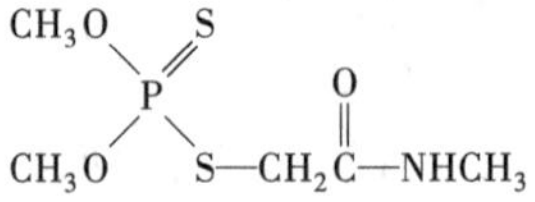

乐果(二硫代磷酸酯型)
O,O-二甲基-S-(N-甲基氨基甲酰甲基)二硫代磷酸酯

习　题

1. 写出下列化合物的结构或名称
(1) N,N-二甲基苯胺　　　　　　　　　　(2) 磺胺

(3) 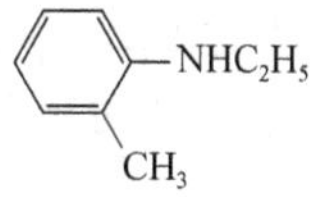 邻甲基-N-乙基苯胺结构 (NHC₂H₅, CH₃)

(4) H-C(=O)-NH-CH₂CH₃

(5) 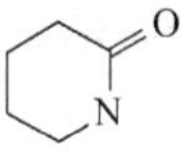 δ-戊内酰胺 (六元环含NH和C=O)

(6) 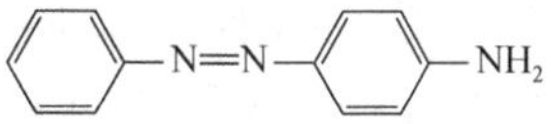 苯-N=N-对氨基苯 (C₆H₅-N=N-C₆H₄-NH₂)

(7)  对甲基苯硫酚 (SH, CH₃)

(8) 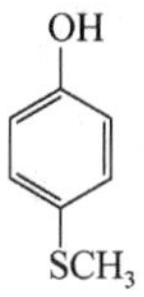 对甲硫基苯酚 (OH, SCH₃)

(9) $(CH_3)_2C(SH)-CH_2-CH(CH_3)-CH_3$

(10) 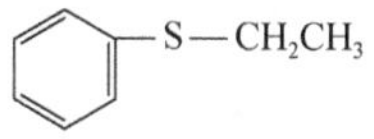 C₆H₅-S-CH₂CH₃

2. 比较下列化合物的碱性强弱

(1) 苯胺、对甲基苯胺、间硝基苯胺

(2) 脲、乙酰胺、乙胺、丙二酰脲

(3) 氨、二甲胺、三乙胺

3. 写出下列反应的主要产物

(1) 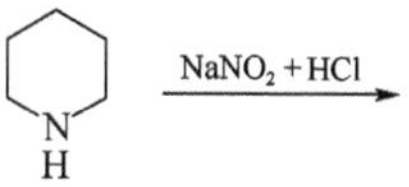 哌啶 $\xrightarrow{NaNO_2 + HCl}$

(2) 哌啶 $\xrightarrow{CH_3COCl}$

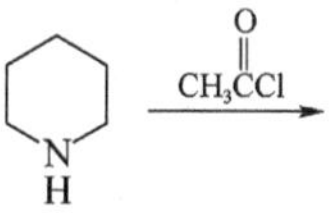

(3) 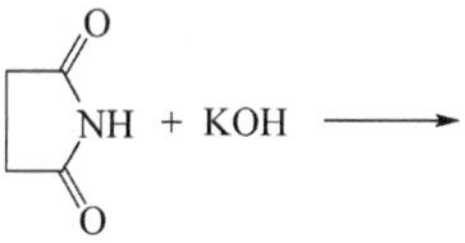 丁二酰亚胺 + KOH ⟶

(4) 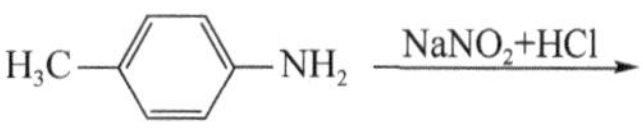 $H_3C-C_6H_4-NH_2 \xrightarrow{NaNO_2+HCl}$

(5) $2H_2N-CO-NH_2 \longrightarrow$

(6)  $C_6H_5-N_2^+HSO_4^- \xrightarrow{KI}$

(7)  $C_6H_5-N\equiv NCl$ + 苯胺 ⟶

(8)  $C_6H_5-N_2^+Cl^- \xrightarrow{H_3PO_2}$

(9) 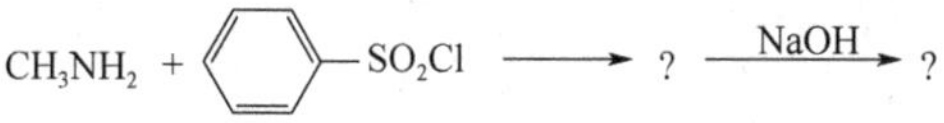 $CH_3NH_2 + C_6H_5-SO_2Cl \longrightarrow ? \xrightarrow{NaOH} ?$

(10) 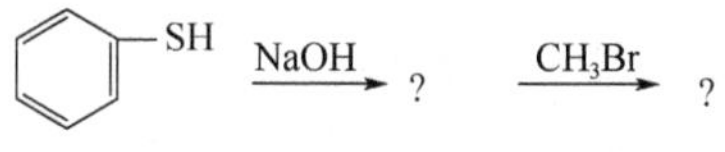 $C_6H_5-SH \xrightarrow{NaOH} ? \xrightarrow{CH_3Br} ?$

(11) 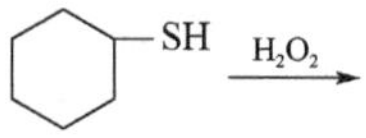 环己基-SH $\xrightarrow{H_2O_2}$

(12) $\begin{array}{c} CH_2SH \\ CHSH \\ CH_2SO_3Na \end{array}$ + HgO ⟶

4. 试从苯开始,用适当的试剂制备下列化合物:

(1) 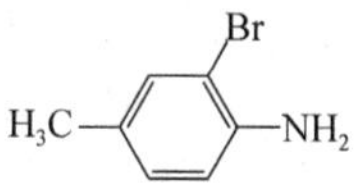 2-溴-4-甲基苯胺 (H₃C, Br, NH₂)

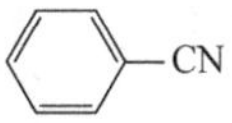

(2) 苯甲腈 (C₆H₅-CN)

(3) 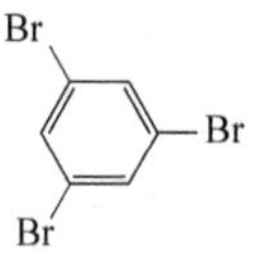 1,3,5-三溴苯

(4) 3-硝基甲苯 (H₃C, NO₂)

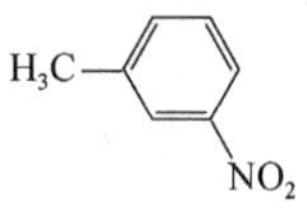

5. 一化合物的分子式为 $C_7H_7O_2N$,无碱性,还原后变为 C_7H_9N,有碱性;使 C_7H_9N 的盐酸盐与亚

硝酸作用,生成 $C_7H_7N_2Cl$,加热后能放出氮气而生成对甲苯酚。在碱性溶液中上述 $C_7H_7N_2Cl$ 与苯酚作用生成具有鲜艳颜色的化合物 $C_{13}H_{12}ON_2$。写出原化合物 $C_7H_7O_2N$ 的结构式,并写出各有关反应式。

6. 在进行重氮化反应时,往往加入 $NaNO_2$,然后再用淀粉碘化钾试纸鉴定有过量的亚硝基存在时,加入脲,将过量的亚硝基除去,才进行下一步反应,请解释这一系列的变化。

7. 治疗有机磷农药中毒的胆碱酯酶复活剂分子中含有什么基团?它可与有机磷的磷原子发生什么反应?

8. 可作用重金属或路易氏气中毒的解毒剂是什么化合物?试写出重金属或路易氏气与此化合物的反应式。

(长治医学院 李银涛)

第十一章 杂环化合物

> ★★ **内容提示**
> 本章重点介绍杂环化合物的结构、命名和性质,包括五元杂环、六元杂环、稠杂环的结构和性质以及它们的典型代表化合物;天然药物和合成药物;嘌呤碱和嘧啶碱的生物合成。

杂环化合物(heterocyclic compound)指的是环上含有杂原子的环状有机化合物。杂原子(heteroatom)指的是除碳原子和氢原子之外的其他原子,最常见的有氧、硫、氮。

杂环化合物是一个非常庞大的家族,多数具有重要、丰富的生物学功能,是生物赖以生存的物质基础,与医学、生物学、药物学等有非常密切的关系。例如,核酸中的核糖、脱氧核糖、碱基,食物中的淀粉、蔗糖,血液中的葡萄糖,蛋白质中的色氨酸、组氨酸、脯氨酸,维生素中的 B_1、B_3、B_6、B_{12}、C、E 等,辅酶中的 NAD^+、$NADP^+$ 等,对生物至关重要的血红素、叶绿素等都含有杂环。许多天然和合成药物也是杂环化合物。有机化合物的研究有一半以上涉及杂环化合物。

一、杂环化合物的分类和命名

1. 杂环化合物的分类 杂环化合物可分为芳香性和非芳香性两大类。在前面有关章节中遇到的环醚、缩醛、内酯、交酯、环状酸酐和内酰胺等,属于非芳香杂环化合物,这里不再赘述。本章将重点讨论芳香杂环化合物。

根据环的结合方式不同,杂环化合物还可以分为单杂环和稠杂环。稠杂环可以是苯环与杂环的稠合,也可以是杂环之间的稠合。最常见的单杂环为五元杂环和六元杂环。

2. 杂环化合物的命名 杂环化合物的中文命名通常采用"音译法"。根据英文名称,用发音相同或相近的两个汉字表示,并加上口字偏旁。因名称与结构间没有内在的联系,因此杂环母核的结构需要特别记忆。环上的编号遵循下列基本原则:

(1) 含一个杂原子的杂环,从杂原子开始编号,也可将环上碳原子依次编为 α、β、γ 等。
(2) 含两个相同杂原子的杂环,从连有氢原子或取代基的杂原子开始编号,并使另一个杂原子具有较小的编号。
(3) 含不同杂原子的杂环,按 O→S→N 的顺序编号。
(4) 稠杂环一般遵循稠环芳香烃的编号规则,个别的有特殊编号。
常见杂环母核的结构、名称和编号见表11-1。

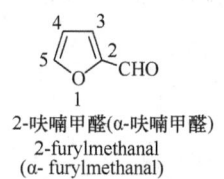

2-呋喃甲醛(α-呋喃甲醛)
2-furylmethanal
(α-furylmethanal)

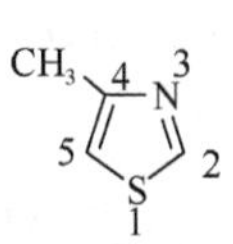

4-甲基噻唑
4-methylthiazole

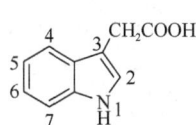

3-吲哚乙酸
3-indolyletha noic acid

表 11-1 常见杂环母核的结构、名称和编号

五元杂环

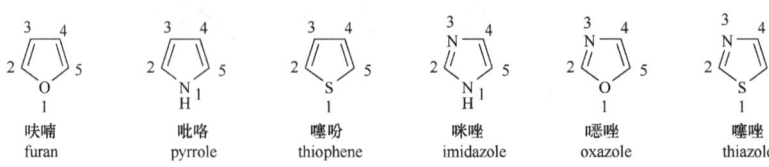

六元杂环

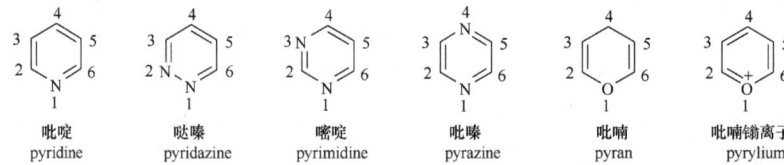

稠杂环

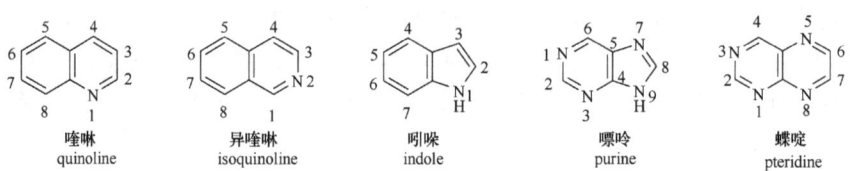

注：吡喃无芳香性，吡喃鎓离子有芳香性。

思考题 11-1 命名下列杂环化合物：

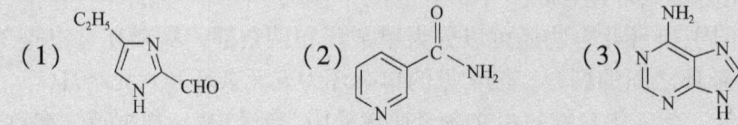

杂环化合物的系统命名一般采用 Hantzsch-Widman 法，将杂环化合物看作是相应碳环化合物的衍生物，用前缀氧杂（oxo）、硫杂（thia）、氮杂（aza）等表示杂原子的存在和种类。例如：

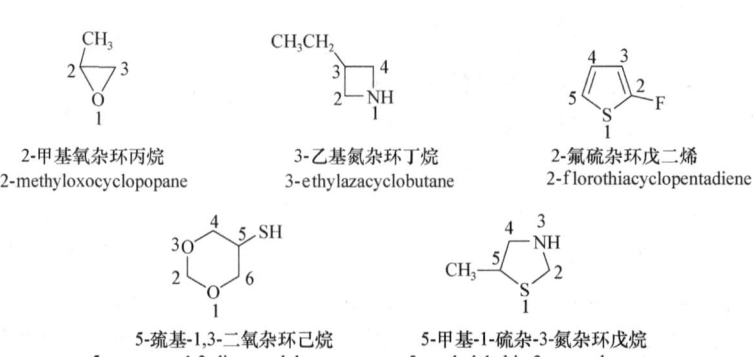

思考题 11-2 画出下列杂环化合物的结构式：
(1) 3-氧杂环戊酮　　(2) 1,3-二硫杂环己烷　　(3) 3-丙基氮杂环庚烷

二、含一个杂原子的五元杂环化合物

1. 吡咯、呋喃和噻吩的结构及物理性质　吡咯、呋喃、噻吩中的杂原子和碳原子均采用 sp^2 杂化轨道成键，每个环中的杂原子提供两个 p 电子，每个碳原子提供一个 p 电子，形成六 π 电子的芳香体系(图 11-1)。因此，吡咯中的氮原子上没有孤对电子，呋喃和噻吩中的氧原子和硫原子只有一对孤对电子。

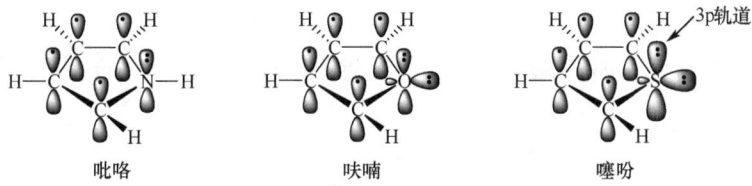

图 11-1　吡咯、呋喃、噻吩共轭 π 键形成示意图

吡咯为无色液体，沸点 130℃，具有类似氯仿的气味。呋喃为无色、不溶于水的液体，沸点 32℃，有芳香气味。噻吩是无色、不溶于水的液体，沸点 84℃，略带苯气味。噻吩与苯共存于煤焦油中，商业苯约含 0.5% 的噻吩。

思考题 11-3　试解释，为什么吡咯不溶于水，而四氢吡咯却能以任意比例与水混溶？

2. 吡咯、呋喃和噻吩的化学性质

(1) 吡咯的酸碱性：吡咯虽属仲胺，但由于氮原子上的一对电子已参与大 π 键的形成，不再是孤对电子，因此碱性大为减弱，$pK_b = 13.6$。吡咯的质子化主要发生在电子云密度较高的 C-2 上。

氮原子上电子云密度的降低导致 N—H 键的极性增加，因此吡咯显示出微弱的酸性，其 $pK_a = 17.5$。

加热条件下，吡咯可与固体氢氧化钾成盐。

(2) 亲电取代反应：吡咯、呋喃和噻吩属富电子共轭体系，因此亲电取代反应活性均比苯高，主要发生在电子云密度较高的 C-2 位。其亲电取代活性的差异如下所示：

溴代反应的相对活性　　1　　　　$5×10^8$　　　$6×10^{11}$　　$3×10^{18}$

呋喃比吡咯的活性低是由于氧的电负性比氮大,使呋喃环上的电子云密度比吡咯环的低;而噻吩比呋喃或吡咯的活性低,则是由于硫原子中用来形成大π键的两个p电子占据在3p轨道上(图11-1),而呋喃、吡咯中的氧原子和氮原子用来形成大π键的两个p电子占据在2p轨道上,3p轨道与2p轨道的重叠不如2p轨道与2p轨道的重叠程度大,因而降低了硫原子向环上碳原子提供电子的能力。

吡咯、呋喃和噻吩对强酸及氧化剂很敏感,尤其是吡咯和呋喃,在强酸性条件下,容易发生水解、聚合而被破坏。吡咯环的聚合过程如下所示:

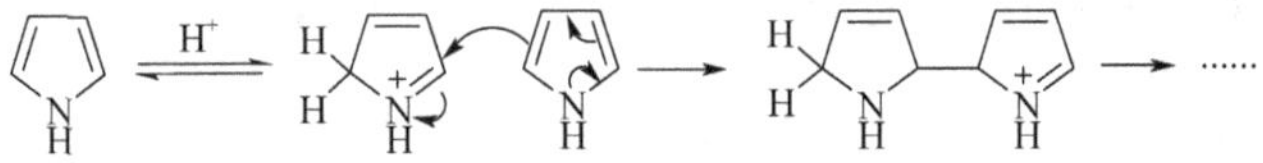

因此,吡咯、呋喃和噻吩一般需要在中性或近于中性的条件下进行反应。例如:

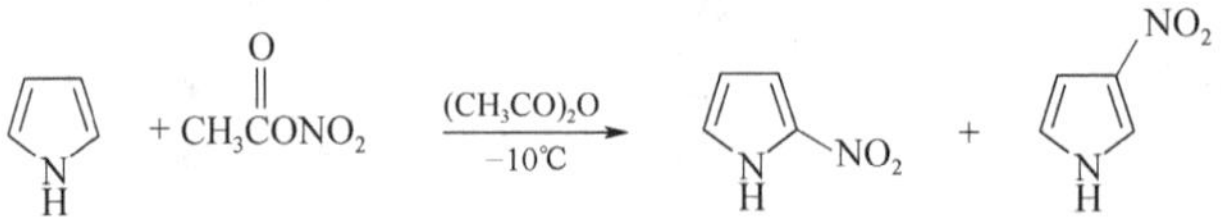

硝酸乙酰酯　　　　　　　2-硝基吡咯　　3-硝基吡咯
　　　　　　　　　　　　　(51%)　　　　(13%)

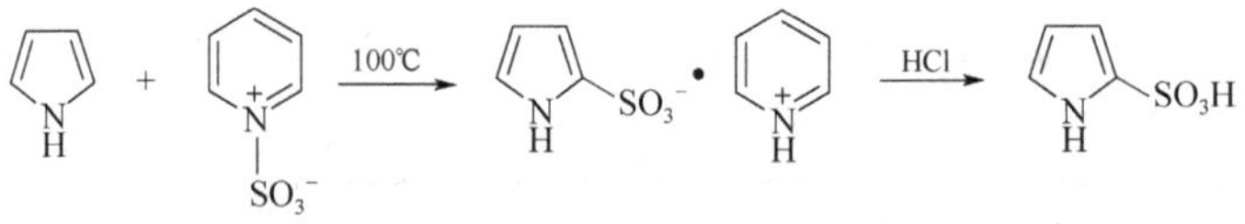

吡啶三氧化硫　　　　(90%)　　　　　2-吡咯磺酸

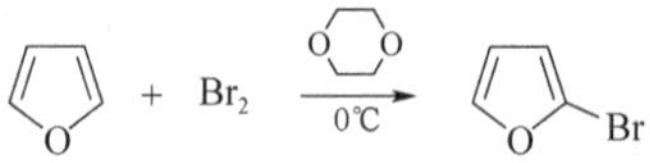

2-溴呋喃(80%)

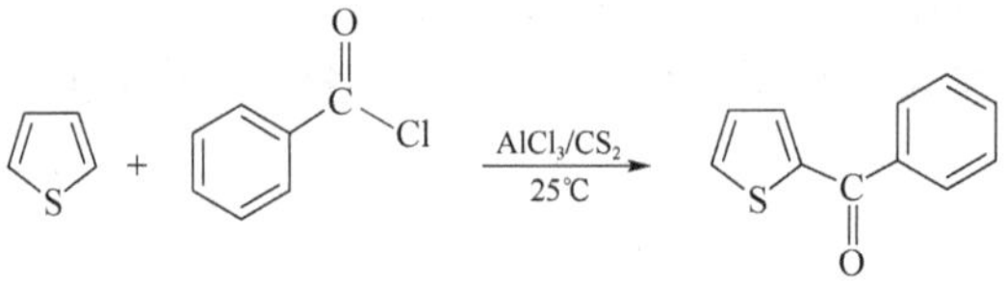

2-苯甲酰基噻吩(90%)

3. 吡咯、呋喃和噻吩的衍生物

(1)吡咯的衍生物:自然界中吡咯的衍生物很多,最重要的一类称为卟啉(porphyrin)。卟啉化合物中均含有卟吩(porphine)结构,卟吩由四个吡咯环之间的α-碳原子通过四个次甲基(—CH\ )相连而成。

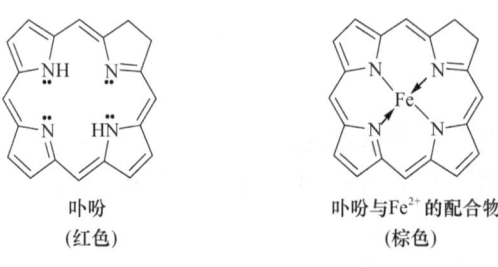

卟吩　　　　　　卟吩与Fe^{2+}的配合物
(红色)　　　　　　　　(棕色)

卟吩本身在自然界不存在,但其衍生物——卟啉却相当稳定,环中的四个氮原子以共价键或配位键的方式与金属离子结合,并具有重要的生物学功能,如叶绿素和血红素。

叶绿素(chlorophyll)中的卟吩环结合的金属离子是 Mg^{2+},是存在于植物的叶和茎中的绿色色素,它与蛋白质结合存在于叶绿体中,是植物进行光合作用所必需的催化剂,植物通过叶绿素吸收太阳光能进行光合作用。

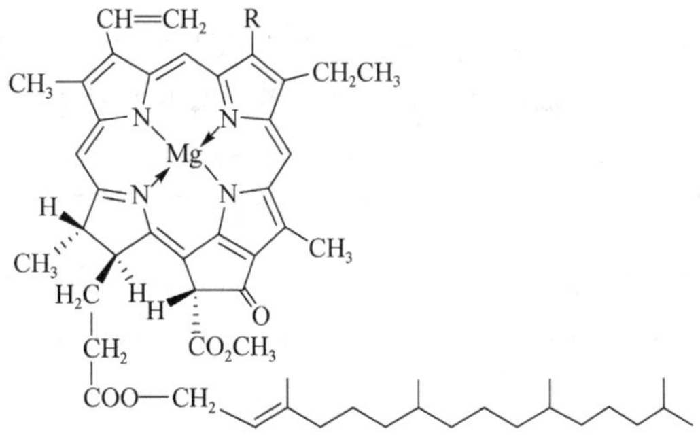

叶绿素a($R=CH_3$);叶绿素b($R=CHO$)

叶绿素是叶绿素 a 和叶绿素 b 两种物质的混合物,其区别在于环上基团 R 的不同。

血红素(heme)中卟吩环结合的金属离子是 Fe^{2+},它与蛋白质结合成血红蛋白而存在于红细胞中,是高等动物体内输送氧气的载体。

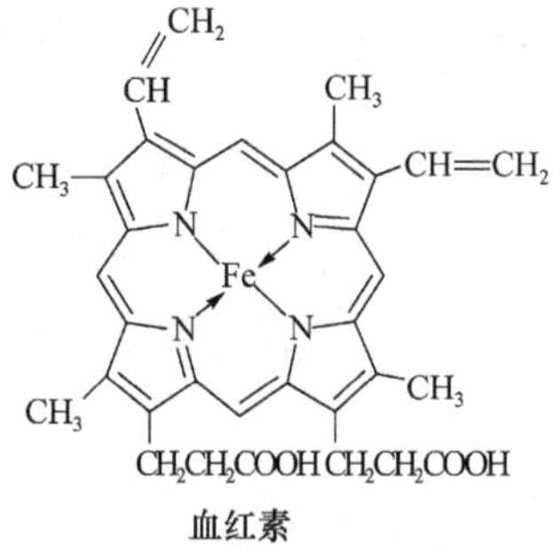

血红素

除运载氧气,血红素还可与二氧化碳、一氧化碳、氰离子结合,结合的方式也与氧气完全一样,所不同的是一氧化碳、氢氰酸根离子与血红素结合比氧牢固得多,所以一氧化碳、氢氰酸根离子一旦和血红素结合就很难分开,这就是煤气和氰化物中毒的原理。

(2)呋喃的衍生物:糠醛是呋喃的一种重要衍生物,学名 2-呋喃甲醛。工业上,糠醛是由富含戊糖的植物残渣,即糠,用稀硫酸处理,然后用水蒸气蒸馏制得。

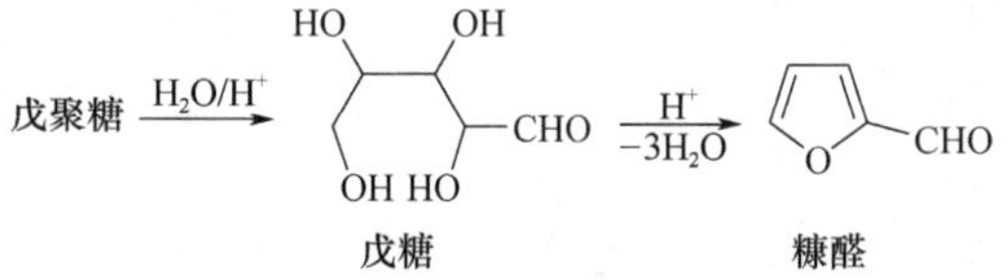

戊聚糖 $\xrightarrow{H_2O/H^+}$ 戊糖 $\xrightarrow[-3H_2O]{H^+}$ 糠醛

糠醛是无色、有毒、水溶性液体,沸点 162℃,在空气中慢慢变黄,主要用作溶剂。在工业上,糠醛是一种重要的工业原料,除作为制备糠醇、四氢呋喃的原料外,还可用于合成酚醛树脂和药物。

某些含呋喃环的天然产物具有浓烈的气味,如 2-呋喃甲硫醇是咖啡香味的成分;玫瑰呋喃是玫瑰油的成分之一;薄荷醇呋喃则存在于薄荷油中。

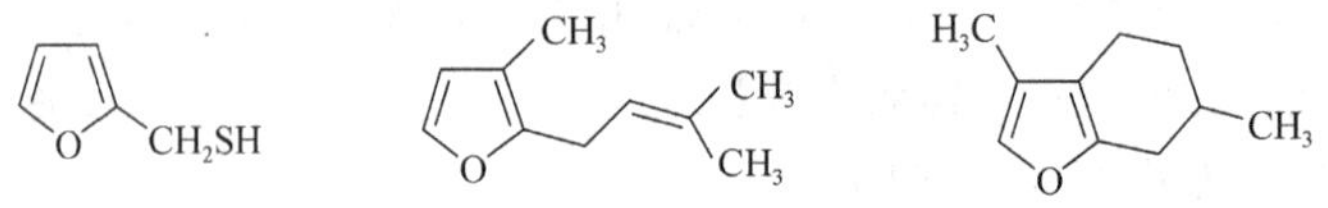

2-呋喃甲硫醇　　玫瑰呋喃　　薄荷醇呋喃

(3) 噻吩的衍生物:噻吩的衍生物存在于真菌和较高级的植物中。例如,5-丙炔基-2-噻吩甲醛存在于真菌中;从菊科植物中提取的 2,2′-联二噻吩衍生物可以杀线虫。

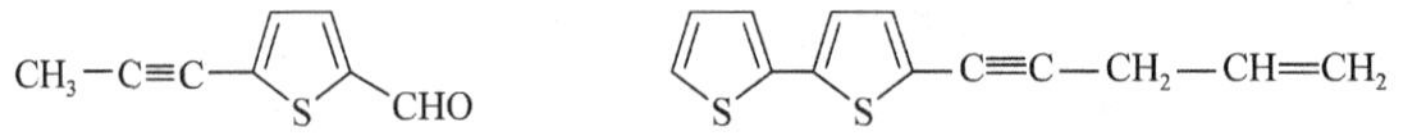

5-丙炔基-2-噻吩甲醛　　2,2′-联二噻吩衍生物

很多药物也含有噻吩环,如抗组胺剂美沙芬林(methaphenilene)和抗炎药噻洛芬酸(tiaprofenic acid)。

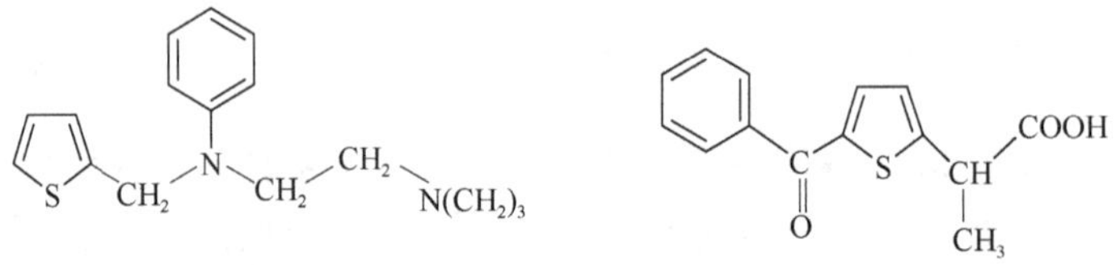

美沙芬林　　噻洛芬酸

三、含一个杂原子的六元杂环化合物

1. 吡啶的结构和物理性质　吡啶的结构与苯相似,可看作苯分子中的一个 CH 被氮原子取代所生成的化合物。氮原子与其他五个碳原子都呈 sp^2 杂化态,每个原子各提供一个 p 电子,形成六π电子的大π键,氮原子上剩下的孤对电子占据在 sp^2 杂化轨道上,不参与大π键的形成(图 11-2)。

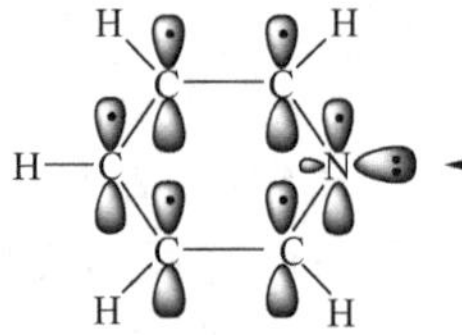

图 11-2　吡啶共轭π键形成示意图

由于氮的电负性比碳大,因此吡啶具有极性,碳环上带正电荷,氮上带负电荷,偶极矩为 2.2D。

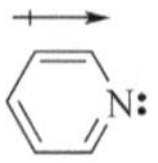

吡啶是一种无色液体,沸点 115℃,具有特别难闻的气味,并且有毒性,吸入其蒸气会损伤神经系统。吡啶是优良的溶剂,不仅能溶解大多数的有机化合物,还能以任意的比例与水混溶,这是因为氮上的孤对电子能与水分子形成氢键。

2. 吡啶的化学性质

(1) 碱性：吡啶虽属叔胺，但其碱性（$pK_b = 8.8$）比脂肪叔胺要弱得多，这是因为吡啶中氮原子上的孤对电子占据在 sp^2 杂化轨道上，而脂肪胺中氮原子上的孤对电子占据在 sp^3 杂化轨道上，占据在 sp^2 杂化轨道上的孤对电子受到氮原子核的束缚更大，供电子的能力降低，因此导致吡啶的碱性减弱。

吡啶与强酸反应形成吡啶鎓盐，因此吡啶经常在产生酸的反应中用作酸清除剂。

$$\text{Py}: + HCl \longrightarrow \text{Py}^+—HCl^-$$
氯化吡啶鎓

吡啶也可与路易斯酸，如 $AlCl_3$、$SbCl_5$、SO_3 等反应，形成稳定的 N-加合物。与 SO_3 的加合物可以作为温和的磺化试剂。

$$\text{Py}: + SO_3 \longrightarrow \text{Py}^+—SO_3^-$$

(2) 亲电取代反应：吡啶发生亲电取代反应的活性比苯小得多，反应条件更为苛刻，卤代、硝化及磺化需高温及强酸性条件。

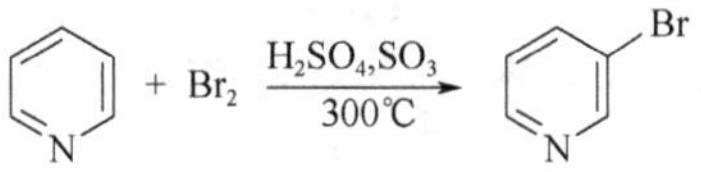

$$\text{Py} + Br_2 \xrightarrow[300℃]{H_2SO_4, SO_3} \text{3-溴吡啶}(86\%)$$

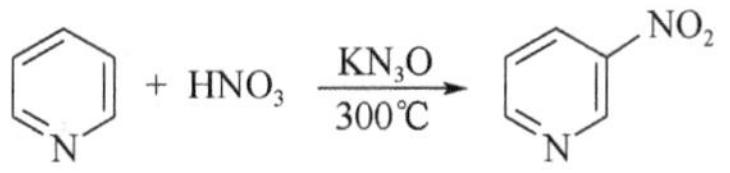

$$\text{Py} + HNO_3 \xrightarrow[300℃]{KN_3O} \text{3-硝基吡啶}(15\%)$$

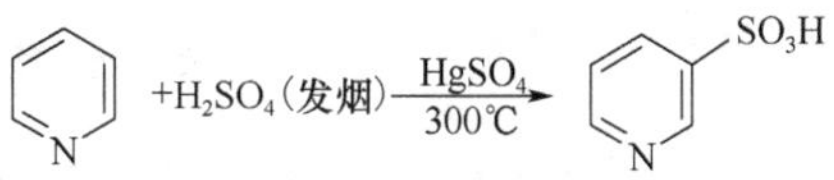

$$\text{Py} + H_2SO_4(\text{发烟}) \xrightarrow[300℃]{HgSO_4} \text{3-吡啶磺酸}(71\%)$$

导致吡啶反应活性降低的原因有两个，一是氮的吸电子诱导效应使环上碳原子带正电荷，因而不容易受到亲电试剂的进攻；另一个是在酸性条件下，吡啶形成吡啶鎓离子，带正电性的氮使碳原子上的电子云密度进一步降低。

(3) 亲核取代反应：吡啶环上的碳原子带正电荷，所以吡啶易进行亲核取代反应，主要发生在电子云密度较低的 α- 和 γ- 位。

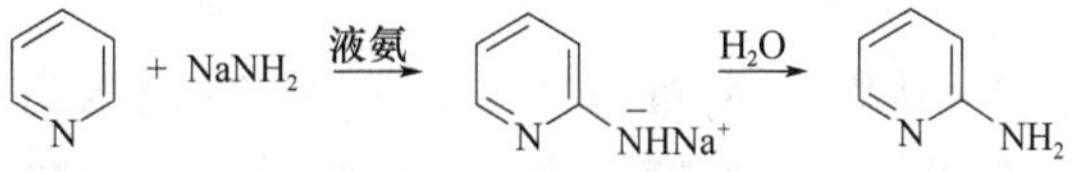

$$\text{Py} + NaNH_2 \xrightarrow{\text{液氨}} \text{Py-NHNa}^+ \xrightarrow{H_2O} \text{Py-NH}_2$$
α-氨基吡啶(70%)

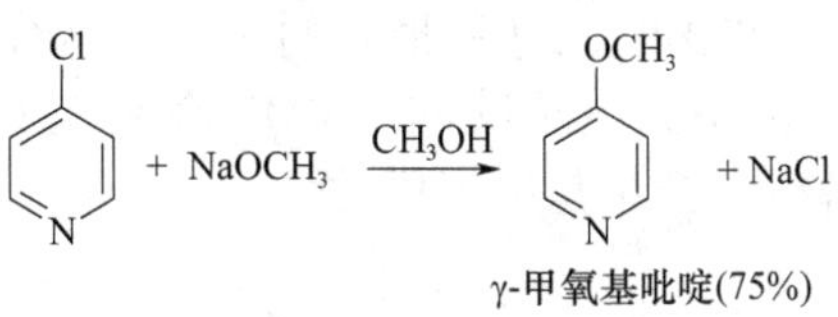

$$\text{4-Cl-Py} + NaOCH_3 \xrightarrow{CH_3OH} \text{4-OCH}_3\text{-Py} + NaCl$$
γ-甲氧基吡啶(75%)

(4) 氧化与还原：吡啶环对氧化剂相当稳定，而侧链烃基易被氧化。

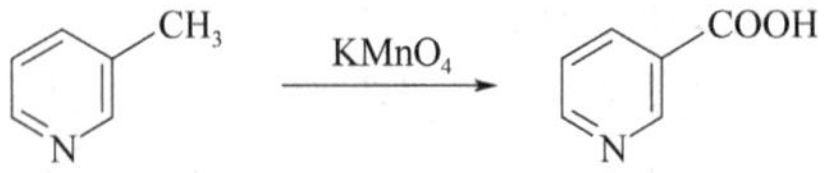

$$\underset{\text{3-甲基吡啶}}{\text{[3-methylpyridine]}} \xrightarrow{\text{KMnO}_4} \underset{\beta\text{-吡啶甲酸}}{\text{[nicotinic acid]}}$$

吡啶还原后生成六氢吡啶（$pK_b = 2.8$），又称哌啶（piperidine）。

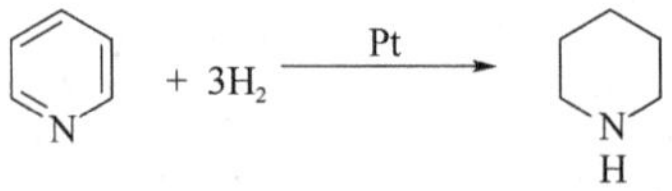

$$\text{[pyridine]} + 3H_2 \xrightarrow{\text{Pt}} \underset{\text{哌啶（六氢吡啶）}}{\text{[piperidine]}}$$

思考题 11-4 试解释，为什么六氢吡啶的碱性比吡啶的碱性强得多？

3. 吡啶的重要衍生物

(1) 维生素 B_6：维生素 B_6 包括吡哆醇（pyridoxine）、吡哆醛（pyridoxal）和吡哆胺（pyridoxamine），三者可以相互转化。维生素 B_6 在体内以磷酸酯的形式存在，磷酸吡哆醛和磷酸吡哆胺是其活性形式，是氨基酸代谢中多种酶的辅酶。

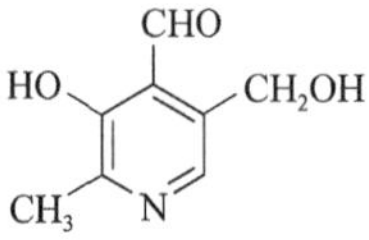

吡哆醛 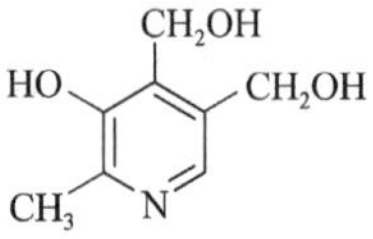　　　　　吡哆醇 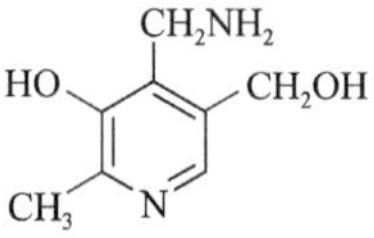　　　　　吡哆胺

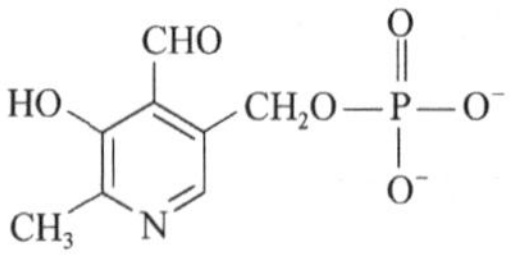

磷酸吡哆醛 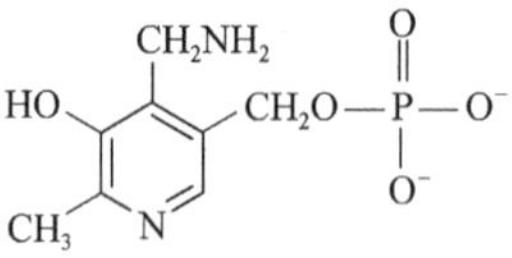　　　　　磷酸吡哆胺

维生素 B_6 在动植物体内分布很广，谷类外皮含量尤为丰富。因为食物中富含维生素 B_6，同时肠道细菌又可以合成 B_6 供人体需要，所以人类很少因维生素 B_6 缺乏而生病。

(2) 维生素 B_3 和辅酶 NAD^+ 及 $NADP^+$：维生素 B_3 又称维生素 PP，为抗癞皮病维生素，包括烟酸（nicotinic acid）和烟酰胺（nicotinamide）。

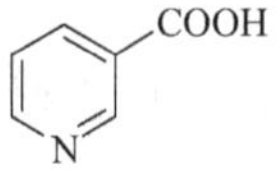

烟酸 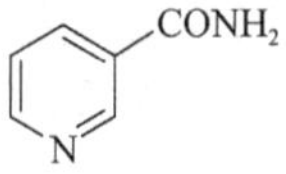　　　　　烟酰胺

维生素 B_3 广泛存在于自然界，以酵母、花生、谷类、肉类和动物肝脏中含量最为丰富。

在生物体内，含烟酰胺结构的辅酶主要有两种——烟酰胺腺嘌呤二核苷酸（nicotinamide adenine dinucleotide，NAD^+）及烟酰胺腺嘌呤二核苷酸磷酸（nicotinamide adenine dinucleotide phosphate，$NADP^+$），还原形式的缩写符号分别为 NADH 和 NADPH。烟酰胺是各种酶促氧化-还原反应中的电子载体。NAD^+ 在氧化途径（分解代谢）中是电子受体，NADPH 在还原途径（生物合成）中是电子供体。

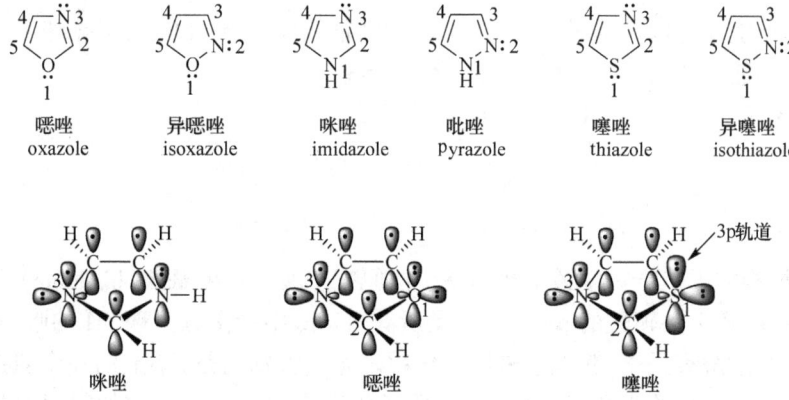

烟酰胺腺嘌呤二核苷酸氧化形式　　　　　烟酰胺腺嘌呤二核苷酸磷酸氧化形式
　　　　　(NAD⁺)　　　　　　　　　　　　　　　　(NADP⁺)

在由醇到醛的许多生物氧化反应中，NAD^+是电子的受体。该反应可看作是氢负离子从醇的α-C转移到吡啶鎓环上，同时发生质子化。

四、含两个杂原子的五元杂环化合物

1. 唑的结构和物理性质　含两个杂原子，其中至少有一个是氮原子的五元杂环称为唑（azoles），常见的有噁唑、异噁唑、咪唑、吡唑、噻唑、异噻唑，它们均具有芳香性（图11-3）。

| 噁唑 | 异噁唑 | 咪唑 | 吡唑 | 噻唑 | 异噻唑 |
| oxazole | isoxazole | imidazole | Pyrazole | thiazole | isothiazole |

图11-3　咪唑、噁唑和噻唑共轭π键形成示意图

从表11-2可见，咪唑和吡唑的沸点比其他唑的沸点高得多，这是因为含两个氮原子的唑，分子间能够形成缔合氢键。咪唑分子间的缔合氢键如下所示：

表 11-2　常见唑的性质

名称	沸点/℃	状态	气味	溶解性	pK_b
噁唑	70	液体	似吡啶	溶于水	13.2
异噁唑	94.5	液体	似吡啶	易溶于水	16.97
咪唑	256	晶体		溶于水	7.00
吡唑	188	晶体		溶于水	11.48
噻唑	118	液体	腐臭味	溶于水	11.48
异噻唑	113	液体	似吡啶	微溶于水	14.51

2. 唑的化学性质

（1）酸碱性：所有的唑均具有不同程度的碱性，但以咪唑的碱性最强（$pK_b = 7.0$）。咪唑可与很多酸，如 HCl、HNO_3 和苦味酸等形成盐。

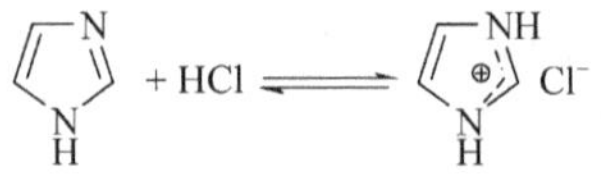

咪唑氮上的氢有微弱的酸性（$pK_a = 14.52$），其酸性大于吡咯和乙醇。

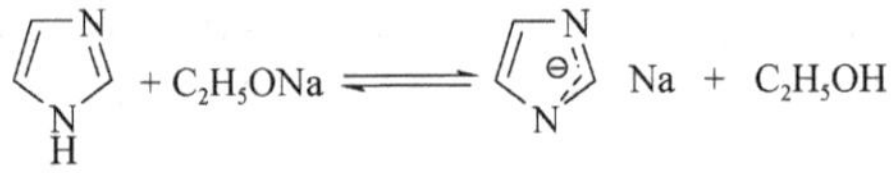

（2）环的互变异构现象：咪唑和吡唑都存在环的互变异构现象，氮上的氢原子可从一个氮原子转移到另一个氮原子上。当环上无取代基时，互变异构不容易辨认。例如：

但是，当环上连有取代基时，互变异构现象则很明显。例如，5-乙基咪唑可互变为 4-乙基咪唑，两者不能分离，因此也称为 4(5)-乙基咪唑。

5-乙基咪唑　　　　4-乙基咪唑

含咪唑结构的天然产物中最重要的是蛋白原氨基酸——组氨酸（histidine）。

组氨酸咪唑环上共轭酸的 $pK_a = 7.4$，是所有氨基酸中最接近生理 pH 的唯一氨基酸，既能接受质子，又能解离质子，起到酸碱调节作用。尤为特别的是，环上的一个氮原子可接受质子，另一个氮原子可给出质子，从而起到质子传递作用。这些性质使得组氨酸的咪唑基构成了很多酶的活性中心。

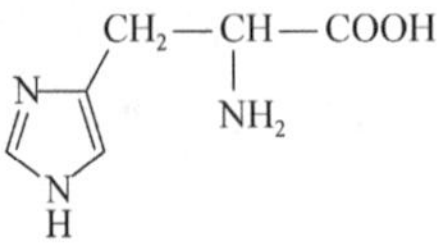

组氨酸 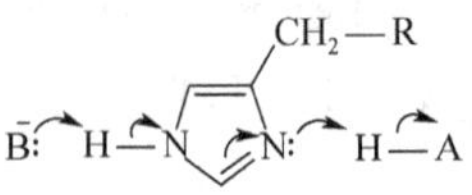　　　　咪唑环的质子传递

五、含两个和三个杂原子的六元杂环化合物

1. 含两个氮原子的六元杂环化合物　含两个氮原子的六元芳香杂环称为二嗪(diazine)，包括哒嗪(pyridazine)、嘧啶(pyrimidine)和吡嗪(pyrazine)。

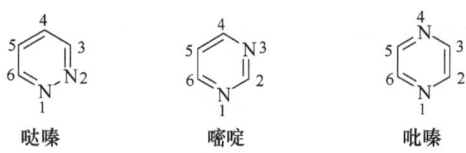

哒嗪　　　　嘧啶　　　　吡嗪

最重要的二嗪是嘧啶，其衍生物胞嘧啶(cytosine)、尿嘧啶(uracil)和胸腺嘧啶(thymine)是核酸中的碱基。

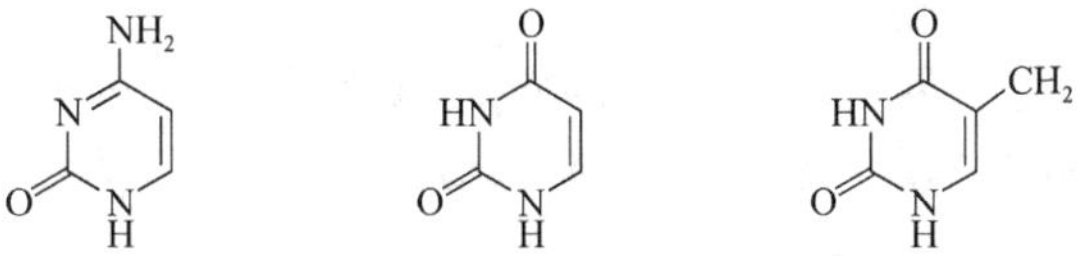

胞嘧啶　　　　尿嘧啶　　　　胸腺嘧啶

思考题 11-5　写出尿嘧啶的酮型-烯醇型互变异构平衡式。

2. 含三个氮原子的六元杂环化合物　含三个氮原子的六元芳香杂环称为三嗪(triazine)，包括1,2,3-三嗪(1,2,3-triazine)、1,2,4-三嗪(1,2,4-triazine)和1,3,5-三嗪(1,3,5-triazine)。

	1,2,3-三嗪	1,2,4-三嗪	1,3,5-三嗪
性状	无色晶体	黄色液体	无色针状晶体
熔点	70℃	16℃	80℃

三嗪中比较重要的是1,3,5-三嗪，可由氨基氰($N≡C-NH_2$)三聚得到。其衍生物三聚氰胺(melamine)具有阻燃作用，在油漆中加入一定量，可使形成的漆膜具有一定的防燃烧作用；三聚氰胺可以和甲醛发生缩聚反应生成三聚氰胺树脂，后者可以用作塑料和胶黏剂。三聚氰胺对身体有害，不可用于食品加工或食品添加剂。

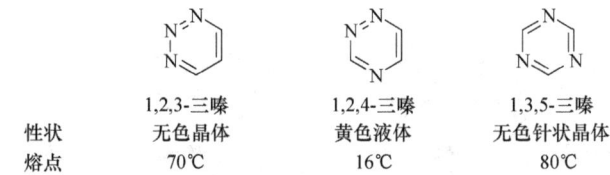

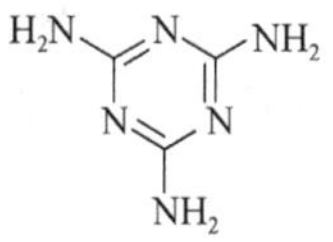

三聚氰胺(2,4,6-三氨基-1,3,5-三嗪)

六、稠杂环化合物

1. 吲哚　吲哚(indole)为无色叶状晶体，熔点52℃，具有令人不愉快类似于排泄物的

气味,但在极稀薄时有令人愉快的花香。

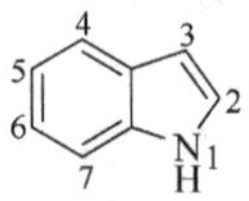

$$\underset{\text{吲哚}}{\text{[structure: indole with positions 1(NH), 2, 3, 4, 5, 6, 7]}}$$

吲哚有芳香性,吡咯环的电子云密度高于苯环,因此亲电取代反应主要发生在吡咯环上 C-3 位。

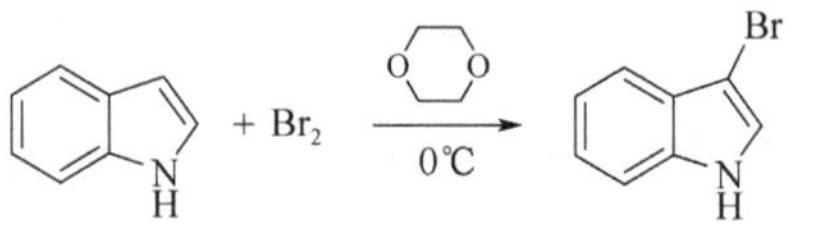

$$\text{吲哚} + Br_2 \xrightarrow[0℃]{\text{二氧六环}} \text{3-溴吲哚(70\%)}$$

吲哚的衍生物具有重要的生理功能。例如,3-吲哚乙酸是一种植物生长调节剂;色氨酸是一种人体必需的氨基酸;5-羟色胺存在于哺乳动物的脑中,是活跃于中枢神经系统中的神经递质和血管收缩剂。

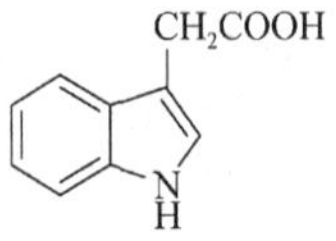

3-吲哚乙酸 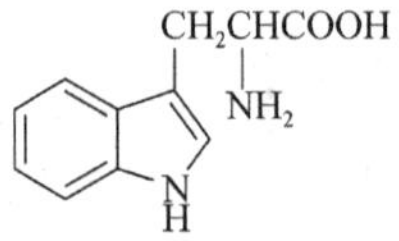　　　色氨酸 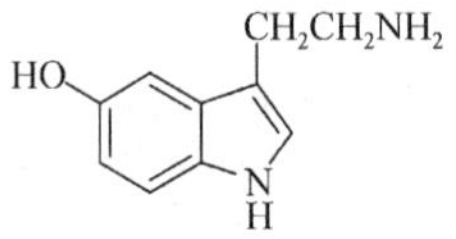　　　5-羟色胺

2. 喹啉和异喹啉　喹啉(quinoline)和异喹啉(isoquinoline)是由苯环与吡啶环稠合而成。

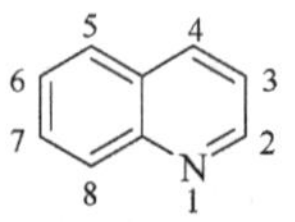

喹啉 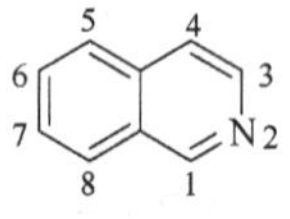　　　异喹啉

喹啉是一种无色的油状液体,沸点 273℃,具有特殊的气味;异喹啉为低熔点固体,熔点 26℃,沸点 243℃,具有令人愉快的气味。

喹啉和异喹啉均具有芳香性,苯环的电子云密度比吡啶环高,因此亲电取代反应发生在苯环的 C-5 和 C-8 位上。

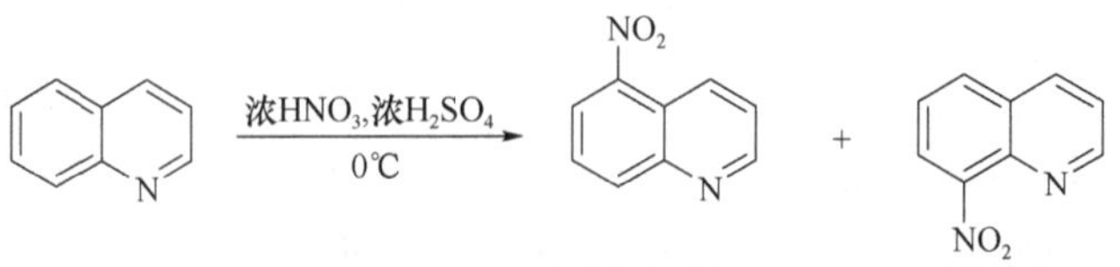

$$\text{喹啉} \xrightarrow[0℃]{\text{浓}HNO_3,\text{浓}H_2SO_4} \text{5-硝基喹啉(50\%)} + \text{8-硝基喹啉(48\%)}$$

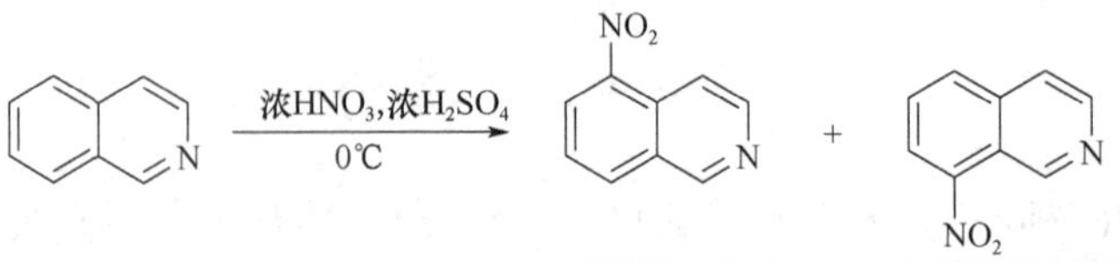

$$\text{异喹啉} \xrightarrow[0℃]{\text{浓}HNO_3,\text{浓}H_2SO_4} \text{5-硝基异喹啉(72\%)} + \text{8-硝基异喹啉(8\%)}$$

喹啉中的苯环更易被氧化,而吡啶环则更易被还原。例如:

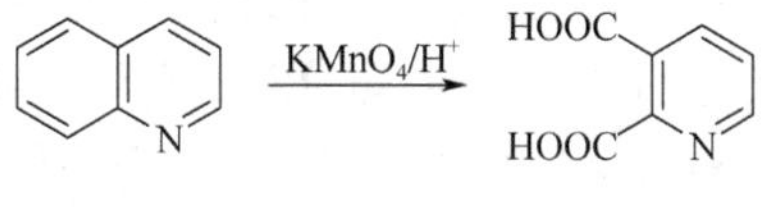

2,3-吡啶二甲酸

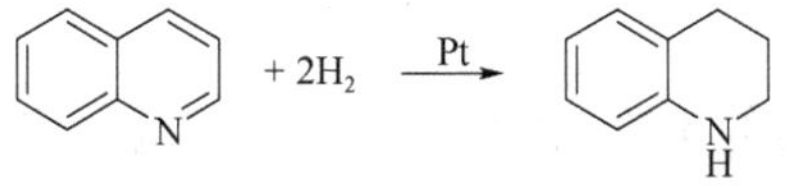

四氢喹啉

3. 嘌呤 嘌呤(purine)由嘧啶环和咪唑环稠合而成,编号特殊,共用碳原子要编号。

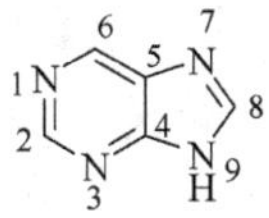

嘌呤

嘌呤是无色针状晶体,熔点 216℃,易溶于水。在水溶液中,嘌呤以两种互变异构体的形式存在。在药物分子中,主要以 7H-嘌呤的形式存在,在生物体内则主要以 9H-嘌呤的形式存在。

9H-嘌呤 ⇌ 7H-嘌呤

嘌呤的衍生物广泛存在于动植物体内。尿酸(uric acid)是嘌呤的一种衍生物,存在于所有食肉动物的尿液中,也是鸟类和爬行动物粪便中氮代谢的主要产物,痛风是由于尿酸钠沉积在关节和肌腱上所引起的。其他衍生物还有存在于咖啡、茶叶、可乐饮料中的咖啡因(caffeine)及可可中的可可碱(theobromine),这是两种重要的生物碱。

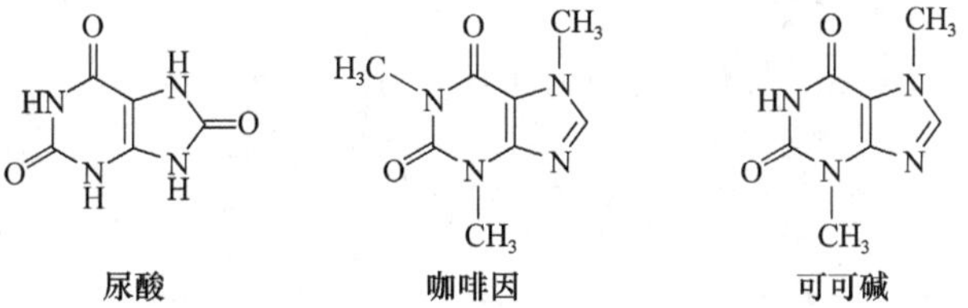

尿酸　　　咖啡因　　　可可碱

最重要的嘌呤衍生物是腺嘌呤(adenine)和鸟嘌呤(guanine),它们是核酸中的两种碱基。

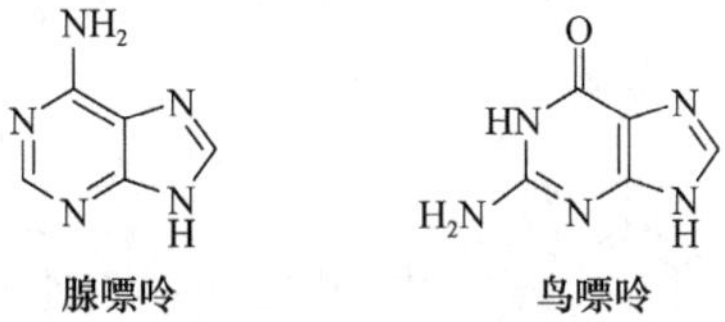

腺嘌呤　　　鸟嘌呤

七、杂 环 药 物

化学和生命科学的发展使得人类对疾病和药物的认识深入到原子分子水平,从而为寻找高效、低毒的药物提供了全新的视野。科学家除了对天然动植物药物中的有效成分进行人工合成,以弥补天然药物数量的不足,或通过修饰天然药物的结构,以改变和提高药物的功效外,还不断通过化学合成方法开发各种新药,以满足人们对药物需求日益增长的愿望。始于20世纪30年代的磺胺类药物的合成,揭开了化学合成药物的序幕,为人类探寻各种药理、药效千差万别的新药提供了无限的空间。时至今日,药物合成领域的研究仍然方兴未艾。

研究发现,大多数化合物的生物活性与杂原子的存在有密切的关系,杂原子表现出多重、易变的性质,这是因为杂原子含有孤对电子。杂原子主要是以杂环的形式存在,因此大多数药物中都含有杂环结构。

1. 天然杂环药物　天然杂环药物来自于陆地或海洋中的动植物体内,包括的范围很广,主要有生物碱、糖类、苯丙素、黄酮类、萜类、鞣质、甾体、大环内酯等。现举例如下:

(1) 奎宁[类]生物碱:奎宁[类]生物碱又称金鸡纳生物碱,最初是从金鸡纳树皮中获得的一种生物碱。具有退热作用,对某些疟疾原虫具有迅速杀灭的功效,主要用于治疗疟疾。

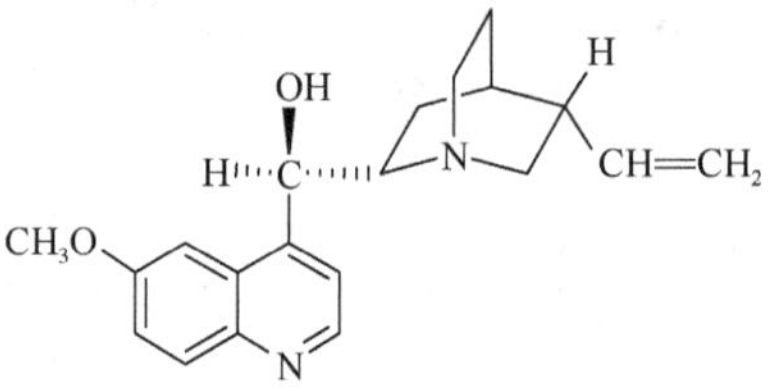

金鸡纳生物碱

(2) 青蒿素:青蒿素(artemisinin)是我国药物科学家屠呦呦首先开发的一种抗疟新药,获得2015年诺贝尔生理学或医学奖。青蒿素属萜类内酯化合物。它是从我国民间治疗疟疾草药黄花蒿中分离出来的有效单体,主要用于治疗脑型疟疾和恶性疟疾。

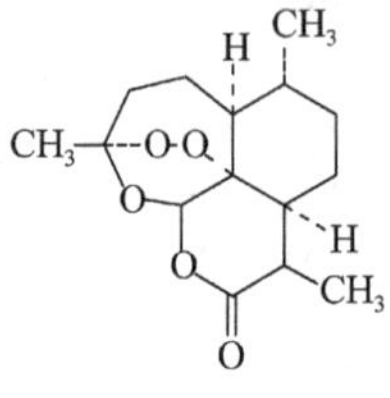

青蒿素

(3) 水飞蓟素和次水飞蓟素:水飞蓟原产于欧洲,为民间治疗肝炎的草药,从其种子中分离得到的水飞蓟素(silybin)和次水飞蓟素(silychristin)属黄酮类,均具有很强的保肝作用。

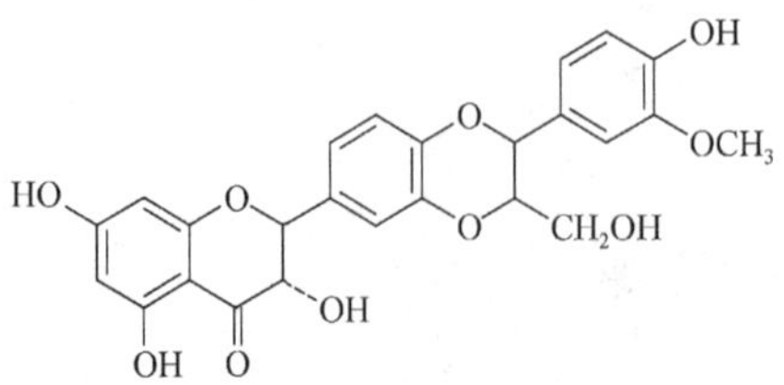

水飞蓟素 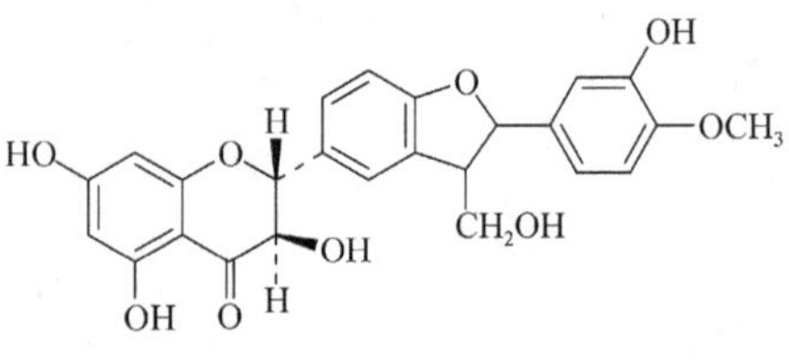　　**次水飞蓟素**

2. 合成杂环药物 杂环药物的合成可分为生物合成、半合成和人工合成三大类,现以抗菌类药物为例说明。

(1) 天然青霉素:青霉素(penicillin)是一种最常见抗生素,是英国细菌学家亚历山大·弗莱明(Alexander Fleming)于1928年发现的,1941年开始用于临床。天然青霉素通过生物合成得到,是利用青霉菌株(*Penicillium notatum*),在淀粉、糖、玉米浆、黄豆饼粉以及含硫、磷和微量金属的盐类培养基中生长繁殖所得到的产物。从青霉菌培养液和头孢菌素发酵液中分离、纯化得到七种天然的青霉素,其中以青霉素G的产量最高,药效最好。

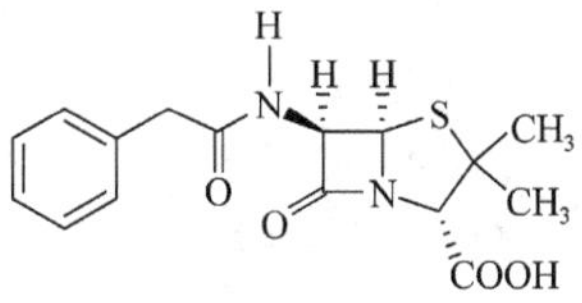

青霉素G

(2) 半合成青霉素:半合成青霉素是为了解决天然青霉素存在的化学稳定性差、抗菌活性低、抗菌谱窄、毒副作用大等问题,对天然青霉素的结构进行修饰而获得的结构类似物。广谱青霉素氨苄西林(ampicillin)就是其中的一个典型例子。在青霉素酰化酶(penicillin acylase)作用下,青霉素G水解为6-氨基青霉烷酸(6-aminopencillanic acid),再与2-苯基-2-氨基乙酰氯反应,生成氨苄西林。

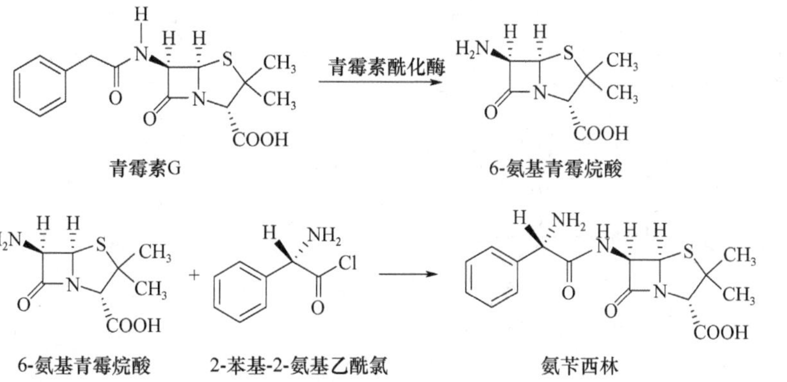

青霉素G → 6-氨基青霉烷酸

6-氨基青霉烷酸 + 2-苯基-2-氨基乙酰氯 → 氨苄西林

(3) 诺氟沙星:诺氟沙星(norfloxacin)是人工合成的喹诺酮类抗菌药,具有抗菌谱广、作用强的特点,是用4-氟-3-氯苯胺和乙氧亚甲基丙二酸二乙酯为原料,通过多步化学反应制得。

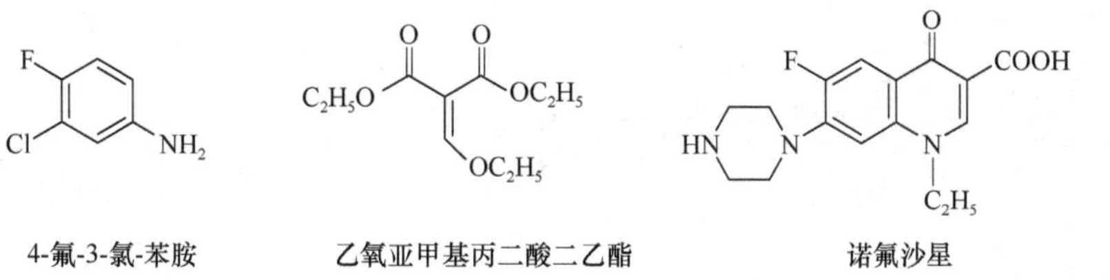

4-氟-3-氯-苯胺　　乙氧亚甲基丙二酸二乙酯　　诺氟沙星

习 题

1. 命名下列化合物

(1)  N-甲基吡咯

(2) 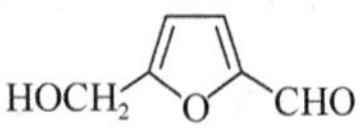 5-羟甲基-2-呋喃甲醛

(3) 4-甲基噻唑

(4) N,N-二甲基烟酰胺

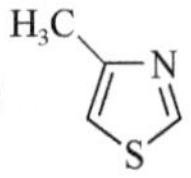

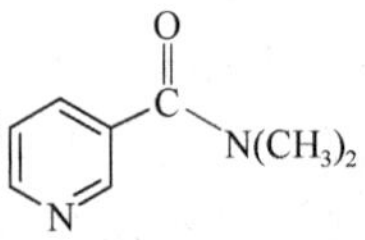

(5) 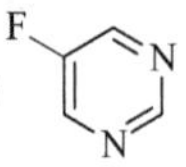 5-氟嘧啶

(6) 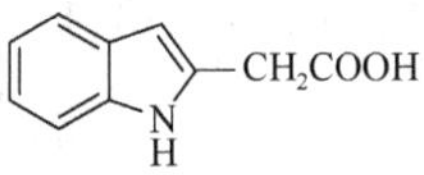 吲哚-2-乙酸

(7) 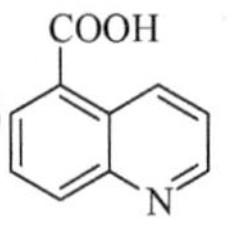 喹啉-5-甲酸

(8) 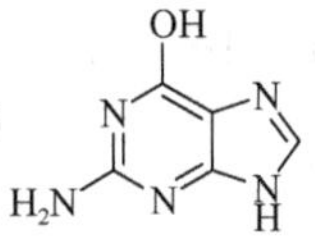 2-氨基-6-羟基嘌呤

2. 写出下列化合物的结构式
(1) 3-甲基吡啶
(2) α-呋喃甲酸
(3) 3-溴吡咯
(4) 8-溴异喹啉
(5) 糠醛
(6) 4-吡啶乙酸乙酯
(7) 4-氯噻吩-3-甲酸
(8) 3-吲哚乙酸

3. 写出下列反应的主要产物

(1) 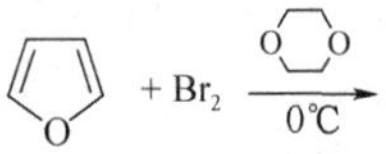 呋喃 + Br₂ —(二氧六环, 0℃)→

(2) 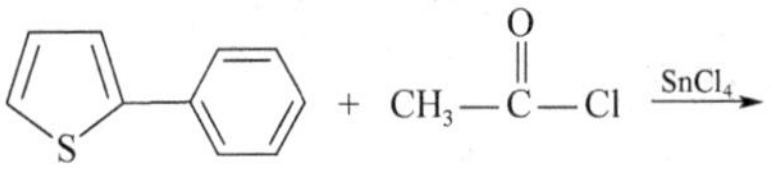 2-苯基噻吩 + CH₃COCl —(SnCl₄)→

(3) 4-(N,N-二甲氨基)吡啶 + H₂SO₄ —(SO₃, 270℃)→

(4) 4-羟基-6-甲基嘧啶 + HNO₃ —(CH₃COOH, 20℃)→

(5) 2-溴吡啶 —(KSH, CH₃OH, Δ)→

(6) 3-甲基-5-(1-甲基吡咯烷-2-基)吡啶 —(KMnO₄/H⁺)→

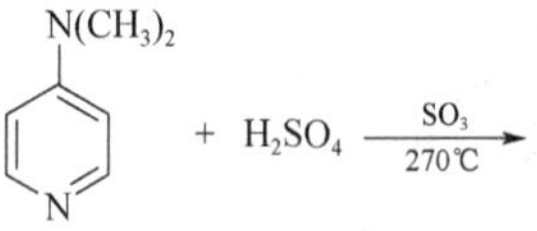

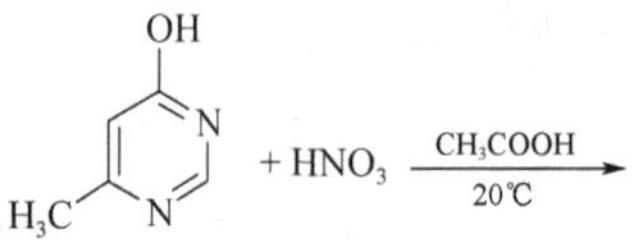

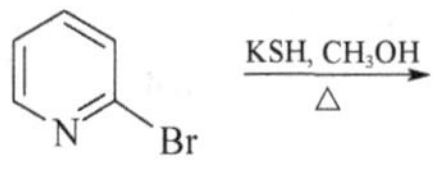

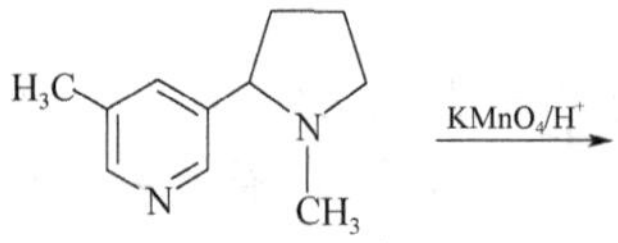

(7) 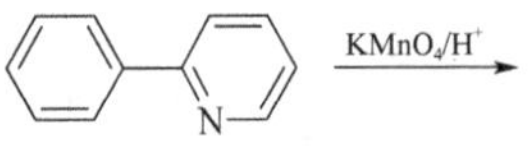 2-苯基吡啶 —(KMnO₄/H⁺)→

(8) 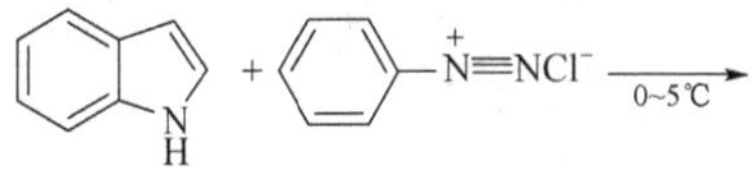 吲哚 + C₆H₅N₂⁺Cl⁻ —(0~5℃)→

4. 单项选择题

(1) 下列化合物碱性最强的是（　　）

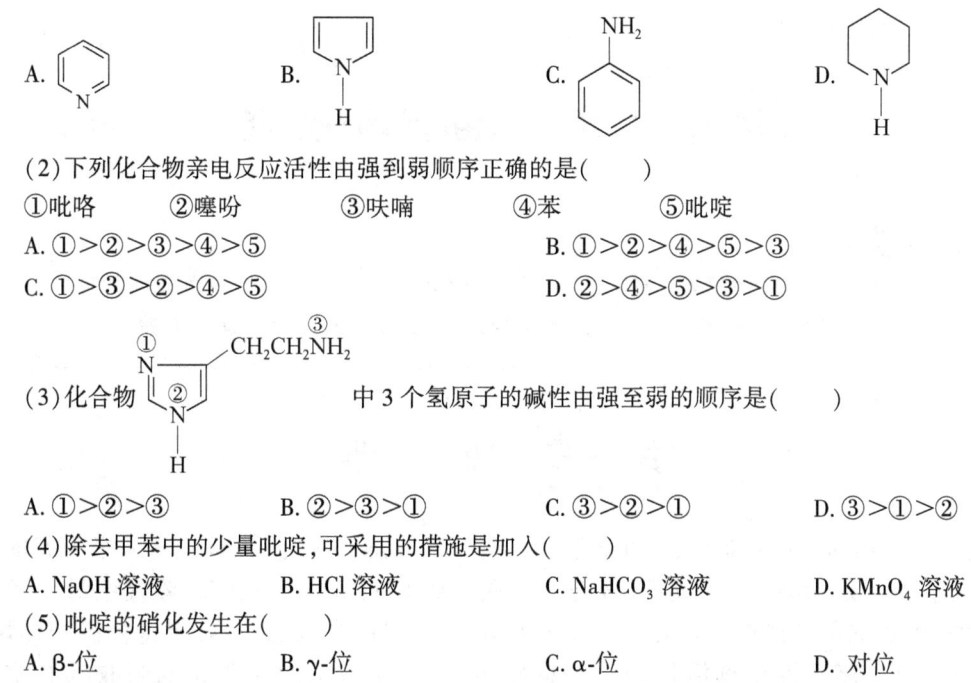

(2) 下列化合物亲电反应活性由强到弱顺序正确的是(　　)

① 吡咯　　　② 噻吩　　　③ 呋喃　　　④ 苯　　　⑤ 吡啶

A. ①>②>③>④>⑤　　　　　　　　B. ①>②>④>⑤>③

C. ①>③>②>④>⑤　　　　　　　　D. ②>④>⑤>③>①

(3) 化合物 中 3 个氢原子的碱性由强至弱的顺序是(　　)

A. ①>②>③　　B. ②>③>①　　C. ③>②>①　　D. ③>①>②

(4) 除去甲苯中的少量吡啶,可采用的措施是加入(　　)

A. NaOH 溶液　　B. HCl 溶液　　C. NaHCO₃ 溶液　　D. KMnO₄ 溶液

(5) 吡啶的硝化发生在(　　)

A. β-位　　B. γ-位　　C. α-位　　D. 对位

5. 推导结构式

化合物 A 的分子式为 C₆H₆OS,不与硝酸银的氨溶液反应,但能生成肟,与 I₂ 的 NaOH 溶液作用后酸化生成 α-噻吩甲酸。试推测 A 的结构。

(内蒙古医科大学　张可青)

第十二章 油脂和类脂

> **★★ 内容提示**
>
> 本章主要介绍油脂的组成、命名、结构特点和理化性质;人体必需脂肪酸的概念,磷脂的组成和结构;磷脂和生物膜的概念,甾体化合物的结构及重要的甾体化合物。

第一节 油 脂

油脂是油(oil)和脂肪(fat)的总称。常温下呈液态的称为油,呈固态或半固态的称为脂肪。油脂是动物生命活动所必需的物质。脂肪的氧化是机体新陈代谢重要的能量来源,脏器周围的脂肪对内脏具有保护作用,皮下脂肪还起到良好保持体温的作用。油脂还是许多脂溶性生物活性物质的良好溶剂,对于脂溶性维生素的吸收具有重要作用。

一、油脂的组成、结构和命名

从化学组成上看,油脂是一分子甘油和三分子高级脂肪酸形成的酯,称为三酰甘油(triacylglycerol),或称为甘油三酯(triglyceride)。如果三个脂肪酸相同,属于单甘油酯,如果两个或三个脂肪酸各不相同,属于混甘油酯,天然油脂是各种混甘油酯的混合物。天然油脂绝大多数是手性分子,相对构型一般是 L 型。

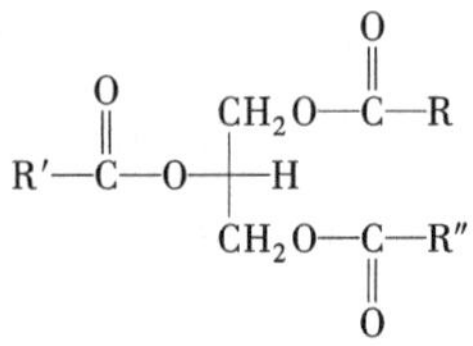

$$\begin{array}{c} \quad\quad\quad\quad\ \ O \\ \quad\quad\quad\quad\ \ \| \\ \quad\quad\quad CH_2O-C-R \\ \ \ O\quad\quad | \\ \ \ \| \quad\quad\ | \\ R'-C-O-H \\ \quad\quad\quad\ \ | \\ \quad\quad\quad CH_2O-C-R'' \\ \quad\quad\quad\quad\ \ \| \\ \quad\quad\quad\quad\ \ O \end{array}$$

天然油脂中已发现的脂肪酸有几十种,一般都是含偶数碳原子的直链饱和脂肪酸和不饱和脂肪酸。饱和脂肪酸多数是含 12~18 个碳原子,其中以十六碳酸(软脂酸)分布最广,几乎所有的油脂都含有;十八碳酸(硬脂酸)在动物脂肪中含量较多。不饱和脂肪酸中双键都是顺式构型,极少为反式构型,如油酸、亚油酸和亚麻酸等。油脂中常见的脂肪酸见表 12-1。

表 12-1 油脂中常见的脂肪酸

类型	名称	结构式
饱和脂肪酸	月桂酸(十二酸)	$CH_3(CH_2)_{10}COOH$
	肉豆蔻酸(十四酸)	$CH_3(CH_2)_{12}COOH$

续表

类型	名称	结构式
饱和脂肪酸	软脂酸(十六酸)	$CH_3(CH_2)_{14}COOH$
	硬脂酸(十八酸)	$CH_3(CH_2)_{16}COOH$
	花生酸(二十酸)	$CH_3(CH_2)_{18}COOH$
不饱和脂肪酸	鳖酸(顺-十六碳-9-烯酸)	$CH_3(CH_2)_5CH=CH(CH_2)_7COOH$
	油酸(顺-十八碳-9-烯酸)	$CH_3(CH_2)_7CH=CH(CH_2)_7COOH$
	亚油酸(顺,顺-十八碳-9,12-二烯酸)	$CH_3(CH_2)_4(CH=CHCH_2)_2(CH_2)_6COOH$
	α-亚麻酸(顺,顺,顺-十八碳-9,12,15-三烯酸)	$CH_3CH_2(CH=CHCH_2)_3(CH_2)_6COOH$
	γ-亚麻酸(顺,顺,顺-十八碳-6,9,12-三烯酸)	$CH_3(CH_2)_4(CH=CHCH_2)_3(CH_2)_3COOH$
	花生四烯酸(顺,顺,顺,顺-二十碳-5,8,11,14-四烯酸)	$CH_3(CH_2)_4(CH=CHCH_2)_4(CH_2)_2COOH$
	顺,顺,顺,顺,顺-二十碳-5,8,11,14,17-五烯酸(EPA)	$CH_3CH_2(CH=CHCH_2)_5(CH_2)_2COOH$
	顺,顺,顺,顺,顺,顺-二十二碳-4,7,10,13,16,19-六烯酸(DHA)	$CH_3CH_2(CH=CHCH_2)_6CH_2COOH$

人体可以合成大多数脂肪酸,但少数不饱和脂肪酸(如亚油酸、亚麻酸)不能在人体合成,花生四烯酸体内虽能合成,但数量不能完全满足人体生命活动的需求,像这些人体不能合成或合成不足,必须从食物中摄取的不饱和脂肪酸,称为必需脂肪酸(essential fatty acid)。

脂肪酸的命名常用俗名,如月桂酸、亚油酸等。脂肪酸的系统命名与一元羧酸系统命名法基本相同,不同之处是脂肪酸有三种编码体系(表12-2):Δ 编码体系是从脂肪酸羧基端的碳原子开始编号;ω 编码体系是从脂肪酸甲基端的碳原子开始编号;希腊字母编号规则与羧酸相同,即与羧基相邻的碳原子为 α 碳原子,依次为 β、γ、δ…ω 碳原子。

表 12-2 脂肪酸碳原子的三种编码体系

编码体系	CH_3-	CH_2-	CH_2-	CH_2-	CH_2-	CH_2-	CH_2-	CH_2-	CH_2-	CH_2-	CH_2-	CH_2-	CH_2-	$COOH$
Δ	14	13	12	11	10	9	8	7	6	5	4	3	2	1
ω	1	2	3	4	5	6	7	8	9	10	11	12	13	14
希腊字母	ω	…	…	…	…	…	…	…	…	δ	γ	β	α	

脂肪酸系统名称可用简写符号表示,其书写规则是:用阿拉伯数字表示脂肪酸碳原子的总数,然后在冒号后写出双键的数目,最后在 Δ 或 ω 右上角标明双键的位置。例如:

	系统名称	简写符号
亚油酸	Δ 编码体系: $\Delta^{9,12}$-十八碳烯酸	$18:2\Delta^{9,12}$
	ω 编码体系: $\omega^{6,9}$-十八碳烯酸	$18:2\omega^{6,9}$

油脂的命名通常把甘油名称写在前面,脂肪酸的名称写在后面,称甘油某酸酯,如甘油三软脂酸酯。有时也将脂肪酸的名称放在前面,甘油名称放在后面,又称三软脂酰甘油,混甘油酯用 α、β 和 α′ 标明脂肪酸的位次。例如:

$$\begin{array}{l}\text{CH}_2-\text{O}-\overset{\text{O}}{\overset{\|}{\text{C}}}-\text{C}_{15}\text{H}_{31}\\\text{HC}-\text{O}-\overset{\text{O}}{\overset{\|}{\text{C}}}-\text{C}_{15}\text{H}_{31}\\\text{CH}_2-\text{O}-\overset{\text{O}}{\overset{\|}{\text{C}}}-\text{C}_{15}\text{H}_{31}\end{array}$$

甘油三软脂酸酯
(三软脂酰甘油)

$$\begin{array}{l}\text{CH}_2-\text{O}-\overset{\text{O}}{\overset{\|}{\text{C}}}-\text{C}_{15}\text{H}_{31}\\\text{HC}-\text{O}-\overset{\text{O}}{\overset{\|}{\text{C}}}-\text{C}_{17}\text{H}_{35}\\\text{CH}_2-\text{O}-\overset{\text{O}}{\overset{\|}{\text{C}}}-(\text{CH}_2)_7\text{CH}=\text{CH}(\text{CH}_2)_7\text{CH}_3\end{array}$$

甘油 α-软脂酸-β-硬脂酸-α′-油酸酯
(α-软脂酰-β-硬脂酰-α′-油酰甘油)

二、油脂的物理性质

纯净的油脂是无色、无臭、无味的中性化合物,但天然油脂,通常带有气味,并且有色,这是因为其中常溶有维生素和色素。油脂的相对密度小于1,不溶于水,易溶于乙醚、氯仿、丙酮、苯和热乙醇等有机溶剂。天然油脂是多种混甘油酯的混合物,所以没有固定的熔点和沸点。室温下为液体的油脂称为油,多来自植物;为固体或半固体的称为脂肪,多来自动物。油中不饱和脂肪酸的含量较高,而脂肪中饱和脂肪酸的含量较高。由于不饱和脂肪酸中碳碳双键具有顺式结构,碳链呈弯曲形,互相之间较难靠近,结构比较松散,因此熔点较低,而饱和脂肪酸具有锯齿形的长链结构,链之间能够互相靠近,吸引力较强,熔点相对较高(图 12-1)。

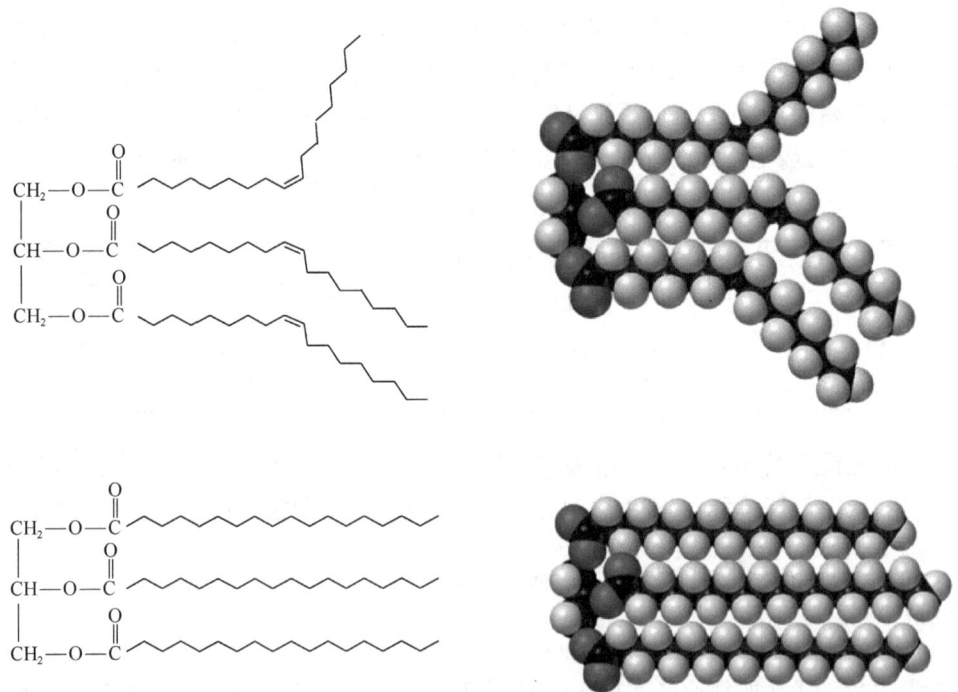

图 12-1 油脂中脂肪酸链的伸展状态

三、油脂的化学性质

1. 油脂水解及皂化　油脂在酸、碱或酶的作用下发生水解反应,生成一分子甘油和三分子高级脂肪酸。如果用氢氧化钠(或氢氧化钾)水解,得到的产物是甘油和高级脂肪酸的钠盐(或钾盐),即肥皂。因此油脂在碱性条件下的水解也称为皂化(saponification)。

$$\begin{array}{l} CH_2OCOR \\ CHOCOR' \\ CH_2OCOR'' \end{array} + NaOH \longrightarrow \begin{array}{l} CH_2OH \\ CHOH \\ CH_2OH \end{array} + \begin{array}{l} RCOONa \\ R'COONa \\ R''COONa \end{array}$$

在规定条件下,中和并皂化 1g 油脂物质所需氢氧化钾的毫克数称为皂化值(saponification number)。根据皂化值的大小,可以判断油脂的平均相对分子质量。皂化值大,油脂的平均相对分子质量小,反之,皂化值小则油脂的平均相对分子质量大。常见油脂的皂化值见表 12-3。

表 12-3　常见油脂的皂化值、碘值和酸值

油脂名称	皂化值	碘值	酸值
猪油	193~200	46~66	1.56
花生油	185~195	83~93	
蓖麻油	176~187	81~90	0.12~0.8
茶籽油	170~180	92~109	2.4
棉籽油	191~196	103~115	0.6~0.9
大豆油	189~194	124~136	
亚麻油	189~196	170~204	1~3.5
桐油	190~197	160~180	

思考题 12-1　猪油的皂化值 193~200,花生油的皂化值 185~195,哪种油脂的平均相对分子质量大?

2. 加成　油脂中不饱和脂肪酸的碳碳双键可以和氢、卤素等发生加成反应。

1)氢化:油脂中的碳碳双键在金属催化下,可与氢气发生加成反应,使不饱和脂肪酸变为饱和脂肪酸,这样得到的油脂称为氢化油,并且由液态变为半固态或固态,所以油脂的氢化又称为油脂的硬化。氢化油熔点高,性质稳定不易变质,而且也便于储藏和运输,可用于制造肥皂或人造黄油、人造奶油等。然而,在油脂的氢化过程中,油脂中的顺式双键会发生部分异构化,产生反式脂肪酸。反式脂肪酸的含量及种类因原料、氢化条件、氢化深度的不同而不同。已有研究显示,反式脂肪酸的摄入,除了增加患心血管疾病的危险性外,还会干扰必要脂肪酸的代谢,影响儿童生长发育及神经系统健康,增加 2 型糖尿病的患病风险等,给人类健康造成一定的威胁。目前,许多国家都在积极控制食品中反式脂肪酸的含量。

2)加碘:油脂中的碳碳双键可与碘发生加成反应,在规定条件下,100g 油脂所能吸收碘的最大克数称为碘值(iodine number)。碘值用来判断油脂的不饱和程度,碘值越大,油脂的不饱和程度也越大。由于碘与 C=C 加成反应的速度很慢,实际测定时常用氯化碘或溴化碘的冰醋酸溶液作试剂。常见油脂的碘值见表 12-3。

思考题12-2 牛油的碘值为30~48,大豆油为127~138,这说明什么?

3. 酸败 油脂在空气中放置过久,常会变质,产生难闻的气味,这种变化称为酸败(rancidity)。酸败的主要原因是油脂中的不饱和脂肪酸在空气中的氧、水分、微生物及某些金属的作用下,氧化生成过氧化物,这些过氧化物继续分解或氧化生成有臭味的低级醛和酸等。光或潮湿环境可加速油脂的酸败。

$$\cdots\cdots CH_2-CH=CH-CH_2\cdots\cdots + O_2 \longrightarrow \cdots\cdots CH_2\overset{H}{\underset{O\cdots\cdots O}{C}}\overset{H}{\underset{}{C}}CH_2\cdots\cdots$$

$$\xrightarrow{\text{霉菌}} \cdots\cdots CH_2-\overset{O}{\underset{}{C}}-H + H-\overset{O}{\underset{}{C}}-CH_2\cdots\cdots$$

$$\downarrow O_2$$

$$\cdots\cdots CH_2-\overset{O}{\underset{}{C}}-OH$$

油脂酸败的另一个原因是在潮湿的空气中油脂易发生水解生成饱和脂肪酸,在霉菌或微生物作用下,经过脱氢、水化和再脱氢过程,发生β-氧化生成β-酮酸,β-酮酸经酮式和酸式分解生成酮或羧酸。

脱氢 $R-CH_2CH_2CH_2COOH \xrightarrow{-2H} R-CH_2CH_2CH=CHCOOH$

水化 $R-CH_2CH_2=CHCOOH \xrightarrow{+H_2O} R-CH_2CH_2\overset{OH}{\underset{}{C}}HCH_2COOH$

再脱氢 $R-CH_2CH_2\overset{OH}{\underset{}{C}}HCH_2COOH \xrightarrow{-2H} R-CH_2CH_2\overset{O}{\underset{}{C}}CH_2COOH$

降解 $R-CH_2CH_2\overset{O}{\underset{}{C}}CH_2COOH \begin{matrix}\xrightarrow{\text{酮式分解}} R-CH_2CH_2CH_3 + CO_2 \\ \xrightarrow{\text{酸式分解}} R-CH_2CH_2COOH + CH_3COOH\end{matrix}$

油脂的酸败程度可用酸值(acid number)来表示。在规定条件下,中和1g油脂中的游离脂肪酸所需氢氧化钾的毫克数称为油脂的酸值。酸值大于6的油脂不宜食用。为防止酸败,应将油脂存放于密闭的容器中,置于干燥阴冷处。也可以加少量抗氧化剂如维生素E、卵磷脂等。

皂化值、碘值和酸值是油脂重要的理化指标,药典对药用油脂的皂化值、碘值和酸值都有严格的要求。

四、多不饱和脂肪酸的生物活性

多不饱和脂肪酸(polyunsaturated fatty acid,PUFA),指含有两个或两个以上双键的长链不饱和脂肪酸。在过去三十年中,PUFA独特的生物活性,引起人们高度关注和深入研究,多不饱和脂肪酸对大脑的生长和发育、心血管疾病的防治以及抗肿瘤、抗衰老等方面的积极作用,得到了生理、生化、流行病学、药理学和营养学等学科专家学者的广泛关注。

人体内的 PUFA 按 ω 体系可分为四族,见表 12-4,各族的名称根据各族母体脂肪酸从甲基碳原子数起的第一个双键的位次命名。

表 12-4　人体内不饱和脂肪酸的分类

族	母体脂肪酸名称	族	母体脂肪酸名称
ω-7	棕榈油酸	ω-6	亚油酸
ω-9	油酸	ω-3	α-亚麻酸

同族内的 PUFA 能以本族的母体脂肪酸为原料在体内衍生或合成,而不同族的 PUFA 则不能互相转化。例如,ω-6 族的亚油酸可转化成 ω-6 族花生四烯酸,而 ω-9 族的油酸不能转化成花生四烯酸。其中,ω-3 族 PUFA 的生物活性最为引人注目。α-亚麻酸是 ω-3 族 PUFA 的母体(前体物质),它主要来源于植物油(如菜籽油和大豆油),少量来自绿叶蔬菜。二十碳五烯酸(EPA)和二十二碳六烯酸(DHA)等长链的 ω-3 族 PUFA 则主要来源于海洋生物(如甲壳类和鱼类)。

在生物体内,PUFA,尤其是 ω-3 PUFA 具有重要的生物活性。ω-3 PUFA 是生物膜(细胞膜和细胞器膜)的主要成分,与膜的渗透性和流动性密切相关。ω-3 PUFA 在神经系统有重要作用。DHA 占大脑总脂肪酸的 95%,占视网膜总脂肪酸的 60%。长期缺乏 ω-3 PUFA,视网膜和神经膜中的 DHA 含量均减少,对光的视觉敏感性、记忆能力和神经膜酶的活性均有所改变。婴儿脑生长和发育过程中的 PUFA 主要来自母乳和其他奶制品。缺乏 ω-3 PUFA 的婴儿,红细胞中 ω-3 PUFA 水平降低,视网膜功能减退,可产生视觉模糊等症状,因此,孕妇、哺乳期妇女以及婴幼儿应充分保证 ω-3 PUFA 的摄入量。

ω-3 PUFA 对于心血管疾病的防治有重要作用。ω-3 PUFA 可使血小板的聚集和黏附功能明显降低,从而抑制血栓形成。ω-3 PUFA 具有抗肿瘤作用。统计数据表明食物脂肪的摄取与乳腺癌和结肠癌的死亡率呈高度正相关;流行病学研究发现,因纽特人和丹麦本土人乳腺癌和结肠癌死亡率下降与食物脂肪中 ω-3 PUFA 高比例有关。

ω-3 PUFA 具有抗衰老和抗炎作用。研究发现 EPA 和 DHA 进入肾细胞磷脂中可以改善衰老器官并发症,用 ω-3 PUFA 防治某些炎性疾病(如类风湿性关节炎、牛皮癣和哮喘等)已取得一定效果。

第二节　类　脂

类脂主要是指在结构或性质上与油脂相似的天然化合物。它们在动植物界中分布较广,种类也较多,主要包括磷脂、甾族化合物等。

一、磷　脂

磷脂(phospholipid)是分子中含有磷酸基团的高级脂肪酸酯。按照分子中醇的不同,磷脂有多种,由甘油构成的磷脂称为甘油磷脂,由鞘氨醇构成的磷脂称为鞘磷脂(又称神经鞘磷脂)。磷脂是构成生物膜的重要成分,其分子中的不饱和脂肪酸是影响生物膜流动性的重要因素,饱和脂肪酸和胆固醇则可增加生物膜的坚韧性,生物膜的屏障作用也与磷脂有密切关系。

1. 甘油磷脂　甘油磷脂(glycerophosphatide)又称为磷酸甘油酯,其母体结构是磷脂酸

(phosphatidic acid),为一分子甘油与两分子脂肪酸和一分子磷酸通过酯键结合而成的化合物。结构如下图所示,R_1 一般为饱和烃基,R_2 为不饱和烃基。

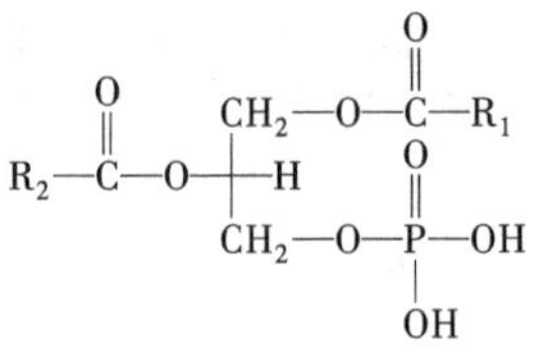

$$\begin{array}{c} O \\ \| \\ R_2-C-O-\overset{\displaystyle CH_2-O-\overset{\displaystyle O}{\overset{\|}{C}}-R_1}{\underset{\displaystyle CH_2-O-\overset{\displaystyle \|}{\underset{\displaystyle OH}{P}}-OH}{H}} \end{array}$$

磷脂酸也是手性化合物,天然磷脂酸一般为 L-构型。国际纯粹与应用化学联合会和国际生物化学联合会(IUPAC-IUB)建议,采用立体专一编号(stereospecific number,Sn)命名手性磷脂酸。在费歇尔投影式中,C_2 的酯基位于碳链的左侧,从上到下碳原子的编号为1、2、3,将 Sn 写在化合物名称前面表示是立体专一编号。例如:

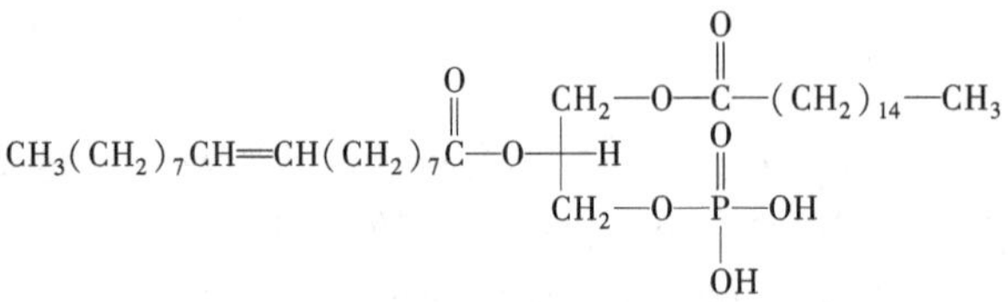

$$CH_3(CH_2)_7CH=CH(CH_2)_7\overset{O}{\overset{\|}{C}}-O-\overset{\displaystyle CH_2-O-\overset{\displaystyle O}{\overset{\|}{C}}-(CH_2)_{14}-CH_3}{\underset{\displaystyle CH_2-O-\overset{\displaystyle \|}{\underset{\displaystyle OH}{P}}-OH}{H}}$$

Sn-甘油-1-软脂酸-2-油酸-3-磷脂酸

磷脂酸中的磷酸与其他物质结合,可得到各种不同的甘油磷脂,最常见的是卵磷脂和脑磷脂。

1)卵磷脂:α-卵磷脂(lecithin)又称为磷脂酰胆碱,是由磷酯酸分子中的磷酸与胆碱中的羟基酯化而成的化合物。结构式如下:

$$\begin{array}{c} O \\ \| \\ R_2-C-O-\overset{\displaystyle CH_2-O-\overset{\displaystyle O}{\overset{\|}{C}}-R_1}{\underset{\displaystyle CH_2-O-\overset{\displaystyle \|}{\underset{\displaystyle O^-}{P}}-O-CH_2CH_2N^+(CH_3)_3}{H}} \end{array}$$

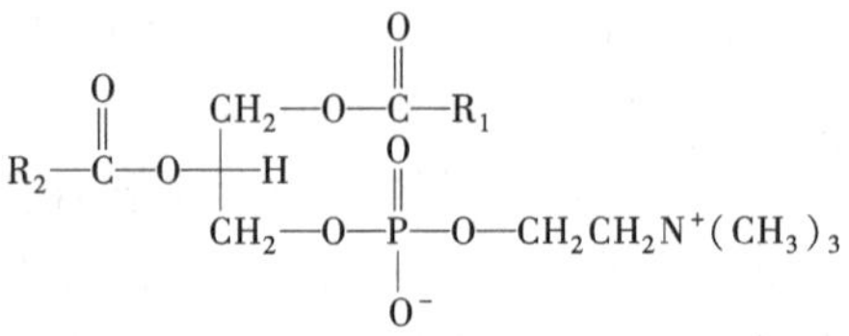

胆碱磷酰基可连在甘油基的 α-或 β-位上,故有 α-和 β-两种异构体,天然卵磷脂为 α-型(3-Sn-磷脂酰胆碱)。卵磷脂完全水解可得到甘油、脂肪酸、磷酸和胆碱。其中的饱和脂肪酸通常是软脂酸和硬脂酸,连在 C_1 上;C_2 上通常是油酸、亚油酸、亚麻酸和花生四烯酸等不饱和脂肪酸。

卵磷脂为白色蜡状固体,吸水性强。在空气中放置,分子中的不饱和脂肪酸被氧化,将生成黄色或棕色的过氧化物。卵磷脂不溶于水和丙酮,易溶于乙醚、乙醇及氯仿。

卵磷脂存在脑和神经组织及植物的种子中,在卵黄中含量丰富。

2)α-脑磷脂:α-脑磷脂(cephalin)是由磷脂酸分子中的磷酸与胆胺(乙醇胺)中的羟基酯化而成的化合物。结构式如下:

$$\begin{array}{c} O \\ \| \\ R_2-C-O-\overset{\displaystyle CH_2-O-\overset{\displaystyle O}{\overset{\|}{C}}-R_1}{\underset{\displaystyle CH_2-O-\overset{\displaystyle \|}{\underset{\displaystyle O^-}{P}}-O-CH_2CH_2N^+H_3}{H}} \end{array}$$

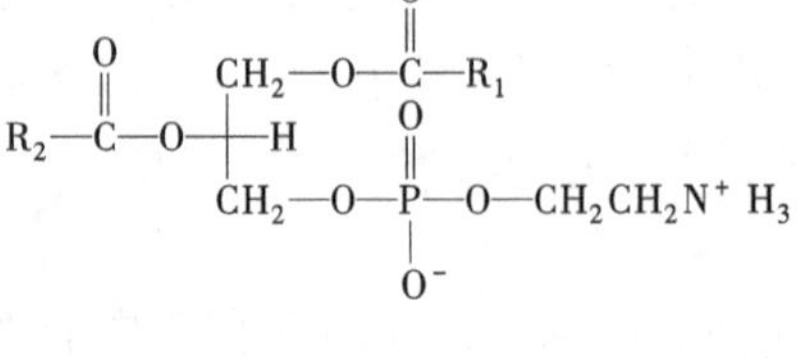

天然脑磷脂为 α-型,完全水解时,可得到甘油、脂肪酸、磷酸和胆胺。脑磷脂结构和理化性质与卵磷脂相似,不同的是难溶于冷乙醇中,由此可分离卵磷脂和脑磷脂。

脑磷脂通常与卵磷脂共存于脑、神经组织和许多组织器官中,在卵黄和大豆中含量也较丰富。

2. 鞘磷脂　鞘磷脂(sphingomyelin)又称为神经鞘磷脂,与卵磷脂、脑磷脂不同,鞘磷脂的主链是鞘氨醇(神经氨基醇)而非甘油,鞘氨醇的结构式如下:

$$HO-CH-CH=CH-(CH_2)_{12}-CH_3$$
$$H_2N-H$$
$$CH_2-OH$$

鞘氨醇

鞘氨醇的氨基与脂肪酸以酰胺键相连,形成 N-脂酰鞘氨醇即神经酰胺。神经酰胺 C_1 的羟基与磷酸胆碱结合而形成鞘磷脂:

神经酰胺　　　　　　　　　　　　　　　鞘磷脂

鞘磷脂是白色晶体,化学性质比较稳定,因为分子中碳碳双键少,不像卵磷脂和脑磷脂那样易被空气氧化。鞘磷脂不溶于丙酮和乙醚,而溶于热乙醇中。

鞘磷脂大量存在于脑和神经组织,是围绕着神经纤维鞘样结构的一种成分,也是细胞膜的重要成分之一。

3. 磷脂与生物膜　生物膜(biomembrane)是细胞膜(也称质膜或外周膜)和细胞内膜(细胞内各种细胞器的膜)的统称。各种生物膜的功能不同,但化学组成和分子结构都有共同之处,其化学组成为脂类、蛋白质、糖类、水、无机盐和金属离子等,其中脂类和蛋白质是主要成分,构成膜的主体。脂类和蛋白质以非共价键结合,形成膜脂蛋白,糖以共价键与脂类或蛋白质结合分别形成糖脂或糖蛋白。构成膜的脂类有磷脂、胆固醇(cholesterol)和糖脂(glycolipid),以磷脂含量最多也最为重要。主要的磷脂是甘油磷脂和鞘磷脂(图 12-2)。

图 12-2　甘油磷脂的分子模型

磷脂分子具有特殊的化学结构——由磷酸和碱基组成的极性亲水头部和长链脂肪酸组成的两条疏水尾部,在水溶液中磷脂亲水头部因对水的亲和力指向水面,疏水尾部因对水的排斥而相互聚集,尾尾相连,这样形成了稳定的双分子层(图 12-3)。

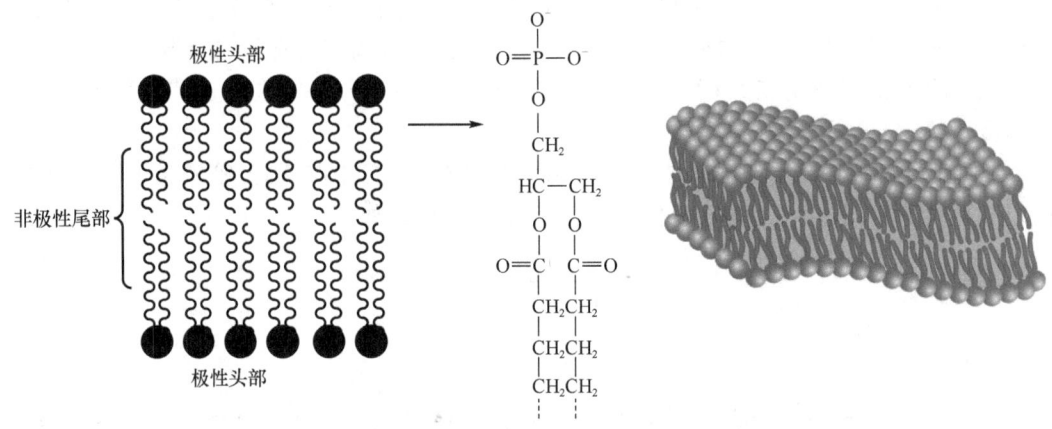

图 12-3 磷脂双分子层结构

脂类、蛋白质还有少量的糖类在膜中如何存在和排列,以及它们之间如何相互作用,这是决定膜的生物活性的主要问题,目前还没有一种技术或方法能够直接观察膜的分子结构。多年来根据对天然细胞膜以及一些人工模拟膜的研究,许多学者提出了几十种不同的膜分子结构模型,其中得到较多实验事实支持而为大多数人所承认的是 1972 年 Singer 和 Nicolson 提出的流动镶嵌模型(fluid mosaic model),其基本的内容是:膜的结构是以流动的脂质双分子层为基架,其中镶嵌着可以移动的具有各种生理机能的蛋白质(图 12-4)。

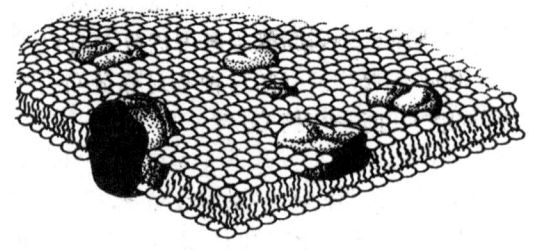

图 12-4 胞膜的液态镶嵌模型

生物膜有两个明显的特征,膜的不对称性和膜的流动性。膜的不对称性分别与膜脂和膜蛋白分布的不对称性有关。膜脂中,含胆碱的磷脂如磷脂酰胆碱(卵磷脂),鞘磷脂大多分布在生物膜外层,而含氨基的磷脂如磷脂酰乙醇胺(脑磷脂)多分布于内层。膜脂双分子层的不对称分布,使膜的两层流动性有所不同。

膜的流动性是指膜内部的脂类和蛋白质两类分子的运动性。膜脂分子在特定的温度下,可进行横向扩散、旋转、摆动旋转异构和反转等运动,这些不同的运动状态对维持膜脂分子的不对称性很重要。磷脂中脂肪酸链的长度和不饱和程度,卵磷脂与鞘磷脂的比值,对膜的流动性具有重要的影响。

二、甾族化合物

甾族化合物(steroid)分子中含有一个环戊烷并氢化菲的骨架,4 个环用 A、B、C 和 D 表示,环上碳原子有固定的编号顺序。一般在 C_{10} 和 C_{13} 上各连有一个甲基,称为角甲基。在

C_{17} 上连有一个不同碳原子数的碳链。中文"甾"字很形象地表示了甾族化合物基本结构的特点,甾字中的"田"表示四个环,"巛"象征地表示 2 个角甲基和 1 个碳链。

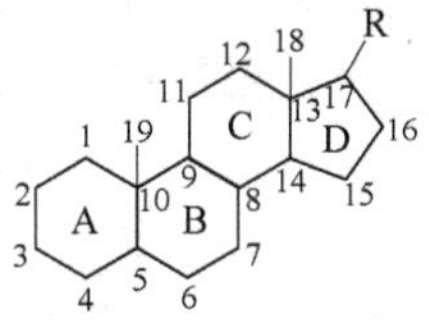

甾族化合物基本骨架

天然的甾族化合物中,B 环与 C 环之间总是反式稠合[以 B/C(反)表示],相当于反式十氢化萘的构型,C 环与 D 环之间也几乎都是反式稠合(强心苷元按顺式稠合)。但是,A 环与 B 环之间,可以反式稠合,也可以顺式稠合,A、B 为反式稠合时,C_5 上的氢原子与 C_{10} 上角甲基处于反式,称为 5α-构型;反之,A、B 顺式稠合称为 5β-构型。5α-和 5β-构型及各自的稳定构象如下图所示。

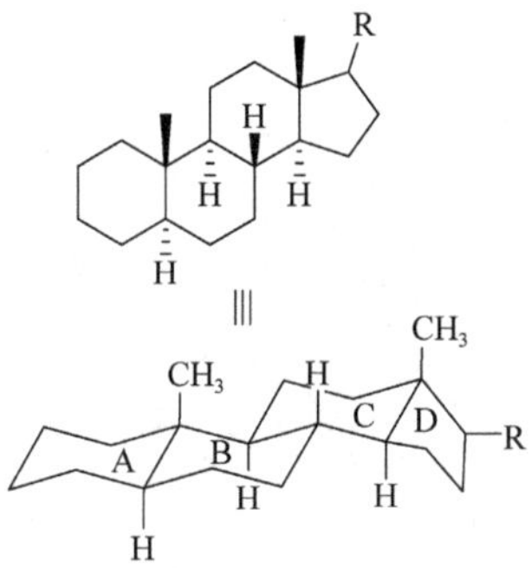

A/B(反)、B/C(反)、C/D(反)
5α-构型

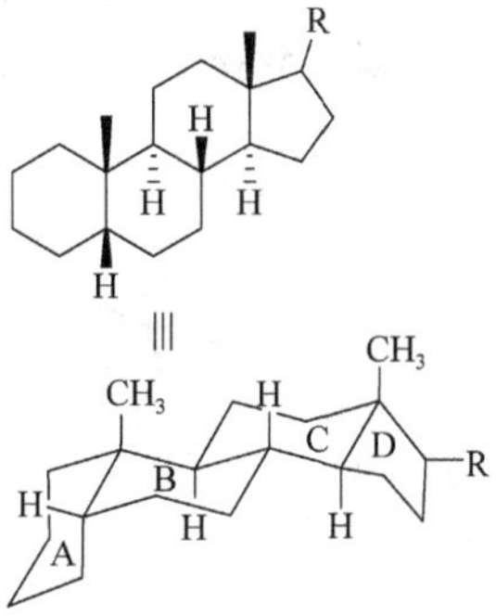

A/B(顺)、B/C(反)、C/D(反)
5β-构型

甾族化合物根据其存在和化学结构可以分为甾醇、胆甾酸、甾类激素等。

1. 甾醇　甾醇(sterol)常以游离状态或以酯、苷的形式广泛存在于动物和植物的体内。甾醇可依照来源分为动物甾醇及植物甾醇两大类。天然的甾醇在 C_3 上有一个羟基,并且绝大多数都是 β 构型。甾醇又称为固醇。

1) 胆固醇(cholesterol):是一种动物甾醇,最初在胆结石中发现,为固体醇,所以称为胆固醇。胆固醇分子结构特点是:C_3 上有一个羟基 β 构型,C_5 与 C_6 之间有一个碳碳双键,C_{17} 连着一个 8 碳原子的烷基侧链。胆固醇的结构式如下:

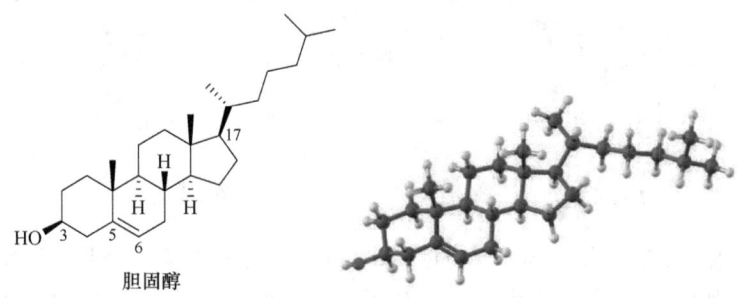

胆固醇

胆固醇是一种无色或略带黄色的结晶，熔点 148.5℃，难溶于水，易溶于热乙醇、乙醚和氯仿等有机溶剂。胆固醇分子中 $C_5 \sim C_6$ 之间有一个碳碳双键，它可以和一分子溴或溴化氢发生加成反应，也可以催化加氢生成二氢胆固醇。胆固醇分子中的羟基可酰化后形成酯，也可与糖的半缩醛羟基生成苷。将少量胆固醇溶于乙酸酐中，再滴加少量浓硫酸，即呈现红—紫—褐—绿色的颜色变化，此反应称为 Liberman-Burchard 反应，常用于定性检验甾族化合物。

胆固醇大多以脂肪酸酯的形式存在于动物体内，而常以糖苷的形式存在于植物体内。胆固醇广泛分布于动物的所有细胞中，它是细胞膜脂质中的重要组分，生物膜的流动性和通透性与它有着密切关系，同时它还是生物合成胆甾酸和甾体激素等的前体，它在体内起着重要作用。但是胆固醇摄取过多或代谢发生障碍时，胆固醇就会从血清中沉积在动脉血管壁上，导致冠心病和动脉粥样硬化症；过饱和胆固醇从胆汁中析出沉淀则是形成胆固醇系结石的基础。然而近期有学者认为，体内长期胆固醇偏低会诱发癌症。所以，既要给机体提供足够的胆固醇来维持机体的正常生理功能，又要防止胆固醇过量或过少所造成的不良影响，这些是现代人类健康生活所应解决的热点问题。

2）7-脱氢胆固醇（7-dehydrocholesterol）：也是动物甾醇，与胆固醇在结构上的差异是 C_7 与 C_8 之间多了一个碳碳双键。

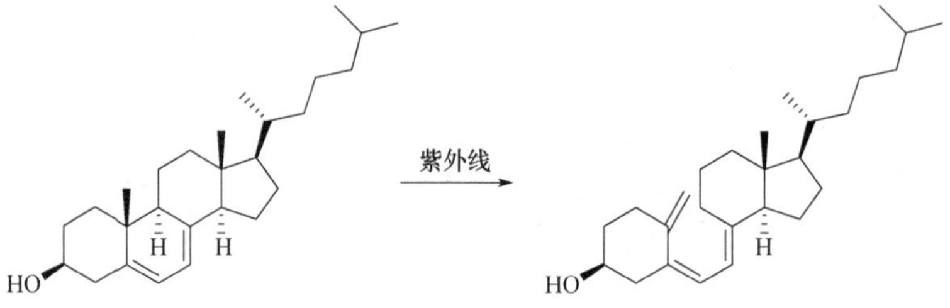

在肠黏膜细胞内，胆固醇经酶催化氧化成 7-脱氢胆固醇后，经血液循环输送到皮肤组织中，若再经紫外线照射，7-脱氢胆固醇的 B 环开环转变成维生素 D_3。因此常作日光浴是获得维生素 D_3 的最简易方法。

3）麦角甾醇（ergosterol）：是一种植物固醇，存在于酵母和一些植物中，分子式为 $C_{28}H_{44}O$。麦角甾醇分子结构中，比 7-脱氢胆固醇在 C_{24} 上多了一个甲基，在 C_{22} 和 C_{23} 之间多一个碳碳双键。麦角甾醇经紫外线照射后，最后 B 环开环生成维生素 D_2。

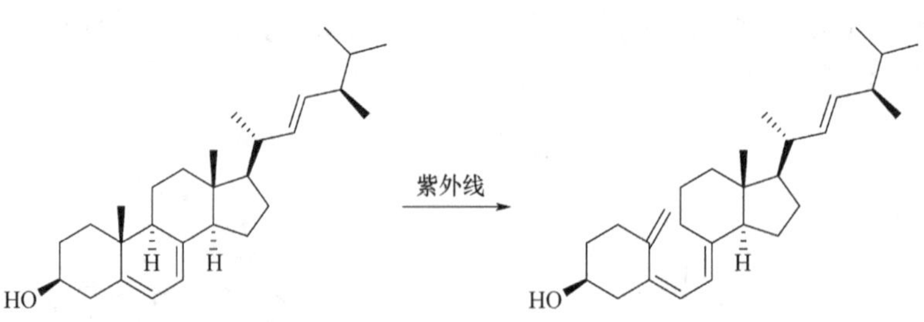

维生素 D 是一类抗佝偻病维生素的总称。目前已知至少有 10 种维生素 D，它们都是甾醇的衍生物，其中活性较高的是维生素 D_2 和维生素 D_3。维生素 D 的主要生理功能是调节钙、磷代谢，促进骨骼正常发育。当维生素 D 缺乏时，儿童可患佝偻病，成人引起软

骨症。

2. 胆甾酸 胆酸(cholic acid)、脱氧胆酸(deoxycholic acid)、鹅脱氧胆酸和石胆酸等存在于动物胆汁中,它们都属于5β-系甾族化合物,并且分子结构中含有羧基,故总称它们为胆甾酸。胆甾酸在人体内可以以胆固醇为原料直接生物合成。至今发现的胆甾酸已有100多种,其中人体内重要的是胆酸(cholic acid)和脱氧胆酸(deoxycholic acid)。

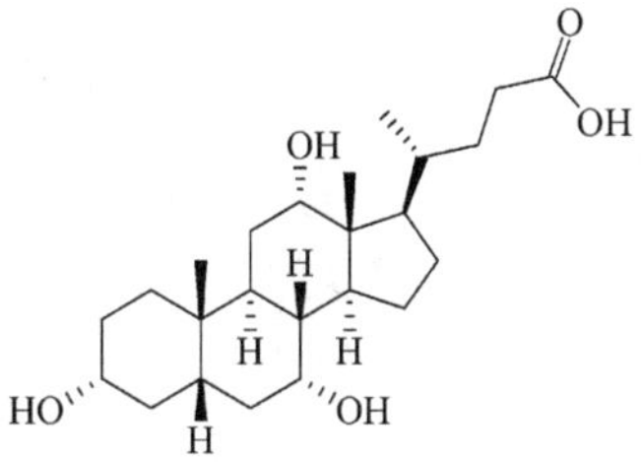

胆酸 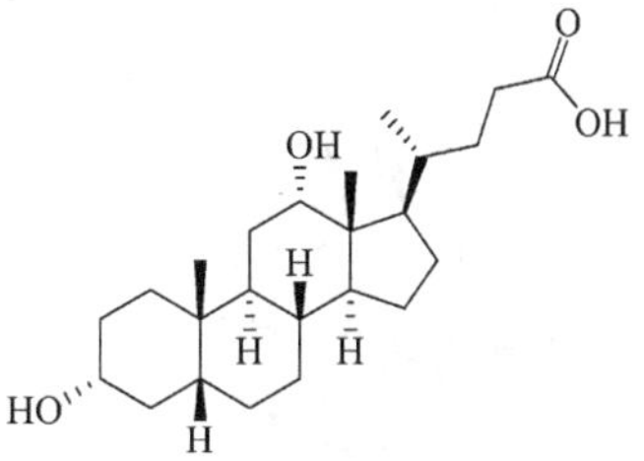　　　　　脱氧胆酸

胆甾酸在胆汁中分别与甘氨酸(NH_2CH_2COOH)和牛磺酸($H_2NCH_2CH_2SO_3H$)通过酰胺键结合,形成各种结合胆甾酸,这些结合胆甾酸总称为胆汁酸(bile acid)。例如,胆酸与甘氨酸或牛磺酸分别生成甘氨胆酸(glycocholic acid)和牛磺胆酸(taurocholic acid)。

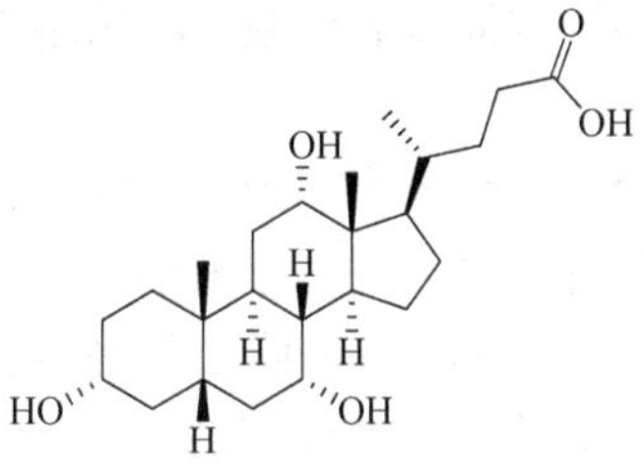

甘氨胆酸 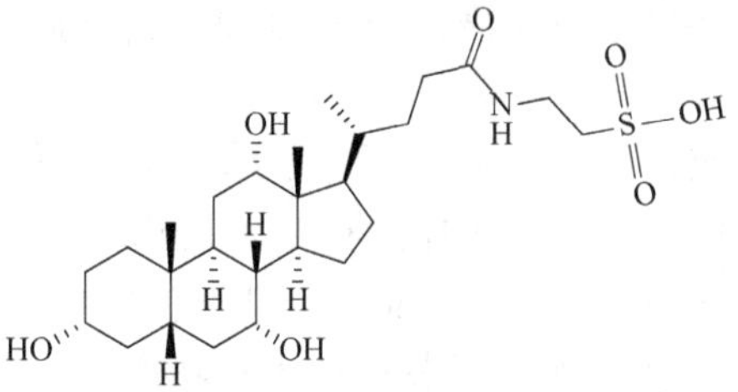　　　　　牛磺胆酸

在胆汁中,大部分胆汁酸均以钠盐或钾盐形式存在,称为胆汁酸盐(简称胆盐,bile salt)。胆汁酸盐分子内部既含有亲水性的羟基和羧基(或磺酸基),又含有疏水性的甾环,这种分子结构能够降低油/水两相之间的表面张力,具有乳化剂的作用。胆汁酸的生理功能是使脂肪及胆固醇酯等疏水的脂质乳化成细小微团,增加消化酶对脂质的接触面积,以便机体对脂类的消化与吸收,其次抑制胆汁中胆固醇的析出。

3. 甾体激素 激素(hormone)是由内分泌腺及具有内分泌功能的一些组织所产生的,具有调节各种物质代谢或生理功能的微量化学信息分子。已发现人和动物的激素有几十种,它们按化学结构可分为两大类。一类是含氮激素,另一类是甾族激素。甾族激素根据来源又分为肾上腺皮质素和性激素两类。

1) 肾上腺皮质素(adrenal cortical hormone):是肾上腺皮质分泌的激素,它分泌的激素种类很多,按照它们的生理功能可分为两类:一类是主要影响糖、蛋白质与脂质代谢的糖代谢皮质激素(glucocorticoid),另一类是主要影响组织中电解质的转运和水的分布的盐代谢皮质激素(mineralocorticoid)。这两类皮质激素均是21-碳甾族化合物,结构上的共同特点是:C_3上有酮羰基,C_4和C_5之间有一个碳碳双键,C_{17}上连有一个2-羟基乙酰基。主要皮质激素的化学结构如下:

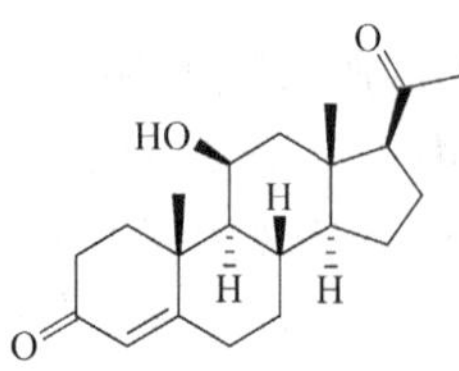

皮质酮 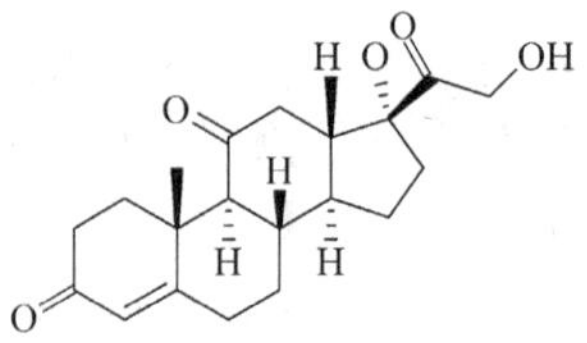　　　　　　　可的松 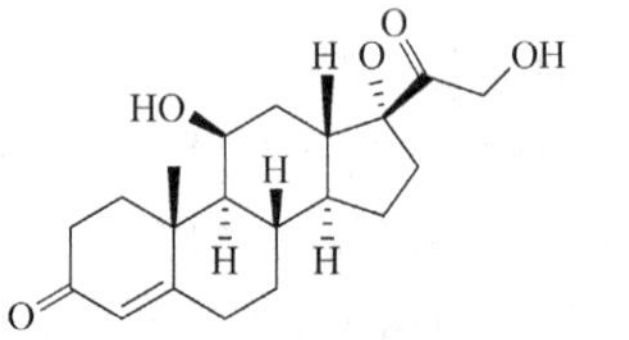　　　　　　　氢化可的松

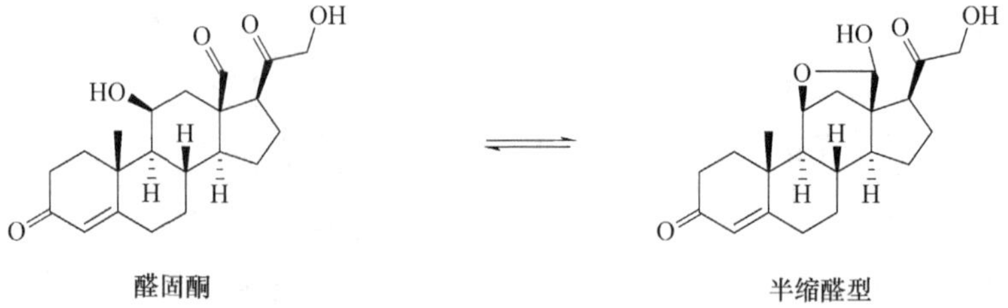

醛固酮　⇌　半缩醛型

糖代谢皮质激素有皮质酮(corticosterone)、可的松(cortisone)、氢化可的松(hydrocortisone)等；盐代谢皮质素如醛固酮(aldosterone)等。

早在1855年，艾迪生(Addison)医生就发现了肾上腺皮质的重要性，肾上腺皮质分泌的激素减少，会导致人体极度虚弱、贫血、恶心、低血压、低血糖，皮肤呈青铜色，这些症状临床上称艾迪生病。

糖皮质激素是一种具有重要生理和药理作用的甾族激素，在临床治疗中占有相当重要的地位。例如，氢化可的松、强的松、地塞米松等都是较好的抗炎、抗过敏药物。

2) **性激素(sex hormone)**：是性腺(睾丸、卵巢、黄体)所分泌的甾族激素，它们具有促进动物发育、生长及维持性特征的生理功能。性激素分为雄性和雌性激素两类。

雄性激素(male hormone)：最早获得天然雄性激素纯品的是德国生物化学家布特南特(Butenandt)，1931年从15000L男性尿中分离得到15 mg结晶雄酮，1935年从公牛睾丸中分离出睾酮。布特南特因发现并提纯多种性激素而获1939年诺贝尔化学奖。天然雄性激素经结构分析为19-碳甾族化合物，C_{17}位上无碳侧链，而连有羟基或酮羰基。重要的雄性激素有睾酮(testosterone)、雄酮(androsterone)和雄烯二酮(androstenedione)，其中睾酮的活性最高。

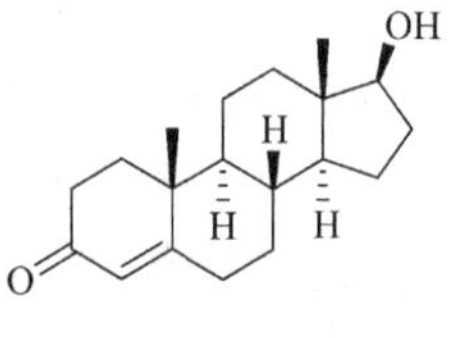

睾酮 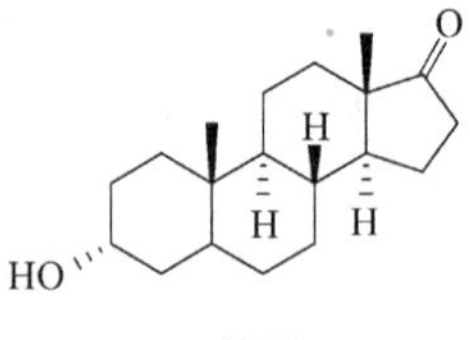　　　　　　雄酮 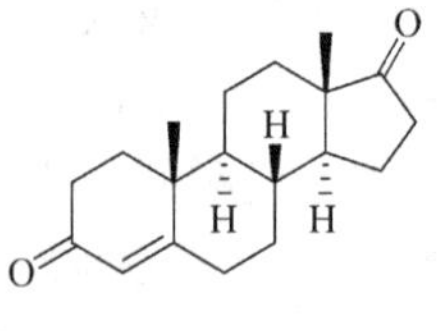　　　　　　雄烯二酮

从构效关系分析，3-酮和3α-OH的引入能增加雄性激素活性，17β-OH是雄性激素所必需的基团，没有一种基团能达到17β-OH的效果，17α-OH无活性。

雄性激素具有促进蛋白质的合成、抑制蛋白质代谢的同化作用，能使雄性变得肌肉发达，骨骼粗壮。

雌性激素主要由卵巢分泌，它包含雌激素和孕激素两类。

(1) **雌激素(estrogen)**：分泌雌激素的主要场所是在成熟的卵泡中。雌激素是引起哺乳动物动情的物质，并能促进雌性生殖器官的发育和维持雌性第二性征。

20 世纪 30 年代早期先后从孕妇尿中分离得到雌酮(estrone)和雌三酮,从卵巢分离得到雌三醇(estriol)。雌酮和雌二醇(estradiol)是卵泡分泌的原始雌激素,两者在体内可以相互转变,再生物氧化形成雌三醇。三种雌激素的生物活性由强至弱的排序是:雌二醇＞雌酮＞雌三醇。

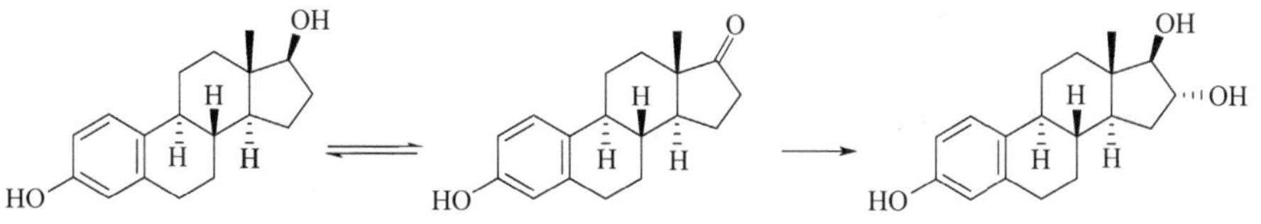

雌二醇   雌酮   雌三醇

天然雌激素属于 18-碳甾族化合物,结构特点是:A 环为苯环,C_{10} 上没有甲基,C_3 有一个酚羟基,故有酸性,C_{17} 位为酮基或羟基。构效关系表明,酚环和 C_{17} 位氧的存在是生物活性所必需的。

雌激素在临床上的主要用途是治疗绝经症状和骨质疏松,最广的用途是生育控制。人工合成的炔雌醇(ethinyl estradiol)为口服高效、长效的雌激素,活性比雌二醇高 7~8 倍。临床上用于月经紊乱、子宫发育不全、前列腺癌等治疗。炔雌醇对排卵有抑制作用,可用作口服避孕药。

(2) 孕激素(progestogen):主要从排卵后的破裂卵泡组织形成的黄体中分离所得,它们的主要生理作用是保证受精卵着床,维持妊娠。首次获得的 20 mg 纯品天然黄体酮(progesterone)是从 2 万头母猪的卵巢中分离提取出来的。重要的天然孕激素是黄体酮,它属于 24-碳甾族化合物,C_3 为酮羰基,C_4 与 C_5 之间有碳碳双键,C_{17} 位上有一个 β-乙酰基。

黄体酮构效关系表明:17α 位引入羟基,孕激素活性下降,但羟基成酯则作用增强。在 C_6 位引入碳碳双键和甲基或氯原子都使活性增强。因此制药工业上,以黄体酮为先导化合物,对其进行结构改造,先后合成了一系列具有孕激素活性的黄体酮衍生物。孕激素临床上用于治疗痛经、功能性子宫出血和闭经。另一主要用途是与雌激素联用作为避孕药。

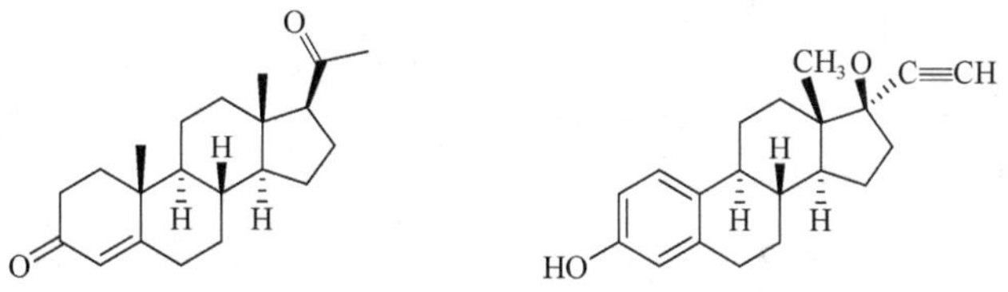

黄体酮   炔雌酮

值得注意的是,美国卫生与公众服务部(HHS)2002 年 12 月报道了一组控制性别特征和生长特征的相关甾体雌激素,可增大子宫内膜癌和乳腺癌发病风险。

习 题

1. 解释下列名词
(1) 皂化和皂化值
(2) 油脂的硬化和碘值
(3) 油脂的酸败和酸值

(4) 必需脂肪酸

2. 命名下列化合物

(1) 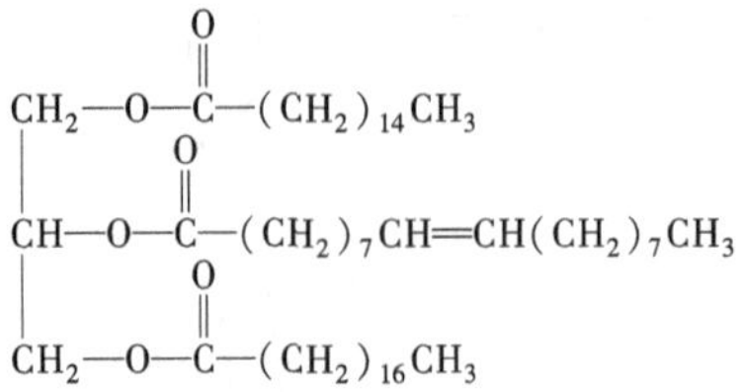 $\begin{array}{l} CH_2-O-\overset{O}{\underset{\|}{C}}-(CH_2)_{14}CH_3 \\ CH-O-\overset{O}{\underset{\|}{C}}-(CH_2)_7CH=CH(CH_2)_7CH_3 \\ CH_2-O-\overset{O}{\underset{\|}{C}}-(CH_2)_{16}CH_3 \end{array}$

(2) $CH_3(CH_2)_7CH=CH(CH_2)_7-\overset{O}{\underset{\|}{C}}-O-\overset{CH_2-O-\overset{O}{\underset{\|}{C}}-(CH_2)_{16}CH_3}{\underset{CH_2-O-\overset{O}{\underset{\|}{C}}-(CH_2)_{16}CH_3}{\overset{|}{C}}}H$

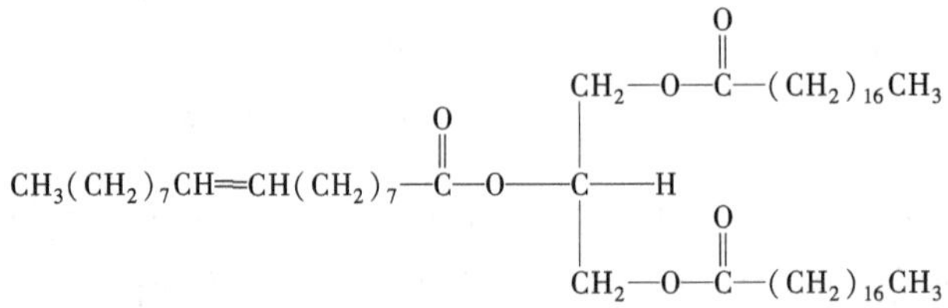

3. 写出下列化合物的结构式

(1) $18:2\omega^{6,9}$ (2) $16:1\Delta^9$ (3) 亚油酸 (4) α-脑磷脂 (5) α-卵磷脂

4. $\Delta^{9,12,15}$-十八碳三烯酸(简写符号 $18:3\Delta^{9,12,15}$)和 $\omega^{3,6,9}$-十八碳三烯酸(简写符号 $18:3\omega^{3,6,9}$)是同一脂肪酸吗?其俗名是什么?其结构式是什么?

5. 室温下油和脂肪的存在状态与其分子中的脂肪酸有何关系?

6. 油脂中的脂肪酸结构上有何特点?

7. 卵磷脂比脂肪易溶于水还是难溶于水?为什么?

8. 有一磷脂,完全水解可得到鞘氨醇、脂肪酸、磷酸和含氮的醇类,它属于哪种磷脂?写出其结构通式。

9. 卵磷脂和脑磷脂结构上有何差别?如何将两者分离?

10. 胆甾酸与胆汁酸的含义有何不同?

(西安交通大学　徐四龙)

第十三章 糖 类

> ★★ 内容提示
>
> 本章重点介绍单糖的分类;单糖的开链及环状结构;单糖的 Haworth 式和构象式;单糖的理化性质:差向异构化、氧化反应、显色反应、酯化反应、成苷反应;重要的双糖和多糖等。

糖类(saccharide)是自然界中存在最多的一类有机化合物。例如,葡萄糖、果糖、蔗糖、淀粉、纤维素都是糖类化合物。早些时候人们发现这类物质都是由碳、氢、氧三种元素组成,其氢原子数和氧原子数之比为 2:1,通式为 $C_m(H_2O)_n$(m、n 为正整数),如葡萄糖和果糖为 $C_6(H_2O)_6$,因此得名"碳水化合物"(carbohydrate)。但后来研究发现有些化合物其分子组成并不符合 $C_m(H_2O)_n$,如鼠李糖为 $C_6H_{12}O_5$,2-脱氧核糖为 $C_5H_{10}O_4$,但它们的结构特征和性质却与碳水化合物非常相似;而有些化合物虽然分子组成符合 $C_m(H_2O)_n$,如乙酸 $C_2(H_2O)_2$ 和甲醛 CH_2O,但它们的结构和性质却与碳水化合物截然不同。因此,将糖称为"碳水化合物"是不确切的,但因沿用已久,至今仍在使用。随着对糖类化合物研究的深入,从化学结构的特点来讲,糖是多羟基醛或多羟基酮及其脱水缩合产物。

糖类、蛋白质、核酸和脂类是生命活动必需的四大类有机化合物,其中糖是一切生物体维持生命活动所需能量的主要来源。植物通过光合作用将二氧化碳和水转变成糖类化合物,并放出氧气,同时也将太阳能转化为化学能储存于糖类化合物中。而动物则吸收氧气,将从植物中摄取的糖类化合物经过一系列生化反应逐步氧化为二氧化碳和水,并放出能量供机体生长及活动所需。动物与植物就是这样互相依赖的有机体。植物的光合作用是人类利用太阳能的一个途径,而糖类化合物是其中一个重要环节。

糖类化合物除作为生物体内的能量物质和结构物质外,同时也是体内遗传物质、酶、抗体、激素等在生命活动中起重要作用分子的重要组成部分。研究表明,糖类化合物不仅具有抗癌活性,而且还具有细胞间识别和传递信息等重要的生物学功能。人们对糖的结构与生物功能的研究已成为有机化学及生物学中最令人感兴趣的领域之一。

糖类化合物根据其含有的单糖单位分为三类:

(1) 单糖(monosaccharide):不能水解成更小分子的糖,如葡萄糖、果糖、核糖等。

(2) 寡糖(oligosaccharide):又称低聚糖,是由 2~10 个单糖分子脱水形成的糖类化合物。其中含两分子单糖的称为双糖(disaccharide)或二糖,如蔗糖、麦芽糖等。低聚糖中以双糖最为重要。

(3) 多糖(polysaccharide):是由 10 个以上至数千个单糖分子脱水形成的糖类化合物。属于天然高分子化合物,如淀粉、纤维素等。

第一节 单 糖

单糖是多羟基醛或多羟基酮及其衍生物。据此,单糖可分为带有醛基官能团的醛糖与带有酮基官能团的酮糖;也可以按单糖分子中所含碳原子数分为三碳(丙)糖、四碳(丁)糖、五碳(戊)糖、六碳(己)糖等,如葡萄糖是己醛糖、果糖是己酮糖、核糖是戊醛糖。单糖中最简单的是丙醛糖和丙酮糖;自然界中存在的大多是戊糖和己糖。

```
    CHO          CH₂OH         CH₂OH         CH₂OH
    |            |             |             |
    CHOH         C=O           CHOH          C=O
    |            |             |             |
    CH₂OH        CH₂OH         CHOH          CHOH
                               |             |
  丙醛糖(甘油醛)   丙酮糖         CH₂OH         CH₂OH
                               丁醛糖         丁酮糖

                               CHO           CH₂OH
                               |             |
    CHO          CH₂OH         CHOH          C=O
    |            |             |             |
    CHOH         C=O           CHOH          CHOH
    |            |             |             |
    CHOH         CHOH          CHOH          CHOH
    |            |             |             |
    CHOH         CHOH          CHOH          CHOH
    |            |             |             |
    CH₂OH        CH₂OH         CH₂OH         CH₂OH
    戊醛糖        戊酮糖          己醛糖         己酮糖
```

单糖的名称多数根据来源采用俗名,如葡萄糖、果糖等。

一、单糖的开链结构及构型

单糖分子都具有一定数目的手性碳(丙酮糖除外),所以都具有立体异构体。含 n 个不相同手性碳原子的化合物,其立体异构体的数目为 2^n 个,可组成 2^{n-1} 对对映体。例如,己醛糖分子中有 4 个手性碳,应有 16 个立体异构体,组成 8 对对映体,葡萄糖是其中的一对对映体。

有机合成化学家倾向于采用 R/S 标记法表示手性碳的绝对构型(absolute configuration);而生物有机化学家则更倾向采用 D/L 标记法表示其相对构型(relative configuration)。D/L 标记法的具体规则如下:以 Fischer 投影式表示单糖的结构,碳链竖写,羰基写在上端,编号最大即离羰基最远的手性碳原子的构型若与 D-甘油醛的构型相同,则为 D-型糖;反之为 L-型糖。己醛糖的 8 对对映体中,8 个为 D-型糖,8 个为 L-型糖,一对对映体具有相同的名称。如 D-葡萄糖的对映体为 L-葡萄糖。自然界存在的单糖绝大多数是 D-型糖,如 D-葡萄糖、D-果糖、D-核糖等。L-型的醛糖现已能够人工合成。

```
       CHO           CHO           CHO           CHO
       |         H—|—OH       HO—|—H        |
    H—|—OH      HO—|—H        HO—|—H        HO—|—H
       |         H—|—OH       HO—|—H            |
     CH₂OH      H—|—OH       HO—|—H          CH₂OH
                  CH₂OH         CH₂OH
   D-(+)-甘油醛   D-(+)-葡萄糖    L-(-)-葡萄糖    L-(-)-甘油醛
```

思考题 13-1 己酮糖有多少个立体异构体?几对对映体?写出 D-果糖的开链结构。

图 13-1 和图 13-2 分别列出 3~6 个碳原子的 D-醛糖及 D-酮糖的 Fischer 投影式和名称。

从图 13-1 和图 13-2 可以看出 D-葡萄糖与 D-甘露糖仅 C_2 构型不同;D-葡萄糖与 D-半乳糖仅 C_4 构型不同;D-果糖和 D-阿洛酮糖仅 C_3 构型不同,它们的差别仅是一个手性碳原子的构型不同。像这样具有多个手性碳原子而只有一个手性碳原子的构型不同的非对映异构体互称为差向异构体(epimer)。例如,D-甘露糖是 D-葡萄糖的 C_2 差向异构体。

书写单糖的 Fischer 投影式时,为方便起见,手性碳原子上的—H 或—OH 可省去,用短

线表示。例如,以 D-葡萄糖为例

$$
\begin{array}{c}\text{CHO}\\ \text{H}{\longleftarrow}\text{OH}\\ \text{HO}{\longleftarrow}\text{H}\\ \text{H}{\longleftarrow}\text{OH}\\ \text{H}{\longleftarrow}\text{OH}\\ \text{CH}_2\text{OH}\end{array} \quad 简写为 \quad \begin{array}{c}\text{CHO}\\ {\longleftarrow}\text{OH}\\ \text{HO}{\longleftarrow}\\ {\longleftarrow}\text{OH}\\ {\longleftarrow}\text{OH}\\ \text{CH}_2\text{OH}\end{array} \quad 或 \quad \begin{array}{c}\text{CHO}\\ |\\ |\\ |\\ |\\ \text{CH}_2\text{OH}\end{array}
$$

二、单糖的环状结构和变旋光现象

在研究单糖的性质时,有些"异常现象"是其链状结构无法解释的。例如:如图 13-1 和图 13-2 所示。

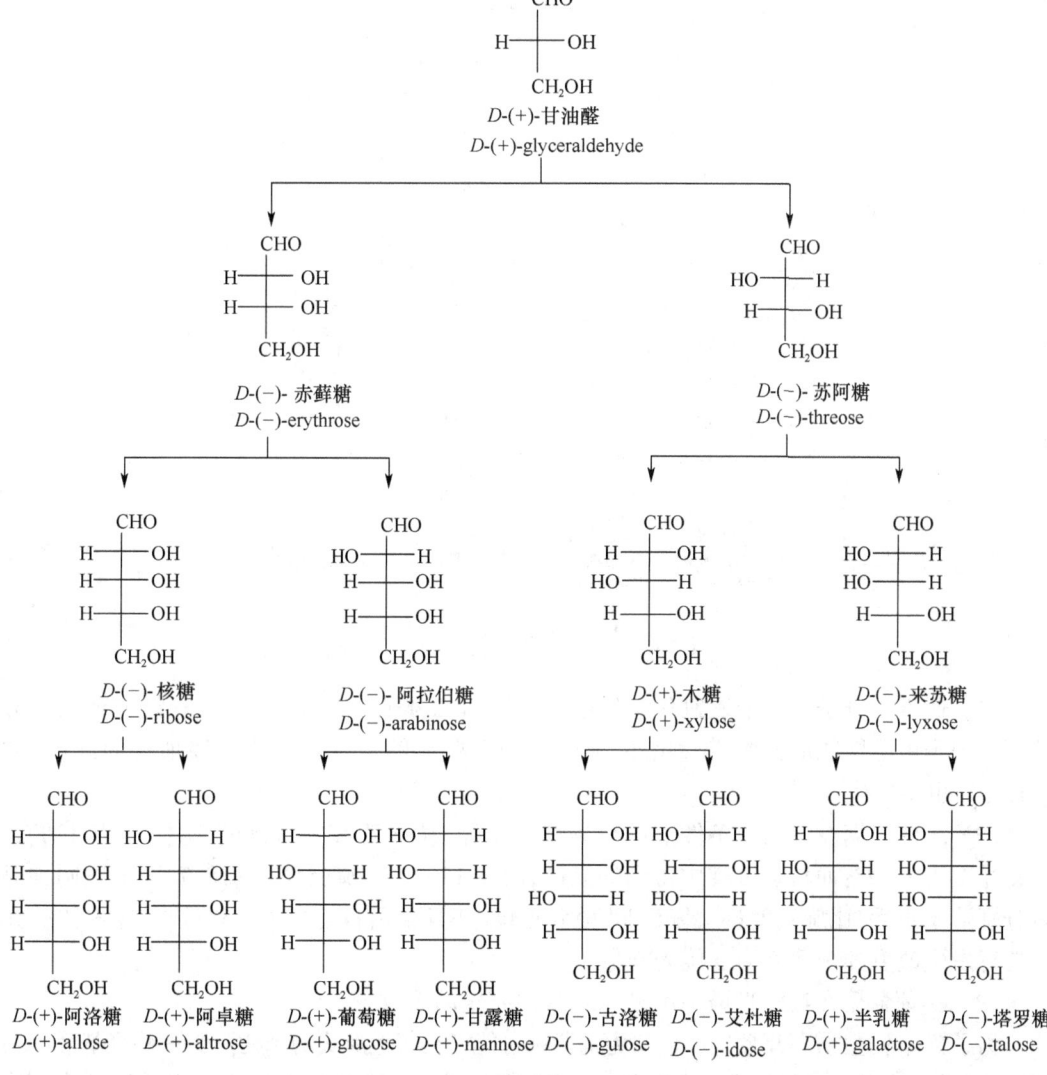

图 13-1　D-醛糖系列($C_3 \sim C_6$)

> **思考题 13-2**　写出 D-半乳糖的开链结构,它与 D-甘露糖是差向异构体吗?

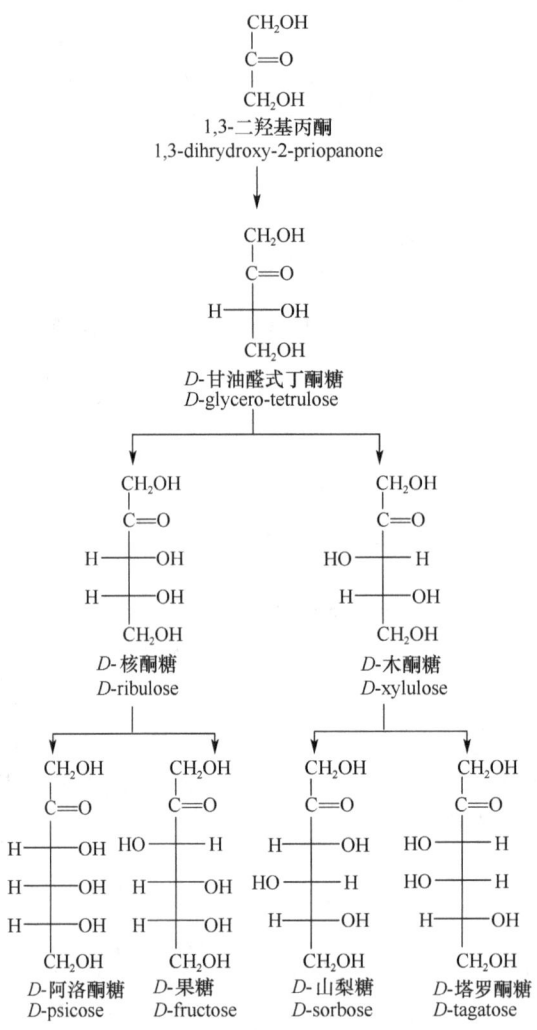

图 13-2　D-酮糖系列（$C_3 \sim C_6$）

（1）通常一分子醛在干燥氯化氢作用下可以与二分子甲醇反应形成缩醛，但葡萄糖分子与一分子甲醇即能形成缩醛。此外，葡萄糖与某些能够与羰基发生亲核加成的试剂（如 $NaHSO_3$）也不发生反应。

（2）D-葡萄糖在不同的条件下可得到两种结晶，从冷乙醇中得到的晶体，熔点 146℃，比旋光度为 +112°；而从热吡啶中得到的晶体，熔点 150℃，比旋光度为 +18.7°。上述两种晶体分别溶于水后，比旋光度都会随时间发生变化，并且最后都稳定在 +52.7°。这种比旋光度自行发生改变的现象称为变旋光现象。

（3）D-葡萄糖在红外光谱中不显示羰基伸缩振动吸收峰。

为了解释上述"异常现象"，人们认为葡萄糖可能存在其他形式的结构。受一些羟基醛（酮）可以自身发生分子内亲核加成生成稳定环状半缩醛这一反应的启发，人们注意到，葡萄糖分子中同时存在醛基和羟基，可发生分子内的亲核加成反应形成稳定的环状半缩醛，后来 X 射线衍射结果证实了这一推测的正确性。D-葡萄糖的半缩醛结构是由分子内的 C_1 醛基与 C_5 羟基作用形成的，是一个含氧六元环。结晶体单糖通常以较稳定的六元环和五元环形成半缩醛结构。当以六元环存在时,与杂环化合物吡喃(pyrane)的结构相似,所以称为吡喃糖(pyranose);若以五元环存在时,与杂环化合物呋喃(furan)的结构相似,因此称为呋喃糖(furanose)。

D-葡萄糖由链状结构转变为环状半缩醛时,羰基碳发生轨道的重新杂化,即由 sp^2 杂化状态转化成 sp^3 杂化状态,形成了新的手性碳原子,称为异头碳。异头碳上的半缩醛羟基(又称苷羟基)有两种空间取向,对 D-型糖而言,半缩醛羟基在环平面下方的称为 α-异构体;半缩醛羟基在环平面上方的称为 β-异构体。二者互称为端基差向异构体,简称端基异构体或异头物(anomer)。从乙醇中结晶得到的是 α-D-吡喃葡萄糖(熔点 146℃,比旋光度为+112°),从吡啶中结晶得到的是 β-D-吡喃葡萄糖(熔点 150℃,比旋光度为+18.7°)。

上述"异常现象"用糖的环状结构就能予以解释。结晶状态的 α-D-吡喃葡萄糖和 β-D-吡喃葡萄糖均可稳定存在,但它们溶于水中无论 α-异构体还是 β-异构体都可通过开链结构相互转化,最终达到平衡,建立了一个动态平衡体系。

在动态平衡混合物中,β-异构体约占 64%,α-异构体约占 36%,开链结构含量极少,此平衡混合物的比旋光度为+52.7°。这就是葡萄糖产生变旋光现象的原因。由此可见,糖的两种环状半缩醛结构的存在以及它们通过开链结构的这种互变为环-链互变异构(ring-chain tautomerism),是产生变旋光现象的内在原因。同时,在平衡体系中,开链结构含量很低,所以没有明显的羰基的 IR 特征吸收峰。某些可逆的加成反应(如饱和 $NaHSO_3$ 的反应)也不能发生。又由于糖的分子内缩合,已形成了环状半缩醛,故在干燥氯化氢的作用下只能再与一分子甲醇作用生成缩醛。

单糖的环状结构一般以哈沃斯(Haworth)透视式表示(Ⅰ和Ⅱ),现以 D-葡萄糖为例说明如何将 Fischer 投影式转变为 Haworth 透视式:

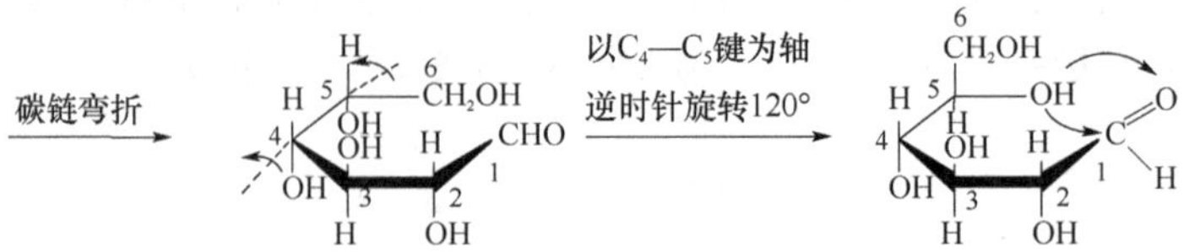

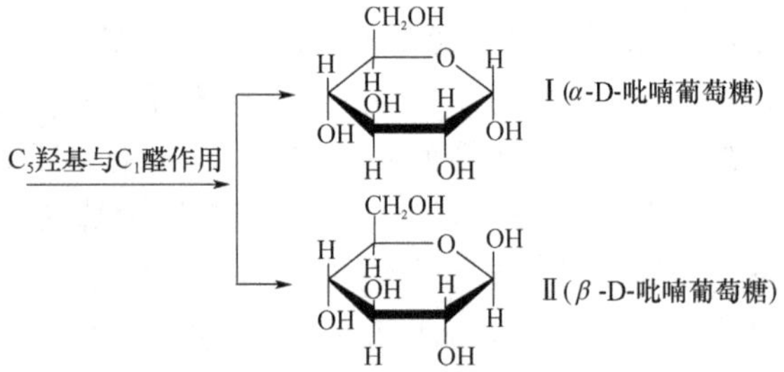

书写糖的 Haworth 式时,通常将氧原子写在六元环的右上角或五元环的正上方,环上碳原子按顺时针编号。原来 Fischer 投影式中最底端的—CH_2OH 在环平面上方的为 *D*-型糖,反之为 *L*-型糖。对 *D*-型糖而言,半缩醛羟基在环平面上方的为 β-构型,反之为 α-构型。Fischer 投影式中位于左侧的羟基,处于环平面上方;位于右侧的羟基,处于环平面下方。

思考题 13-3 写出 *D*-甘露糖由 Fischer 投影式转变为 Haworth 式的转换过程。

思考题 13-4 写出 β-*D*-呋喃核糖的 Haworth 式。

在 *D*-葡萄糖的平衡混合物中,β-型的含量要比 α-型高(64∶36),这是因为前者比后者稳定,这种相对稳定性与它们的构象有关。吡喃糖与环己烷类似,也具有稳定的椅型构象。如 β-*D*-葡萄糖的椅型构象为

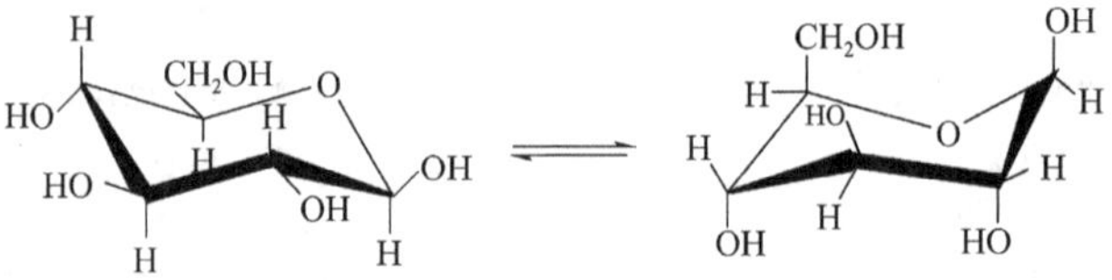

(Ⅰ)   (Ⅱ)

在以上两种椅型构象中,Ⅰ比Ⅱ稳定得多。因为Ⅰ中所有取代基都在 e 键上,而Ⅱ式中取代基均在 a 键。Ⅰ式比Ⅱ式位能低(约差 $6kJ \cdot mol^{-1}$),故 β-*D*-葡萄糖的优势构象为Ⅰ。

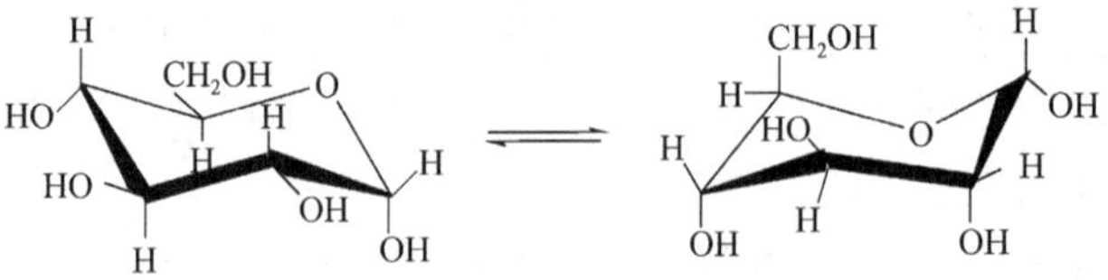

(Ⅲ)   (Ⅳ)

而在 α-*D*-葡萄糖的两种椅型构象Ⅲ和Ⅳ中,优势构象为Ⅲ。此构象中半缩醛羟基在 a 键上,故不如 β-*D*-葡萄糖的优势构象Ⅰ稳定。这就是葡萄糖的互变平衡混合物中 β-型含量较高的原因。

思考题 13-5 写出 α-及 β-*D*-吡喃甘露糖的优势构象式,指出哪种比较稳定。

三、单糖的物理性质

单糖是具有不同程度甜味的无色晶体,易溶于水,常能形成过饱和溶液——糖浆,糖难溶于有机溶剂,水-醇混合液常用于糖的重结晶。具有环状结构的单糖有变旋光现象。表13-1列出了一些常见单糖的比旋光度。

表 13-1 常见单糖的比旋光度(单位:°)

单糖	α-异构体	β-异构体	平衡混合物
D-葡萄糖	+112	+18.7	+52.7
D-果糖	−21	−133	−92
D-半乳糖	+151	−53	+84
D-甘露糖	+30	−17	+14

四、单糖的化学性质

单糖在水溶液中存在环链互变异构,故其既有环状半缩醛结构的特性,如成苷反应;同时其链状结构也可通过平衡移动不断产生,因而表现出醛(酮)的性质,如与碱性弱氧化剂反应。单糖分子中的醇羟基显示醇的一般性质,如成酯、成醚、氧化、脱水等反应。

1. 碱性条件下的互变异构 单糖在浓的强碱作用下会分解。但在弱碱作用下,醛糖和酮糖能通过烯二醇中间体相互转化。例如,用稀碱处理 D-葡萄糖,就得到 D-葡萄糖、D-甘露糖和 D-果糖的平衡混合物。

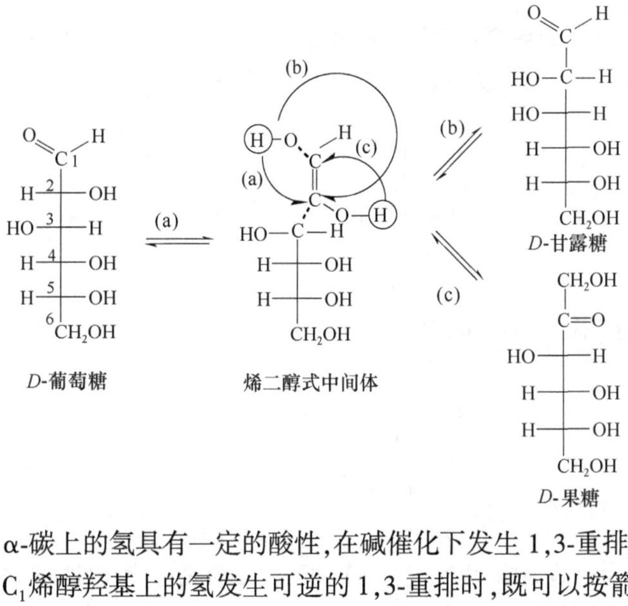

与羰基相连的 α-碳上的氢具有一定的酸性,在碱催化下发生 1,3-重排烯醇化得到烯二醇中间体。当烯二醇 C_1 烯醇羟基上的氢发生可逆的 1,3-重排时,既可以按箭头(a)所示方向从双键平面左侧加到 C_2 上,也可以按箭头(b)所示方向从右侧加到 C_2 上,因此分别得到 D-葡萄糖和 D-甘露糖。同时,C_2 烯醇羟基上的氢也可以如箭头(c)所示重排到 C_1 上,这样则生成 D-果糖。由于 D-葡萄糖和 D-甘露糖互为差向异构体,因此它们之间的转化也称为差向异构化。如果将 D-甘露糖或 D-果糖用稀碱处理,同样得到三者的平衡混合物。

2. 氧化反应

(1) 单糖与碱性弱氧化剂的反应:链状的醛糖与 Tollen 试剂 $[Ag(NH_3)_2OH]$ 作用产生

银镜反应;与 Fehling 试剂($CuSO_4$、$KNaC_4H_4O_6 \cdot 4H_2O$ 和 NaOH)、Benedict 试剂($CuSO_4 \cdot 5H_2O$、Na_2CO_3 和柠檬酸钠)反应,产生氧化亚铜的砖红色沉淀;上述三种试剂均为碱性弱氧化剂。而酮糖(如果糖)在弱碱性条件下可通过烯二醇中间体产生醛糖,所以也可被这些试剂所氧化。

$$单糖 + [Ag(NH_3)_2]^+ \xrightarrow{\Delta} Ag\downarrow + 复杂氧化物$$
$$\text{银镜}$$

$$单糖 + Cu^{2+} \xrightarrow{\Delta} Cu_2O\downarrow + 复杂氧化物$$
$$\text{棕红色}$$

通常将能和碱性弱氧化剂发生反应的糖称为还原糖;否则称非还原糖;单糖都是还原糖。

(2) 单糖与酸性氧化剂的反应:醛糖能被温和的酸性氧化剂如溴水(pH=5)氧化,而且只选择性地将醛基氧化为羧基;而酮糖在室温下不被氧化。所以溴水可用来区别醛糖和酮糖,如葡萄糖和果糖。

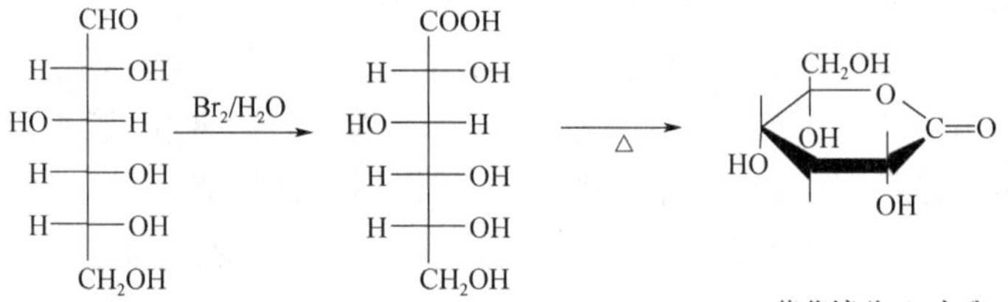

D-葡萄糖 →(Br_2/H_2O)→ D-葡萄糖酸 (D-gluconic acid) →(Δ)→ D-葡萄糖酸-δ-内酯 (D-glucono-δ-lactone)

当用较强的氧化剂如稀硝酸氧化时,醛糖中的醛基和伯醇基均被氧化生成二元羧酸,称醛糖二酸。例如,D-半乳糖被硝酸氧化,生成 D-半乳糖二酸,称为黏液酸(mucic acid)。

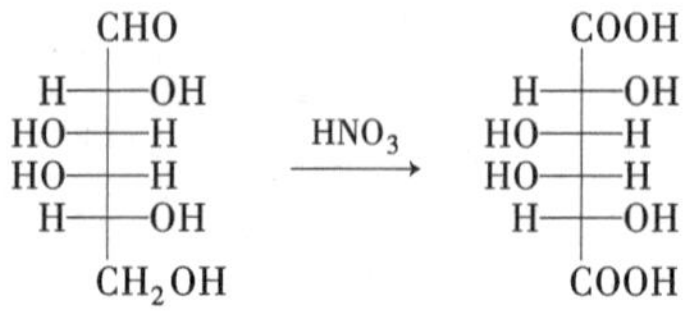

D-半乳糖 →(HNO_3)→ D-半乳糖二酸

D-葡萄糖经硝酸氧化,则生成 D-葡萄糖二酸。

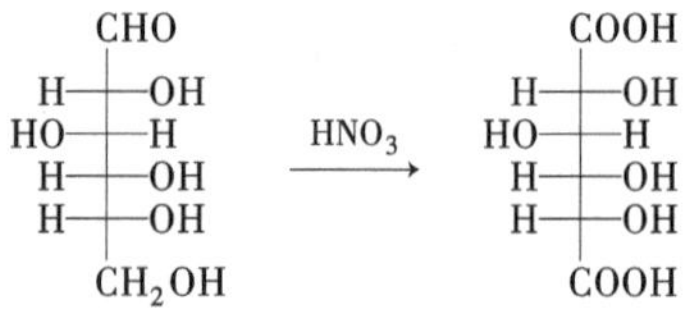

D-葡萄糖 →(HNO_3)→ D-葡萄糖二酸

D-半乳糖二酸为内消旋体,无旋光性;D-葡萄糖二酸则有旋光性,据此可区分 D-半乳糖和 D-葡萄糖。醛糖氧化生成的糖二酸是否有旋光性在糖化学发展早期应用于糖的构型测定。

糖醛酸是醛糖末端的羟甲基被氧化为羧基的产物,如 D-葡萄糖醛酸。

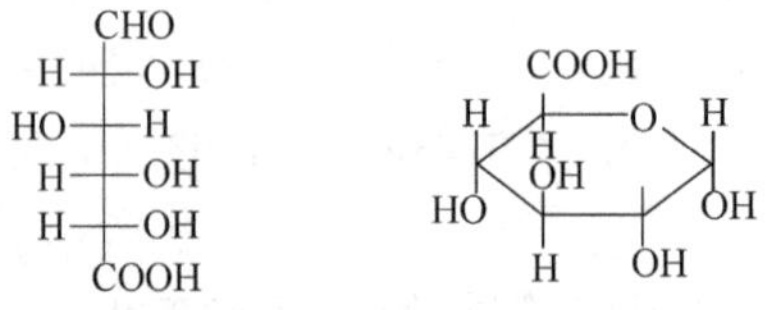

D-葡萄糖醛酸   α-D-葡萄糖醛酸

在生物代谢过程中,在特殊酶的作用下,糖的某些衍生物可被氧化为糖醛酸。其中 D-葡萄糖醛酸有很重要的意义,因为它在肝脏中能与一些含羟基的有毒物质结合成 D-葡萄糖醛酸苷由尿中排出体外,从而起到解毒作用。

3. 莫利希(Molisch)试验　在糖的水溶液中加入 α-萘酚的乙醇溶液(也称为 Molish 试剂),然后沿管壁慢慢加入浓硫酸,不要振摇,密度较大的浓硫酸自发地沉到下层,在两层液面之间形成一个紫色环,此反应称为 Molisch 试验。所有的糖都有这种颜色反应,这是鉴别糖类化合物常用的方法。

4. 酯化反应　糖的羟基与羧酸、硫酸以及磷酸等均能成酯,其中单糖的磷酸化(phosphorylation)反应具有重要生物学意义。许多糖类分子都是以磷酸酯的形式成为生物体的构件分子和功能分子参与生命过程的。例如,葡萄糖进入细胞后首先进行的反应就是磷酸化生成 α-D-6-磷酸葡萄糖。

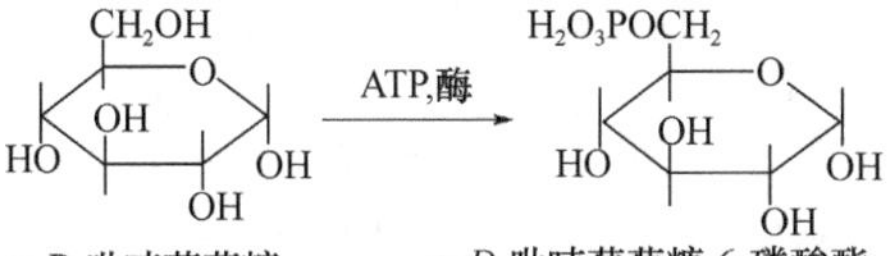

α-D-吡喃葡萄糖 $\xrightarrow{\text{ATP,酶}}$ α-D-吡喃葡萄糖-6-磷酸酯 (α-D-磷酸葡萄糖,G-6-Ⓟ)

α-D-6-磷酸葡萄糖在不同酶的作用下转变成 D-1,6-二磷酸果糖,后者在酶作用下降解(逆醇醛缩合反应)为磷酸二羟基丙酮和 3-磷酸甘油醛。

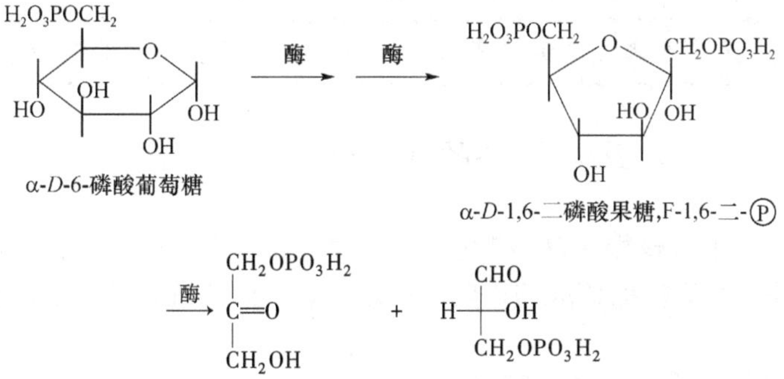

α-D-6-磷酸葡萄糖 $\xrightarrow{\text{酶}}\xrightarrow{\text{酶}}$ α-D-1,6-二磷酸果糖,F-1,6-二-Ⓟ

$\xrightarrow{\text{酶}}$ 二羟基丙酮磷酸酯(磷酸二羟基丙酮) + D-甘油醛-3-磷酸酯(3-磷酸甘油醛)

5. 成苷反应　成苷反应是单糖环状结构的重要化学反应。单糖的半缩醛(酮)羟基与含有活泼氢基团(如—OH、—SH、—NH)的化合物进行分子间脱水,生成的产物称为糖苷(glycoside),这样的反应称为成苷反应。糖分子中参与成糖苷的半缩醛(酮)羟基也称为苷羟基。例如:

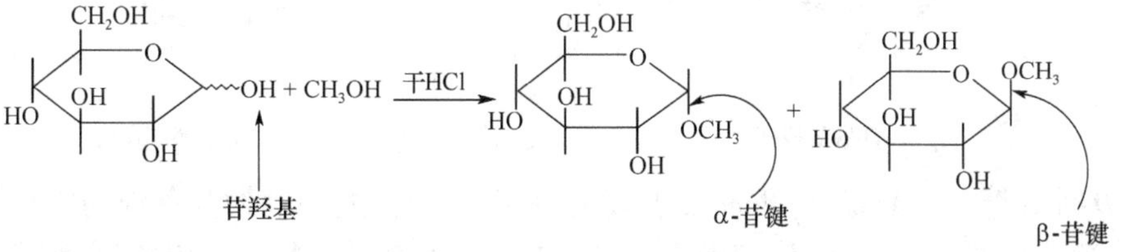

D-葡萄糖 + CH_3OH $\xrightarrow{\text{干HCl}}$ α-D-甲基吡喃葡萄糖苷 + β-D-甲基吡喃葡萄糖苷

(苷羟基)　(α-苷键)　(β-苷键)

糖苷由糖和非糖部分组成,非糖部分称为苷元(aglycone)。连结糖与苷元之间的键称为糖苷键(glycosidic bond),与糖的 α- 和 β-构型相对应,苷键也有 α-苷键和 β-苷键之分。根据糖与非糖成分键合原子的不同,还可将苷键分为氧苷键、氮苷键、硫苷键和碳苷键等。

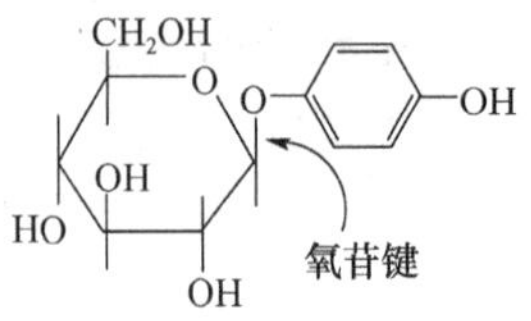

熊果苷 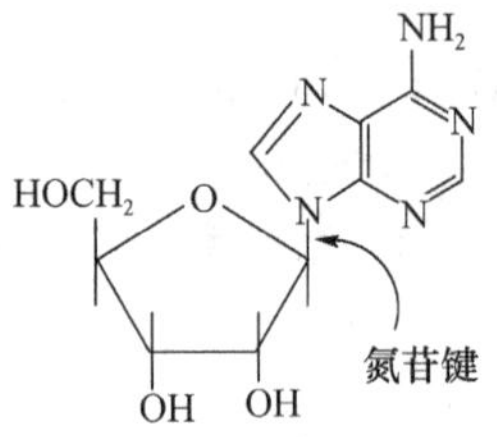　　腺苷

糖苷分子中已经不存在半缩醛(酮)羟基,不能开环成链状结构,所以糖苷无还原性,也无变旋光现象。糖苷的苷键为缩醛(酮)结构,在碱中较为稳定,但在酸性条件下可水解,生成原来的糖和非糖部分。

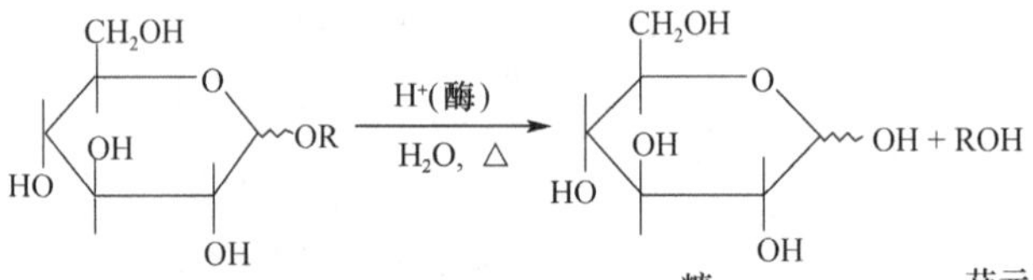

糖苷　　糖　　苷元

糖苷广泛存在于自然界中,很多具有生理活性,是许多中草药的有效成分。糖部分的存在可增大糖苷的水溶性,也是酶对分子作用的识别部位。

思考题 13-6　糖苷在酸性溶液中加热或长时间放置也能产生变旋光现象,为什么?

五、重要的单糖及其衍生物

1. **D-核糖及 D-脱氧核糖**　D-核糖(ribose)及 D-脱氧核糖(deoxyribose)是极为重要的戊糖,是核糖核酸与脱氧核糖核酸的重要组成之一。它们的链状结构及环状结构如下:

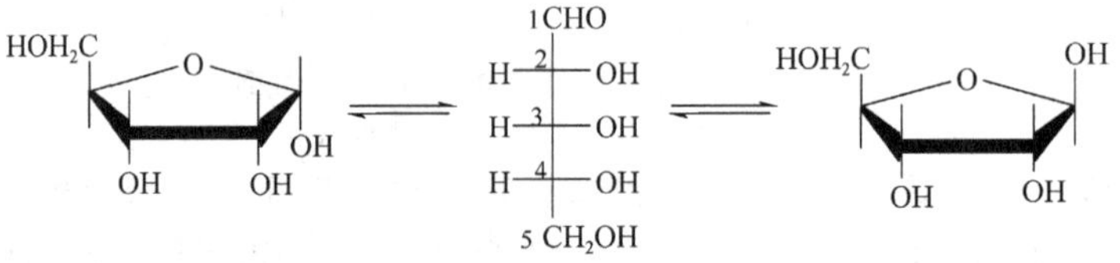

α-D-核糖　　D-核糖　　β-D-核糖

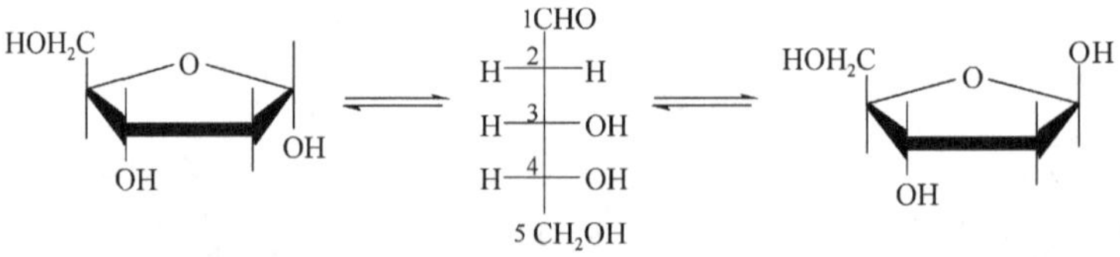

α-D-脱氧核糖　　D-脱氧核糖　　β-D-脱氧核糖

2. **D-葡萄糖**　D-葡萄糖(glucose)广泛存在于自然界中,甜度约为蔗糖的 70%,为无色晶体,易溶于水,微溶于乙醇,比旋光度为 +52.7°。由于 D-葡萄糖是右旋的,在商品中,常以"右旋糖"(dextrose)代表葡萄糖。

血液中含有的葡萄糖称为血糖,空腹血糖 <6.1mmol/L 为正常。D-葡萄糖在医药上用

作营养剂,并有强心、利尿、解毒等作用,也是制备维生素 C 等药物的原料。

3. *D*-果糖 *D*-果糖(fructose)是最甜的单糖,甜度约为蔗糖的 133%,存在于水果及蜂蜜中,为无色晶体,易溶于水,可溶于乙醇和乙醚中,比旋光度为 -92°。*D*-果糖是左旋的,所以又称左旋糖(levulose)。

4. *D*-半乳糖 *D*-半乳糖(galactose)为无色晶体,有甜味,能溶于水及乙醇,比旋光度为 +83.8°。其两种环状结构如下:

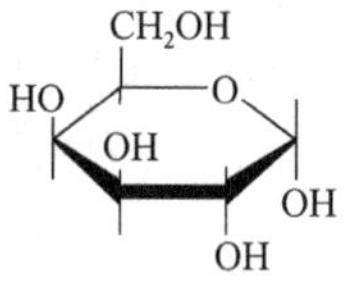

α-*D*-吡喃半乳糖 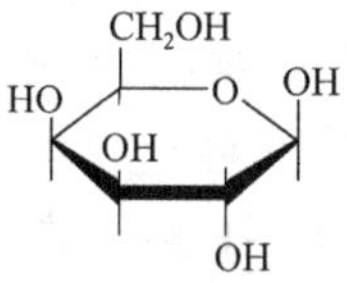　　　β-*D*-吡喃半乳糖

D-半乳糖与葡萄糖结合成乳糖存在于哺乳动物的乳汁中,人体中的半乳糖是食物中乳糖的水解产物。在酶的催化下,*D*-半乳糖可通过差向异构反应转变为 *D*-葡萄糖。半乳糖还以多糖的形式存在于许多植物中,如黄豆、咖啡、豌豆等种子中都含这一类多糖。

5. 氨基糖 大多数天然氨基糖(amino sugar)是己醛糖分子中第二个碳原子的羟基被氨基取代的衍生物。它们以结合状态存在于糖蛋白和糖胺聚糖中,如 *D*-氨基葡萄糖和 *D*-氨基半乳糖。

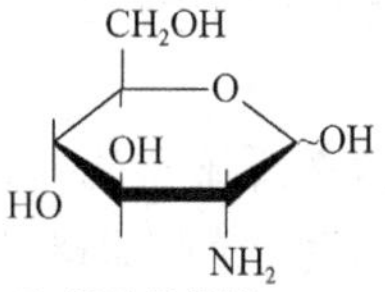

D-氨基葡萄糖 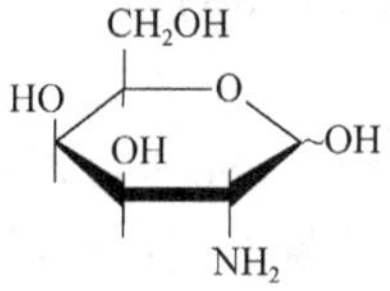　　　*D*-氨基半乳糖

以上两种氨基糖的氨基乙酰化后,生成 *N*-乙酰基-*D*-氨基葡萄糖和 *N*-乙酰基-*D*-氨基半乳糖,它们分别是甲壳质(虾壳、蟹壳以及昆虫等外骨骼的主要成分)和软骨素中所含多糖的基本单位。

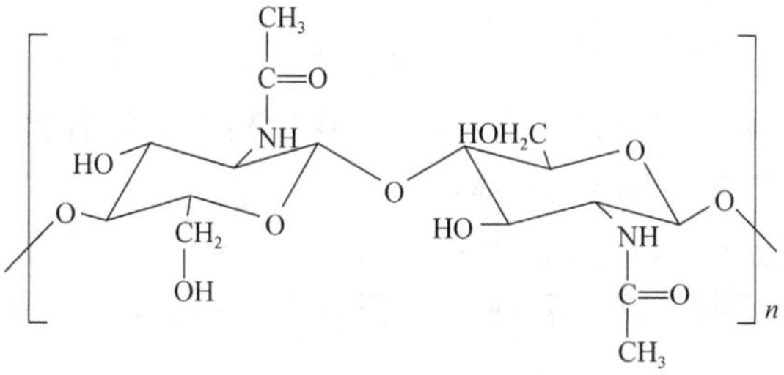

甲壳质

第二节 双　糖

双糖(disaccharide)是由两分子单糖脱水缩合而成的化合物,双糖可看作是一分子单糖的半缩醛羟基和另一分子单糖的任一羟基经脱水形成的糖苷。双糖水解生成两分子单糖。

双糖是寡糖中最重要的一类。双糖与单糖具有相似的物理性质,为有甜味的晶体,易溶于水。双糖可分为还原性双糖和非还原性双糖。

一、还原性双糖

还原性双糖是一个单糖分子的半缩醛羟基与另一单糖的醇羟基之间脱水形成的,这样的双糖分子中仍有一个半缩醛羟基存在,可以开环成链状结构,这类双糖具有单糖的一切性质,如具有还原性和变旋光现象,故为还原糖。以下介绍几种代表性还原性双糖。

1. 麦芽糖 麦芽糖(maltose)存在于麦芽中,麦芽中含有淀粉酶,可将淀粉部分水解成麦芽糖,麦芽糖由此得名。研究证明,麦芽糖是由一分子 α-D-吡喃葡萄糖 C_1 上的羟基与另一分子 D-吡喃葡萄糖 C_4 上的醇羟基脱水而成的糖苷,因为成苷的葡萄糖的半缩醛羟基是 α-型的,所以把这种苷键称为 α-1,4-苷键。

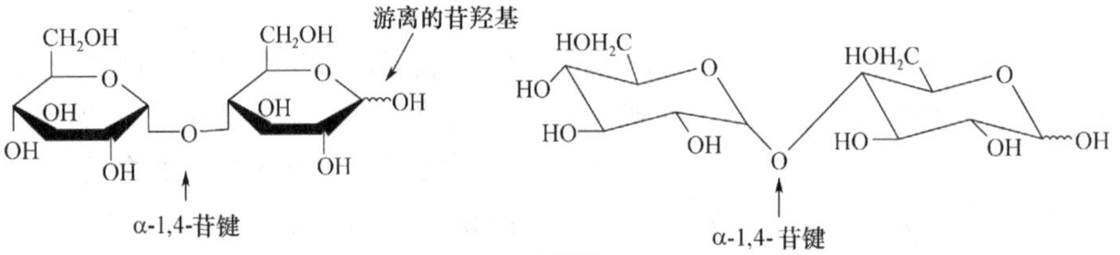

(+)-麦芽糖

麦芽糖易溶于水,比旋光度为+136°,在酸性溶液中水解成两分子 D-葡萄糖。人和哺乳动物消化道中的麦芽糖酶(maltase)可专一性水解食物中的麦芽糖,使其成为葡萄糖而被消化吸收。

2. 纤维二糖 纤维二糖(cellobiose)是纤维素在纤维素酶作用下部分水解生成的双糖,水解后也得到两分子 D-葡萄糖。组成纤维二糖的两个葡萄糖单位是以 β-1,4-苷键相连的。其结构式及构象式如下:

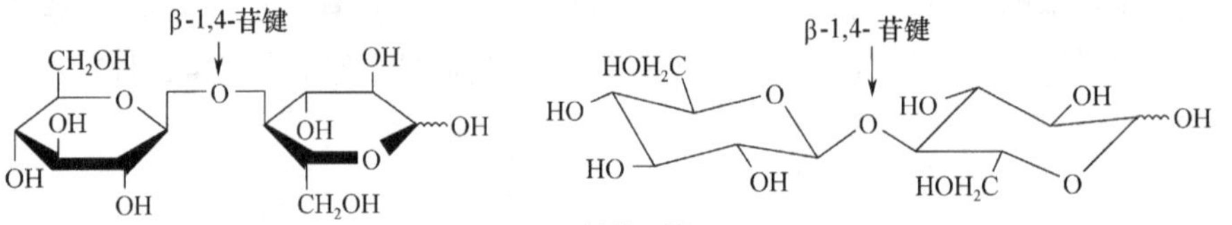

(+)-纤维二糖

纤维二糖与麦芽糖虽只是苷键构型不同,但在生物学上却有较大差别。麦芽糖可在人体内分解消化,而纤维二糖则不能被人体消化吸收。

3. 乳糖 (+)-乳糖(lactose)存在于哺乳动物的乳汁中,人乳中含 7%~8%,牛、羊乳中含量为 4%~5%。乳糖是由 β-D-半乳糖和 D-葡萄糖以 β-1,4-苷键结合而成的,其结构式及构象式如下:

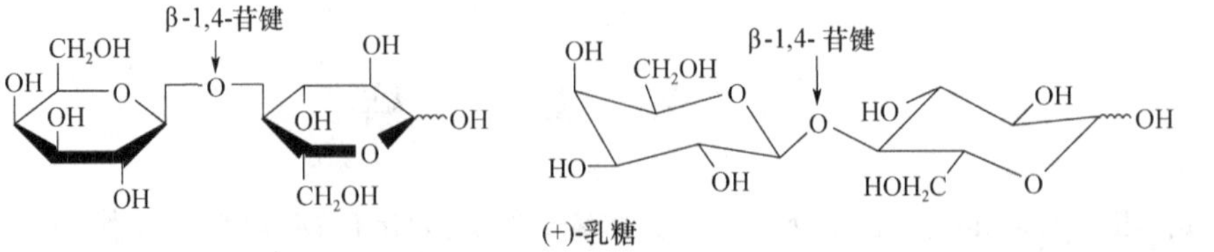

(+)-乳糖

乳糖是白色结晶性粉末,比旋光度为+53.5°,来源较少且甜味弱。用酸或在人体内经乳糖酶水解可以得到一分子 D-半乳糖和一分子 D-葡萄糖。有些人由于缺乏乳糖酶,在食用牛奶后产生乳糖消化吸收障碍,导致腹泻、腹胀等症状。

二、非还原性双糖

非还原性双糖是两分子单糖均以半缩醛羟基脱水形成的糖苷,这样形成的双糖分子中不再具有半缩醛羟基,故无还原性及变旋光现象,是非还原性糖。

(+)-蔗糖(sucrose)是自然界中分布最广泛也是最重要的非还原性双糖,所有有光合作用的植物都含有蔗糖,甘蔗和甜菜中含量最多。蔗糖是由 α-D-吡喃葡萄糖的 C_1 半缩醛羟基和 β-D-呋喃果糖的 C_2 半缩醛羟基脱水形成的,因此,蔗糖中的苷键既是 α-1,2-苷键,也是 β-2,1-苷键。其结构式及构象式如下:

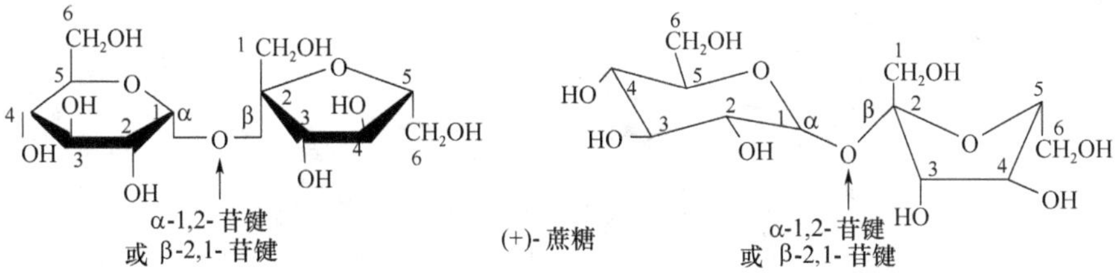

蔗糖是白色晶体,熔点 186℃,甜味仅次于果糖,易溶于水,难溶于乙醇,比旋光度为 +66.5°,是右旋糖。蔗糖在酸或酶的作用下水解,生成等量的 D-葡萄糖与 D-果糖的混合物,其比旋光度为-19.7°,是左旋的。因水解前后旋光方向发生了改变,故而称水解产物为转化糖(invert sugar),称蔗糖的水解反应为转化反应。蜜蜂体内就含有水解蔗糖的转化酶,所以蜂蜜的主要成分是转化糖。

蔗糖在医药上用作调味剂,常制成糖浆使用,把蔗糖加热至 200℃ 以上变成褐色焦糖后,可用作饮料和食品的着色剂。

第三节 多　　糖

多糖(polysaccharide)是由许多单糖或单糖衍生物以糖苷键结合形成的高分子化合物。由同一种单糖组成的多糖称同多糖(homopolysaccharide),如淀粉、纤维素、糖原等;由非单一类型单糖或单糖衍生物组成的多糖称杂多糖(heteropolysaccharide),如透明质酸、硫酸软骨素、肝素等。大多数多糖都是由数百个到数千个单糖基形成的大分子,因来源不同而各异,没有确定的相对分子质量。

多糖与单糖、双糖的性质相差较大。多糖多为无定形粉末,多数不溶于水,个别能在水中形成胶体溶液,无甜味。无还原性及变旋光现象。

一、淀　　粉

淀粉(starch)是植物中葡萄糖的储存形式,是人类摄取能量的主要来源。淀粉广泛存在于植物的种子、果实和块茎中。淀粉可分为直链淀粉(amylose)和支链淀粉(amylopectin)。

直链淀粉不易溶于冷水,在热水中有一定的溶解度。相对分子质量为 150 000~600 000。直链淀粉是由 D-葡萄糖以 α-1,4-苷键连接而成的链状化合物。

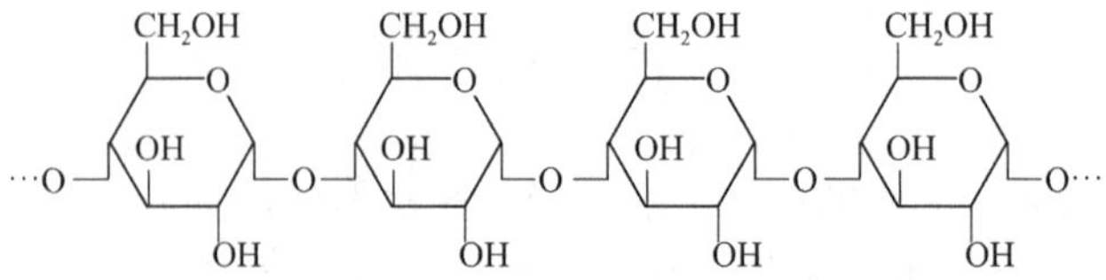

直链淀粉的结构式

直链淀粉并不是直线型分子,而是借助分子内羟基间的氢键卷曲成螺旋状空间排列,每一圈螺旋有六个葡萄糖单位。直链淀粉遇碘显蓝色,就是由于直链淀粉螺旋结构的中空部分空隙正好适合碘分子嵌入,两者依靠分子间作用力结合形成了深蓝色超分子(supramolecule)化合物所致。此反应非常灵敏,加热蓝色消失,放冷后重现(图13-3,图13-4)。

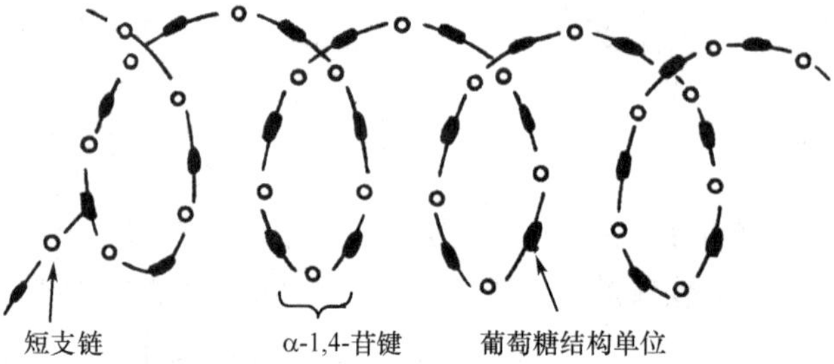

图13-3 直链淀粉的形状示意图

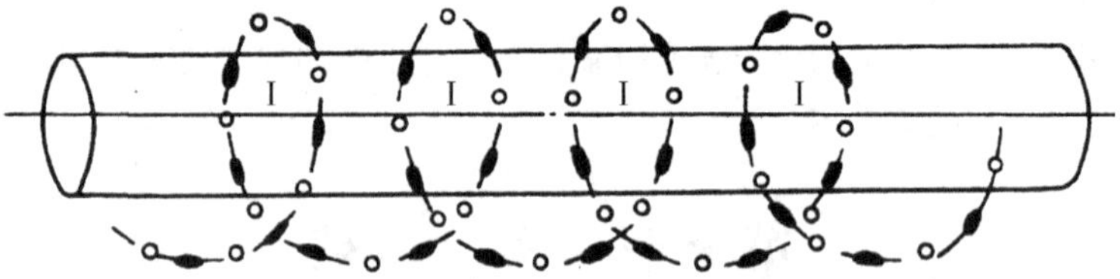

图13-4 碘-淀粉结构示意图

支链淀粉不溶于水,在热水中膨胀成糊状。支链淀粉是由 D-葡萄糖以 α-1,4-苷键和 α-1,6-苷键连接而成的树枝状聚合物。主链由 α-1,4-苷键连接而成,分支处由 α-1,6-苷键连接。

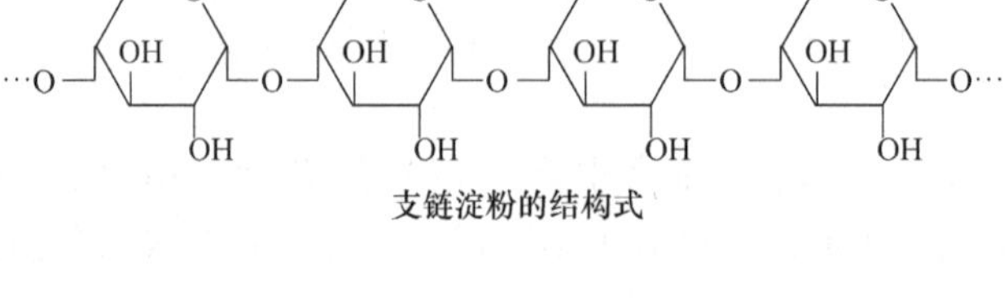

支链淀粉的结构式

支链淀粉中 α-1,4-苷键与 α-1,6-苷键之比为(20~25)∶1,即每隔 20~25 个葡萄糖单位有一个分支。因此,支链淀粉的结构比直链淀粉复杂,其形状如图 13-5 所示。

支链淀粉的葡萄糖单元数目变化多样,可为几千到几万个。支链淀粉与碘呈紫红色反应。

淀粉在酸催化下加热水解,水解过程生成各种糊精和麦芽糖等中间产物,最终得到葡萄糖,糊精是淀粉水解过程中生成的相对分子质量逐渐减小的多糖,包括紫糊精、红糊精和无色糊精等。糊精能溶于水。淀粉的水解过程如下:

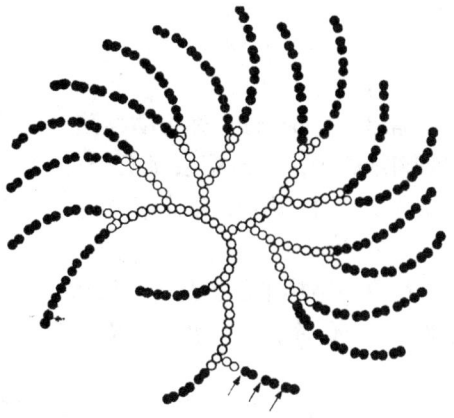

图 13-5 支链淀粉结构示意图

淀粉→紫糊精→红糊精→无色糊精→麦芽糖→葡萄糖
与碘所显颜色　蓝色　紫蓝色　红色　不显色　不显色　不显色

淀粉在人体内经淀粉酶、麦芽糖酶等酶的水解,最终成为葡萄糖被人体所消化利用。

环糊精(cyclodextrin,CD)是淀粉经环糊精糖转移酶的作用形成的多种环状寡糖的总称。它是由 6 个、7 个、8 个或更多个 D-吡喃葡萄糖以 α-1,4-苷键形成的环状寡糖的总称。分别称为 α-、β-和 γ-环糊精。

环糊精的形状好似一个上端大、下端小的无底圆桶。不同的环糊精具有不同的空腔内径,如 α-CD 为 450pm;β-CD 为 700pm;γ-CD 则为 800pm。其中研究最多的是 α-环糊精。其结构和形状见图 13-6。

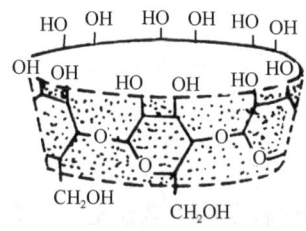

图 13-6 环糊精的结构示意图

桶状环糊精的顶部由互成氢键的 C_2 和 C_3 羟基组成,下端由羟甲基组成,因此环糊精的上下边具有亲水性;而桶的内腔是由葡萄糖分子的 C—C 键、C—O 键及 C—H 键组成,具有疏水性。这样,环糊精同时具有亲水的外壁和疏水的内腔,就可以在分子内腔通过疏水性结合的范德瓦耳斯力等作用力的协同作用包容一定大小的非极性分子或分子的非极性部分(客体)形成包容复合物,原来不溶于水或其他极性溶剂的分子,便可被环糊精顺利带入其中。例如,新的抗癌药之一,难溶于水的卡铂,就是这样被带入血液中而发挥其抗癌作用的。

环糊精的包容复合物的稳定性取决于主体空腔的容积、客体分子的大小、性质及空间构型。只有当客体分子与环糊精空腔的几何形状相匹配时,才能形成稳定的包容复合物。例如,苯只能进入 α-环糊精的空腔形成复合物。这表明环糊精对客体分子具有一定的识别能力,这与酶与底物的作用相类似,因此环糊精已成为目前广泛研究的酶模型之一。近年来,在 α-环糊精的结构修饰及提高其识别能力等方面都取得了较大的进展。

环糊精与客体形成包容复合物后,可改变客体分子的理化性质,如溶解性、稳定性、气味、颜色等,因此被广泛应用于食品、医药、农药、化学分析等诸多方面。此外,环糊精还可应用于有机合成中催化某些反应,并使一些反应具有立体或区域选择性等。

环糊精为晶体,具有旋光性,无还原性。在碱性溶液中稳定,对酸则十分敏感。

二、糖　原

糖原(glycogen)也称为动物淀粉,是脊椎动物体内葡萄糖的储存形式,主要存在于肝脏和肌肉细胞中。当血糖浓度低于正常水平或急需能量时,糖原分解为葡萄糖释放入血;当血糖浓度高时,多余的葡萄糖就转化为糖原储存于肝脏和肌肉中,糖原的生成受胰岛素的控制。

糖原的结构单位也是 D-葡萄糖,其结构与支链淀粉相似,但分支更多(图13-7),大约每隔 8~10 个葡萄糖残基就有分支出现。

图 13-7　糖原的分支状结构示意图

糖原为无定形粉末,溶于水呈乳色,遇碘随聚合程度不同显紫红色至红褐色。

三、纤　维　素

纤维素(cellulose)是自然界分布最广的有机物。它是植物细胞壁的主要组分,构成植物的支持组织。棉花中含量高达 90% 以上,木材中约含 50%。

纤维素的结构式

纤维素是 D-葡萄糖以 β-1,4-苷键连接起来的聚合物。是无分支的直链,一对对平行排列的分子长链之间借助分子间氢键拧在一起形成绳索状分子(图13-8)。

图 13-8　拧在一起的纤维素链示意图

纤维素在酸性条件下水解得到 D-葡萄糖。纤维素虽然与淀粉一样由 D-葡萄糖组成,但由于其中的 D-葡萄糖是以 β-1,4-苷键连接的,不能被人体中的淀粉酶水解,因此人体不能消化吸收纤维素。牛、马、羊等食草动物由于消化道中存在着一些微生物可分泌出水解 β-1,4-苷键的酶,因此可消化纤维素。尽管人类不能消化吸收纤维素,但是纤维素对人体却有着极为重要的作用。研究表明,每日摄入一定量的纤维素能降低肠道疾病、心脏疾病、糖尿病及肥胖症等疾病的发病率。

第四节 糖缀合物

糖缀合物(glycoconjugate)主要包括糖脂、糖蛋白及蛋白聚糖,是糖与脂或蛋白的共价键合物。它们大多存在于细胞表面,具有重要的生理功能,特别是对细胞间的相互识别有重要的意义。

一、糖 脂

糖脂(glycolipid)是由糖和脂类结合而成的,包括甘油糖脂和鞘糖脂。甘油糖脂是由二脂酰甘油的 3-位羟基与单糖或寡糖链通过糖苷键连接而成的。

在动物组织中发现的糖脂主要为鞘糖脂,与遗传关系密切。鞘糖脂由神经酰胺和糖组成。按照连接在神经酰胺上糖的不同又可分为中性鞘糖脂、硫苷脂(sulfatide)和神经节苷脂(ganglioside)三类。脑苷脂是最简单的中性鞘糖脂,分子中只含单糖,如半乳糖脑苷脂。硫苷脂是中性鞘糖脂的硫酸酯,分布最广的是半乳糖脑苷脂上的半乳糖 C_3-硫酸酯化合物。寡糖链上含有唾液酸(为神经氨酸的一系列衍生物,常指 N-乙酰神经氨酸和 N-羟乙酰神经氨酸)的酸性鞘糖脂称为神经节苷脂。

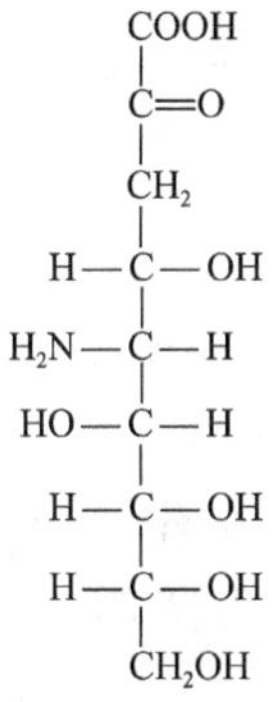

神经氨酸 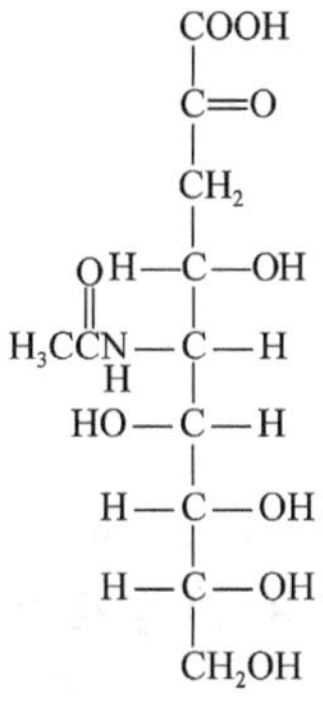   N-乙酰神经氨酸 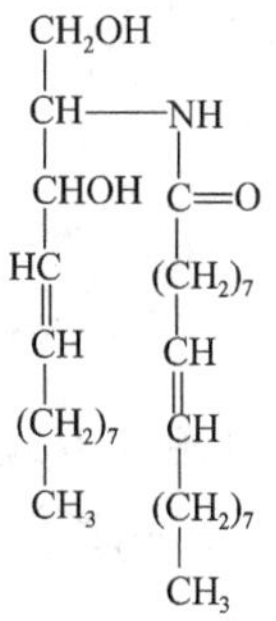   神经酰胺

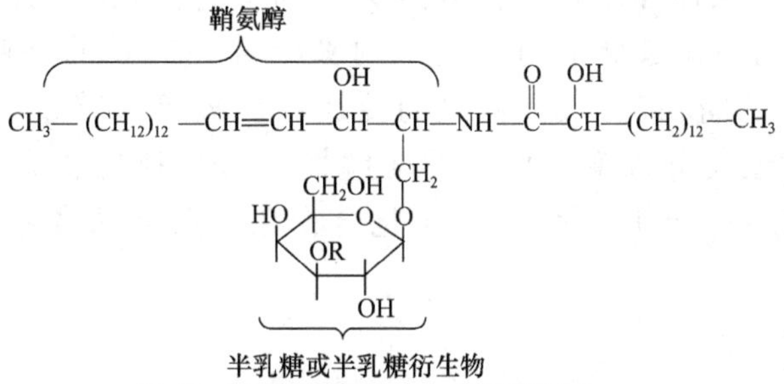

半乳糖或半乳糖衍生物
(R=H, 半乳糖脑苷脂;R=—SO_3^- 脑硫脂)

鞘糖脂主要存在于动物大脑及其他神经组织中，聚集于细胞膜表面，其寡糖链暴露于膜外侧，能与细胞周围的其他生物大分子作用，从而起到参与细胞间识别的作用。

鞘糖脂还与细胞的免疫性及血型的特异性等有关。研究发现，神经节苷脂是许多细菌毒素的受体，癌细胞中的神经节苷脂也与正常细胞不同。

二、糖 蛋 白

糖蛋白(glycoprotein)是蛋白质通过氮或氧与糖共价键合的糖缀合物。不同的蛋白连有单糖基、双糖基或寡糖基构成不同功能的糖蛋白。糖蛋白广泛存在于动物、植物和某些微生物中。生物体内，许多担负重要生理功能的物质如膜蛋白、运载蛋白、核蛋白、酶、激素等都是糖蛋白。

糖蛋白中糖的含量从1%(如胶原蛋白)到80%~90%(如血型物质)不等。组成糖蛋白分子中寡糖链的单糖或单糖衍生物主要有：半乳糖、葡萄糖、甘露糖、*N*-乙酰神经氨酸、*L*-岩藻糖、*N*-乙酰氨基半乳糖、*N*-乙酰氨基葡萄糖和*D*-木糖等。

糖蛋白中糖部分以*N*-苷键或*O*-苷键与多肽链或蛋白质中的氨基酸残基相连：

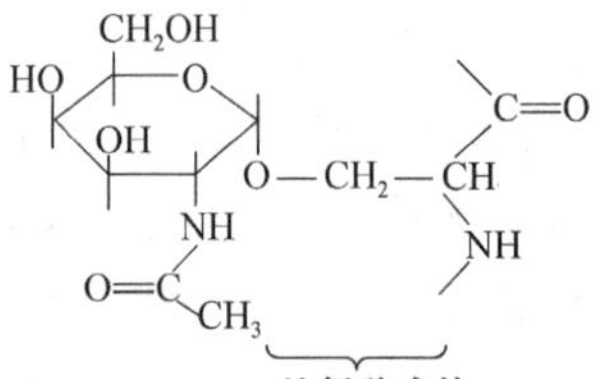

丝氨酸残基

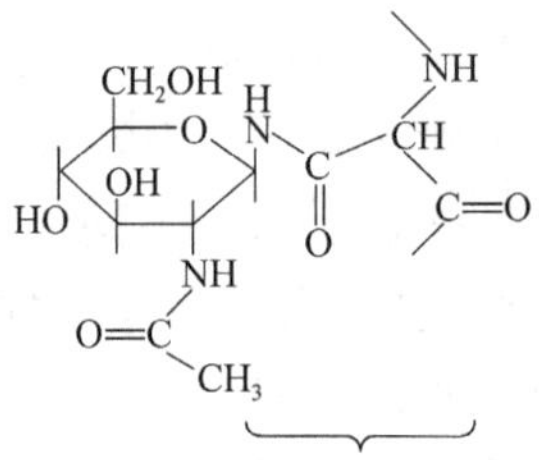

天冬酰胺残基

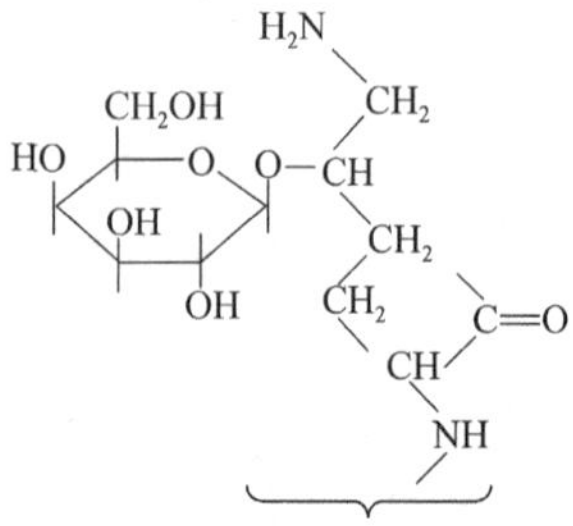

羟赖氨酸残基

寡糖链中单糖间的连接方式有1,2-、1,3-、1,4-和1,6-苷键，苷键的类型既可以是α-型，又可以是β-型，再加上单糖间的不同连接次序，要阐明一个寡糖的结构并非易事。

寡糖链结构的复杂性和多样性使其成为生物信息的极好载体。在细胞膜中，糖蛋白镶嵌于脂双层上，其寡糖链与糖脂中的寡糖链伸向膜的外侧，如同细胞的"天线"一样，对生物细胞间相互识别、信息的传递和调控等起着重要作用。研究表明，糖蛋白中的寡糖链还具有改变蛋白质的溶解性、黏度、荷电状态、构象、变性性质及保护蛋白质免受水解等功能。因此，糖类化合物在生命活动过程中有着不可估量的作用。

三、蛋白聚糖

当糖蛋白中的糖链为杂多糖且糖链所占比例超过蛋白质时,此类糖缀合物称为蛋白聚糖(proteoglycan)。巨大的糖链可占分子干重的95%。

杂多糖是一类由糖醛酸和氨基己糖衍生物(如氨基葡萄糖和氨基半乳糖)构成的二糖单位聚合而成的多糖,具有较高的相对分子质量(4000~500 000),一般为直链型分子。可分为五种:透明质酸(hyaluronic acid)、硫酸软骨素(chondroitin sulfate)、硫酸皮肤素(dermatan sulfate)、肝素(heparin)及硫酸乙酰肝素(heparan sulfate)和硫酸角质素(keratan sulfate)。

在杂多糖中,透明质酸是结构简单、相对分子质量较小的一种。主要存在于细胞外膜和脊椎动物结缔组织的细胞内基质中,在关节的滑液和眼的玻璃体中也含有,具有润滑、维持体内水分平衡等生理作用。它是由 D-葡萄糖醛酸和 N-乙酰氨基-D-葡萄糖通过 β-1,3-苷键连接而成的二糖单位聚合而成,二糖单位之间再以 β-1,4-苷键相连,整个分子中单糖或单糖衍生物之间通过交替的 β-1,3-和 β-1,4-苷键连接在一起。

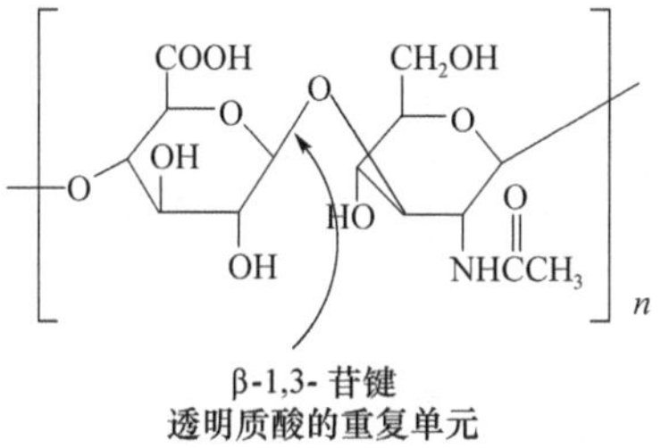

β-1,3-苷键
透明质酸的重复单元

有的杂多糖还含有硫酸酯结构,如硫酸软骨素、肝素等。硫酸软骨素是细胞外膜、软骨和角膜的重要组成成分。肝素主要存在于肝、肺及动脉壁中,且有抗凝血作用,临床上用于防止血栓形成。

习 题

1. 试解释下列名词
   (1) 变旋光现象　　　　　　　　　　(2) 端基异构体
   (3) 差向异构体　　　　　　　　　　(4) 苷键
   (5) 还原糖与非还原糖
2. 写出下列化合物的 Haworth 式,并指出有无还原性及变旋光现象,能否水解。
   (1) β-D-呋喃-2-脱氧核糖　　　　　　(2) β-D-呋喃果糖-1,6-二磷酸酯
   (3) α-D-吡喃葡萄糖　　　　　　　　(4) N-乙酰基-α-D-氨基半乳糖
   (5) β-D-吡喃甘露糖苄基苷
3. 写出 D-甘露糖与下列试剂反应的主要产物
   (1) Br_2/H_2O　　　　(2) 稀 HNO_3　　　　(3) $CH_3OH+HCl$(干燥)
4. 当 D-甘露糖在弱碱性条件下较长时间反应时,产生了 D-葡萄糖和 D-果糖,试说明其原因。
5. 用简便化学方法鉴别下列各组化合物
   (1) 葡萄糖和果糖　　　　　　　　　　(2) 蔗糖和麦芽糖

(3) 淀粉和纤维素

(4) β-D-吡喃葡萄糖甲苷和 2-O-甲基-β-D-吡喃葡萄糖

6. 写出 D-果糖的呋喃环状及链状结构的互变平衡体系。

7. 写出下列戊糖的名称、相对构型,并指出哪些互为对映体?哪些互为差向异构体?

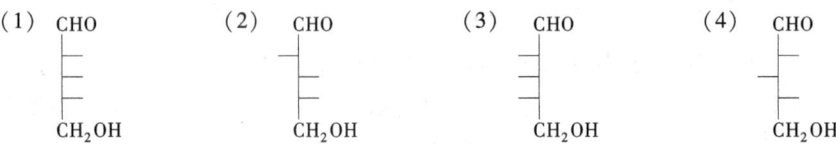

8. 单糖衍生物 A,分子式为 $C_8H_{16}O_5$,没有变旋光现象,也不被 Benedict 试剂氧化,A 在酸性条件下水解得到 B 和 C 两种产物。B 分子式为 $C_6H_{12}O_6$,有变旋光现象和还原性,被溴水氧化得 D-半乳糖酸。C 的分子式为 C_2H_6O,能发生碘仿反应,试写出 A 的结构式及有关反应。

(西安交通大学　焦　姣)

第十四章 氨基酸、肽、蛋白质

> **内容提示**
>
> 本章主要介绍氨基酸的分类、命名、结构特征及理化性质;肽键的形成及肽的结构特点;蛋白质的结构与蛋白质的性质。

第一节 氨 基 酸

一、氨基酸的结构、分类和命名

氨基酸是指羧酸分子中烃基上的一个或几个氢原子被氨基取代生成的化合物,是一类分子结构中既含有碱性官能团氨基($-NH_2$)、又含有酸性官能团羧基($-COOH$)的两性化合物。根据氨基和羧基的相对位置不同,氨基酸可以分为α-氨基酸、β-氨基酸、γ-氨基酸、δ-氨基酸等。通过蛋白质得到的20种编码氨基酸都是α-氨基酸,即氨基连接在羧酸的α-碳原子上。由于氨基酸分子内同时存在的酸性基团和碱性基团可相互作用形成内盐,所以氨基酸通常以偶极离子形式存在。α-氨基酸的结构通式一般表示如下:

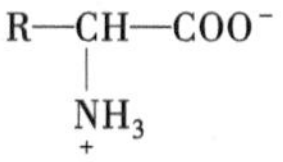

$$R-CH-COO^-$$
$$|$$
$$\overset{+}{N}H_3$$

1. 氨基酸的分类 根据氨基酸中侧链的结构特点以及在生理 pH 范围内侧链 R 基的极性及其所带电荷,可以将20种氨基酸分为以下四大类。

第一类是 R 基为非极性或疏水性的氨基酸(9种),其费歇尔(Fischer)投影式如下:

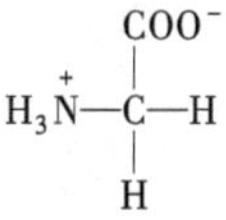

甘氨酸　　　　　　　丙氨酸　　　　　　　缬氨酸
(α-氨基乙酸)　　　(α-氨基丙酸)　　　(α-氨基-β-甲基丁酸)

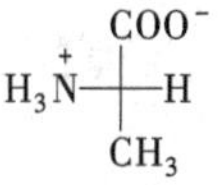

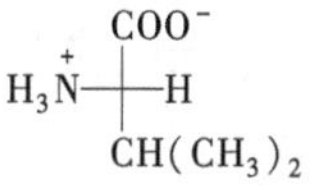

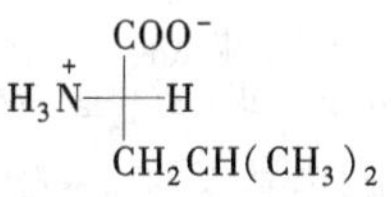

亮氨酸　　　　　　　异亮氨酸　　　　　　脯氨酸
(α-氨基-γ-甲基戊酸)　(α-氨基-β-甲基戊酸)　(α-四氢吡咯甲酸)

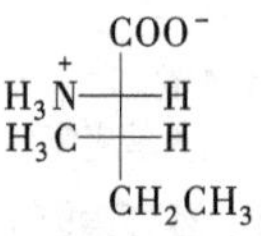

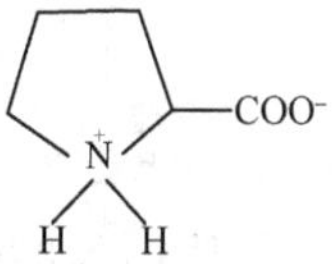

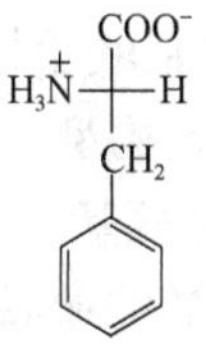

苯丙氨酸　　　　　　蛋氨酸　　　　　　　色氨酸
(α-氨基-β-苯基丙酸)　(α-氨基-γ-甲硫基丁酸)　(α-氨基-β-3′-吲哚基丙酸)

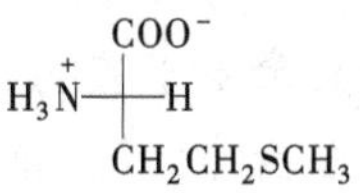

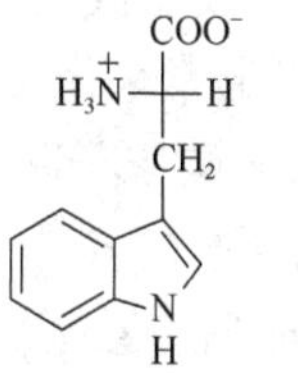

在 9 种非极性氨基酸中,苯丙氨酸、色氨酸含有芳烃基侧链,具有芳烃的性质。这些氨基酸因其含有非极性侧链,因此具有疏水性,一般常处于蛋白质分子内部。

第二类是 R 基具有极性但不带电荷的氨基酸(6 种):

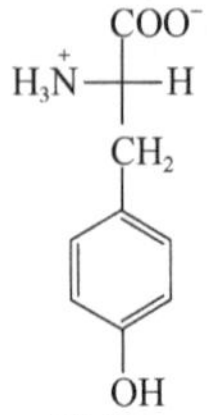

酪氨酸
(α-氨基-β-对羟苯基丙酸)

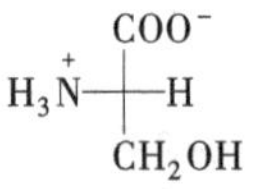

丝氨酸
(α-氨基-β-羟基丙酸)

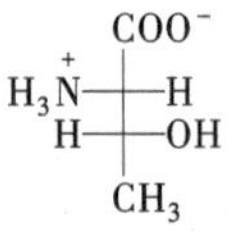

苏氨酸
(α-氨基-β-羟基丁酸)

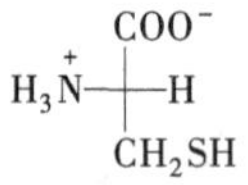

半胱氨酸
(α-氨基-β-巯基丙酸)

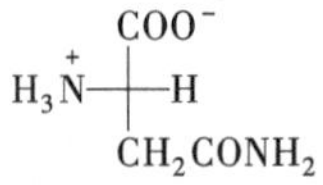

天冬酰胺
(α-氨基丁酰胺酸)

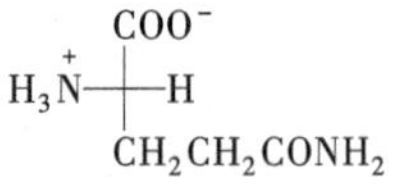

谷酰胺
(α-氨基戊酰胺酸)

这些氨基酸的侧链中含有羟基、巯基、酰胺基等极性基团,但它们在生理条件下不带电荷,具有一定的亲水性,往往分布在蛋白质分子的表面。

因第一类和第二类氨基酸分子中只含有一个碱性基团—NH_2 和一个酸性基团—COOH,所以习惯上又称为中性氨基酸。

第三类是 R 基带负电荷的氨基酸(酸性氨基酸,2 种):

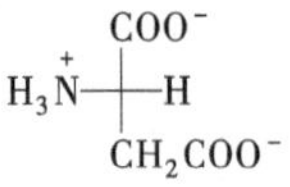

天冬氨酸
(α-氨基丁二酸)

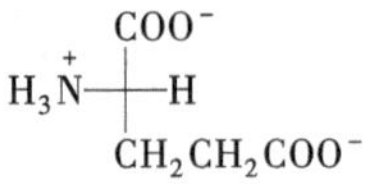

谷氨酸
(α-氨基戊二酸)

此类氨基酸结构中酸性基团的数目多于碱性基团,其侧链中的羧基在中性或碱性条件下带负电荷。

第四类是 R 基带正电荷的氨基酸(碱性氨基酸,3 种):

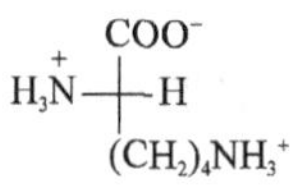

赖氨酸
(α-ω-二氨基己酸)

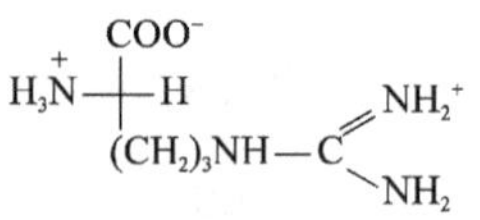

精氨酸
(α-氨基-δ-胍基戊酸)

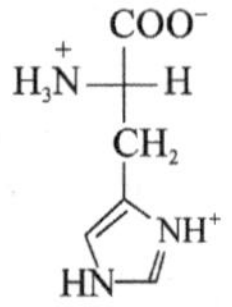

组氨酸
(α-氨基-β-4′-咪唑基丙酸)

碱性氨基酸结构中的碱性基团数目多于酸性基团,其侧链中含有易接受质子的氨基、胍基、咪唑基等,这些碱性基团在中性或酸性条件下带正电荷。

由以上 Fischer 投影式可见,除甘氨酸之外,其余 19 种氨基酸均为手性分子,具有旋光性。氨基酸的构型通常采用 D/L 标记法,这些具有手性的 α-氨基酸手性碳构型均为 L-型。若用 R/S 标记法,α-碳原子除半胱氨酸为 R-构型外,其余皆为 S 构型。另外,在以上 20 种氨基酸中,只有脯氨酸的 α-位是亚氨基,其余氨基酸的 α-位都是氨基。

2. 氨基酸的命名 氨基酸虽可采用系统命名法(依取代羧酸的命名规则命名),但天然氨基酸习惯上根据其来源或某些特性而采用俗名。20 种编码氨基酸的中英文名称和简写符号及其等电点见表14-1。

表14-1 20种编码氨基酸的中英文名称和简写符号及其等电点

中文名称/名称缩写	英文名称	三字母缩写	单字母缩写	等电点 pI
甘氨酸/甘	Glycine	Gly	G	5.97
丙氨酸/丙	Alanine	Ala	A	6.00
*缬氨酸/缬	Valine	Val	V	5.96
*亮氨酸/亮	Leucine	Leu	L	5.98
*异亮氨酸/异亮	Isoleucine	Ile	I	6.02
脯氨酸/脯	Proline	Pro	P	6.30
*苯丙氨酸/苯丙	Phenylalanine	Phe	F	5.48
*色氨酸/色	Tryptophan	Trp	W	5.89
*蛋氨酸(甲硫氨酸)/蛋	Methionine	Met	M	5.75
酪氨酸/酪	Tyrosine	Tyr	Y	5.66
丝氨酸/丝	Serine	Ser	S	5.68
*苏氨酸/苏	Threonine	Thr	T	5.60
半胱氨酸/半胱	Cysteine	Cys	C	5.07
天冬酰胺/天胺	Asparagine	Asn	N	5.41
谷氨酰胺/谷胺	Glutamine	Gln	Q	5.65
天冬氨酸/天	Aspartic acid	Asp	D	2.77
谷氨酸/谷	Glutamic acid	Glu	E	3.22
*赖氨酸/赖	Lysine	Lys	K	9.74
精氨酸/精	Arginine	Arg	R	10.76
组氨酸/组	Histidine	His	H	7.59

*为必需氨基酸

有些氨基酸在人体内不能合成或合成数量不足,必须由食物蛋白质补充才能维持机体正常生长发育,称为营养必需氨基酸,主要有8种,见表14-1中带*者。

二、非编码氨基酸

除20种编码氨基酸之外的其他氨基酸称为非编码氨基酸,因遗传基因中无相应的密码,不能编码于蛋白质分子中。其中有些是编码氨基酸的衍生物,如4-羟脯氨酸、5-羟赖氨酸、胱氨酸、5-羟色氨酸等,它们也称为修饰氨基酸。

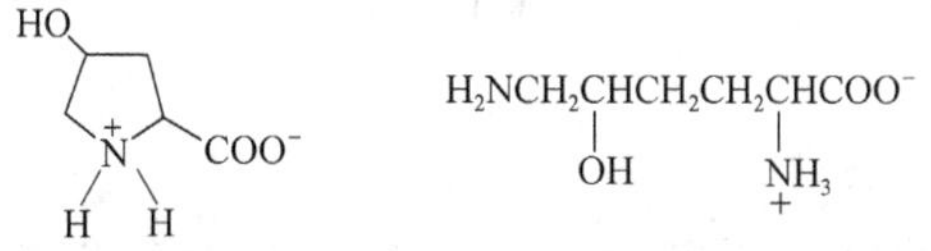

4-羟脯氨酸   5-羟赖氨酸

这两种氨基酸主要存在于结缔组织的纤维状蛋白(如胶原蛋白)中。

$$\underset{\text{胱氨酸}}{\overset{COO^-}{\underset{H_2C-S-S-CH_2}{\overset{H_3N^+-\overset{|}{C}-H}{|}}}\overset{COO^-}{\underset{}{\overset{H_3N^+-\overset{|}{C}-H}{|}}}} \qquad \underset{\text{5-羟色氨酸}}{\text{5-羟基吲哚-CH}_2\text{CHCOO}^-\text{NH}_3^+}$$

胱氨酸是由两个半胱氨酸中的巯基氧化而形成的,其中的二硫键在维持蛋白质的结构中起着重要的作用。

再如,酪氨酸的衍生物甲状腺素,存在于甲状腺球蛋白中。

甲状腺素结构式

还有一些氨基酸不是蛋白质的结构单元,但能以游离或结合的形式存在于生物界,这些氨基酸统称为非编码氨基酸。它们中有的是 L-型 α-氨基酸的衍生物,有的是 β-、γ-、δ-氨基酸,有的是 D-型氨基酸,其中有些是生物体内氨基酸的中间代谢产物。例如,L-瓜氨酸和 L-鸟氨酸是精氨酸的代谢产物:

$$\underset{\text{L-瓜氨酸}}{H_2N-\overset{O}{\overset{\|}{C}}-NHCH_2CH_2CH_2\underset{NH_2}{\overset{|}{C}HCOOH}} \qquad \underset{\text{L-鸟氨酸}}{H_2NCH_2CH_2CH_2\underset{NH_2}{\overset{|}{C}HCOOH}}$$

三、氨基酸的性质

氨基酸多为无色晶体,具有较高的熔点(200~300℃),200℃以下都是稳定的。除甘氨酸外,α-氨基酸一般都具有旋光性。氨基酸不溶于石油醚、苯等非极性溶剂,但有一定的水溶性,且不同的氨基酸在水中的溶解度相差较大。酸性的氨基酸在水中的溶解度较差。氨基酸中 α-COOH 的 pK_a 为 2 左右,该酸性基团的共轭碱的碱性弱于碱性基团—NH_2,所以氨基酸是以内盐形式存在的。

1. 氨基酸的酸碱性质和等电点 氨基酸分子中同时含有酸性基团和碱性基团,所以是具有酸、碱两性的化合物。在不同的 pH 溶液中,氨基酸以阳离子、阴离子和偶极离子三种形式存在,这三种离子在水溶液中通过得到或失去质子互相转化同时存在,它们之间形成动态平衡。

$$\underset{\underset{\text{阴离子}}{pH>pI}}{R-\underset{NH_2}{\overset{|}{C}H}-COO^-} \underset{+OH^-}{\overset{+H^+}{\rightleftharpoons}} \underset{\underset{\text{偶极离子}}{pH=pI}}{R-\underset{NH_3^+}{\overset{|}{C}H}-COO^-} \underset{+OH^-}{\overset{+H^+}{\rightleftharpoons}} \underset{\underset{\text{阳离子}}{pH<pI}}{R-\underset{NH_3^+}{\overset{|}{C}H}-COOH}$$

调节溶液 pH,使氨基酸酸性基团所产生的负电荷等于碱性基团所产生的正电荷,分子的净电荷为零,呈电中性,在电场中不泳动,氨基酸处于等电状态。此时溶液的 pH 称为该氨基酸的等电点(isoelectric point),以 pI 表示。

等电点时,以两性离子形式存在的氨基酸浓度最大(在水溶液中),氨基酸的溶解度最小。

等电点不是中性点,不同氨基酸由于结构不同,等电点也不同。酸性氨基酸水溶液的 pH 小于 7,所以必须加入较多的酸才能使正负离子量相等,因此酸性氨基酸的等电点必然小于 7(2.8~3.2)。反之,碱性氨基酸水溶液中正离子较多,则必须加入碱,才能使负离子量增加。所以碱性氨基酸的等电点必然大于 7(7.6~10.8)。中性氨基酸中 α-COOH 的 pK_a 值为 2.2 左右。中性氨基酸中 α-NH_2 的碱性弱于脂肪族伯胺,α-NH_3^+(α-NH_2 的共轭酸)的 pK_a 约为 9.2,所以中性氨基酸水溶液显弱酸性,其等电点也小于 7(6.2~6.8)。

各种氨基酸在其等电点时溶解度最小,因而用调节等电点的方法,可以分离氨基酸的混合物。20 种编码氨基酸的等电点见表 14-1。

2. 氨基酸的化学性质　氨基酸具有氨基和羧基的典型反应。例如,氨基可以烃基化、酰基化,可与亚硝酸作用;羧基可以转化成酯、酰氯或酰胺等。除此之外,由于分子中同时具有氨基与羧基,二者相互影响,还表现出氨基酸特有的性质。

(1) 氨基酸与亚硝酸反应

$$R-CH(NH_3^+)-COO^- + HNO_2 \longrightarrow R-CH(OH)-COOH + N_2\uparrow + H_2O$$

此反应实属氨基的性质(—NH_2),因此除脯氨酸之外,其余 α-氨基酸均可与亚硝酸作用,定量释放氮气。反应结果是—NH_3^+ 主要被羟基取代,生成 α-羟基酸。通过测定反应中所释放 N_2 的体积,即可计算出氨基酸的含量,此种方法称为 Van Slyke 氨基氮测定法,常用于氨基酸和多肽的定量分析。脯氨酸分子中含有亚氨基,与亚硝酸反应不能放出氮气,而是生成 N-亚硝基化合物。

(2) 氨基酸的脱羧反应:α-氨基酸与氢氧化钡一起加热或在高沸点溶剂中回流或在酶的作用下,可发生脱羧反应,失去二氧化碳生成胺:

$$R-CH(NH_3^+)-COO^- \xrightarrow{Ba(OH)_2}{\Delta} R-CH_2NH_2 + CO_2\uparrow$$

例如,组氨酸脱羧生成组胺:

$$\text{咪唑}-CH_2CH(NH_3^+)COO^- \xrightarrow{Ba(OH)_2/\Delta \text{ 或酶}} \text{咪唑}-CH_2CH_2NH_2 + CO_2\uparrow$$

一些鲜活的食物中含有丰富的氨基酸,是很好的营养成分,如鳝鱼中含有大量的组氨酸,对改善营养大有益处。但死鳝鱼放置一定时间后受脱羧酶的影响,组氨酸脱羧转化成组胺,而过量的组胺在机体内可以引起过敏反应。

(3) 与茚三酮的显色反应:氨基酸与茚三酮的水合物在溶液中共热,经过一系列反应,最终生成蓝紫色的化合物,称为罗曼氏紫(脯氨酸与茚三酮的反应产物呈黄色)。此显色反应广泛用于氨基酸、肽和蛋白质的鉴定或纸色谱与薄层色谱等的显色;罗曼氏紫颜色的深

浅及 CO_2 的生成量也可作为氨基酸定量的依据。

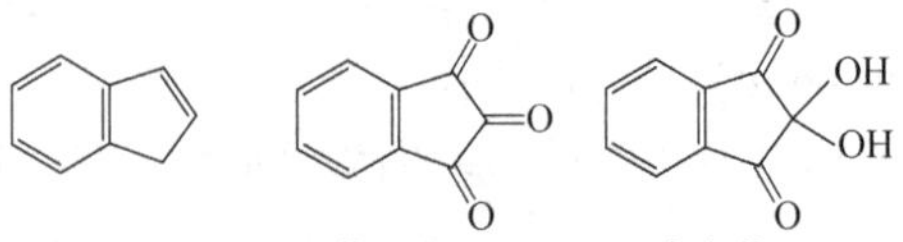

茚　　　茚三酮　　　水合茚三酮

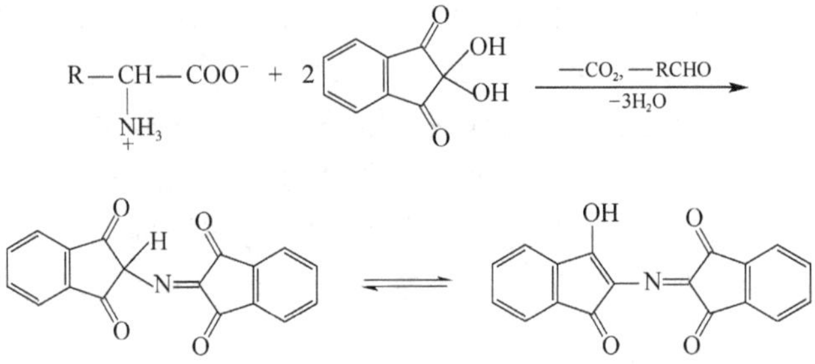

$$R-\underset{\underset{NH_3^+}{|}}{CH}-COO^- + 2 \text{(水合茚三酮)} \xrightarrow[-3H_2O]{-CO_2,-RCHO}$$

⇌ 蓝紫色

凡是含有—NH_2 的 α-氨基酸都可以和茚三酮发生显紫色的反应。

思考题 14-1　在 pH=8.9 的巴比妥缓冲溶液中,丙氨酸、甲硫氨酸、谷氨酸、赖氨酸各带何种电荷？电泳时向哪个方向泳动？

思考题 14-2　α-氨基酸中的氨基可以和乙酸酐发生酰化反应。你认为酸性、中性或碱性哪个条件对反应有利？α-氨基酸的酯化反应比一般的羧酸慢得多,为什么？如何使反应加速？

第二节　肽

一、肽的结构和命名法

1. 肽的定义和命名　由于氨基酸分子中含有氨基和羧基两种官能团,在一定条件下,一个氨基酸的羧基与另一分子氨基酸的氨基通过脱水反应,二者以酰胺键相连。这种氨基酸之间通过酰胺键相连所形成的一类化合物称为肽。肽分子中的酰胺键又称为肽键。

两分子氨基酸脱水形成的肽称为二肽,由 n 个氨基酸脱水形成的肽称为 n 肽。其中十肽以下的称为寡肽,大于十肽的称为多肽。肽中的氨基酸单位称为氨基酸残基。在肽链的一端仍保留着游离—NH_2,称为氨基末端或 N-端;而保留着游离—COOH 的另一端,则称为羧基末端或 C-端。例如,由三个氨基酸之间脱水,以两个肽键相连的化合物称为三肽。

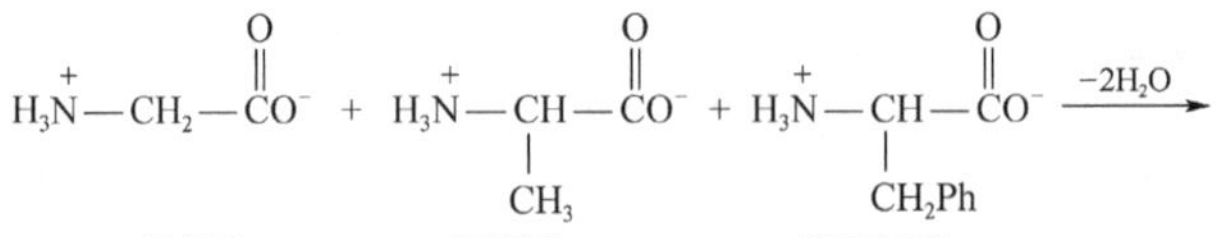

甘氨酸　　丙氨酸　　苯丙氨酸

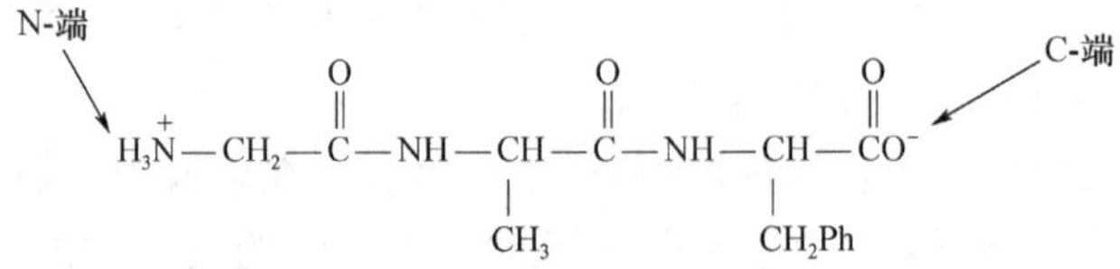

N-端　　　　　　　　　　　　　　　　C-端

三肽

肽的命名通常以含 C-端的氨基酸为母体称为某氨酸,而肽链中其他的氨基酸残基称为某氨酰,从 N-端开始依次置于母体名称之前。在多数情况下,也可用英文或中文符号表示,从 N-端开始依次书写氨基酸残基的符号。上述三肽可命名为:甘氨酰丙氨酰苯丙氨酸,也可以表示为甘-丙-苯丙或 Gly-Ala-Phe。

肽的结构不仅取决于组成肽链的氨基酸种类和数目,而且与肽链中各氨基酸残基的排列顺序有关。由上述三个氨基酸还可以形成几个不同的三肽。例如:

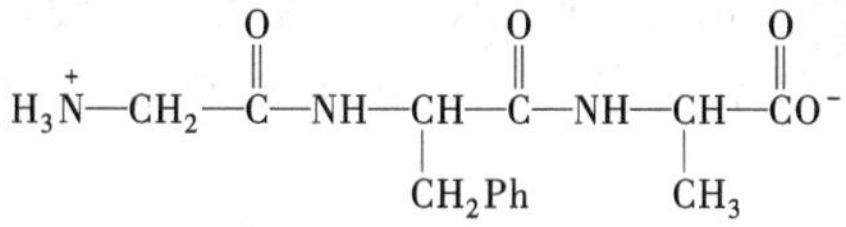

$H_3\overset{+}{N}-CH_2-\overset{O}{\overset{\|}{C}}-NH-\overset{|}{\underset{CH_2Ph}{C}}H-\overset{O}{\overset{\|}{C}}-NH-\overset{|}{\underset{CH_3}{C}}H-CO^-$

$H_3\overset{+}{N}-\overset{|}{\underset{CH_2Ph}{C}}H-\overset{O}{\overset{\|}{C}}-NHCH_2-\overset{O}{\overset{\|}{C}}-NH-\overset{|}{\underset{CH_3}{C}}H-CO^-$

甘氨酰苯丙氨酰丙氨酸
(甘-苯丙-丙或 Gly-Phe-Ala)

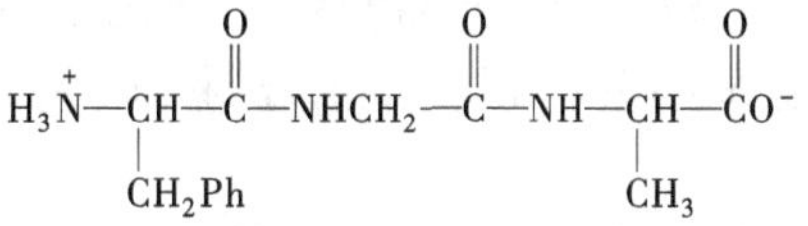

苯丙氨酰甘氨酰丙氨酸
(苯丙-甘-丙或 Phe-Gly-Ala)

事实上,三个不同的氨基酸残基可以形成 6 种不同的三肽;由四个不同的氨基酸残基可以形成 24 种不同的四肽。依此类推,若有 n 个不同的氨基酸残基可以形成 $n!$ 种不同的多肽。正是由于氨基酸的种类和连接方式的不同,20 种编码氨基酸可以产生生物界几十万种蛋白质,才有生物的多样性存在。

2. 肽键平面结构 肽分子中构成多肽链的基本化学键是肽键,肽键与相邻两个 α-碳原子所组成的基团(—C_α—CO—NH—C_α—)称为肽单元。肽链由许多肽单元连接而成,它们是构成多肽链的主链骨架。

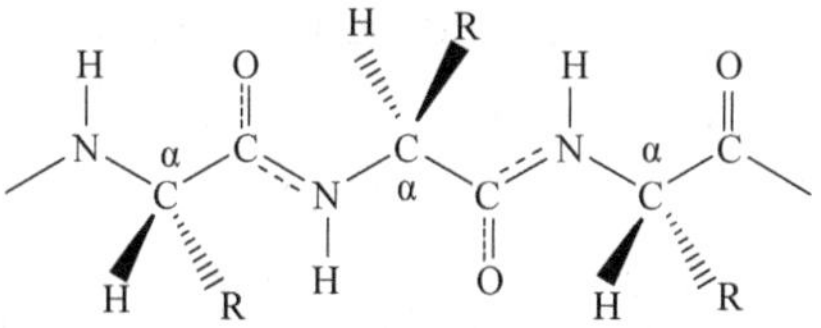

L. Pauling 等对一些简单的肽及氨基酸的酰胺等进行了 X 射线晶体衍射分析发现,肽单元的空间结构具有以下特征:

(1) 肽单元是平面结构,组成肽单元的 6 个原子位于同一平面内,这个平面称为肽键平面。

(2) 肽键中的 C—N 键长(132pm)较相邻的 C_α—N 单键的键长(147pm)短,但比一般的 C=N 双键的键长(127pm)长,这一结果表明肽键中的 C—N 键具有部分双键性质,因此不能自由旋转。

(3) 由于肽键不能自由旋转,肽键平面就存在顺反异构现象。当肽平面上的两个 C_α 处于反式时,体系相对稳定,所以肽键呈反式构型。

肽键平面中除了 C—N 肽键不能自由旋转外,两侧的 C_α—N 和 C_α—C 键均为 σ 键,相邻的肽平面可以围绕 C_α 旋转。正是由于肽平面的旋转能产生多种不同的形象,所以多肽和蛋白质才会呈现不同的构象。

思考题 14-3 为什么肽键中的 C—N 键长(132pm)较相邻的 C_α—N 单键的键长(147pm)短,但比一般的 C=N 双键的键长(127pm)长?

二、多肽的一级结构测定

测定多肽或蛋白质的一级结构需要搞清以下两个问题:一是多肽分子是由哪些氨基酸残基组成的,各种氨基酸含量的多少;二是肽链中氨基酸残基的排列顺序如何。

1. 氨基酸组成和含量分析 因酰胺键(肽键)的特点是可以水解,所以测定多肽的组成时,常将多肽用酸充分水解成游离氨基酸的混合液,采用不同 pH 缓冲溶液将结构各异的氨基酸在氨基酸分析仪上洗脱出来,以确定其组成和含量。该工作由氨基酸自动分析仪完成。

多肽分子中氨基酸残基的排列顺序是多肽结构测定的核心,可用末端残基分析法和部分水解等方法进行测定。

2. 肽链末端氨基酸残基的分析 所谓末端残基分析法就是通过一定的化学方法确定肽链中 N-端和 C-端的氨基酸。

N-端分析法一般是在 N-端引入具有特定基团的标记化合物,这种标记基团有颜色、荧光、紫外吸收等性质,然后分离鉴定具有这种基团的氨基酸衍生物。目前广泛采用的方法是 2,4-二硝基氟苯(DNFB)法和异硫氰酸苯酯法。

(1) 2,4-二硝基氟苯(DNFB)法

$$O_2N\text{-}C_6H_3(NO_2)\text{-}F + H_2NCH_2CNHCHCNHCHCOH \xrightarrow{pH\ 8\sim 9}$$

DNFB   Gly-Ala-Phe

$$O_2N\text{-}C_6H_3(NO_2)\text{-}HNCH_2CNHCHCNHCHCOH \xrightarrow{H^+/H_2O,\ \Delta}$$

DNFB-Gly-Ala-Phe

$$O_2N\text{-}C_6H_3(NO_2)\text{-}HNCH_2COH + NH_2CHCOH + NH_2CHCOH$$

DNFB-Gly   Ala   Phe

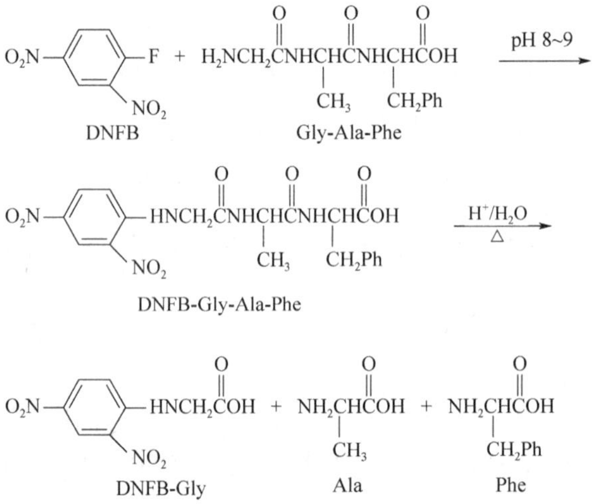

测定原理:N-端游离氨基作为亲核试剂与 2,4-二硝基氟苯发生亲核取代反应,生成肽的 2,4-二硝基苯衍生物,进一步水解该衍生物,可分离出被 2,4-二硝基苯基标记的氨基酸。该氨基酸即原肽链中的 N-端。

2,4-二硝基氟苯法是由英国科学家桑格(F. Sanger)于 1945 年提出,并用此法首次阐明了牛胰岛素的结构,为认识蛋白质的结构做出了重要贡献。所以该方法也称为 Sanger 法,所用的 2,4-二硝基氟苯称为 Sanger 试剂。

(2) 异硫氰酸苯酯法:Sanger 法的缺点是在水解的过程中整条肽链都被破坏,因此在肽链中只能进行一次 N-端分析。1950 年,瑞典科学家埃德曼(P. Edman)在 Sanger 法的基础上提出了 Edman 降解法。此法是用异硫氰酸苯酯与 N-端氨基反应生成取代硫脲,然后用盐酸温和水解。该方法的最大优点是能选择性地将 N-端残基以苯基乙内酰脲的形式水解下来进行分离鉴定,而肽链的其余部分可完整保留下来。缩短的肽链可重复做类似的分析。

Edman 降解法反应原理如下：

$$C_6H_5N=C=S + H_2NCHCNHCHCNHCHCO^- \xrightarrow{\text{碱性介质}}$$
$$\underset{R}{\ } \underset{R'}{\ } \underset{R''}{\ }$$

异硫氰酸苯酯　　　　三肽

$$C_2H_5-HN-\underset{S}{\overset{\ }{C}}-HNCHCNHCHCNHCHCO^- \xrightarrow{HCl/H_2O} C_6H_5-\underset{O}{\overset{S}{N}}\underset{R}{\ }NH + NH_2CHCNHCHCO^-$$

异硫氰酸苯酯标记肽　　　　　　　　　　　　　　　　二肽

C-端的测定可用肼解法和羧肽酶法。当蛋白质(或多肽)与无水肼在 100℃反应 5~10h 后，除 C-端氨基酸外，其余所有氨基酸都转变成相应氨基酸的酰肼，C-端氨基酸则以游离氨基酸形式从肽链中释放出来。

$$H_2NCH_2CNHCHCNHCHCOH \xrightarrow[100℃/5~10h]{NH_2-NH_2} H_2NCH_2CNHNH_2 + NH_2CHCNHNH_2 + NH_2CHCOH$$
$$\underset{CH_3}{\ } \underset{CH_2Ph}{\ } \qquad\qquad \underset{CH_3}{\ } \qquad \underset{CH_2Ph}{\ }$$

甘氨酸酰肼　　　丙氨酸酰肼　　　苯丙氨酸

进一步向体系中加入苯甲醛，氨基酸酰肼转变为不溶于水的二亚苄衍生物：

$$C_6H_5CH=NCHCNHN=CHC_6H_5$$
$$\underset{R}{\ }$$

而 C-端氨基酸留在水相，通过分离即可鉴定。

羧肽酶是一类肽链外切酶，能特异性地水解 C-端氨基酸的肽键，这样可以反复用于缩短的肽链，逐个测定新的 C-端氨基酸。因此只要按一定的时间间隔测定水解液中各氨基酸的含量，就可推知简单肽链中从 C-端开始的氨基酸序列。目前 C-端氨基酸的测定主要用羧肽酶法。

3. 肽链的部分水解　在实际应用中，用逐步切除末端残基的方法来测定一个相对分子质量较大的长肽链中的全部氨基酸序列是难以实现的，因为不仅步骤多，而且水解液中成分越多，测定时的干扰会越大，达到一定程度时测定将无法进行下去。所以对于复杂的多肽，除采用端基标记法外，尚需配合部分水解法。常用多种蛋白酶酶切肽链的不同部位，获得各种水解片段，当这些水解片段被鉴定后，再进行排列、组合、对比，找出关键性的重叠部分，然后推断各片段在肽链中的位置，确定整条肽链中氨基酸的连接顺序。

思考题 14-4　命名下列四肽：

$$PhCH_2CHCONHCHCONHCHCONHCH_2COOH$$
$$\underset{NH_2}{\ } \underset{CH_3}{\ } \underset{CH_2CH_2SCH_3}{\ }$$

三、生物活性肽

生物活性肽是天然氨基酸以不同组成和排列方式构成的具有生物活性的肽类的总称。这些肽小到只有两个氨基酸残基的二肽，也可以大到复杂的长链或环状多肽，它是人体中最重要的活性物质，在人的生长发育、新陈代谢、疾病以及衰老、死亡的过程中起着关键作用。正是因为它在体内分泌量的增多或减少,才使人类有了幼年、童年、成年、老年直到死亡的周期。

依据其功能,活性肽大致可分为生理活性肽、调味肽、抗氧化肽和营养肽等。

根据其来源,活性肽可分为内源性的生物活性肽和外源性的生物活性肽两类。

内源性活性肽是指机体内存在的具有特殊生物学功能的肽类,主要包括体内一些重要分泌腺分泌的肽类激素,如促生长激素、促甲状腺素、胸腺分泌的胸腺肽、胰腺分泌的胰岛素等;由血液或组织中的蛋白质经专一的蛋白水解酶作用而产生的组织激肽,如缓激肽、胰激肽;作为神经递质或神经活动调节因子的神经多肽;以及由昆虫、微生物、植物等生物体产生的抗菌肽等。

外源性生物活性肽包括存在于动植物和微生物体内的天然生物活性肽和蛋白质降解后产生的生物活性肽成分,直接或间接来源于动物食物蛋白质,如动物乳汁,尤其是初乳,就可直接提供多种生物活性肽,动物饲料蛋白质原料在动物胃肠道消化后可间接提供多种生物活性肽。外源性活性肽与内源性活性肽的活性中心序列相同或相似,外源性活性肽在蛋白质消化过程中被释放出来,通过直接与肠道受体结合参与机体的生理调节作用或被吸收进入血液循环,从而发挥与内源性活性肽相同的功能。

大量的国内外研究结果表明:生物活性肽是涉及生物体内多种细胞功能的生物活性物质,不同的生物肽具有不同的结构和生理功能,如抗病毒、抗癌、抗血栓、抗高血压、免疫调节、激素调节、抑菌、降胆固醇等作用。特别是短肽的发现已经成为多肽类药物和功能性食品添加剂的研发热点。下面简单介绍几种生物活性肽。

1. 生理活性肽 生理活性肽是沟通细胞间与器官间信息的重要化学信使,通过内分泌等作用方式,使机体形成一个高度严密的控制系统,调节生长、发育、繁殖、代谢和行为等生命过程。

(1) 谷胱甘肽:谷胱甘肽(GSH)是由谷氨酸、半胱氨酸和甘氨酸经肽键缩合而成的活性三肽,存在于所有的活性细胞中,在眼睛的晶状体中浓度特别高。谷胱甘肽具有独特的生理功能,被称为长寿因子和抗衰老因子。该三肽结构如下:

$$\overset{+}{H_3}NCHCH_2CH_2CONHCHCONHCH_2COO^-$$
$$\quad\quad |\quad\quad\quad\quad\quad\quad\quad |$$
$$\quad\quad COO^-\quad\quad\quad\quad\quad CH_2SH$$

比较特殊的是,谷胱甘肽分子中的谷氨酸残基是以 γ-羧基与其他氨基酸形成肽键连接的。谷胱甘肽分子中的巯基极易被酶催化氧化为二硫键连接的二聚体,所以具有生物还原剂的功能。

$$2GSH \underset{[H]}{\overset{[O]}{\rightleftharpoons}} GS\text{-}SG$$

还原型谷胱甘肽　氧化型谷胱甘肽

谷胱甘肽独特的结构决定了它在人机体中的许多重要生理功能。例如,蛋白质和核糖核酸的合成、氧及营养物质的运输、内源酶的活力、代谢和细胞保护等,具有抗氧化、抗疲劳、抗衰老、清除体内过多自由基等功效,因此是机体防御功能肽的代表。

(2) 抗菌肽:又称抗菌活性肽,包括环形肽、糖肽和脂肽,如短杆菌肽、杆菌肽、多黏菌素、乳酸杀菌素、枯草菌素和乳酸链球菌肽等。抗菌肽热稳定性较好,具有很强的抑菌效果。例如,短杆菌肽 S 的组成及结构如下:

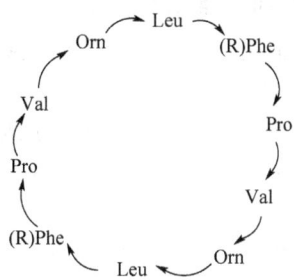

短杆菌肽 S 三字母表示方式(箭头表示氨基到羧基的方向)

短杆菌肽 S 是短小芽孢杆菌产生的环状肽类抗生素。其盐酸盐为无色针状结晶。由首尾相连的两个相同的五肽组成。该肽含有 R-构型的苯丙氨酸和稀有的鸟氨酸(Orn,比赖氨酸少一个 CH_2)。主要抗革兰氏阳性菌,对耐青霉素 G 的金葡菌也有作用,抗革兰氏阴性菌活性微弱。毒性较大,现已很少使用。

(3) 神经活性肽:神经活性肽包括类阿片活性肽、内啡肽、脑啡肽和其他调控肽。它们对人体具有重要的作用,可起到镇痛、调节呼吸及体温等作用。这些肽类可以调节人的情绪、痛觉、记忆、呼吸及体温等生理现象,向中枢神经系统传递养分供给及消化效率的有关信息。神经肽既能起递质或调质的作用,又能起激素的作用,使神经和内分泌两大系统功能有机结合,共同调节机体各器官的活动。

P 物质是一种肽类神经递质,为十一肽。存在于脑和消化道,主要分布在神经组织的突触颗粒中,是一种引起肠道收缩的强促进剂和血管舒张剂。另外,脑内 P 物质参与感觉、运动、情绪等的调节,并与焦虑症、抑郁症、精神分裂症的发病机理有关。P 物质是最早被发现的神经肽,属于速激肽类物质。其结构如下:

H-Arg-Pro-Lys-Pro-Gln-Gln-Phe-Phe-Gly-Leu-Met-OH

P 物质能直接或间接通过促进谷氨酸等的释放参与痛觉传递,其镇痛作用是通过促进脑啡肽的释放引起。

内源性阿片肽(endogeneous opioid peptide)是存在于体内的具有阿片样作用的多肽物质。1974 年,英国人从猪脑组织中分离得到两种五肽,用生物学分析法证明这两种小分子肽具有和吗啡相似的生物效应,于是命名为脑啡肽,又称内源性阿片样肽。

目前已知的内源性阿片样肽大致分为三类:

1) 脑啡肽(五肽),包括甲啡肽和亮啡肽。其结构分别如下:

甲啡肽   H-Tyr-Gly-Gly-Phe-Met-OH
亮啡肽   H-Tyr-Gly-Gly-Phe-Leu-OH

2) 内啡肽,包括 α、β、γ-内啡肽,分别为十一肽、三十一肽、十八肽,它们的前五个氨基酸序列与甲啡肽的五肽相同。内啡肽是体内自己产生的一类内源性的具有类似吗啡样作用的肽类物质。它能与吗啡受体结合,产生与吗啡、鸦片剂一样的止痛和欣快感,但无成瘾性。

3) 强啡肽和新啡肽,分别为十三肽和十五肽,它们的氨基端的头 5 个氨基酸和亮啡肽完全一致。强啡肽是目前已知的活力最强的阿片样肽。

这些肽类尽管含有不同的氨基酸残基数,但其中都存在脑啡肽五肽的氨基酸序列 Tyr-Gly-Gly-Phe-Met(Leu)。而这一序列就是阿片肽与其受体结合表现其生理活性所必需的。

(4) 激素调节肽：激素调节肽如脑垂体分泌的催产素、促肾上腺皮质激素、血管升压素、生长激素抑制素等，它们具有促进平滑肌收缩、促进类固醇合成以及促进血管收缩的功能。

催产素和血管升压素都由9个氨基酸残基组成，在结构上相似，只是3-位和8-位的氨基酸残基不同。二者结构分别如下：

$$\begin{array}{c}
\overset{1}{H_2N-Cys}-\overset{2}{Tyr}-\overset{3}{Ile}\\
|\\
S\\
|\\
S\\
|\\
\underset{6}{Cys}-\underset{5}{Asn}-\underset{4}{Glu}\\
|\\
\underset{7}{Pro}-\underset{8}{Leu}-\underset{9}{Gly}-CONH_2
\end{array}
\qquad
\begin{array}{c}
\overset{1}{H_2N-Cys}-\overset{2}{Tyr}-\overset{3}{Phe}\\
|\\
S\\
|\\
S\\
|\\
\underset{6}{Cys}-\underset{5}{Asn}-\underset{4}{Glu}\\
|\\
\underset{7}{Pro}-\underset{8}{Arg}-\underset{9}{Gly}-CONH_2
\end{array}$$

催产素　　　　　　　　血管升压素

催产素能促使子宫平滑肌收缩，临床上主要用于催生引产，产后止血和缩短第三产程。此外还具有其他的生理功能，尤其是对中枢神经系统的作用。

血管升压素（又称抗利尿激素），其主要作用促进血管收缩，升高血压，还能促进肾小管对水分的吸收，故有利尿作用。说明氨基酸组成的少许变化，导致其生理功能不同。

2. 调味肽　某些活性肽可以提高食品的适口性，改善食品的风味，我们把这种肽称为调味肽。例如，甜味剂阿斯巴甜（aspartame）为二肽，结构如下：

$$HOOCCH_2CH(NH_2)CONHCH(COOCH_3)CH_2C_6H_5$$

化学名为天冬氨酰苯丙氨酸甲酯，于1965年12月由美国人 Schlatter 发现。其甜度为蔗糖的180倍，因其甜度高，实际使用时添加量极小，每人每天由它提供的能量值很低或几乎为0，与蔗糖等甜度时的发热值为蔗糖发热值的1/180，故为非营养型甜味剂。

阿斯巴甜在人体内可被代谢分解为甲醇、苯丙氨酸、天冬氨酸，由于甲醇对人的眼睛有害，并基于苯丙酮酸尿症患者代谢苯丙氨酸的能力有限而需要控制苯丙氨酸的摄入量，因此一些国家要求含有阿斯巴甜的饮料和食品需标明阿斯巴甜的使用量。我国规定添加甜味素的食品应标明"苯丙酮尿症患者不宜使用"。

迄今，已有包括中国在内的100多个国家和地区批准阿斯巴甜作为非营养型甜味剂使用。

第三节　蛋　白　质

一、蛋白质的元素组成

蛋白质和多肽都是由20种 α-氨基酸以肽键结合而成的高聚物，通常将相对分子质量在1万以上的称为蛋白质，1万以下的称为多肽。但有时也把含有一条肽链的蛋白质不严谨地称为多肽。此时，多肽一词着重于结构意义，蛋白质则强调了其功能意义。蛋白质的相对分子质量可以从几千（$\times 10^3$）道尔顿到几百万（$\times 10^6$）道尔顿，如胰岛素有51个氨基酸约 5734Da,丙酮酸脱氢酶有 500×10⁴Da。

人体内约有 10 万种以上的蛋白质,其质量约占人体干重的 45%。某些组织含量更高,如脾、肺及横纹肌等高达 80%。

蛋白质的主要组成元素除了碳、氢、氧、氮以外,大多数含有硫,少数含有磷、铁、铜、锰、锌,个别蛋白质还含有碘或其他元素。各种元素的含量一般为: C 50% ~ 55%, H 6% ~ 8%, O 20% ~ 23%, N 15% ~ 17%, S 0 ~ 4%。由于蛋白质占生物组织中所有含氮物质的绝大部分,因此,可以将生物组织的含氮量近似地看作蛋白质的含氮量。大多数蛋白质的含氮量接近 16%,所以,可以根据生物样品中的含氮量来计算蛋白质的大概含量:

每克生物样品的蛋白质含量(克)= 每克生物样品中含氮的克数×6.25

蛋白质是构成生物体最基本的结构物质和功能物质,没有蛋白质就没有生命。生物体内的一切生命活动都与蛋白质有关。例如,人体新陈代谢的化学变化中起催化作用的酶是蛋白质,酶蛋白决定着生物体内的代谢类型;生物体内许多小分子物质的运输和储存是由特殊蛋白质完成的;肌肉的收缩就是由肌动蛋白和肌球蛋白细丝的滑动来实现的;在抗御疾病中起免疫作用的抗体以及致病的病毒、细菌等都是蛋白质。

二、蛋白质的分类

蛋白质的种类繁多,结构复杂,整个生物界有 $10^{10} \sim 10^{12}$ 种蛋白质。针对不同的侧重点可将蛋白质进行如下分类。

1. 按分子形状分类 根据蛋白质形状,可分为球状蛋白质及纤维状蛋白质。

球状蛋白质(globular protein):分子对称,外形接近球状或不规则椭球形,溶解度好,能结晶,大多数蛋白质属此类,如血红蛋白、肌红蛋白、卵清蛋白和大多数的酶。

纤维状蛋白质(fibrous protein):对称性差,分子类似细棒或纤维状。根据其在水中溶解度的不同,可分为可溶性纤维状蛋白质和不溶性纤维状蛋白质。许多肌肉的结构和血纤维蛋白原等属于可溶性纤维状蛋白质,不溶性纤维状蛋白质包括弹性蛋白、胶原蛋白、角蛋白和丝心蛋白等。

2. 按化学组成分类 根据化学组成,可分为单纯蛋白质(simple protein)及结合蛋白质(conjugated protein)。单纯蛋白的分子中只含氨基酸残基,根据溶解性及来源又分为清蛋白、球蛋白、谷蛋白、醇溶谷蛋白、精蛋白、组蛋白、硬蛋白等,详见表 14-2。

表 14-2 单纯蛋白的分类

单纯蛋白	性质	存在
清蛋白	溶于水、稀酸、稀碱及中性盐溶液,不溶于饱和硫酸铵溶液,加热凝固	各种生物体中,如血清蛋白、卵清蛋白
球蛋白	微溶于水,易溶于稀酸、稀碱及中性盐溶液,加热凝固	各种生物体中,如血清球蛋白、免疫球蛋白、肌球蛋白等
谷蛋白	不溶于水、中性盐溶液和乙醇,但溶于稀酸和稀碱溶液	存在谷类种子中,是种子的储存蛋白质
醇溶谷蛋白	不溶于水和稀盐溶液,可溶于体积分数为 50% ~ 90%的乙醇	植物种子储存蛋白的组分之一
精蛋白	易溶于水和稀酸,加热不凝固。主要由碱性氨基酸组成	存在于成熟的精细胞中,与 DNA 结合在一起,如鱼精蛋白

续表

单纯蛋白	性质	存在
组蛋白	易溶于水和稀酸,不溶于稀氨水,加热不凝固	存在于真核生物染色质中的一组碱性蛋白质,含有丰富的精氨酸和赖氨酸
硬蛋白	不溶于水、稀酸、稀碱、中性盐溶液及一般有机溶剂	存在于指甲、角、毛发,起支持和保护作用,如角蛋白、胶原蛋白及弹性蛋白

结合蛋白分子中除氨基酸外,还有非氨基酸物质,后者称为辅基。根据其辅基的不同又分为核蛋白、磷蛋白、金属蛋白、色蛋白等,详见表 14-3。

表 14-3 结合蛋白的分类

结合蛋白	辅基	存在
核蛋白	核酸	普遍存在于各种生物的细胞核中,遗传及蛋白质合成中起着决定性作用,也是某些病毒和噬菌体的唯一组成成分
色蛋白	色素	动物血液中的血红蛋白、植物中的叶绿蛋白和细胞色素等
糖蛋白	糖类	在自然界中的分布十分广泛。血浆蛋白质中,绝大多数是糖蛋白。糖蛋白也是细胞质膜、细胞间质、血浆黏液等的重要组分
脂蛋白	脂类	血浆和各种生物膜的成分,如血清乳糜微粒、β-脂蛋白和 α-脂蛋白等
磷蛋白	磷酸	分子中含磷酸基,一般磷酸基与蛋白质分子中的丝氨酸或苏氨酸通过酯键相连。如酪蛋白、胃蛋白酶等都属于这类蛋白
金属蛋白	金属离子	铁蛋白、铜蛋白、激素等

3. 按生物功能分类 按照蛋白质的功能,可将其分为活性蛋白质(active protein)和结构蛋白质(structural protein)。活性蛋白质是指在生命运动中具有生物活性的蛋白质和它们的前体,如酶蛋白、转运蛋白、运动蛋白、保护和防御蛋白、激素蛋白、受体蛋白、营养和储存蛋白和毒蛋白等;结构蛋白质是指担负着生物保护或支持作用的蛋白质,如角蛋白、弹性蛋白和胶原蛋白等。

三、蛋白质的结构

任何一种蛋白质分子在天然状态下均具有独特而稳定的构象,这是蛋白质分子在结构上最显著的特点。为了表示蛋白质分子不同层次的结构,常将蛋白质分子结构分为一级、二级、三级和四级。一级结构又称为初级结构或基本结构,二级结构以上属于构象范畴,称为高级结构。并非所有的蛋白质都具有四级结构。由一条多肽链形成的蛋白质只有一、二、三级结构。由两条以上肽链形成的蛋白质才可能有四级结构。

1. 蛋白质的一级结构 蛋白质的一级结构(primary structure)是指组成蛋白质分子的多肽链中氨基酸的数目、种类和排列顺序,同时也包括链内或链间二硫键的数目和位置等。蛋白质分子的一级结构是由共价键形成的,包括肽键和二硫键。任何特定的蛋白质都有其稳定的氨基酸排列顺序,各种氨基酸按遗传密码的顺序,通过肽键连接起来,形成多肽链,故肽键是蛋白质结构中的主键。二硫键(—S—S—)是由两个半胱氨酸(残基)脱氢连接而成的,是连接肽链内或肽链间的主要化学键。

蛋白质的一级结构中含有形成高级结构全部需要的信息,一级结构决定蛋白质的高级结构与功能。成百亿的天然蛋白质各有其特殊的生物学活性,就是由于组成蛋白质的20种氨基酸各具特殊的侧链,侧链基团的理化性质和空间排布各不相同,当它们按照不同的数目、不同序列关系组合时,就可形成多种多样的空间结构和不同生物学活性的蛋白质分子。例如,牛胰岛素的一级结构如下:

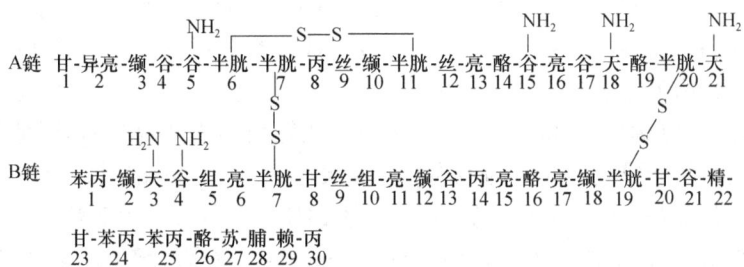

牛胰岛素是牛胰脏中胰岛 β-细胞所分泌的一种调节糖代谢的蛋白质激素,由于分子结构有三个氨基酸与人胰岛素不同,疗效稍差,容易发生过敏或胰岛素抵抗。英国科学家桑格(F. Sanger)于1953年首次完成牛胰岛素的测序工作,并于1955年公开发表了胰岛素的全序列。这是人类历史上第一次完整测定的蛋白质分子中的氨基酸序列,为人工合成蛋白质奠定了基础,因此获得了1958年诺贝尔化学奖。牛胰岛素分子是一条由21个氨基酸组成的A链和另一条由30个氨基酸组成的B链,通过两对二硫键连接而成的一个双链分子,而且A链内还有一对二硫键,共有51个氨基酸残基,其分子质量为5734 Da。

随后,科学家们又陆续测定了不同生物来源的胰岛素,发现与桑格首次确定的牛胰岛素的化学结构大体相同。例如,人胰岛素也是由51个氨基酸残基组成,其中有3个氨基酸与牛胰岛素不同:A链的第8位由苏氨酸代替丙氨酸,第10位由异亮氨酸代替缬氨酸;B链的第30位由苏氨酸代替丙氨酸。猪胰岛素是从猪的胰腺提取而来,分子中仅有一个氨基酸与人胰岛素不同:B链的第30位是丙氨酸。因此猪胰岛素疗效比牛胰岛素好,副作用也比牛胰岛素少,目前国产胰岛素多属猪胰岛素。人胰岛素是通过基因工程生产,纯度更高,副作用更小,但价格较贵,进口的胰岛素均为人胰岛素。

牛胰岛素在医学上有抗炎、抗动脉硬化、抗血小板聚集、治疗骨质增生、治疗精神疾病等作用。中国是第一个人工合成牛胰岛素的国家。1965年,中国科学院上海生物化学研究所与北京大学和中国科学院上海有机化学研究所的科学家通力合作,在经历了多次失败后,终于在世界上第一次用人工方法合成出具有生物活性的蛋白质——结晶牛胰岛素。人工牛胰岛素的合成,标志着人类在认识生命、探索生命奥秘的征途上迈出了重要的一步。

2. 一级结构与功能 由较短肽链组成的蛋白质一级结构,其结构不同,生物功能也不同;由较长肽链组成的蛋白质一级结构中,其中"关键"部分结构相同,其功能也相同;"关键"部分改变,其功能也随之改变。

蛋白质中的氨基酸序列与生物功能密切相关,一级结构的变化往往导致蛋白质生物功能的变化。例如,镰状细胞贫血,其病因是血红蛋白基因中的一个核苷酸的突变导致该蛋白质分子中β-链第6位谷氨酸被缬氨酸取代。这个一级结构上的细微差别使患者的血红蛋白分子容易发生凝聚,导致红细胞变成镰刀状,容易破裂引起贫血,即血红蛋白的功能发生了变化。导致蛋白质功能变化的本质是蛋白质的构象发生了改变,而空间构象的改变是由一级结构变化引起的。

3. 维持蛋白质分子构象的化学键 在一级结构的基础上,氨基酸侧链之间的相互作用,使肽链折叠、盘曲成一定的空间结构(三维结构),这种空间结构称为构象。具有特定构象的蛋白质才具有生物活性。肽键是蛋白质一级结构中连接氨基酸残基的主要化学键,称为主键;而维持蛋白质分子空间构象的其他作用力称为副键或次级键,这些副键主要包括氢键、二硫键、疏水作用力、盐键、范德瓦耳斯力及配位键等。

(1) 氢键:蛋白质分子中存在两种氢键(hydrogen bond),一种是存在于主链之间的氢键,由 C=O 键的氧和 N—H 键上的氢形成。另一种是在侧链 R 基团间形成的氢键,氢键对于稳定蛋白质的构象起极其重要的作用。

(2) 二硫键:二硫键(disulfide bond)由两个半胱氨酸的巯基脱氢形成,是共价键,较牢固。它可将不同的肽链或同一肽链的不同肽段连接起来,起交联作用。二硫键对稳定蛋白质的天然构象起着重要作用。二硫键数目越多,蛋白质抗拒外界因素影响的能力越强。

(3) 疏水作用力:疏水作用力(hydrophobic interaction)是多肽链上的某些氨基酸的疏水基团或疏水侧链(非极性侧链)由于避开水而造成相互接近聚积在一起的聚合力。因为水分子彼此之间的相互作用要比水与其他非极性分子的作用更强烈,非极性侧链避开水聚集被压迫到蛋白质分子内部,而大多数极性侧链在蛋白质表面维持着与水的接触。疏水相互作用在维持蛋白质构象中起着主要的作用,也是使蛋白质多肽链进行折叠的主要驱动力。

(4) 盐键:盐键(salt bond)又称离子键,是蛋白质分子中带正、负电荷的侧链基团互相接近,通过静电吸引而形成的,如羧基和氨基、胍基、咪唑基等基团之间的作用力。盐键易受环境影响,强酸、强碱及高浓度的盐都能破坏盐键,对于稳定蛋白质构象不太重要。

(5) 范德瓦耳斯力:范德瓦耳斯力(van der Walls force)是分子之间的吸引力,其中包括偶极力、取向力、色散力。虽然范德瓦耳斯力相对来说比较弱,但由于范德瓦耳斯力相互作用数量大,并且具有加和性,因此范德瓦耳斯力是一种不可忽视的作用力。

(6) 配位键:含有金属离子的蛋白质分子中,金属离子通过配位键(coordination bond)与肽键结合。金属离子往往是蛋白质的活性中心,配位键的破坏,将使蛋白质的生物活性减弱或丧失。

各种副键的形成如图 14-1 所示。

上述副键中的氢键、二硫键、疏水作用力和范德瓦耳斯力是维持蛋白质空间构象的主要作用力,其他副键也不同程度地参与维持蛋白质的高级结构的稳定。按照不同层次,蛋白质的高级结构可分为二级、三级和四级结构。

4. 蛋白质的二级结构 蛋白质的二级结构(secondary structure)是指肽链中的某一段按一定的方式盘绕、折叠而形成的空间构象,它是由一级结构决定的,主要包括 α-螺旋、β-折叠、β-转角和无规卷曲四种形式,氢键是二级结构的主要副键。蛋白质从伸展的多肽链形成其特定的立体结构的过程称为折叠(folding)。

(1) α-螺旋:α-螺旋(α-helix)最先由 L. Pauling 和 R. Corey 于 1951 年提出,是一种最常见、最典型、含量最丰富的二级结构元件。如图 14-2 所示,在 α-螺旋中,肽链骨架围绕一个轴以螺旋的方式伸展,每个螺旋周期包含 3.6 个氨基酸残基,螺距为 0.54nm,即每个氨基酸残基沿轴上升 0.15nm。同一肽链 n 位氨基酸残基上的—C=O 与 $n+4$ 位残基上的—NH 之间形成的氢键,这种氢键大致与螺旋轴平行。一条多肽链呈 α-螺旋构象的推动力就是所有肽键上的酰胺氢和羰基氧之间形成的链内氢键。

氨基酸残基的 R 侧链位于螺旋的外侧,并不参与螺旋的形成,但其大小、形状和带电状态却能影响螺旋的形成和稳定。

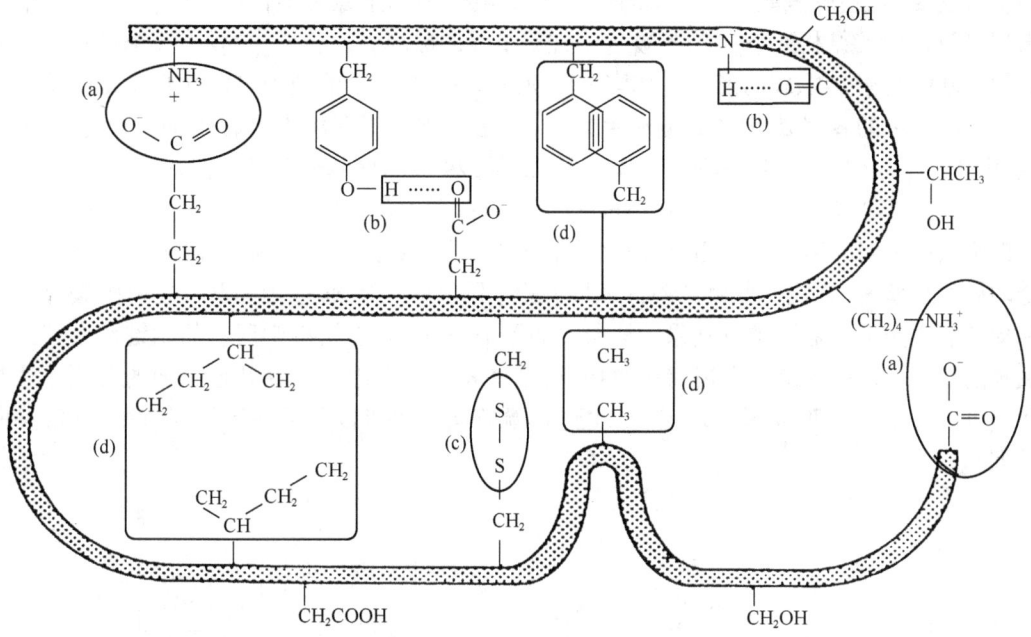

图 14-1　维持蛋白质分子构象的主要副键
(a) 盐键；(b) 氢键；(c) 二硫键；(d) 疏水作用力

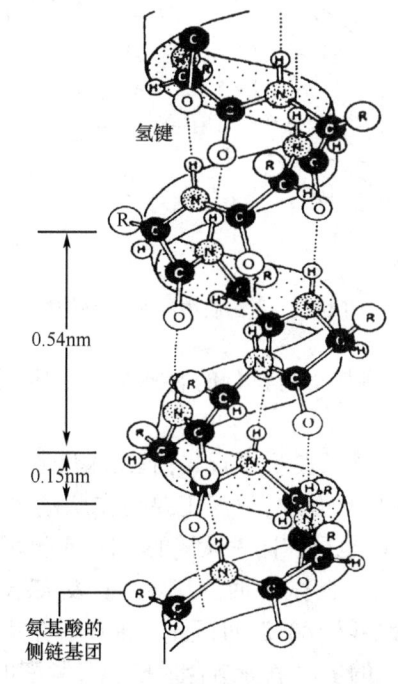

图 14-2　蛋白质中的 α-螺旋结构

若多肽链上连续出现带同种电荷基团的氨基酸残基(如赖氨酸、天冬氨酸或谷氨酸)，则由于静电排斥，不能形成链内氢键，从而不能形成稳定的 α-螺旋。而当这些残基分散存在时，不影响 α-螺旋的稳定。另一方面，当氨基酸的 R 侧链较大时(如异亮氨酸)，一般也

不易形成 α-螺旋；脯氨酸由于含有刚性的环状侧链，不利于螺旋结构的稳定，它在肽链中的出现将使 α-螺旋结构终止。脯氨酸是 α-螺旋最强的破坏者。相反，含较小 R 侧链且不带电荷的氨基酸利于 α-螺旋的形成。如多聚丙氨酸在 pH 7 的水溶液中自发卷曲成 α-螺旋。

蛋白质中的 α-螺旋几乎都是右手螺旋，但在嗜热菌蛋白酶中有很短的一段左手 α-螺旋，由 Asp-Asn-Gly-Gly（嗜热菌蛋白酶中第 226~229 位的氨基酸残基）组成。

（2）β-折叠：β-折叠（β-pleated sheet）也是蛋白质中常见的二级结构，是 L. Pauling 等继 α-螺旋之后阐明的第二个结构，故命名为 β-折叠。在 β-折叠片结构中，两条或多条几乎完全伸展的多肽链（或同一肽链的不同肽段）侧向聚集在一起，通过相邻肽链主链酰胺上的氢和羰基氧之间形成氢键维持其稳定构象。如图 14-3 所示，β-折叠中所有的肽键都参与链间氢键的形成。多肽主链呈锯齿状折叠构象，侧链 R 基交替地分布在片层平面的两侧。这些肽链可以是平行排列（走向都是由 N-端到 C-端方向）；也可以是反平行排列（两条肽链反向排列）。

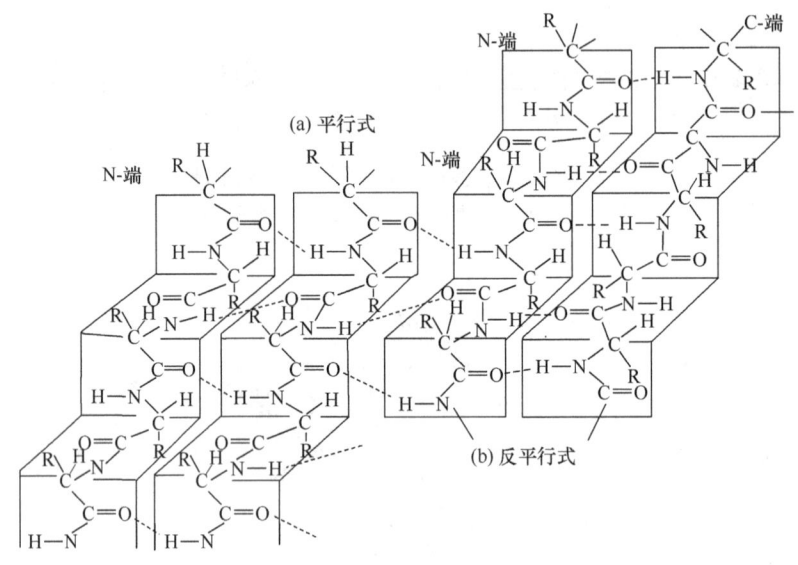

图 14-3 蛋白质中的 β-折叠结构

从能量上看，反平行 β-折叠比平行排列的 β-折叠更稳定，前者的氢键 NH—O 几乎在一条直线上，此时氢键最强。

在纤维状蛋白质中 β-折叠主要是反平行式，而在球状蛋白质中反平行和平行两种方式都存在。在纤维状蛋白质的 β-折叠中，氢键主要是在肽链之间形成，而在球状蛋白质中，β-折叠既可在不同肽链间形成，也可在同一肽链的不同部分间形成。

（3）β-转角：β-转角（β-turn）也称 β-回折、β-弯曲、发夹结构。它是由多肽链上 4 个连续的氨基酸残基组成，主链骨架以 180°返回折叠。在 β-转角中第一个残基的 C═O 键上的氧与第四个残基的 N—H 键上的氢以氢键结合形成一个紧密的环，使 β-转角成为比较稳定的结构。β-转角负责各种二级结构单元之间的连接，影响肽链的走向。这种结构多处在球状蛋白质分子的表面，在这里改变多肽链方向的阻力比较小（图 14-4）。β-转角在球状蛋白质中含量十分丰富，占全部残基的 1/4。

β-转角的特定构象在一定程度上取决于肽链的氨基酸组成，多数由亲水氨基酸残基组成。某些氨基酸如脯氨酸和甘氨酸经常存在 β-转角,这是由于甘氨酸缺少侧链(只有一个 H),在 β-转角中能很好地调整其他残基的空间位阻,因此是立体化学上最有利的氨基酸;而脯氨酸具有环状结构和固定的夹角,因此在一定程度上迫使 β-转角形成,促使多肽自身回折,且这些回折有助于反平行 β-折叠片的形成。

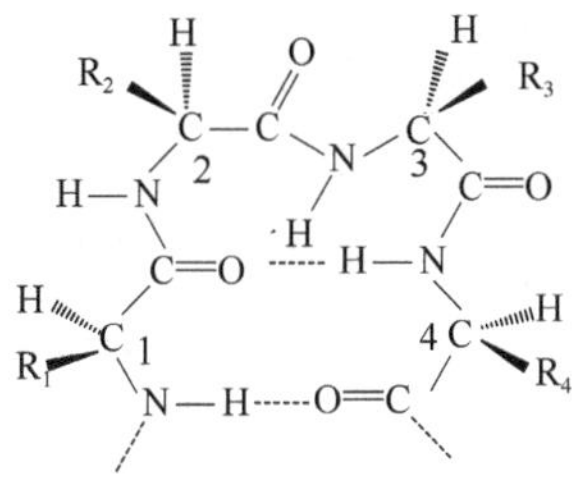

图 14-4 蛋白质的 β-转角

(4) 无规卷曲:多肽链中的某些肽段,由于氨基酸残基的相互影响,使肽键平面不规则排列以致形成无一定规律的构象,称为"无规卷曲"(random coil)。

在蛋白质分子中,可以同时存在上述几种二级结构或以某种二级结构为主的结构形式,这取决于各种残基在形成二级结构时具有的不同倾向或能力。通过对多种蛋白质的结构分析发现:谷、蛋、丙残基易形成 α-螺旋,甘、脯氨酸残基是 α-螺旋的最强破坏者;甘、丙、丝残基最有可能形成 β-折叠层;脯、甘、丝、天酰残基常见于 β-转角,缬、异亮、亮氨酸残基是β-转角的最强破坏者。

蛋白质的二级结构不同,决定了蛋白质的性能不同。例如,主要存在于动物的毛发、甲、角、鳞和羽中的 α-角蛋白,它主要由 α-螺旋构象的多肽链组成。羊毛纤维拉伸时,α-螺旋区域内的氢键受到破坏,由于二硫键的限制,拉伸有一定限度,除去外力后氢键重新形成,纤维恢复原状。而存在于蚕丝的丝心蛋白(fibroin),其中 80% 是甘-丝-甘-丙-甘-丙肽段的重复,几乎完全是 β-折叠结构,因此具有质地柔软的特性,但不能拉伸。

5. 蛋白质的三级结构 一条多肽链在二级结构、超二级结构的基础上可进一步按一定的方式盘曲折叠,形成更复杂的三维空间伸展排布,即蛋白质的三级结构(tertiary structure)。三级结构主要是靠氨基酸侧链之间的疏水作用力、氢键、范德瓦耳斯力和盐键维持的。蛋白质的三级结构具有以下共同特点:

(1) 具备三级结构的蛋白质一般都是球蛋白,都有近似球状或椭球状的外形,而且整个分子排列紧密,内部有时只能容纳几个水分子。

(2) 大多数疏水性氨基酸侧链都埋藏在分子内部,它们相互作用形成一个致密的疏水核,这对稳定蛋白质的构象有十分重要的作用,而且这些疏水区域常常是蛋白质分子的功能部位或活性中心。

(3) 大多数亲水性氨基酸侧链都分布在分子的表面,它们与水接触并强烈水化,形成亲水的分子外壳,从而使球蛋白分子可溶于水。例如,肌红蛋白的三级结构示意图见图14-5。

肌红蛋白(myoglobin)是由一个含有 153 个氨基酸残基的多肽链和一个血红素辅基组成的,与血红蛋白同源,是肌肉内储存氧的蛋白质。它的主链有 8 段 α-螺旋区,由长短不等的肽段组成,最长的 α-螺旋有 23 个氨基酸残基,最短的 α-螺旋有 7 个氨基酸残基。分子中几乎 80% 的氨基酸残基处于 α-螺旋区内,在拐弯处 α-螺旋受到破坏形成松散肽链,处在拐点上的氨基酸残基有脯氨酸、异亮氨酸、丝氨酸、苏氨酸、天冬酰胺等。

肌红蛋白呈紧密球形构象。多肽链中氨基酸残基上的极性侧链(具有亲水性)多位于分子表面,因此其水溶性较好,疏水侧链大多在分子内部,形成一个大小正好和血红素分子匹配的口袋形空穴,血红素辅基居于此空穴中。

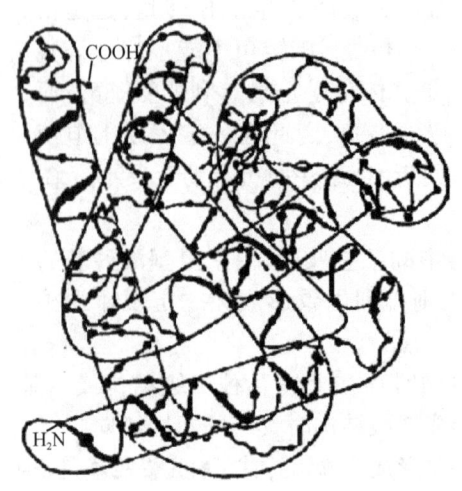

图 14-5　鲸鱼肌红蛋白的三级结构

6. 蛋白质的四级结构　蛋白质四级结构(quaternary structure)是由两条或多条具有三级结构的多肽链组成的更大、更复杂的分子,每一条三级结构的多肽链称为一个亚基(subunit),几个亚基通过副键缔合而构成一定的空间结构。通常亚基只有一条多肽链,但有的亚基由两条或多条多肽链组成,这些多肽链间多以二硫键相连。亚基单独存在时无生物学活性。单肽链蛋白质只有一、二、三级结构,无四级结构。

在蛋白质四级结构中,亚基之间通过副键彼此缔合在一起,这些副键主要包括:氢键、离子键、范德瓦耳斯力和疏水作用力。疏水作用力是最主要的作用力。

例如,血红蛋白的四级结构示意图如图 14-6 所示。

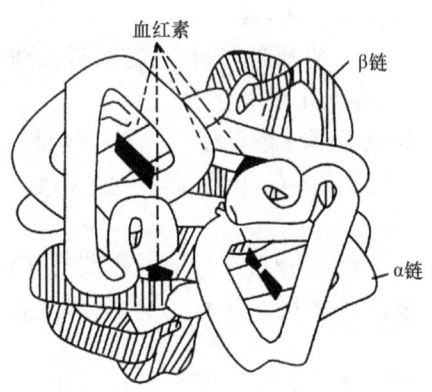

图 14-6　血红蛋白的四级结构

人体内的血红蛋白分子质量约为 64 000Da,由四个亚基构成,其中 2 条 α 链、2 条 β 链。α 链含有 141 个氨基酸残基,β 链含有 146 个氨基酸残基。每个亚基由一条肽链和一个血红素分子构成,肽链在生理条件下会盘绕折叠成球形,有一空穴把血红素分子包在里面,血红素在此空穴中保持稳定位置。4 个亚基通过侧链间次级键两两交叉紧密镶嵌形成一个具有四级结构的球状血红蛋白分子。血红素是血红蛋白的辅基,其分子的结构如下所示:

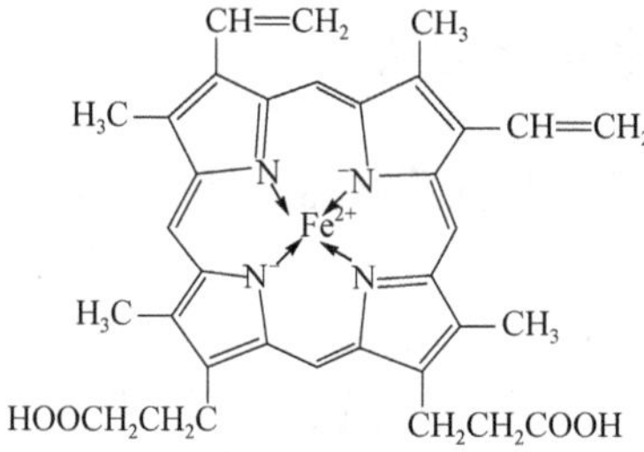

游离血红素 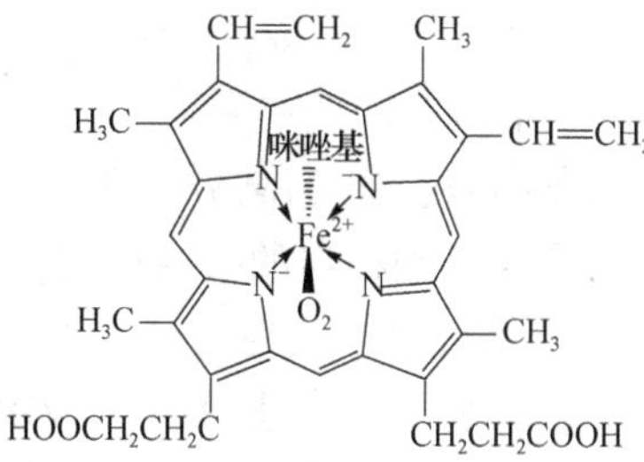　　　　　　　血红蛋白中的血红素

血红素是铁卟啉化合物,是由4个吡咯环通过4个次甲基连成的一个大环。其中的二价铁离子是d^2sp^3杂化,形成6个空杂化轨道,空间构型为正八面体。其中4个轨道与平面卟啉分子中的4个氮原子以配位键结合,另外两个与卟啉平面垂直,1个与肽链93位组氨酸侧链的咪唑氮结合,另一个处于开放状态,可结合O_2。当血红蛋白不与氧结合的时候,有一个水分子从卟啉环下方与亚铁离子配位结合,而当血红蛋白载氧的时候,就由氧分子顶替水的位置。

血红蛋白是脊椎动物红血细胞的一种含铁的复合变构蛋白,其功能是运输氧和二氧化碳,维持血液酸碱平衡。血红素中的铁为二价,与氧结合时,其化学价不变,形成氧合血红蛋白,呈鲜红色,与氧解离后带有淡蓝色。在没有氧存在的情况下,四个亚基之间相互作用的力很强。氧分子越多,与血红蛋白结合力越强。血红蛋白中铁(Ⅱ)能可逆地结合或释放氧分子,这取决于氧分压。它能从氧分压较高的肺泡中摄取氧,并随着血液循环把氧气释放到氧分压较低的组织中去,从而起到输氧作用。

除了运载氧,血红蛋白还可以与二氧化碳、一氧化碳、氰离子结合,结合的方式也和氧完全一样,所不同的只是结合的牢固程度。一氧化碳、氰离子一旦和血红蛋白结合就很难分开,这就是煤气中毒和氰化物中毒的原理,遇到这种情况可以使用其他与这些物质结合能力更强的物质来解毒,比如一氧化碳中毒可以用静脉注射亚甲基蓝的方法来救治。

7. 蛋白质的高级结构与功能　　蛋白质的空间结构决定了其生物学功能。结构相似的蛋白质其功能也相似。例如,肌红蛋白(Mb)和血红蛋白(Hb)的结构相似,都能与氧结合,它们均以血红素为辅基,并且在血红素周围以疏水性氨基酸残基为主,形成空穴,为铁原子与氧结合创造了结构环境。但 Mb 为单肽链蛋白质,而 Hb 是由四个亚基组成的寡聚蛋白,这样的空间结构差异决定了它们之间功能的各自特性。Mb 的主要功能是储存氧,其三级结构折叠方式使辅基血红素对环境中 O_2 的浓度改变非常敏感,当环境中的 O_2 分压高时,Mb 与 O_2 结合能力极高,起到对 O_2 的储存作用;当环境中的 O_2 分压低时,Mb 与 O_2 结合能力大大降低,对外释放 O_2,为环境提供 O_2 供机体所需。Hb 的主要功能是在循环中转运氧。Hb 由4个亚基组成四级结构,每个亚基可结合1个血红素并携带1分子氧,共结合4分子氧。Hb 各亚基的三级结构与 Mb 极为相似,也有可逆结合氧分子的能力,但 Hb 各亚基与氧的结合存在着正协同效应。

蛋白质的高级结构是由一级结构决定的。例如,前面曾提到的镰状细胞贫血,也称"分子病",是由于基因突变引起某个功能蛋白的某个(或某些)氨基酸残基发生了遗传性替代,即氨基酸的组成发生变化,从而导致整个分子的三维结构发生改变,致使其功能部分或全部丧失。

思考题 14-5　为什么冬季在通风差的房间里用煤炉取暖易引起煤气中毒?如何避免?如何抢救中毒者?

四、蛋白质的理化性质

蛋白质是由氨基酸组成的高分子化合物,其理化性质必然体现出高分子的特征,又将表现出与构件分子氨基酸相似的一些性质。

1. 蛋白质的胶体性质　蛋白质分子直径一般在 1~100nm,属胶体分散系,蛋白质溶液是一种比较稳定的亲水胶体溶液,具有胶体溶液的特性(如布朗运动、丁达尔效应、不能透过半透膜等)。这是因为蛋白质分子表面带有许多极性基团(如—NH_3^+、—COO^-、—OH、—SH等),这些极性基团可吸引水分子在它的表面定向排列形成一层水化膜。水化膜的形成使蛋白质颗粒均匀分散在水中难以聚集沉淀。蛋白质溶液在非等电状态时,其分子表面总是带有一定的同种电荷,与周围的反离子构成稳定的双电层结构使蛋白质溶液稳定。

根据蛋白质分子不能透过半透膜这一性质,临床对于肾衰竭的患者,由于体内毒素不能通过肾脏正常代谢,所以使血液通过体外透析器(人工肾),小分子毒素透过半透膜除去,蛋白质分子仍然留在血液中,结果使血液净化。在生物样品的研究分析中,可以通过透析法纯化蛋白质。

2. 蛋白质的两性和等电点　蛋白质分子尽管是高分子聚合物,但其肽链末端仍然含有游离的羧基和氨基。同时组成蛋白质的酸性氨基酸侧链也含有自由的酸性基团,碱性氨基酸侧链还有自由的碱性基团。因此蛋白质和氨基酸一样,也具有两性解离和等电点的性质,在不同的 pH 时可解离为阳离子或阴离子。蛋白质在溶液中的带电状态主要取决于溶液的 pH,当蛋白质所带的正、负电荷数相等时,净电荷为零,此时溶液的 pH 为蛋白质的等电点(pI)。若以 Pr 代表蛋白质肽链除去 C-端羧基和 N-端氨基的其余部分,则蛋白质分子可表示为 H_2N—Pr—COOH。其两性电离状态和不同条件下的荷电状况如下:

$$H_3\overset{+}{N}-Pr-COOH + OH^- \rightleftharpoons H_2\overset{+}{N}-Pr-COOH + H_2O \rightleftharpoons H_2N-Pr-COO^- + H_3O^+$$
碱式电离　　　　　　　　　　　　　　　　　　　　　　　　　　　　　　酸式电离

两性电离

pH>pI 阴离子　　　　pH=pI 两性离子　　　　pH<pI 阳离子

蛋白质的等电点和它所含的酸性氨基酸残基和碱性氨基酸残基的比例有关。在等电点条件下,蛋白质的导电性、溶解度最小,黏度最大。一些常见蛋白质的等电点见表 14-4。

表 14-4　常见蛋白质的等电点

蛋白质名称	等电点(pI)	蛋白质名称	等电点(pI)
丝蛋白(家蚕)	2.0~2.4	白明胶(动物皮)	4.7~5.0
胃蛋白酶(猪)	2.75~3.00	胰岛素(牛)	5.30~5.35
酪蛋白(牛)	4.6	血红蛋白	6.7~7.07
卵清蛋白(鸡)	4.55~4.9	肌球蛋白	7.0
血清白蛋白(人)	4.64	细胞色素 C	9.8~10.3
血清白蛋白(牛)	4.60	鱼精蛋白	12.0~12.4

由于不同蛋白质的等电点不同、分子的大小不同,所以在一定的 pH 条件下所带电荷不同,电泳时蛋白质的迁移方向或迁移速率就有差异,因此通过电泳技术可以进行蛋白质的鉴定和分离。

3. 蛋白质的沉淀 蛋白质在水中的溶解行为与其结构有关。纤维状蛋白质不溶于水,球状蛋白质表面一般分布有极性氨基酸侧链,具有亲水性,所以在水溶液中形成亲水性溶胶。能够使蛋白质胶体溶液稳定的主要因素有两点:①蛋白质表面极性基团与水接触并强烈水化形成的水化膜将蛋白质颗粒彼此隔开,不会互相碰撞凝聚而沉淀。蛋白质分子表面极性基团越多,水化层越厚,蛋白质分子与溶剂分子之间的亲和力越大,因而溶解度也越大。②蛋白质这一两性电解质在非等电状态时,带同种电荷,互相排斥不致聚集而沉淀。一旦电荷被中和或水化膜被破坏,蛋白质颗粒聚集,便从溶液中析出沉淀。所以消除稳定因素将导致蛋白质颗粒聚集沉淀。蛋白质的沉淀过程见图 14-7。

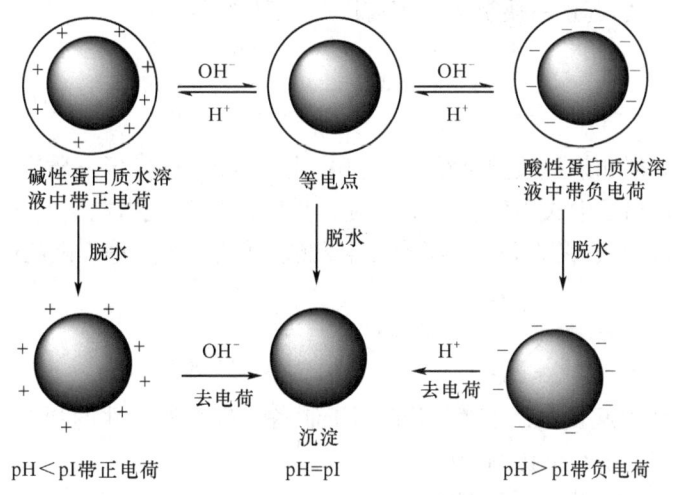

图 14-7 蛋白质的沉淀过程

如图 14-7 所示,碱性氨基酸在水溶液中发生碱式解离,产生带负电荷的蛋白质颗粒,向体系中加碱,可中和其正电荷达到等电点;酸性氨基酸在水溶液中发生酸式解离,产生带正电荷的蛋白质颗粒,向体系中加酸,可中和其负电荷达到等电点。再加入脱水剂,破坏水化膜,蛋白质沉淀析出。具体而言,以下方法可引起蛋白质沉淀。

(1) 盐析法:向蛋白质溶液中加入一定量的中性盐[如 $(NH_4)_2SO_4$、Na_2SO_4、$NaCl$ 等],使蛋白质脱去水化层而聚集沉淀的过程称为盐析(salting out)。因为中性盐的亲水性大于蛋白质分子的亲水性,加入大量中性盐后夺走了水分子,破坏了水化膜,同时中和了电荷,蛋白质分子即形成沉淀。由于各种蛋白质的水化程度及所带电荷不同,因此盐析所需盐的浓度也不同,改变盐的浓度与溶液的 pH,可将混合液中的蛋白质分批盐析分开,这种分离蛋白质的方法称为分段盐析法。例如,半饱和硫酸铵可沉淀血浆球蛋白,饱和硫酸铵则可沉淀包括血浆清蛋白在内的全部蛋白质。

$(NH_4)_2SO_4$ 是常用于盐析的中性盐,因为它溶解度大,尤其是在低温时仍有相当高的溶解度,这是其他盐类所不具备的。由于各种蛋白质通常是在低温下稳定,因而盐析操作也要求在低温下(0~4℃)进行。

盐析的特点是不会引起蛋白质变性,经透析去盐后,能得到保持生物活性的纯化蛋白质。盐析手段常用于蛋白质的分离分析中。

(2) 有机溶剂沉淀法：甲醇、乙醇、丙酮等亲水性的有机溶剂能使蛋白质沉淀，在等电点时沉淀效果更好。其主要原理是向溶液中加入有机溶剂后能降低溶液的介电常数，减小溶剂的极性，从而削弱了溶剂分子与蛋白质分子间的相互作用力，导致蛋白质溶解度降低而沉淀。再者，所使用的有机溶剂与水互溶，它们在溶解于水的同时从蛋白质分子周围的水化层中夺走了水分子，破坏了蛋白质分子的水化膜，因而发生沉淀作用。

需要注意的是，常温下有机溶剂可使蛋白质变性，低温条件下可减慢变性速度。因此用有机溶剂沉淀蛋白质时应在低温条件下进行，而且有机溶剂长时间与蛋白质接触也会引起蛋白质变性，所以沉淀后应立即分离。

(3) 重金属盐沉淀：当 pH 大于等电点时，蛋白质带负电荷，可与重金属离子（Hg^{2+}、Pb^{2+}、Cu^{2+}等）生成不溶性沉淀，所以在蛋白质溶液中加入重金属盐类，如氯化汞、硝酸银、乙酸铅及硫酸铜等，可引起蛋白质沉淀。沉淀反应原理如下：

$$Pr\begin{matrix}COO^-\\NH_2\end{matrix} + Ag^+ \longrightarrow Pr\begin{matrix}COOAg\\NH_2\end{matrix} \downarrow$$

(4) 生物碱试剂和某些酸类沉淀法：当 pH 小于等电点时，蛋白质带正电荷，易与生物碱试剂和酸类的负离子生成不溶性盐而沉淀。生物碱试剂是指能引起生物碱沉淀的一类试剂，如单宁酸、苦味酸、钨酸等。酸类有三氯乙酸、磺基水杨酸等。沉淀原理如下：

$$Pr\begin{matrix}COO^-\\NH_3^+\end{matrix} + CCl_3COO^- \longrightarrow Pr\begin{matrix}COOH\\NH_3^+ \cdot ^-OOCCCl_3\end{matrix} \downarrow$$

这类试剂往往引起蛋白质变性，不宜用于制备具有生物活性的蛋白质，临床检验中常用此法除去生物样品中有干扰的蛋白质。

4. 蛋白质的变性 蛋白质变性(protein denaturation)是指蛋白质在某些物理和化学因素作用下其特定的空间构象被改变，从而导致其理化性质的改变和生物活性的丧失，这种现象称为蛋白质变性。变性的本质是结构中的次级键（有时包括二硫键）被破坏，导致二级结构和三级结构有了改变，结果蛋白质分子就从原来有序的卷曲的紧密结构变为无序的松散的伸展状结构，天然构象解体。但蛋白质的一级结构不变（肽键在此过程中不发生断裂）。变性后的蛋白质具有以下特点：

(1) 蛋白质的生物活性丧失是蛋白质变性的主要特征。如酶的催化活性、激素的调节功能、血红蛋白的载氧功能等可能失去。

(2) 疏水性基团外露，蛋白质水合能力降低，水中溶解性降低。

(3) 蛋白质溶液黏度增加。

(4) 肽键暴露出来，易被酶攻击而水解。

(5) 变性蛋白质结构松散，结晶能力差。

蛋白质的变性作用分为可逆变性和不可逆变性。如果变性条件剧烈持久，副键大量破坏，这种变性是不可逆的。如果变性条件不剧烈，对副键的破坏程度不大，这种变性作用是可逆的，说明蛋白质分子内部结构的变化不大。这时，如果除去变性因素，在适当条件下变性蛋白质可恢复其天然构象和生物活性，这种现象称为蛋白质复性。例如，胃蛋白酶加热至 80~90℃时，失去溶解性，也无消化蛋白质的能力，如将温度再降低到 37℃，则又可恢复溶解性和消化蛋白质的能力。鸡蛋经过加热后凝结成固体,而冷却后不能再恢复到原来的黏稠状态,此过程为不可逆变性。

引起蛋白质变性的原因可分为物理和化学因素两类。物理因素可以是加热、加压、搅拌、振荡、紫外线照射、超声波等的作用;化学因素有强酸、强碱、尿素、重金属盐、有机溶剂、十二烷基磺酸钠(SDS)等。

大多数蛋白质在特定的 pH 范围内是稳定的,但在极端 pH 条下(强酸、强碱),蛋白质分子内部的可解离基团受强烈的静电排斥作用而导致蛋白质中的氢键断裂,使蛋白质分子伸展变性。

重金属盐使蛋白质变性,是因为重金属阳离子(Cu^{2+}、Pb^{2+}、Hg^{2+}、Ag^+)等可以和蛋白质中游离的羧基形成不溶性的盐或者与分子中的—SH 形成稳定的化合物,而降低蛋白质的稳定性。

有机溶剂可破坏水化膜,并通过降低蛋白质溶液介电常数,降低蛋白质分子间的静电排斥导致其变性;或是进入蛋白质的疏水性区域,破坏蛋白质分子的疏水相互作用。这些作用力的改变均导致了蛋白质构象的改变,而产生了变性。

高浓度的尿素和胍盐会导致蛋白质分子中氢键的断裂,因而导致蛋白质的变性;而表面活性剂如十二烷基磺酸钠(SDS)能在蛋白质的疏水区和亲水区间起作用,不仅破坏疏水相互作用,还能促使天然蛋白分子伸展,所以是一种很强的变性剂。

加热、紫外线照射、剧烈振荡等物理方法使蛋白质变性,主要是破坏蛋白质分子中的氢键,在变化过程中也没有化学键的断裂和生成,没有新物质生成,是一个物理变化。

在临床医学上,蛋白质变性因素常被应用于消毒及灭菌(如用酒精、紫外线照射、高温灭菌等);在急救重金属盐中毒患者时,常给患者吃大量乳制品或蛋清,其目的是通过蛋白质和重金属离子结合成不溶性的盐(变性蛋白质),从而阻止重金属离子被吸入体内,最后再将沉淀从肠胃中洗出;临床分析化验血清中的非蛋白成分时,常加入三氯乙酸或钨酸使血清中的蛋白质沉淀变性除去,以防干扰。但在某些情况下也必须避免蛋白质变性,如制备活性蛋白质(酶、抗血清、疫苗等)时要严防蛋白质变性。再如,临床所用蛋白质制剂必须合理地保存(适宜的温度、湿度及 pH 条件等),以防止蛋白质变性。

5. 蛋白质的显色反应　蛋白质除了表现出氨基酸的两性及高聚物的特性之外,在显色反应中还体现了组成氨基酸侧链的某些性质。常见的显色反应如下:

(1) 双缩脲反应:当尿素加热到 180℃ 左右时,2 分子尿素发生缩合放出 1 分子氨而形成双缩脲。双缩脲在碱性溶液中与铜离子($CuSO_4$)结合生成复杂的紫红色化合物,这一显色反应称为双缩脲反应。

蛋白质分子中含有多个与双缩脲相似的肽键,因此也具有双缩脲的颜色反应。借此可以鉴定蛋白质的存在或测定其含量。应当指出,双缩脲反应并非蛋白质的特异颜色反应,凡是具有两个以上肽键的化合物都能发生这种反应,而二肽和游离氨基酸不发生该反应。此反应可用于蛋白质的定量分析和定性鉴定。

(2) 茚三酮反应:在中性条件下,蛋白质或多肽与茚三酮共热,生成蓝色或紫红色化合物。此反应为一切蛋白质及 α-氨基酸(除脯氨酸)所共有。该反应十分灵敏,广泛用于氨基酸的定量测定。

(3) 蛋白黄反应:在蛋白质溶液中加入浓硝酸,有白色沉淀析出(硝酸与氨基成盐),加热后变成黄色沉淀。这一反应称为蛋白黄反应,该反应的本质是芳香烃的硝化反应。所以,含有芳香族氨基酸的蛋白质可以发生蛋白黄反应。指甲、皮肤、毛发等遇到浓硝酸会呈黄色。

（4）米伦反应:蛋白质溶液中加入米伦试剂（亚硝酸汞、硝酸汞及硝酸的混合液），蛋白质首先沉淀,加热则变为红色沉淀,此反应是酪氨酸的酚环所特有的反应,因此含有酪氨酸的蛋白质均可发生米伦反应。

习　　题

1. 举例说明下列概念
（1）等电点　（2）肽平面　（3）两性电离　（4）酸性氨基酸和碱性氨基酸　（5）蛋白黄反应
2. 写出苯丙氨酸与下列试剂反应的产物
（1）$NaNO_2+HCl$　（2）$NaHCO_3$　（3）HCl　（4）CH_3CH_2OH/H^+　（5）$(CH_3CO)_2O$　（6）DNFB
3. 用化学方法区别下列各组化合物
（1）苹果酸、天门冬氨酸
（2）苏氨酸、苯丙氨酸和卵清蛋白
（3）酪氨酸、水杨酸和甘丙丝肽
4. 在 pH=7 条件下,下列蛋白质在电场中将向哪极电泳?
（1）卵清蛋白(pI=4.5~4.9)　（2）肌球蛋白(pI=7.0)　（3）溶菌酶(pI=11.0)
5. 一个七肽是由丝氨酸、甘氨酸、天冬氨酸、两个组氨酸和两个丙氨酸构成,它水解后生成以下三肽片段:甘-丝-天冬、组-丙-甘、天冬-组-丙。试推测该七肽的氨基酸排列顺序。
6. 化合物 A($C_5H_9O_4N$)具有旋光性,与 $NaHCO_3$ 作用放出 CO_2,与 HNO_2 作用产生 N_2,并转变为化合物 B($C_5H_8O_5$),B 也具旋光性。将 B 氧化得到 C($C_5H_6O_5$),C 无旋光性,但可与 2,4-二硝基苯肼作用生成黄色沉淀,C 经加热可放出 CO_2,并生成化合物 D($C_4H_6O_3$),D 能发生银镜反应,其氧化产物为 E($C_4H_6O_4$)。1mol E 常温下与足量的 $NaHCO_3$ 反应可生成 2mol CO_2,试写出 A、B、C、D、E 的结构式。
7. 某三肽完全水解时生成半胱氨酸和丙氨酸两种氨基酸,该三肽若用 HNO_2 处理后再水解得到 2-羟基丙酸和半胱氨酸。试推测这个三肽的可能结构式。
8. 简要回答下列问题:
（1）蛋白质分子结构可分为几级? 维系各级结构的主要化学键有哪些?
（2）什么是蛋白质变性? 变性后的蛋白质与天然蛋白质有什么不同?
（3）导致蛋白质变性的因素有哪些? 可逆变性与不可逆变性有什么不同?

（内蒙古医科大学　王建华）

参 考 文 献

胡宏纹,2006. 有机化学. 3 版. 北京：高等教育出版社.
吕以仙,2008. 有机化学. 7 版. 北京：人民卫生出版社.
唐玉海,2020. 医用有机化学. 4 版. 北京：高等教育出版社.
唐玉海,徐四龙,2020. 有机化学. 2 版. 北京：化学工业出版社.
汪小兰,2005. 有机化学. 4 版. 北京：高等教育出版社.
邢其毅,2005. 基础有机化学. 3 版. 北京：高等教育出版社.
Clayden. Greeves,Warren and Wothers,2001. Organic Chemistry. New York：Oxford University Press.
Graham TW,Solomons, Craig B. Fryhle,2004. Organic Chemistry. 北京：化学工业出版社.
John E. McMurry, Eric E. Simanek, 2006. Fundamentals of Organic Chemistry. New York：Brooks Cole.
John McMurry,2004. Organic Chemistry. 6th ed. Boston：Cengage Learning.
Patrick GL, 2002. Organic Chemistry. 北京：科学出版社.